REdition Schmidt

G. John Romanes

Die geistige Entwicklung beim Menschen

Ursprung der menschlichen Befähigung

Reprint der deutschen Ausgabe von 1893

ISBN: 978-3755711070

Herstellung und Verlag:
BoD – Books on Demand, Norderstedt.

Bibliografische Information der Deutschen Nationalbibliothek:
Die Deutsche Nationalbibliothek verzeichnet diese Publikation
in der Deutschen Nationalbibliografie; detaillierte bibliografische
Daten sind im Internet über http://dnb.dnb.de abrufbar.

DIE

GEISTIGE ENTWICKLUNG BEIM MENSCHEN

URSPRUNG DER MENSCHLICHEN BEFÄHIGUNG

VON

G. JOHN ROMANES.

AUTORISIERTE DEUTSCHE AUSGABE.

LEIPZIG
ERNST GÜNTHERS VERLAG.
1893.

Vorwort.

Indem ich meine Forschungen über geistige Entwicklung auf die menschliche Psychologie auszudehnen im Begriff bin, halte ich es für wünschenswert, Ziel und Zweck dieses wichtigsten Teils meiner Arbeiten in wenigen Worten darzulegen. Das Feld der „geistigen Entwicklung beim Menschen" ist offenbar ein so umfassendes, dass ohne eine gewisse Begrenzung niemand sich beifallen lassen könnte, sich darüber zu verbreiten. Die Grenzen, die ich mir in diesem Sinne gezogen, bestehen nun darin, dass ich meine Untersuchungen über den Ursprung der geistigen Entwicklung beim Menschen erstens auf die Entstehung der menschlichen Befähigung richten und sodann zu den verschiedenen Hauptzweigen übergehen werde, in welche die menschliche Befähigung sich vorzugsweise in der Folge abteilt und entwickelt. Zur Erreichung dieses Zieles schien es mir vor allem wünschenswert, einige grosse und allgemeine Überblicke zu gewinnen, sowohl über den Hauptstamm selbst, als auch über die verschiedenen Verzweigungen.

Ich widerstand dagegen der Versuchung, die einzelnen Zweige in ihre kleinen Verästelungen zu verfolgen oder in die Einzelheiten der fortschreitenden Entwicklung einzugehen, was ich vielmehr denen überlassen muss, die sich mit den Spezialforschungen über Sprache, Archäologie, Technologie, Kunst, Litteratur, Politik, Moral und Religion befassen. Insoweit ich diese Gegenstände jedoch berühren muss, werde ich dies nur thun, um zu allgemeinen Grundsätzen der geistigen Entwicklung zu gelangen, nicht aber um mich über Thatsachen oder Meinungen von rein historischem Interesse zu verbreiten.

Da ich nach alledem die Arbeit innerhalb dieser Grenzen weit umfangreicher gefunden, als ich ursprünglich vorausgesetzt, entschloss ich mich, die Bearbeitung des gesamten Gebietes in einzelne Abteilungen zu bringen, von denen der vorliegende Band den Anfang bildet. Wie der Titel besagt, beschäftigt sich derselbe ausschliesslich mit dem Ursprung der menschlichen Befähigung. Ein künftiger Band wird nacheinander den Verstand, die Gemütsbewegungen, den Willen, Moral und Religion behandeln Immerhin wird es noch mehrere Jahre dauern, ehe ich zur Veröffentlichung dieser Abhandlungen schreiten kann, obwohl einige derselben in der Bearbeitung schon ziemlich vorgeschritten sind.

Was den vorliegenden Band betrifft, so halte ich ihn, von einem gewissen viel umstrittenen Standpunkte aus, für den wichtigsten. Wenn die Entstehung des begrifflichen Denkens aus nichtbegrifflichen Vorstufen wahrscheinlich gemacht ist, wird die grosse Mehrzahl der urteilsfähigen Leser erkennen, dass die psychologische Schranke zwischen Tier und Mensch überwunden ist. Meiner Betrachtung über diesen Ursprung der menschlichen Befähigung habe ich demzufolge einen unverhältnismässig grossen Raum zugestanden, unverhältnismässig namentlich im Vergleich zu der Weiterentwicklung jener Befähigung in ihre obenerwähnten verschiedenen Verzweigungen. In dem vorliegenden Bande werde ich mich noch vorzugsweise mit der Psychologie des Hauptgegenstandes beschäftigen, indem ich mir für die nächste Abteilung eine Beleuchtung der geistigen und gesellschaftlichen Stellung des Menschen vorbehalte, wie sie uns durch Erforschung einerseits seiner Überreste, anderseits der heutigen wilden Völkerstämme ermöglicht wird. Aber auch mit dieser Einschränkung wird man den Hauptinhalt des vorliegenden Bandes noch umfassender finden, als man es im allgemeinen erwartet haben mag, da der darin behandelte Gegenstand meiner Meinung nach bisher seitens der Psychologen nicht annähernd die erschöpfende Erklärung gefunden hat, deren er fähig ist, und die er mit Rücksicht auf die allgemeine Entwicklungslehre unfraglich verdient. Nichtsdestoweniger habe ich überall jede unnötige Weitschweifigkeit zu vermeiden gesucht, im Vertrauen darauf, dass der freundliche Leser die Bedeutung der Hauptpunkte zu würdigen wissen wird, auch ohne dass der Verfasser sich des weiteren darüber zu verbreiten braucht. Die einzigen Stellen, wo ich mich dem Vorwurf einer überflüssigen Wiederholung aussetzen dürfte, sind vielleicht diejenigen, wo ich bemüht bin, die neuartigen Grundzüge meiner Darlegung zum vollen Verständnis zu bringen; aber auch hierbei möchte ich nicht voraussetzen, dass sich die Leser über die Bemühungen zu beschweren hätten, welche zur Erläuterung des immerhin verwickelten Gegenstandes dienen. Da aber vor mir noch niemand so weit in den letzteren eingedrungen ist, so sah ich mich genötigt, eine Anzahl neuer Ausdrücke zu schaffen, um einesteils fortwährende Umschreibungen zu vermeiden, andernteils der analytischen Untersuchung entgegen zu kommen. Ich habe übrigens diese Notwendigkeit nur zu beklagen, und nahm meine Zuflucht auch nur dann dazu, wenn mich die Umstände dazu zwangen. Somit werden sich denn auch gegnerische Kritiken wohl nicht an jene neuen Bezeichnungen stossen und sie meinem Zwecke gegenüber etwa für überflüssig halten. Jedem Arbeiter muss die Wahl seiner Werkzeuge gestattet sein, und wenn er sie nirgends vorfindet, so bleibt ihm nichts andres übrig, als sie sich anzufertigen.

Wem nun die allgemeine Entwicklungslehre in ihrer Anwendung auf den menschlichen Geist bereits als selbstverständlich erscheint, dem mag das vorliegende Werk vielleicht als überflüssige Bemühung erscheinen. Ich wüsste es ihm allerdings nachzufühlen, wenn er mir vorwerfen möchte, ich führte Kanonen gegen Sperlinge auf, indessen müsste ich ihn doch bitten, zwei Dinge ins Auge zu fassen. Erstlich, dass, so offenbar und einleuchtend ihm jene Wahrheit erscheinen mag, dieselbe nichtsdestoweniger noch sehr weit davon entfernt ist, allgemein als Wahrheit anerkannt zu werden; und wenn ich einsehe, dass es von der grössten Bedeutung ist, diese Wahrheit als einen wesentlichen Teil der Descendenztheorie festzustellen, so vermag ich nicht zuzugeben, dass Zeit und Mühe bei einer ernsthaften Anstrengung in dieser Richtung verloren sei, selbst wenn es bereits überzeugten Geistern unnötig erscheinen sollte, unsre Gegner in einer anscheinend so überflüssigen Weise zu schlagen. Sodann muss ich solche freundlichen Kritiker bitten, zu beachten, dass obwohl die Darstellung überall in der Form einer Beantwortung von Einwürfen gehalten ist, sie doch einen viel weitern Zweck verfolgt: sie beabsichtigt nämlich nicht nur die Niederlage der Gegner, sondern noch vielmehr eine Auseinandersetzung der Grundsätze, die wahrscheinlich den „Ursprung der menschlichen Befähigung“ betreffen.

Das Diagramm, welches schon aus meinem früheren Werke „geistige Entwicklung im Tierreich“ herüber genommen ist und dazu dienen soll, die Umrisse der Psychogenesis durch das ganze Tierreich darzustellen, wird auch in dem folgenden Schlussband dieses Werkes erscheinen, der die weiteren hauptsächlichsten Stufen der „geistigen Entwicklung beim Menschen“ aufzeigen soll.

Inhaltsverzeichnis.

Erstes Kapitel.

Mensch und Tier.

Indem ich das Problem der Psychogenesis an der Stelle aufnehme, wo ich in einem frühern Bande*) stehen geblieben, habe ich es in dem vorliegenden Bande mit dem ganzen Umfang der geistigen Entwicklung beim Menschen zu thun. Der sich uns darbietende Gegenstand ist indessen so umfassend, dass er in seinen verschiedenen Zweigen die gesamte Geschichte unsrer Art mitsamt der vorgeschichtlichen Entwicklung aus niederen Lebensformen einschliessen könnte, wie ich schon in der Vorrede ausgeführt habe. Indessen ist es weniger meine Absicht, eine Geschichte der Civilisation zu schreiben oder irgend eine Hypothese über die Anthropogenese auszuarbeiten, als vielmehr eine Untersuchung der menschlichen Psychologie anzustellen und zwar unter Anwendung und Befolgung derjenigen Prinzipien, die uns über die tierische Psychologie so vieles Licht verbreiten halfen.

Ich wünsche zu zeigen, dass auf dem einen wie auf dem andern Gebiete das Licht, welches von der Entwicklungslehre verbreitet wird, von einer Fülle ist, die wir jetzt erst zu würdigen beginnen; und dass, wenn wir die Theorie der ununterbrochenen Entwicklung von der einen Art des Geistes zu der andern annehmen, wir imstande sind, die ganze geistige Beschaffenheit des Menschen wissenschaftlich zu erklären, selbst in jenen Teilen, welche seither völlig unerklärlich schienen.

---

*) Unter dem Titel: „Geistige Entwicklung im Tierreich."

Zu diesem Zwecke ist es keineswegs notwendig, in Einzelheiten bezüglich der Anwendung jener Prinzipien auf die geschichtlichen Thatsachen einzugehen; ich glaube vielmehr, dass ein solcher Versuch — selbst wenn er in meiner Macht stünde — nur dazu dienen würde, jene Prinzipien zu verdunkeln. Ich will mich vielmehr darauf beschränken, die Wirksamkeit der letzteren in allgemeinen Umrissen darzulegen, indem ich es dem Historiker von Fach überlasse, dieselben auf die speziellen Fälle anzuwenden.

Da die vorliegende Arbeit sich somit als eine Untersuchung der menschlichen Psychologie mit Bezug auf die Descendenztheorie darstellt, so wird es die erste von ihr zu lösende Aufgabe sein, den Nachweis zu führen, dass der menschliche Geist seinen Ursprung von dem Geist, dem wir bei den niederen Tieren begegnen, herleitet. Hier glaube ich nun nicht zu viel zu sagen, wenn ich behaupte, dass wir damit eine Frage aufwerfen, die nicht nur als die interessanteste innerhalb der Grenzen meines Werkes, sondern vielleicht auch als die wichtigste angesehen werden kann, die jemals unsrer Betrachtung unterworfen wurde. Wenn es wahr ist, dass „das eigentliche Studium des Menschen der Mensch ist“ so hat die Naturforschung nie zuvor ein nach allen Richtungen so wichtiges Gedankengebiet erreicht, als dasjenige ist, welches unsre Generation zum erstenmale in Angriff nimmt.

Nach jahrhundertelangen geistigen Errungenschaften auf allen Gebieten der Erscheinungswelt kommt der Mensch einer ganz neuen und ganz unerwarteten Anwendung des alten Spruchs: „Erkenne dich selbst“ auf die Spur. Er beginnt die starke Wahrscheinlichkeit, wenn nicht gar unabweisbare Gewissheit, zu begreifen, dass seine eigne Natur ihrem ganzen Wesen nach identisch ist mit jeder andern lebenden Natur, und dass selbst die erstaunlichste Seite derselben, ja das erstaunlichste Ding im Bereich seiner Erkenntnis, der menschliche Geist, nur die höchste Blüte eines mächtigen Gewächses darstellt, dessen Wurzeln und Stamm und viele seiner Zweige in den Abgrund planetarischer Zeiten versunken sind. Sonach dürfen wir wohl mit Professor Huxley*) sagen:

*) „Die Stellung des Menschen in der Natur“ S. 67.

„Die Bedeutung einer solchen Untersuchung ist durch sich selbst offenbar. Aber von Angesicht zu Angesicht jenen verzerrten Abbildern seiner selbst gegenüber gebracht, ist sich auch der gedankenloseste Mensch eines gewissen Schreckens bewusst, der vielleicht nicht sowohl Folge des Abscheus beim Anblick einer scheinbar beleidigenden Karrikatur seiner selbst, sondern dem Erwachen eines plötzlichen und tiefen Misstrauens zuzuschreiben ist, eines Misstrauens gegen altehrwürdige Theorien und festgewurzelte Vorurteile in Bezug auf seine eigne Stellung in der Natur und seine Beziehungen zu den unteren Schichten des Lebens; und während dies für den nicht weiter Nachdenkenden eine dunkle Ahnung bleibt, wird es für alle die, welche mit den neuesten Fortschritten der anatomischen und physiologischen Wissenschaften bekannt sind, ein weiter, mit den tiefsten Konsequenzen beschwerter Beweisgrund."

Somit gipfelt die Aufgabe, welche zum erstenmale der Denkkraft unsrer Generation vorgelegt wurde, in der Frage, wie diese Denkkraft selbst entstanden sein möge? Eine weitere Frage von höchstem Interesse für jede Art von Philosophie hat sich mit dem Studium der Biologie ergeben; die Frage, ob der menschliche Geist im wesentlichen dasselbe sei, wie der Geist der niederen Tiere, oder, wenn er im ganzen oder zum Teil andern Ursprungs wäre, ob er sich im wesentlichen nicht nur dem Grade, sondern auch der Art nach von allen andern Arten psychischen Daseins unterscheide?

Insofern aber die Meinungen über diese grosse und überaus wichtige Frage noch sehr geteilt sind — sogar unter jenen bedeutenden Forschern, welche die Grundgesetze der Entwicklungslehre zur Erklärung der geistigen Beschaffenheit der niederen Tiere angenommen, — ist es einleuchtend, dass dieselbe weder oberflächlich, noch leicht genommen werden darf. Ich werde mich deshalb bemühen, meine Untersuchung so klar als möglich und zwar mit der ganzen Unparteilichkeit, deren ich fähig bin, anzustellen.*)

---

*) Es ist vielleicht nicht unnötig, hier von vornherein zu erklären, dass ich unter dem Ausdruck „der Art nach verschieden" hier wie anderwärts die Verschiedenheit des Ursprungs verstehe. Es ist dies in der That der einzige

Prüfen wir die vorliegende Frage in erster Linie auf rein aprioristische Gründe hin. Nach der ursprünglichen Hypothese, über welche alle Naturforscher von einiger Bedeutung heute einig sind, giebt es einen einheitlichen Fortschritt der organischen und geistigen Entwicklung durch das ganze Gebiet des Lebens und des Geistes, mit der einzigen Ausnahme des menschlichen Geistes.

Aus Gründen der Analogie müssen wir es nun von vornherein für unwahrscheinlich halten, dass der sonst so einheitliche und allgegenwärtige Entwicklungsgang an jenem Punkte plötzlich unterbrochen sein sollte. Und wenn wir die Analogie in ihrer ganzen Ausdehnung betrachten, so gewinnt diese Vermutung eine so starke Begründung, dass sie meiner Meinung nach nur durch sehr zwingende und nicht misszuverstehende Thatsachen aufgewogen werden könnte, die einen zu deutlichen Unterschied zwischen menschlicher und tierischer Psychologie nachwiesen, um es möglich erscheinen zu lassen, dass das eine sich zum andern abgestuft haben könnte. Ich möchte dies als meine erste Betrachtung aufstellen.

Von unserm aprioristischen Standpunkte aus halte ich es ferner für unfraglich, dass die menschliche Psychologie der aufmerksamen Beobachtung bei jedem menschlichen Individuum einen stufenweisen, von der Kindheit bis zum erwachsenen Zustande fortschreitenden Entwicklungsgang darbietet, und dass bei diesem Fortschreiten, welches bei einem Nullpunkt geistigen Lebens beginnt und in einem Genie gipfeln kann, niemals und nirgends ein plötzlicher Sprung stattfindet, wie ihn etwa der Übergang von einer Art beseelter Wesen zu einer andern erwarten liesse. Es ist dagegen eine leicht zu beobachtende Thatsache, dass, mag die menschliche Intelligenz der Art nach vom Tiere verschieden sein oder nicht, die Annahme einer gradweisen Entwicklung von einem Nullpunkt aus vollständig gerechtfertigt erscheint. Dies ist die zweite Erwägung, die ich aufstelle.

So lange der menschliche Geist die niedern Phasen seiner Entwicklung durchläuft, verfolgt er unverkennbar eine Stufenreihe

---

wirkliche Unterschied, der zwischen den Ausdrücken „der Art nach" und „dem Grade nach" aufgestellt werden kann.

geistiger Fähigkeiten, parallel derjenigen, welche uns von der Psychologie des Tierreichs fortwährend vorgeführt wird. Ein Blick auf die diesem Bande vorgeheftete Tafel wird uns zeigen, wie sehr in quantitativer und qualitativer Hinsicht die geistige Entwicklung des menschlichen Individuums mit der der Tierwelt übereinstimmt. Und wenn wir sehen, dass bis zum Endpunkt der Parallele jene Tafel nicht der Ausdruck einer psychologischen Theorie, sondern eine gut beobachtete und unleugbare psychologische Thatsache darstellt, so wird wohl jeder denkende Leser zugeben, dass wie auch die Auslegung jener bemerkenswerten Übereinstimmung ausfallen möge, irgend eine Erklärung dafür zulässig sein muss, und sie nicht etwa dem blossen Zufall zugeschrieben werden darf. Nun scheint mir aber die einzig statthafte Auslegung die zu sein, welche ich an der Hand der Descendenztheorie gegeben habe. Diese Thatsachen, welche ich als die dritte meiner Beobachtungen niederlege, dienen jedoch noch weiter dazu, den Wert unsrer Vermutung höchst bedeutsam zu unterstützen, gegenüber jeder Hypothese, die von der Annahme ausgeht, dass der Entwicklungsgang auf dem geistigen Gebiet irgendwo unterbrochen sein könnte.

Schliesslich ist es noch eine Thatsache der Beobachtung, dass in der Geschichte unsrer Rasse, wie sie in Dokumenten, Überlieferungen und Überbleibseln aus der Steinzeit niedergelegt ist, der Verstand des Menschengeschlechts in stufenweiser Entwicklung stetig fortgeschritten ist. Hieraus geht hervor, dass wenn der geistige Entwicklungsgang zwischen den Menschenaffen und dem Urmenschen aufgehoben war, er bei letzterem wieder aufgenommen und seitdem ununterbrochen weitergeführt wurde, in ähnlicher Weise wie es vordem im Tierreich der Fall gewesen. Mir scheint dies aber angesichts der Thatsachen mindestens eine recht unwahrscheinliche Annahme zu sein. Auf alle Fälle ist sie sicherlich nicht der Art, dass ein Mann der Wissenschaft sie irgendwie begünstigen dürfte, zumal eine lange und mühsame Erfahrung uns gelehrt hat, dass die fruchtbarste Voraussetzung, die wir zum Naturstudium mitbringen können, in der Anerkennung des Prinzips der Einheitlichkeit der Natur besteht.

Die Summe dieser verschiedenen aprioristischen Betrachtungen muss nach meiner Meinung einen starken Anhalt für die Anschauung geben, dass eine Unterbrechung im Laufe des psychologischen Entwicklungsprozesses niemals stattgefunden, dass dagegen der menschliche Geist, so gut wie der tierische und überhaupt alles im Bereich der lebenden Natur, sich aus niedern Anfängen entwickelt hat. Unsre Betrachtungen zeigen überdies, dass nicht nur aus Analogieschlüssen eine solche Unterbrechung für höchst unwahrscheinlich gehalten werden muss, sondern dass nichts in der Beschaffenheit des menschlichen Geistes der Vermutung widerspricht, dass derselbe sich nach und nach entfaltet habe, zumal wir nicht nur in jedem Einzelleben, sondern auch durch die ganze Geschichte unsrer Rasse ersehen können, dass der menschliche Geist in der That dem erwähnten Prozess unterworfen war und noch ist.

Um eine so stark auf aprioristische Gründe gestützte Annahme umzustürzen, wird der Psychologe sicherlich gehalten sein, mächtige Bedenken *a posteriori* aufzustellen, die imstande wären nachzuweisen, dass in der Beschaffenheit des menschlichen Geistes etwas enthalten sei, was uns die Annahme nicht gestattet oder doch wenigstens ausserordentlich erschwert, dass derselbe auf dem Wege der genetischen Abstammung aus einem Geiste niederer Ordnung hervorgegangen sein könne. Ich werde nun dazu übergehen, möglichst sorgfältig und unparteiisch die Argumente zu betrachten, die zur Unterstützung dieser Behauptung beigebracht worden sind.

In dem einleitenden Kapitel zum vorigen Bande machte ich bereits die Bemerkung, dass die Frage, ob der menschliche Verstand sich aus dem tierischen entwickelt habe oder nicht, wissenschaftlich nur auf dem Wege der Vergleichung behandelt werden könne, unter Feststellung der Punkte, in welchen beide übereinstimmen und in welchen sie sich unterscheiden. Ich werde nun damit beginnen, die Übereinstimmungen festzustellen und dann zur Prüfung aller beachtenswerten Punkte übergehen, die bezüglich der Unterscheidungsmerkmale vorgebracht wurden.

Wenn wir die Gemütsbewegungen betrachten, wie sie beim Tier vorkommen, so wird uns die unverkennbare Thatsache auffallen, dass das von ihnen in Beschlag genommene psychologische Gebiet sich nahezu mit demjenigen deckt, welches von den emotionellen Fähigkeiten des Menschen beansprucht wird. In dem oben erwähnten frühern Bande stellte ich den Nachweis für alle Gemütsbewegungen zusammen, die ich hier nach der Reihe ihres Auftretens aufzähle: Furcht, Überraschung, Kampflust, Neugier, Eifersucht, Ärger, Spielerei, Sympathie, Nacheiferung, Stolz, Empfindlichkeit, Sinn für das Schöne, Kummer, Hass, Grausamkeit, Wohlwollen, Rachsucht, Wut, Scham, Reue, Hinterlist, Lustigkeit.

Dieses Verzeichnis erschöpft aber sämtliche menschliche Gemütsbewegungen mit Ausnahme derjenigen, welche sich auf Moral, Religion und Sinn für das Erhabene beziehen. Ich halte mich daher für vollkommen berechtigt, daraus zu schliessen, dass in Bezug auf Gemütsbewegungen nicht gesagt werden kann, dass die Thatsachen der tierischen Psychologie irgend welche Schwierigkeit für die Abstammungstheorie ergäben. Im Gegenteil, das Gemütsleben der Tiere ist so auffallend ähnlich dem des Menschen, insbesondre kleiner Kinder, dass die Übereinstimmung gradezu als ein direkter Beweis für die genetische Kontinuität zwischen denselben gelten kann.

Ebenso verhält es sich mit dem Instinkt. Wenn wir diesen Ausdruck in dem früher gegebenen Sinne nehmen,*) so ist es unzweifelhaft richtig, dass sich beim Menschen, namentlich während seiner Kindheit und Jugend, besonders stark ausgeprägte Instinkte bemerklich machen, die hauptsächlich auf Ernährung, Selbstschutz, Hervorbringung und Aufzucht der Nachkommenschaft Bezug haben. Es ist noch niemandem beigefallen zu leugnen, dass alle diese Instinkte identisch mit denen niederer Tiere sind, noch hat man jemals behauptet, dass es irgend einen Instinkt gäbe, welcher aus-

*) A. a. O. S. 169. Der Ausdruck ist ein die Gattung betreffender insofern er alle die geistigen Fähigkeiten umfasst, welche bei einer der individuellen Erfahrung vorausgehenden bewussten und anpassenden Handlung beteiligt waren, ohne notwendige Kenntnis der Beziehungen zwischen den angewandten Mitteln und dem erreichten Zwecke, aber ähnlich ausgeführt unter ähnlichen und häufig wiederkehrenden Umständen bei allen Individuen einer und derselben Art.

schliesslich dem Menschen eigentümlich sei, abgesehen von moralischen und religiösen Gefühlen, soweit man dieselben für instinktmässig halten kann. Obwohl der Instinkt in der Psychologie vieler Tiere eine grössere Rolle spielt als in der des Menschen, ist diese Thatsache doch für die gegenwärtige Frage, wo wir es nur mit der Identität des Prinzips zu thun haben, von keinem Belang. Wer aber kindisch genug wäre, darauf hinzuweisen, dass der menschliche Geist der Art nach sich von dem tierischen Geist unterscheide, weil er keine eigentümlichen Instinkte zeige, wie z. B. das Gewebe der Spinne, das Bauen von Nestern, oder das Eierlegen, so würde man ihm darauf erwiedern können, dass in diesem Sinne auch der Geist einer Spinne von dem eines Vogels der Art nach verschieden sein müsse. So ist denn wohl die Übereinstimmung, soweit wir es mit Gemütsbewegungen und Instinkten zu thun haben, allzustark, um irgend einen Anhalt für den gegenteiligen Standpunkt zuzulassen.

Über den Willen werde ich mich in einem zukünftigen Teile dieses Werkes eingehender verbreiten. Hier genügt es zu sagen, dass noch niemand die wesentliche Übereinstimmung des Willens des Tieres mit dem des Menschen ernstlich in Frage gestellt hat, bis hinauf zu jenem Punkte, wo die sogenannte „Freiheit" des Willens nach der Meinung einiger Gegner hinzutritt und den Willen des Menschen wesentlich charakterisiert. Sollten wir nun finden, dass der menschliche Wille in der That sich vom tierischen in einem so wichtigen Zuge oder in einer so wesentlichen Eigenschaft unterscheide, so wird diese Thatsache im Laufe unsrer Untersuchung sorgfältig berücksichtigt werden. Vorläufig haben wir nur im allgemeinen die Übereinstimmungen zwischen der tierischen und der menschlichen Psychologie hervorzuheben. Mit Bezug auf den Willen ist dabei festzustellen, dass bis zu dem Punkt, wo der Menschenwille jenen des Tieres hinsichtlich der Kompliziertheit, der Verfeinerung und Voraussicht überragt, niemand deren Identität der Art nach bestreitet.

Dieselben Bemerkungen gelten schliesslich auch für die Verstandesfähigkeiten.*) So ungeheuer der Unterschied zwischen

---

*) Was diesen Ausdruck betrifft, so ist, auf welchem Standpunkt hin-

den beiderseitigen Fähigkeiten unzweifelhaft auch sein mag, so ist er doch sicher keiner der Art *ab initio* nach. Im Gegenteil, wir müssen zugestehen, dass bis zu einem gewissen Grade aufwärts, — nämlich bis zur höchsten Stufe der von einem Tiere erreichten Intelligenz — nicht nur eine Übereinstimmung der Art nach besteht, sondern auch eine völlige Identität. Mit andern Worten, die schon erwähnte und in meinem Diagramm gezeichnete Parallele zwischen menschlichem und tierischem Verstande lässt keinen Widerspruch zu. Eine Frage erhebt sich also nur bezüglich jener hinzukommenden Fähigkeiten, oberhalb der achtundzwanzigsten Stufe, wo das Wachstum der tierischen Intelligenz endigt und die spezifisch menschliche Intelligenz beginnt. Auf dieser achtundzwanzigsten Stufe findet sich der menschliche Geist bereits im Besitze vieler seiner höchst nützlichen Eigenschaften und wirft diese nun nicht etwa von sich, sondern trägt sie mit sich hinauf in seinen weitern Entwicklungsgang, wie wir es bei der Psychogenesis eines jeden Kindes beobachten können. Nun gehört es zum eigentlichen Wesen des Entwicklungsprozesses, dass, wenn eine Daseinsordnung zu höhern Graden aufsteigt, dies auf der durch den vorhergehenden Entwicklungsgrad gelegten Grundlage geschieht, sodass, wenn sie mit einer Daseinsform verglichen wird, die noch nicht so weit aufgestiegen ist, eine mehr oder weniger nahe Parallele zwischen beiden gezogen werden kann, bis hinauf zu dem Punkt, wo die eine sich von der andern entfernt und jeder bis dahin mögliche Vergleich aufhört. Mit Rücksicht hierauf können wir sagen, dass die vorliegenden Thatsachen der vergleichenden Psychologie deutlich darauf hinweisen, dass die hinzutretenden Fähigkeiten des menschlichen Intellekts einem Entwicklungsprozess ihr Dasein verdanken.

Um den Verdacht abzuwehren, dass ich in dieser einleitenden Skizzierung der Ähnlichkeiten zwischen menschlicher und tierischer Psychologie die Linien mit parteiischer Hand zu ziehen versuchte,

sichtlich der Unterscheidung zwischen menschlicher und tierischer Psychologie man auch stehen mag, auf alle Fälle zwischen den verschiedenen Bestandteilen zu unterscheiden, und so auch zwischen dem Instinkt, den Gemütsbewegungen und dem Verstande des Tieres. Vergl. hierzu auch „Geistige Entwicklung im Tierreich“ S. 372.

will ich hier eine kurze Stelle anführen, zum Beweis, dass ich die Grenzen, innerhalb deren die Anhänger der im übrigen entgegengesetzten Meinung mit mir übereinstimmen, nicht fälschlich gezogen habe. Ich wähle zu diesem Zwecke als Gewährsmann einen ausgezeichneten Naturforscher und anerkannten Psychologen, den kompetentesten und angesehensten meiner Opponenten in jenen beiden Richtungen, auf den ich später noch öfters Gelegenheit haben werde mich zu beziehen. In seiner Rede als Vorsitzender der biologischen Sektion der britischen Gesellschaft 1879 drückt sich Mivart wie folgt aus:

„Ich wünsche durchaus nicht die wunderbaren Fähigkeiten der Tiere und die Ähnlichkeit ihrer Handlungen mit denen des Menschen unbeachtet zu lassen. Es kann niemand vernünftigerweise leugnen, dass viele derselben Gefühle, Gemütsbewegungen und Sinneswahrnehmungen ähnlich den unsrigen besitzen; dass sie freiwillige Bewegungen vollziehen und auf Umwegen komplizierte Handlungen zu einem bestimmten Endzweck verrichten; dass sie bis zu einem gewissen Grade durch Erfahrung lernen und Wahrnehmungen und Erinnerungen zu praktischen Folgerungen verwenden, indem sie Dinge, die in verschiedenen Beziehungen zu einander stehen, sofort begreifen, sodass man in gewissem Sinne sagen kann, dass sie sich auf Relationen verstehen. Sie zeigen Schwanken, das unter dem Anschein eines Widerstreits von Begehrungen oft mit etwas endet, was wie Wahl oder Wille aussieht, und Tiere, wie der Hund, legen nicht nur in wunderbarster Weise Treue und Zuneigung an den Tag, sondern geben auch offenbare Anzeichen von Schamgefühl, welches der Ausgangspunkt einer moralischen Empfindung zu sein scheint. Es ist also nicht zu verwundern, dass viele Menschen, die zu geduldiger und sorgfältiger Prüfung weniger geneigt sind, den wesentlichen Unterschied zwischen einer so beanlagten Natur und der geistigen Natur des Menschen übersehen können."

Wenden wir uns nun zu der Betrachtung der Punkte, in denen menschliche und tierische Psychologie nach der Ansicht vieler Autoren sich unterscheiden. Bei der Theorie, wonach Tiere fühllose Maschinen seien, brauchen wir uns nicht aufzuhalten, da heutzutage niemand mehr geneigt sein wird, dieselbe zu verteidigen.* Auch eine andre Unterscheidung zwischen menschlicher und tierischer Psychologie, die mehr oder weniger von jeher für ausgemacht galt, dass nämlich die eine mit Vernunft verbunden sei, die andre nicht, kann nach dem, was ich in meinem frühern Bande in dem Kapitel über die Vernunft sagte, einfach übergangen werden. Darnach steht fest, dass wenn wir den Ausdruck Vernunft in seinem wahren, im Gegensatz zu seinem hergebrachten, Sinne gebrauchen, die Tierseele in nicht geringem Grade des Schlussvermögens fähig ist. Die Quelle der noch herrschenden Lehre, wonach den Tieren die Anlage der Vernunft abginge, ist meines Erachtens darin zu finden, dass die Vernunft beim Menschen eine weit höhere Entwicklungsstufe erreicht als bei den Tieren, während der Instinkt bei den letzteren in höherem Grade vertreten ist als bei dem erstern. Die gewöhnliche Ausdrucksweise, die die Ähnlichkeitspunkte unbeachtet lässt, während sie die auffallendern Unterscheidungsmerkmale übertreibt, bezeichnet deshalb alle geistigen Fähigkeiten des Tieres als instinktiv, im unterscheidenden Gegensatz zu denen des Menschen, die sie vernünftig nennt. Um uns aber nicht in einem offenbaren Kreise zu drehen, müssen wir davon abstehen, alle Handlungen der Tiere instinktiv zu nennen und dann zu folgern, dass, weil sie instinktiv seien, sie sich der Art nach von den Handlungen des Menschen, welche vernünftig seien, unterschieden. Der Streitpunkt

---

*) Sollte wirklich jemand dazu imstande sein, so kann ich ihm nur das Wort von Prof. Huxley entgegenhalten: „Welcher Wert ist dem Anschein beizumessen, der uns zu der Annahme führt, dass unser Mitmensch empfindet? Das einzige Zeugnis in diesem Ähnlichkeitsbeweis besteht in der Ähnlichkeit seines Baues und seiner Handlungen mit unsern eignen, und wenn dasselbe hinreicht zu beweisen, dass unser Mitmensch empfindet, so genügt er auch zu dem Beweise, dass der Affe empfindet.“ (*Critiques and adresses, p.* 282.) Dieser Behauptung hielt Mivart in der That eine Kritik entgegen, sie ist aber von auffallend schwacher Natur. Er sagt: „Sicherlich geschieht es nicht infolge der Ähnlichkeit des Baues oder der Handlungen, dass die Menschen sich miteinander in Verbindung setzen können, sondern infolge der Sprache.“ Darauf genügt die Frage, ob denn die Sprache nicht Handlung ist, und dann, ob bei dem Ausdruck des Leidens, die artikulierte Sprache für „beredter“ gehalten wird, als Schreie und Gebärden?

besteht aber in der That in dieser Annahme und kann nur dadurch entschieden werden, dass wir zu prüfen suchen, in welcher wesentlichen Beziehung der Instinkt sich von der Vernunft unterscheidet. Ich habe dies in meinem frühern Werke so deutlich dargelegt, als es die Natur des Gegenstandes zulässt, und glaube in erster Linie nachgewiesen zu haben, dass ein so ungeheurer Unterschied zwischen Instinkt und Vernunft, wie gewöhnlich angenommen wird, nicht besteht, da der erstere oft mit dem letztern vermischt, und letzterer ebenso häufig in den erstern umgewandelt wird; und in zweiter Linie, dass sämtliche höhere Tiere in verschiednen Abstufungen die Fähigkeit besitzen, Schlüsse zu ziehen. Nun ist dies aber recht eigentlich die Fähigkeit der Vernunft und obwohl dieselbe allerdings in der tierischen Psychologie, im Gegensatz zu dem wunderbaren Aufstieg beim Menschen, niemals über eine verkümmerte Entwicklungsstufe hinausgeht, so hat dies doch offenbar mit der uns vorliegenden Frage nach einem Unterschied der Art nach nichts zu thun.*)

Auch die theologische Unterscheidung zwischen Mensch und Tier kann unbesprochen bleiben, da sie auf einem Glaubenssatz beruht, mit dem die Wissenschaft der Psychologie nichts zu thun hat. Mag der bewusste Teil des Menschen von dem bewussten Teile des Tieres sich durch seine Unsterblichkeit unterscheiden oder nicht; und mag der „Geist“ des Menschen von der „Seele“ des Tieres noch in andern Punkten verschieden sein oder nicht, das Dogma selbst wird der Wissenschaft nie eine Stimme darüber einräumen, weder zum bestätigen noch zum verneinen, denn ihm zufolge kann irgend eine positive Auskunft über diese Dinge nur auf dem Wege der Offenbarung kommen. Daher stimmen Dogma und Wissenschaft, soweit sie auch in andern Punkten auseinandergehen mögen, wenigstens darin überein, dass wenn das bewusste Leben des Menschen von dem bewussten Leben des Tieres so durchaus verschieden sein soll, es des Evangeliums bedurfte, um die unsterbliche Anlage des erstern zu verkünden.**)

---

*) Vergl. „Geistige Entwicklung im Tierreich“ Kap. 19.

**) Ich sehe hier von der Anschauung des h. Augustin, Luthers und ihrer Nachfolger, wie neuerdings des Bischofs Butler, ab, wonach Tiere sogut

Eine andre Behauptung, der wir häufig begegnen, ist, dass das Tier keine Zeichen von geistigem Fortschritt im Laufe der Generationen gäbe. Dieser Aufstellung gegenüber darf ich bemerken, dass sie vor allem das ganze Kapitel der geistigen Entwicklung bei Tieren in Frage stellt und deshalb dem Gesamtinhalt der in meinem frühern Bande niedergelegten Thatsachen widerspricht. Ich will zunächst darauf hinweisen, dass die angeführte Unterscheidung nur ungern von Gegnern der Entwicklungslehre aufgestellt wird, weil sie sich nicht verhehlen können, dass sie auf einer Anerkennung der Prinzipien der Entwicklungslehre in der Geschichte des Menschen beruht. Abgesehen davon, muss ich übrigens die in jener Unterscheidung enthaltene doppelte Behauptung in Abrede stellen. Ich will damit sagen, dass ich einerseits leugne, dass der geistige Fortschritt von Generation zu Generation eine unveränderliche Eigentümlichkeit der menschlichen Intelligenz darstelle, und andrerseits, dass ein solcher Fortschritt niemals bei der tierischen Intelligenz angetroffen würde.

Was den ersten dieser beiden Punkte betrifft, so möchte ich es z. B. für eine den Thatsachen in keiner Weise entsprechende Behauptung halten, dass alle lebenden Wilden, ohne mit dem zivilisierten Menschen in Berührung gebracht zu werden, von Generation zu Generation eine geistige Entwicklung erführen. Im Gegenteil, man kann mit Bezug auf die Psychologie der unzivilisierten Menschen getrost sagen, dass dieselbe in einem merkwürdigen Grade das zeigt, was wir die *vis inertiae* im Sinne einer aufsteigenden Bewegung nennen. Selbst ein so hochentwickelter geistiger Typus wie der des Negers, der in Millionen von Einzel-

---

ein unsterbliches Prinzip besitzen wie Menschen, denn diese Anschauung dient mit dazu, die menschliche und die tierische Psychologie zu identifizieren, nicht zu trennen. — Die Behauptung von Aristoteles und Buffon, dass sich Tiere von Menschen dadurch unterscheiden, dass ihnen die Fähigkeit geistiger Wahrnehmung fehle, verdient keine Berücksichtigung; sie scheint hinreichend charakterisiert durch die Bemerkung von Dureau de la Malle, welche ich hierher setze, zumal sie von gewissem historischem Interesse bezüglich der Lehre von der natürlichen Zuchtwahl ist. Er sagt: „*Si les animaux n'étaient pas susceptibles d'apprendre les moyens de se conserver, les espèces se seraient anéanties.*“

fällen in nahe Berührung mit Geistern von fortgeschrittenstem Typus kam und sich in vielen Tausenden von Individuen aller Vorteile einer liberalen Erziehung erfreut, hat niemals, soweit ich es zu ermitteln vermag, einen einzigen Zug von origineller Arbeit in irgend einem Gebiete intellektueller Thätigkeit ausgeübt.

Wenn wir ferner die ganze Geschichte des Menschen, soweit seine Überbleibsel uns darüber unterrichten, ins Auge fassen, so ist der hervorstechendste Zug wohl der einer unglaublichen Langsamkeit seines intellektuellen Fortschritts während all der frühern Jahrtausende seiner Existenz. Wenn ich auch die Annahme berücksichtige, dass das paläolithische Zeitalter, wie der Ausdruck lautet, sich auf eine Kulturstufe bezieht und nicht auf einen bestimmten Zeitabschnitt, also etwas darstellt, was in verschiednen Teilen der Welt zu ganz verschiednen Zeiten gekommen und gegangen ist; dass ferner dieselbe Bemerkung, wenn auch vielleicht in minderm Grade, für das neolithische Zeitalter gilt, so bleibt es doch immer eine merkwürdige Thatsache, dass während jener ungeheuren Zeiträume der menschliche Geist in praktischer Beziehung nicht über die primitiven Methoden des Feuersteinspaltens hinausgekommen ist, oder dass es der ganzen hierdurch charakterisierten Zeit bedurfte, ehe er nur zu einer so einfachen Erfindung gelangte, an Stelle des Feuersteins behufs Anfertigung von Waffen Horn zu benutzen. In meinem nächsten Bande, wo ich es speziell mit den Nachweisen der geistigen Entwicklung zu thun habe, werde ich eine ganze Anzahl von Beispielen beibringen, die den so ausserordentlich langsamen Fortschritt während jener Äonen vorgeschichtlicher Zeiten darthun. In der That, nicht eher, als bis der grosse Schritt gethan war, Metalle an Stelle von Steinen sowohl als von Horn zu setzen, begann jene geistige Entwicklung in einem einigermassen abschätzbaren Grade sich zu entfalten. Indessen ist dies sozusagen erst ein Ereignis von gestern, sodass, wenn wir das Menschengeschlecht im allgemeinen betrachten, sei es nach den Archiven der geologischen Geschichte, oder soweit es gegenwärtig die Erde bewohnt, wir nicht grade behaupten können, dass die Neigung zum Fortschritt ein leitender Charakterzug desselben sei. Im Gegenteil, ein Fortschritt von so rascher und anhaltender Art, wie wir ihn in Wirklichkeit erschauen, ist nur das Kennzeichen eines kleinen Teils der menschlichen Rasse während der jüngsten Stunden seiner Existenz.

Andrerseits trifft es ebensowenig zu, dass das Tierreich niemals irgendwelche Zeichen von geistigem Fortschritt im Laufe der Generationen aufweise. Wäre dies der Fall, so würde, wie schon früher bemerkt, eine geistige Entwicklung niemals haben Platz greifen können, und die geistigen Erscheinungen würden ganz und gar auf den Menschen beschränkt sein; alle Tiere würden bis auf den heutigen Tag nur eine vegetative Lebensform darbieten. Abgesehen von dieser allgemeinen Erwägung, begegnen wir aber auch einer ganzen Anzahl von Beispielen geistiger Entwicklung in aufeinanderfolgenden Generationen von Tieren, sogar innerhalb des durch die menschliche Beobachtung begrenzten Zeitabschnitts. In meinem frühern Bande*) finden sich zahlreiche Fälle, die uns zeigen, dass es ein ganz gewöhnlicher Vorgang bei Vögeln und Säugetieren ist, ihre am strengsten und festesten vererbten instinktiven Gewohnheiten abzuändern, um ihre Lebensbedingungen mit Bezug auf einen Wechsel in ihrer Umgebung zu verbessern. Wenn man aber dagegen einwirft, dass in diesem Falle das Tier nicht über die Stufe des Vogels oder Säugetieres hinausgehe, so kann die Antwort darauf natürlich nur lauten, dass auch ein Shakespeare oder Göthe sich nicht über die menschliche Stufe erhebt.

Ich vermag daher, alles in allem, nicht anzuerkennen, dass man einen durchgreifenden Unterschied zwischen menschlicher und tierischer Psychologie hinsichtlich eines Fortschritts von Generation zu Generation aufzustellen vermöchte. Ich würde es vielmehr für philosophischer halten, wenn ein mit den hierher gehörenden Thatsachen vertrauter Gegner der Entwicklungslehre das Gegenteil behauptete und Gründe dafür aufsuchte, dass kein hinreichender Unterschied zwischen menschlicher und tierischer Psychologie in dieser Beziehung bestehe. Denn wenn wir den grossen Fortschritt bedenken, den, gemäss der Entwicklungslehre, der paläolithische Mensch bereits über die höhern Affen hinaus zurückgelegt haben

*) „Geistige Entwicklung im Tierreich,“ besonders Kap. 13.

muss, und wenn wir nicht übersehen wollen, dass alle Rassen des heutigen Menschen den ungeheuren Vorteil einer Sprache besitzen, wodurch sie das Resultat ihrer eignen Erfahrung ihrer Nachkommenschaft vermitteln, so scheint mir die Schwierigkeit vielmehr darin zu liegen, wie es zu erklären sei, dass mit einem solchen Vorsprung und solchen Vorteilen die menschliche Rasse sowohl zur Zeit ihres ersten Auftretens in der geologischen Geschichte, als auch mit Rücksicht auf die grosse Mehrzahl der bestehenden Rassen, in dem langandauernden Stillstand seines geistigen Lebens noch so sehr an das Tier erinnern kann.

Ich will nun dazu übergehen, die Ansichten Wallaces und Mivarts über die Unterscheidung der menschlichen und tierischen Anlagen zu untersuchen. Beide Autoren sind bekanntlich ausgezeichnete Naturforscher und, soweit es die Tierwelt betrifft, erklärte Anhänger der Entwicklungslehre; überdies stimmen sie insofern überein, als, nach ihnen, die Grundsätze dieser Lehre keine Anwendung auf den Menschen finden. Indessen ist es merkwürdig, dass hinsichtlich der Psychologie sie die Argumente für ihre gemeinsame Schlussfolgerung ganz entgegengesetzten Voraussetzungen entnehmen. Denn während Mivart darthut, dass menschliche Intelligenz nicht von derselben Art sein könne wie tierische Intelligenz, weil der Geist des niedrigsten Wilden unvergleichlich höher stehe, als der des höchsten Affen, bringt Wallace Nachweise für die gleiche Schlussfolgerung auf Grund dessen, dass die Intelligenz der Wilden so wenig von der des höhern Affen verschieden sei, dass die Thatsache ihres verhältnismässig grössern Gehirns nur auf die vorausgesehenen Bedürfnisse des zivilisierten Lebens zielen könnte: „Ein unbedeutend grösseres Gehirn als das des Gorilla,“ sagt er, „würde nach den uns vorliegenden Zeugnissen zu der beschränkten geistigen Entwicklung des Wilden völlig ausgereicht haben; wir müssen daher zugeben, dass das grosse Gehirn, welches er wirklich besitzt, niemals vermöge der Entwicklungsgesetze allein vervollkommnet worden sein kann.“*)

*) „Natürliche Zuchtwahl.“ Es wird sich, als eine allgemeine Folgerung unsrer Untersuchung über die Psychologie des Wilden ergeben, dass von

Ich habe diese beiden Ansichten nebeneinander gestellt, weil ich es für einen interessanten, ja zu denken gebenden Umstand halte, dass meine beiden bedeutendsten Gegner zwar beide an der Lehre festhalten, dass der Mensch aus psychologischen Gründen vom übrigen Tierreich zu trennen sei, nichtsdestoweniger aber aus direkt entgegengesetzten Gründen zu ihrer gemeinsamen Doktrin gelangen.

Der ausgezeichnete französische Naturforscher, Prof. Quatre-

---

jenen beiden entgegengesetzten Meinungen die von Mivart vertretene am besten durch Thatsachen gestützt ist. Ich möchte jedoch noch eine diesen Punkt speziell berührende Bemerkung hinzufügen. Was erstens den Bau des Gehirns betrifft, so sagt Prof. Huxley darüber folgendes: „Der Gewichtsunterschied des Gehirns zwischen den höchstenwickelten und den niedersten Menschen ist, sowohl relativ als absolut, viel grösser, als der zwischen dem niedersten Menschen und dem höchsten Affen. Der letzterwähnte Unterschied wird, wie wir gesehen haben, durch 12 Unzen Hirnsubstanz absolut oder durch 32 : 20 relativ ausgedrückt; da aber das grösste bekannte menschliche Gehirn zwischen 65 bis 66 Unzen wog, so ist der erstgenannte Unterschied durch mehr als 33 Unzen absolut oder durch 65 : 32 relativ zu bezeichnen. Systematisch betrachtet sind die Differenzen im Gehirn bei Menschen und Affen nur von generischem Werte — seine Familienmerkmale liegen hauptsächlich in seinem Gebiss, seinem Becken und seinen unteren Extremitäten.“ (Stellung des Menschen in der Natur, S. 117.) — Ferner bemerkt bezüglich der Hirnfunktion Chauncey Wright sehr richtig: Eine psychologische Untersuchung des Sprachvermögens zeigt uns, dass selbst der kleinste Fortschritt darin mehr Hirnkraft erfordern würde, als der grösste Fortschritt in jeder andern Richtung. (*North American Review* Oct. 1870.) Unter Anführung dieser Stelle bemerkt Darwin über den wilden Menschen: „Er erfand verschiedene Waffen, Werkzeuge, Fallen etc. und machte Gebrauch davon, und damit verteidigt er sich, tötet oder fängt er seine Beute und vermag sich auf andre Weise Nahrung zu verschaffen. Er machte Flösse oder Boote, auf denen er fischen oder zu benachbarten fruchtbaren Inseln übersetzen kann. Er hat die Kunst entdeckt Feuer zu machen . . . Diese verschiedenen Erfindungen, durch welche der Mensch im rohesten Zustande ein solches Übergewicht erlangte, sind das direkte Resultat der Entwicklung seiner Beobachtungskraft, seines Gedächtnisses, seiner Neugierde, seiner Einbildungskraft und seines Verstandes. Ich vermag daher nicht zu verstehen, wie Wallace behaupten kann, dass natürliche Zuchtwahl den Wilden nur hätte mit einem Gehirn versehen können, was dem eines Affen wenig überlegen wäre.“ (Abstammung des Menschen I, 62.)

fages teilt ebenfalls die Meinung, dass der Mensch vom übrigen Tierreich abgetrennt werden müsse, als ein Wesen, welches aus psychologischen Gründen einen verschiedenen Ursprung gehabt habe. Er weicht aber von beiden englischen Evolutionisten durch eine etwas schärfere Auffassung seiner Unterscheidung ab, denn während Mivart und Wallace ihre Beweise aus dem menschlichen Geiste, als ganzes betrachtet, hernahmen, beschränkt Quatrefages seine Gründe auf die Fähigkeit des Gewissens und der Religion. Mit andern Worten, er gesteht zu, ja er besteht darauf, dass kein allgemein giltiger Unterschied zwischen Mensch und Tier mit Bezug auf Vernunft und Intellekt gezogen werden könne. So sagt er, um nur ein Beispiel aus seinen Schriften anzuführen: „Im Namen der Philosophie und Psychologie wird man mich beschuldigen, gewisse intellektuelle Eigenschaften der menschlichen Vernunft mit den ausschliesslich empfindenden Fähigkeiten der Tiere zu verwechseln. Ich werde sogleich versuchen, auf diese Kritik von dem Standpunkte aus zu antworten, der niemals von Naturforschern verlassen werden sollte, nämlich von dem des Experiments und der Beobachtung. Ich werde mich hier darauf beschränken zu sagen, dass nach meiner Meinung das Tier intelligent und, obwohl ein intellektuell rudimentäres Wesen, seine Intelligenz nichtsdestoweniger von derselben Natur ist, wie die des Menschen.“ Später bemerkt er noch: „Die Psychologen schreiben Religion und Moral der Vernunft zu und machen die letztere zu einer Eigenschaft des Menschen (mit Ausschluss der Tiere). Aber mit der Vernunft verbinden sie die höchsten Eigenschaften der Intelligenz. Nach meiner Ansicht vermengen sie durchaus verschiedene Thatsachen, die sie dann auf einen gemeinsamen Ursprung zurückzuführen suchen. Da sie Moralität oder Religion bei den Tieren nicht zu entdecken vermögen, und diese die beiden Fähigkeiten in Wirklichkeit auch nicht besitzen, so sind sie gezwungen, denselben auch Intelligenz abzusprechen, obwohl die Tiere meiner Meinung nach entschiedene Proben vom Besitz dieser Fähigkeit in jedem Augenblicke liefern.“*)

---

*) *„L'espèce humaine“.*

Inbetreff dieser Anschauungen habe ich nun zweierlei zu bemerken: Erstens, dass sie *toto caelo* von denjenigen Mivarts und Wallaces verschieden sind; wir haben dabei herausgefunden, dass die drei hauptsächlichsten Autoritäten, welche noch für einen Unterschied der Art nach zwischen Mensch und Tier aus psychologischen Gründen einstehen, weit davon entfernt übereinzustimmen, vielmehr in einem wesentlichen Gegensatz zu einander stehen, indem sie ihre gemeinsame Schlussfolgerung auf Voraussetzungen gründen, die sich alle gegenseitig ausschliessen. Wenn wir zweitens dem französischen Anthropologen auch vollständig beistimmen und eine Unterscheidung der Art nach lediglich auf Religion und Moralität gründen wollten, so würden wir immer noch zugeben müssen, — ein Punkt, der ihm sogar entgangen zu sein scheint — dass die Überlegenheit der menschlichen Intelligenz eine notwendige Bedingung zu jenen beiden Eigenschaften des menschlichen Geistes ist. Mit andern Worten, mag Quatrefages mit seiner Ansicht, dass Religion und Moral einen Unterschied der Art nach bei der einzigen damit begabten Tierart begründen, recht haben oder nicht, so ist doch mindestens soviel sicher, dass keine der beiden Eigenschaften bei ihr hätte auftreten können, wenn sie nicht mit einem höhern Grad von Intelligenz ausgestattet gewesen wäre; denn selbst die ursprünglichsten Formen der Religion und Moral beruhen auf Ideen von viel abstrakterer oder intellektuellerer Natur, als sie bei irgend einem Tiere anzutreffen sind. Offenbar ist also der erste unsrer Beachtung sich aufdrängende Unterschied der intellektuelle. Wenn die nähere Untersuchung zeigen sollte, dass die von Quatrefages vertretene Schule berechtigt ist, diesen Unterschied als einen dem Grade nach zu betrachten, während die Anhänger Mivarts sich im Unrecht befinden, wenn sie den Unterschied als einen der Art nach ansehen, so wird es geboten sein, die speziellen Fähigkeiten der Moralität und Religion auf jenen Zusammenhang hin zu prüfen. Dieses ist denn auch der Weg, den ich zu befolgen gedenke. Da aber der gesamte Inhalt des vorliegenden Bandes der Betrachtung des „Ursprungs der menschlichen Befähigung“ im weiteren Sinne des Wortes gewidmet ist, so wird erst nach vollständiger Abhandlung dieses Gegenstandes der Grund gelegt sein, um in einem nachfolgenden Bande die besonderen Fähigkeiten der Moral und Religion zu betrachten.*)

*) Von verschiedenen Schriftstellern ist noch eine ganze Anzahl andrer speziellerer Unterscheidungen psychologischer Art zwischen dem Menschen und den Tieren aufgestellt worden, wie Feuermachen, Tauschhandel treiben, Kleidung tragen, Werkzeuge benutzen u. s. w. Alle diese Unterscheidungen sind aber vielmehr einzelne Beispiele oder Illustrationen für den dem Menschen zukommenden höhern Grad von Ideenbildung, und bedürfen hier keiner eingehenderen Berücksichtigung. Ich bemerke hier noch, dass sich der vorliegende Band nicht um den gewöhnlichen Einwurf gegen den Darwinismus bezüglich des fehlenden „Zwischenglieds“ oder der Abwesenheit fossiler Überbleibsel von strukturellen Übergängen zwischen Mensch und anthropoiden Affen kümmern kann. Dieser Gegenstand gehört vielmehr zur Paläontologie und kann daher hier keinen Platz finden. Nichtsdestoweniger möchte ich kurz andeuten, dass die unterstellte Schwierigkeit von keiner grossen Bedeutung ist, wenn es auch nach der gewöhnlichen Auffassung fast selbstverständlich erscheinen mag, dass wenn eine lange Reihe von Generationen jemals existierte, die den Körperbau des Menschen mit dem der höhern Affen verband, zum wenigsten eine geringe Anzahl von Knochen zum Vorschein gekommen sein müsste. Der Geologe dagegen weiss nur allzuwohl, welch geringer Wert solchen negativen Zeugnissen beizumessen ist, wo es sich um das Archiv der Geologie handelt. Zahllose andre Funde von Zwischengliedern zwischen Tiergruppen, die zoologisch viel weiter von einander getrennt sind, als Affe und Mensch, können heute verzeichnet werden, und in der That gilt jener gewöhnliche Einwurf dem Geologen so wertlos, dass man ihn für gar keinen Einwurf hält. Andrerseits spricht die nahe anatomische Ähnlichkeit zwischen Mensch und höherem Affen — jeder Muskel, Knochen, Nerv etc. in dem ungemein komplizierten Bau des einen verglichen mit dem andern — so stark für eine ununterbrochene Abstammung, dass kein Sachverständiger diese Continuität, soweit sie sich auf den Körperbau bezieht, bestreiten wird. Die wenigen Naturforscher, die ihre Zustimmung zur Entwicklungslehre immer noch hinsichtlich des Menschen vorenthalten, schöpfen ihre Meinung ausdrücklich aus jenen psychologischen Gründen, die der gegenwärtigen Untersuchung als Gegenstand dienen.

Zweites Kapitel.

Ideen.*)

Ich gehe nun zur Betrachtung der nach meiner Meinung einzig zulässigen Unterscheidung zwischen menschlicher und tierischer Psychologie über. Diese Unterscheidung, welche eine vollständige Erklärung aller der mannigfaltigen und bedeutenden Verschiedenheiten liefert, die unleugbar zwischen dem Geiste des höchststehenden Affen und dem des niedersten Wilden bestehen, wird heutzutage von den Psychologen aller Schulen, vom philosophischen Idealisten bis zum Materialisten, allgemein anerkannt und, seit Aristoteles, von einer grossen Anzahl von Schriftstellern vertreten; am besten glaube ich sie aber mit den Worten Lockes wiederzugeben. Er sagt:

„Wenn ein Zweifel darüber bestehen kann, ob Tiere ihre Ideen in irgend einer Weise verbinden oder erweitern, so glaube ich behaupten zu dürfen, dass ihnen das Abstraktionsvermögen vollständig fehlt. Der Besitz

---

*) Im vorhergehenden Bande habe ich ein Kapitel der „Einbildungskraft“ gewidmet und die Psychologie der Ideenbildung, soweit sie die Tiere betrifft, dabei abgehandelt. Es wird nun nötig sein, die Ideenbildung mit Rücksicht auf den Menschen zu betrachten; zu diesem Zwecke müssen wir aber bis zu einem gewissen Grade auf die Ideenbildung bei Tieren zurückgreifen. Um mich jedoch so wenig als möglich zu wiederholen, will ich in folgendem annehmen, dass dem Leser der vorige Band bekannt ist. In der That kann der sich durch die nächsten Kapitel hinziehende Beweisgang nur nach vorheriger Kenntnisnahme des 9. und 10. Kapitels der „Geistigen Entwicklung im Tierreich“ völlig verstanden werden.

allgemeiner Ideen begründet einen durchgreifenden Unterschied zwischen Mensch und Tieren und ist ein Vorzug, der den letzteren in keiner Weise erreichbar ist. Denn es ist offenbar, dass wir bei denselben keine Spur eines Gebrauches allgemeiner Zeichen für allgemeine Ideen finden, wonach wir Grund zu der Annahme haben, dass ihnen die Fähigkeit zu abstrahieren oder allgemeine Ideen zu bilden, fehlt, zumal sie ja keine Worte noch irgend welche allgemeine Zeichen gebrauchen. Auch kann es nicht ihrem Mangel an tauglichen Organen zur Bildung artikulierter Laute zugeschrieben werden, dass sie keinen Gebrauch oder Kenntnis allgemeiner Worte besitzen, da viele von ihnen bekanntlich solche Laute hervorbringen und Worte hinreichend deutlich aussprechen können, niemals aber unter irgend welcher Anwendung derselben. Auf der andern Seite sind Menschen, die wegen irgend eines Fehlers ihrer Organe nicht sprechen können, doch imstande ihre allgemeinen Ideen durch Zeichen auszudrücken, die ihnen statt allgemeiner Worte dienen, ein Vermögen, das den Tieren, wie gesagt, abgeht. Demnach dürfen wir wohl annehmen, dass hierin der eigentümliche Unterschied der Tiere von den Menschen bestehe; derselbe trennt sie gänzlich von einander und erweitert sich zuletzt zu einer weiten Kluft. Bei alledem kann man den Tieren, wenn sie überhaupt irgend welche Vorstellungen haben, und nicht, wie einige wollen, blosse Maschinen sind, in einem gewissen Sinne Vernunft nicht absprechen. Manche von ihnen denken meiner Meinung nach, in gewissen Fällen, so gut, wie sie Sinne besitzen, aber nur innerhalb derjenigen besondern Ideen, die sie von ihren Sinnen empfangen haben. Auch die obersten Tierklassen bleiben in diese engen Grenzen gebannt und vermögen dieselben nicht durch irgend welche Abstraktion zu erweitern." *)

*) „Versuch über den menschlichen Verstand" II. Kap., 10. 11. Zu dieser Stelle bemerkt Berkeley, dass es unmöglich sei, eine abstrakte Idee von Beschaffenheit, gesondert von irgend einer konkreten Idee des Gegenstandes, zu bilden, wie z. B. eine Idee von Bewegung ohne einen bewegten Körper. („Prinzipien der menschlichen Erkenntnis" Einl. XI.) Es ist dies ein Punkt, den ich nicht vollständig behandeln könnte, ohne in den grossen philosophischen Streit zwischen Nominalismus, Realismus und Conceptualismus einzugehen, einen Gegenstand, der mich über die engen psychologischen Grenzen hinausführen würde, die ich diesem Buche gezogen habe. Es wird daher genügen darauf hinzuweisen, dass Berkeleys Kritizismus hier nur darauf ausgeht, zu zeigen, dass Locke nicht streng genug seiner nominalistischen Philosophie folgt. Was Locke that, bestand darin, zu sehen und festzustellen, dass eine allgemeine oder abstrakte Idee eine Wahrnehmung von Ähnlichkeit zwischen Individuen von einerlei Art in sich schliesst, unter Vernachlässigung der Unterschiede; worin er fehlte, war, dass er den weiteren Schritt unternahm zu zeigen, dass eine solche Idee keine Idee im Sinne einer geistigen Vorstellung sei; es sei lediglich das intellektuelle Symbol einer in Wirklichkeit

Hier haben wir also mit der ganzen gemeinverständlichen Klarheit dieses grossen Schriftstellers, was wir die ursprüngliche oder grundlegende Unterscheidung nennen können, nach der wir suchen; es ist der „eigentümliche Unterschied", der anfänglich so eng wie der Raum zwischen zwei Radspuren, zuletzt sich zu einer weiten Kluft ausdehnt, um schliesslich fast an den entgegengesetzten Polen des Geistes zu enden. Denn bei weiterem Fortschritt in derselben Entwicklungslinie wird der menschliche Geist in Stand gesetzt, über Abstraktionen eigner Arbeit nachzudenken, die sich mehr und mehr von der sinnlichen Wahrnehmung konkreter Gegenstände entfernen; er vermag diese Abstraktionen in endlosen Abänderungen von Ideenverbindungen zu vereinigen, und diese wiederum lassen sich zu Vorstellungen von immer komplizierterem Charakter ausdehnen u. s. f., bis wir zu der vollen Kraft des nach innen gerichteten Denkens gelangen, mit dessen Hilfe wir uns selbst erkennen. Wir kommen nun zu einem Gegenstand der feinsten Analyse, der zugleich eine grosse Anzahl Fragen von grundlegender Wichtigkeit für den Weiterbau unsres Werkes in sich schliesst. Ich meine das Wesen der Abstraktion und der Klassifizierung von Ideen. Noch immer umhüllt ein dichter Schleier diese wichtigen Dinge und bei der Behandlung derselben wird es unmöglich sein, Ausdrücke zu vermeiden, über deren Bedeutung die Psychologen noch nicht übereinstimmen. Indessen werde ich die Bedeutung, welche ich selbst jenen Ausdrücken beilege und

---

unmöglichen Existenz, nämlich einer Qualität ohne Objekt. Eine intellektuelle Versinnlichung dieser Art wird aber hauptsächlich durch das Mittel sprachlicher oder andrer konventioneller Zeichen, wie wir später sehen werden, dargestellt und dank dem klaren Verständnis dieses Vorgangs geschah es, dass der Realismus nach und nach durch den Nominalismus besiegt wurde. Der einzige Unterschied zwischen Locke und Berkeley in diesem Punkte ist also der, dass der Nominalismus des ersteren nicht so vollkommen oder gründlich war als der des letzteren. Ich will noch bemerken, dass wenn ich es im folgenden an der deutlichen Darstellung des Nominalismus fehlen zu lassen scheine, dies nur geschieht, um meine Untersuchung nicht unnütz in Konflikt mit dem Conceptualismus zu bringen. Denn ich selbst bin Nominalist und stimme mit Mill überein, wenn ich sage, dass wenn wir in Begriffen denken, dies nur ein andrer Ausdruck dafür ist, dass wir in Klassennamen denken.

die ihnen nach meiner Meinung auch zukommen, sorgfältig festsetzen. Zudem werde ich schliesslich innerhalb gewisser Grenzen eine neue Klassifikation und zwar unter ausreichender Begründung derselben, aufstellen.

Die Psychologen stimmen darin überein, dass das, was sie besondere Ideen oder auch Ideen von besondern Dingen nennen, geistige Vorstellungen oder Erinnerungen an jene Dinge sind, wie z. B. der Laut einer Freundesstimme vor unsern Geist die Idee jenes besondern Menschen bringt. Die Psychologen stimmen ferner darin überein, dass das, was sie als allgemeine Ideen bezeichnen, aus einer Vereinigung besondrer Vorstellungen entsteht, wie wir z. B. aus einer wiederholten Beobachtung von zahlreichen menschlichen Individuen die Idee des Menschen oder eines abstrakten Wesens bilden, das die Ähnlichkeiten unter jenen Individuen in sich schliesst, ohne ihre individuellen Unterschiede zu beachten. Besondre Ideen entsprechen daher Wahrnehmungen, während allgemeine Ideen Begriffen entsprechen. Eine einzelne Wahrnehmung (oder ihre Wiederholung) giebt den Anstoss zu ihrem Erinnerungsäquivalent als einer besondern Idee, während eine Gruppe ähnlicher, wenn auch nicht durchaus übereinstimmender Wahrnehmungen ihr Erinnerungsäquivalent als einen Begriff entstehen lässt, der also nur ein andrer Name für eine, durch die Vereinigung besondrer Ideen erzeugte, allgemeine Idee ist. Grade wie Galtons Methode durch Aufnahme einer Anzahl individueller Bilder auf derselben sensitiven Platte eine zusammengesetzte Photographie entstehen lässt, in der ein jedes der teilnehmenden Individuen teilweise und nach Verhältnis dargestellt ist, so werden auf der sensitiven Platte des Gedächtnisses zahlreiche Bilder früherer Wahrnehmungen zusammen in einen einzigen Begriff verschmolzen, der dann als ein zusammengesetztes Gemälde oder eine Klassendarstellung der es zusammensetzenden Bilder dasteht. Zudem sind es nur jene besondern, mehr oder weniger zahlreiche Ähnlichkeitspunkte aufweisenden Bilder, die auf der sensitiven Platte auf solche Weise zu einer deutlichen Photographie verschmolzen werden, wie es nur jene besondern, zu einer Klasse zusammenfliessenden Ideen sind, die einen klaren Begriff zusammenzusetzen vermögen.

Soviel über die besondern und allgemeinen Ideen. Ferner ist bisher der Ausdruck „abstrakt“ von verschiednen Psychologen in verschiednem Sinne angewendet worden. Was mich betrifft, so stimme ich der Anwendung Lockes in seiner obigen Ausführung zu; sie wird übrigens auch von der Mehrzahl der hierhergehörigen neuern Schriftsteller geteilt. Dieser Anwendung zufolge ist der Ausdruck „abstrakte Idee“ gleichbedeutend mit dem Ausdruck „allgemeine Idee“. Denn der Abstraktionsprozess besteht in der geistigen Analysierung der durch eine gegebne Wahrnehmung gebotnen Gruppe von Vorstellungen unter gedanklicher Hervorhebung derjenigen Züge oder Eigenschaften, auf welche die Aufmerksamkeit zur Zeit gerichtet ist. Selbst die ausgesprochensten Einzeldinge bieten immer noch eine Vereinigung von Eigenschaften, und wenn ein solches Ding auch in Wirklichkeit nicht in alle seine es zusammensetzenden Eigenschaften geteilt werden kann, so lässt es doch gedanklich eine solche Teilung zu. Der einzelne Mensch, den ich als Hinz oder Kunz kenne, lässt sich nicht in so und so viel Wärme, Fleisch, Knochen, Blut, Farbe u. s. w. auflösen, ohne aufzuhören, überhaupt ein Mensch zu sein; es hindert mich aber nichts, seine Wärme gedanklich zu abstrahieren, indem ich mir ihn als einen Körper vorstelle, ebenso sein Fleisch, seine Knochen und sein Blut, indem ich ihn mir als ein seziertes Objekt denke, ebenso die Weisse seiner Haut, die schwarze Farbe seiner Haare u. s. w. Nun ist offenbar unser Vermögen, allgemeine Ideen oder Begriffe zu bilden, an letzter Stelle abhängig von jenem Abstraktionsvermögen, oder von der Fähigkeit, eine oder mehrere der durch Wahrnehmungen, d. h. durch die Objekte unsrer besondern Ideen dargebotenen Eigenschaften gedanklich zu trennen. Meine allgemeine Idee von Wärme wurde nur dadurch möglich, dass ich die Eigenschaft der Wärme gedanklich abstrahierte von verschiednen warmen Körpern, in denen sie, zumeist in Gemeinschaft mit zahllosen Verbindungen anderweitiger Eigenschaften, existierte. Dies hindert aber nicht, dass überall dort, wo ich jener einzelnen Eigenschaft begegne, ich sie als die nämliche wiedererkenne. Von da aus gelange ich dann zu der allgemeinen oder abstrakten Idee der Wärme, abgesondert von jeder andern Eigenschaft, die in gewissen Fällen mit ihr verbunden sein mag.*)

Diese Fähigkeit gedanklicher Abstraktion ist die *conditio sine qua non* zu allen weitern Entwicklungsstufen des Denkens; denn durch sie allein vermögen wir Idee mit Idee zu vergleichen und so aufwärts zu immer höhern Stufen, zu immer komplizierteren Ideenbildungen zu gelangen. Über die Geschichte dieser Entwicklung werden wir sogleich noch mehr zu sagen haben. Inzwischen möchte ich nur noch zweierlei dazu bemerken. Erstens, dass durch die

---

*) Die einzig giltige Unterscheidung, die daher zwischen Abstraktion und Generalisation gezogen werden kann, ist diejenige, die Hamilton gezogen hat, wie folgt: „Abstraktion besteht in der Konzentration der Aufmerksamkeit auf einen besondern Gegenstand oder eine besondere Eigenschaft eines Gegenstandes und Abwendung derselben von allen andern. Der Begriff der Gestalt des Pultes vor mir ist eine abstrakte Idee — eine Idee, die einen Teil des gesamten Begriffs von jenem Körper ausmacht und auf den ich meine Aufmerksamkeit konzentrierte, um ihn ganz ausschliesslich zu betrachten. Diese Idee ist abstrakt, sie ist zugleich auch individuell; sie stellt die Form dieses besonderen Pultes dar und nicht die Form irgend eines andern Körpers." Generalisation anderseits besteht aus einer gedanklichen Zusammenfassung von Abstraktionen, „wenn wir bei Vergleichung einer Anzahl Dinge ihre Ähnlichkeit erfassen, wenn wir unsre Aufmerksamkeit auf diese Ähnlichkeitspunkte konzentrieren . . . Der allgemeine Begriff ist derjenige, der uns eine Eigenschaft, eine Eigentümlichkeit, Fähigkeit, Begriff, Beziehung, kurz irgend einen Gesichtspunkt kennen lehrt, unter dem wir eine Mehrheit von Dingen als eine Einheit erkennen." Soweit kann eine Abstraktion ohne Generalisation bestehen; insofern aber Abstraktion es nur mit einzelnem zu thun hat, ist diese Phase derselben von den meisten Schriftstellern über Psychologie unberücksichtigt geblieben, die vielmehr Abstraktion und Generalisation als vertauschbare Ausdrücke gebrauchen. Mill sagt: „Unter abstrakt verstehe ich nach genauer Logik stets das Gegenteil von konkret, unter einem abstrakten Namen den Namen eines Attributs, unter dem konkreten Namen den Namen eines Objekts." (Logik I, § 4.) Eine solche Begrenzung ist jedoch willkürlich, da es danach dieselbe Art von geistigem Akt ist „die Aufmerksamkeit auf einen besondern Gegenstand zu konzentrieren", wie „auf irgend eine eigentümliche Eigenschaft eines Gegenstandes." Augenscheinlich folgt Mill bei diesem Gebrauch den Schulmännern und widerspricht ausdrücklich der anscheinend zuerst von Locke eingeführten und seitdem allgemein angenommenen Abänderung. Es ist jedoch von geringer Bedeutung, in welchem Sinn ein Schriftsteller das Wort „abstrakt" anwenden will, vorausgesetzt, dass er seine Anwendung festhält.

gesamte Geschichte hindurch die Entwicklung in Wahrheit eine Entwicklung ist; das Abstraktionsvermögen ist überall der Art nach dasselbe. Zweitens ist die Entwicklung überall abhängig von dem Sprachvermögen. Über diese beiden Punkte werden wir in den folgenden Abschnitten noch eingehender zu reden haben; ich halte es aber für nötig, auf die von den Psychologen aller Schulen bestätigten Thatsachen schon jetzt aufmerksam zu machen, um den nächsten Schritt zu meiner Ideenklassifikation verständlich zu machen. Es ist dabei zu unterscheiden zwischen dem Abstraktionsvermögen, sofern es von der Sprache abhängt oder nicht. Ich sagte eben, dass das Abstraktionsvermögen überall der Art nach dasselbe sei; mit der Hinzufügung aber, dass die Entwicklung dieser Fähigkeit abhängig von der Sprache sei, liess ich die Frage darüber offen, ob irgend eine rudimentäre Abstraktion ohne Sprache bestehen könne oder nicht. Zu dieser Frage haben wir also zunächst Stellung zu nehmen.

Vor allem ist zu bemerken, dass, wenn wir den Ausdruck „abstrakt“ auf Ideen beschränken, die nur mit Hilfe der Sprache gebildet werden können, wir damit nur eine willkürliche Grenze ziehen, indem wir auf einer Stufe der ununterbrochenen Leiter stehen bleiben, die überall und durchaus der Art nach dieselbe ist. Denn, sagen einige Psychologen, es ist offenbar, dass die meisten unsrer einfachern abstrakten oder allgemeinen Ideen hinsichtlich ihrer Existenz nicht von Worten abhängig sind. Für den Fall, dass dies aber in Abrede gestellt werden sollte, verweisen jene Psychologen zur Unterstützung ihrer Behauptung auf die Kinder und die niedern Tiere. Ein Kind zeigt sich unzweifelhaft früher im Besitz einfacher allgemeiner Ideen, als in dem von irgend einer artikulierten Sprache, und nachdem es mit dem Gebrauch einer solchen Sprache begonnen hat, erweitert es unwillkürlich die Verallgemeinerung der seinen Worten beigelegten Bedeutung. Zum Beweis dieser beiden Behauptungen finden sich zahllose Beobachtungen angeführt, von denen einige später auch beigebracht werden. Hier will ich nur ein Beispiel geben. Was den ersten Punkt betrifft, so erzählt uns Prof. Preyer, dass sein Kind mit acht Monaten, also lange bevor es sprechen konnte, alle gläsernen

Flaschen, als seiner Nährflasche ähnlich, klassifizierte.*) Inbetreff des zweiten Punktes führt Taine ein kleines Mädchen von achtzehn Monaten an, welches von seiner scherzweise hinter einem Möbel versteckten und *„coucou“* rufenden Mutter unterhalten wurde. Wenn aber sein Essen zu heiss war, wenn es dem Feuer oder dem Licht zu nahe kam oder die Sonne warm schien, wurde ihm gesagt: *„ça brûle“*. Eines Tages nun, als die Sonne hinter einer Anhöhe verschwand, rief das Kind: *„'A b'ûle-coucou“* und zeigte dabei sowohl die Bildung als auch die Verbindung allgemeiner Ideen, nicht nur durch die Aussprache von Worten, die wir nicht anzuwenden pflegen, sondern auch in Verbindung mit Ideen von Dingen und allgemeinen Eigenschaften, die uns selbst entschwunden sind. Die heisse Suppe, das Feuer auf dem Herd, die Lichtflamme, die Mittagshitze im Garten und zuletzt die Sonne machen eine dieser Klassen aus. Die Gestalt der Amme oder Mutter hinter einer Anhöhe verschwindend, bilden die andre Klasse.**)

Was die Tierwelt anbelangt, so haben alle höhern Tiere, um mit der einfachsten Art der Erklärungen anzufangen, allgemeine Ideen von „essbar“ und „nicht essbar“, ganz abgesondert von irgendwelchen besondern Gegenständen, die durch diese Eigenschaften charakterisiert werden. Denn wenn wir einem dieser Tiere etwas Futter von irgend einer ihnen unbekannten Art reichen, so wird das Tier nicht unmittelbar darnach schnappen, noch dasselbe sofort zurückweisen, sondern es unterwirft das Gebotene einer sorgfältigen Prüfung, ehe es sich dasselbe zueignet. Dies beweist, wenn irgend etwas, dass ein solches Tier eine allgemeine oder abstrakte Idee von süss, bitter, heiss oder überhaupt von essbar und nicht essbar hat, da der Antrieb zur Prüfung offenbar darin besteht, sich zu vergewissern, welche der zwei allgemeinen Ideenarten dem ge-

---

*) „Die Seele des Kindes“ S. 87. — Das hier erwähnte Alter entspricht genau einem Fall, den **Perez** anführt: „Mit 7 Monaten verglich es besser als mit drei und in diesem Alter schien es Gesichtswahrnehmungen in Verbindung mit Art-Ideen gehabt zu haben, denn es verknüpfte die verschiedenen Düfte von Brot, Kuchen, Früchten mit ihren verschiedenen Formen und Farben.“ (*First three years of childhood* engl. Übers.)

**) Taine, *Intelligence, p.* 18.

prüften Gegenstande eigen sei. Wenn wir selbst etwas auswählen, was nach unsrer Meinung essbar ist, so rufen auch wir keineswegs irgend eine jener höhern Klassen von abstrakten Ideen zu Hilfe, die wir unserm Sprachvermögen verdanken: es genügt uns, darüber zu entscheiden, ob das besondre äussre Ansehen, der Geruch oder Geschmack der Nahrung das Gefühl in uns erweckt, dass sie unsrer allgemeinen Idee von „essbar" etwa entspreche. Wenn wir deshalb sehen, wie Tiere zwischen ähnlichen Alternativen mittelst ganz ähnlicher Methoden entscheiden, so können wir vernünftigerweise nicht umhin, anzunehmen, dass auch die psychologischen Vorgänge einander ähnlich sind; denn da wir wissen, dass diese Vorgänge bei uns selbst keine irgendwie höhern Geistesfähigkeiten in Anspruch nehmen, so liegt kein Grund vor, der uns daran zweifeln liesse, dass jene Vorgänge, welche in ihren Erscheinungen so übereinstimmend auftreten, auch in Wirklichkeit sind, was sie scheinen — die nämlichen.

Wenn wir z. B. einen Fuchs um einen Hof streichen sehen, so schliessen wir daraus, dass er durch Hunger dorthin geführt wurde, wo ihm nach seiner allgemeinen Idee eine Anzahl essbarer Dinge zufallen könnte, ganz so wie wir selbst durch einen ähnlichen Antrieb dazu geführt werden, ein Wirtshaus zu besuchen. Es ist derselbe Fall, wenn ich meinem Hunde das Wort „Katz" zurufe und in ihm eine Idee, nicht von einer besondern Katze, deren er so viele sieht, sondern von einer Katze im allgemeinen wach rufe; oder wenn er zufällig die Fährte eines andern Hundes kreuzt und die Witterung des fremden Hundes ihn mit dem Schweife wedeln oder, in Erwartung eines Kampfes, das Haar auf seinem Rücken sich sträuben lässt: die Witterung eines unbekannten Hundes musste bei ihm nicht die Vorstellung eines besondern Hundes, sondern eine allgemeine Idee des Tieres Hund in ihm entstehen lassen.

Es wird wohl erinnerlich sein, dass ich bereits Belege dafür beigebracht habe, dass Kinder sowohl als Tiere sich befähigt zeigen, allgemeine Ideen von einfacher Ordnung zu bilden, der Gebrauch der Sprache hierbei also nicht wesentlich notwendig ist. Wir wollen nun die andre Seite der Frage betrachten, denn wie früher bemerkt, weisen viele, ich möchte sagen die meisten, Psychologen diese Art Beweisführung *in toto* als der Auseinandersetzung nicht entsprechend, zurück. Ich werde deshalb zuerst ihre Einwürfe gegen diese Beweisführung durchgehen, dann die Frage im grossen und ganzen zusammenfassen und zuletzt eine Klassifikation von Ideen aufstellen, die nach meiner Meinung von beiden Seiten als eine gemeinschaftliche Grundlage zur Versöhnung angenommen werden könnte.

Ich beginne wieder mit einer Anführung Lockes. Derselbe lehrt:

„Inwiefern Tiere an dieser Fähigkeit (Ideen mit einander zu vergleichen) teilnehmen, so ist dies nicht leicht zu entscheiden. Ich meine, dass ihnen dieselbe in keinem beträchtlichen Grade eigen ist, denn obwohl sie wahrscheinlich einige hinreichend deutliche Ideen besitzen, so scheint es doch der Vorzug des menschlichen Verstandes zu sein, die verschiedenen Ideen, die er hat, als vollständig verschiedene aufzufassen und demzufolge zu übersehen und zu bedenken, in welchen Beziehungen sie miteinander verglichen werden könnten; während die Tiere, meiner Meinung nach, ihre Ideen nicht weiter miteinander vergleichen, als die sinnlichen, den Gegenständen anhaftenden Eigenschaften gehen. Dagegen besitzen die Tiere jedenfalls nicht das weitere, dem Menschen innewohnende Vermögen, das sich auf Vergleichung der allgemeinen Ideen bezieht und zur Begründung abstrakter Sätze benutzt wird.

Eine weitere Geistesthätigkeit mit Bezug auf die Ideen ist das Verbinden. Sie stellt dabei die verschiednen einfachen, durch Sinnes- und Selbstwahrnehmung gewonnenen Ideen zusammen und verbindet sie zu einer zusammengesetzten. Unter dieses Verbinden fällt auch die Erweiterung der Ideen; die Verbindung erscheint hier zwar nicht so auffällig als in den zusammengesetzten Ideen, allein trotzdem ist es doch nur ein Zusammenstellen von mehreren Ideen, wenn auch von derselben Art. So bildet man durch Hinzufügung mehrerer Einheiten zu einander die Idee eines Dutzend und durch die Aneinanderfügung mehrerer Ruten die einer Meile. — Auch hierin dürften die Tiere tief unter den Menschen stehen. Sie nehmen allerdings auf und behalten auch manche Verbindungen einfacher Ideen; so bildet möglicherweise die Gestalt, der Geruch und die Stimme des Herrn die zusammengesetzte Idee, die sein Hund von ihm hat, oder es sind vielmehr so viele einzelne Merkmale, an denen er ihn erkennt, allein von selbst werden sie wohl nie einfache Ideen zu zusammengesetzten verbinden. Selbst da, wo man vielleicht zusammengesetzte Ideen bei ihnen annimmt, ist es doch nur eine einzige, einfache, die sie bei der Erkennung von Gegenständen leitet, da sie dazu das Gesicht vielleicht weniger benutzen als man glaubt. So hat man mir versichert, dass eine Hündin junge Füchse ernährt, mit ihnen spielt und sie liebt genau so wie ihre eignen Jungen, wenn man es nur einmal fertig gebracht hat, dass jene so lange an ihr saugen, bis sie die Milch verdaut haben. Ebenso scheinen die Tiere, welche viele Junge auf einmal werfen, deren Zahl nicht zu kennen, da sie zwar sehr besorgt sind, wenn eines davon ihnen weggenommen wird, so lange sie es sehen oder hören; nimmt man aber eins oder zwei heimlich, in Abwesenheit der Alten oder unbemerkt hinweg, so scheinen sie sie nicht zu vermissen und nicht zu bemerken, dass die Zahl derselben vermindert ist."*)

Nun geht doch wohl aus dem ganzen Zusammenhang dieser Stelle hervor, dass das von Locke erwähnte „Vergleichen", „Verbinden" und „Erweitern" von Ideen ein bewusstes und absichtliches Vergleichen, Verbinden und Erweitern ist, welches lediglich dem Gebiet der Erwägung oder des Nachdenkens angehört. Es bezieht sich nicht auf solche Fähigkeiten des Vergleichens und Verbindens, wie der Verfasser sie Tieren zutraut, sofern nicht gezeigt werden kann, dass Tiere im stande sind, „sich zu bedenken und zu übersehen, in welchen Beziehungen sie miteinander verglichen werden könnten"; denn er fügt hinzu: „Dagegen besitzen die Tiere jedenfalls nicht das weitere, dem Menschen innewohnende Vermögen, das sich auf Vergleichung der allgemeinen Ideen bezieht und zur Begründung abstrakter Sätze benutzt wird."

Insofern erscheint es deshalb vollkommen einleuchtend, dass Locke der Meinung ist, dass Tiere die Fähigkeit besitzen, „einfache Ideen" zu „vergleichen" und zu „verbinden" bis hinauf zu dem Punkt, wo die Vergleichung und Verbindung anfängt von der Befähigung zu reflektivem Denken begleitet zu werden. Wenn er daher bald darauf fortfährt, die Abstraktion wie folgt zu erklären: „Wenn der Geist somit heute dieselbe Farbe im Kalk oder Schnee antrifft, wie gestern in der Milch, so fasst er diese Erscheinung allein auf und macht sie zu einem Vertreter für alle von gleicher Art; und wenn er ihr den Namen ‚weiss' gegeben hat, so bezeichnet dieser Laut dieselbe Eigenschaft, wo sie auch vorgestellt oder angetroffen werden mag. Auf diese Weise werden allgemeine Ideen und Worte gebildet" — so können wir nicht zweifeln, dass das, was er unter Abstraktion versteht, nichts andres ist, als die Fähig-

*) A. a. O. Buch II, Kap. 11, 5. 7.

keit, Eigenschaften abgesondert von den Objekten zu betrachten, oder, wie er sich ausdrückt, „die Erscheinung allein aufzufassen.“ Demnach schliesse ich ohne weiteres, dass nach der Terminologie von Locke das Wort „Abstraktion“ nur auf jene höhern Stufen entwickelter Fähigkeiten Anwendung findet, die erst durch Nachdenken ermöglicht werden.

Worauf beruht also diese Befähigung zur Reflexion? Wie wir später noch näher sehen werden, beruht sie auf der Sprache oder auf dem Vermögen, abstrakten und allgemeinen Ideen Namen beizulegen. Soviel ich weiss, stimmen die Psychologen aller Schulen in diesem Punkte überein, indem sie dafür halten, dass die Fähigkeit, Abstraktionen Namen beizulegen, zugleich die Bedingung zum reflektiven Denken und die Erklärung des Unterschieds zwischen Mensch und Tier bezüglich der Ideenbildung darstellt.

Es scheint nutzlos bei einer Sache zu verweilen, bezüglich deren alle übereinstimmen und worüber in den folgenden Kapiteln zudem noch manches gesagt werden muss. Für jetzt möchte ich nur den Grund der Differenz zwischen jenen Psychologen darlegen, welche den Tieren das Abstraktionsvermögen zuschreiben und jenen, die es ihnen absprechen. Wie wir bereits gesehen und noch weiter sehen werden, steht es auf alle Fälle fest, dass Tiere bei ihrer Ideenbildung nicht auf das spezielle Vorstellen oder Erinnern besondrer Wahrnehmungen beschränkt sind, sondern dass sie die Fähigkeit zeigen, wie Locke sich ausdrückt, „manche Verbindungen einfacher Ideen aufzunehmen und zu behalten“.*) Die einzige Frage ist also, ob jenes Vermögen das Abstraktionsvermögen ist oder nicht? Wovon wird aber die Beantwortung dieser Frage abhängen? Offenbar davon, ob wir es für wesentlich halten, dass eine abstrakte oder allgemeine Idee sich in einem Worte verkörpert. Von einem Gesichtspunkt aus betrachtet, bedeutet das „Aufnehmen und Behalten mancher Verbindungen einfacher Ideen“ soviel, als einen

*) Zahlreiche Belege darüber finden sich in Kap. 10 des vorigen Bandes. Es wird dort gezeigt, dass Einbildungskraft bei Tieren nicht nur von Associationen abhängt, die durch Sinneseindrücke von aussen entstehen, sondern schon *per se* die Stufe erreichen, eine Reihe von geistigen Vorstellungen nach sich zu ziehen.

allgemeinen Begriff von ebensovielen Wahrnehmungen zu bilden. Von einem andern Gesichtspunkt aus ist aber eine Verbindung einfacher Ideen nur dann mit Recht als ein Begriff zu betrachten, wenn sie vom Geiste als ein Begriff aufgefasst wurde, oder wenn, vermöge ihrer Verkörperung in ein Wort, sie als ein deutliches organisches Geisteserzeugnis vor unserm Geiste steht, indem es sowohl ein Objekt, als auch ein Produkt der Ideenbildung bildet. Denn nur dann kann die abstrakte Idee als abstrakt erkannt werden, und nur dann ist sie einer ausgesprochnen Geistesschöpfung gleichzuachten, die zu einer noch weitern, vollkommnern Ideenbildung ausgearbeitet werden kann; oder, um mit Taine zu reden, der diese Anschauung mit grosser Klarheit vertritt: „Von unsern zahlreichen Erfahrungen (nämlich Einzelwahrnehmungen bei einer Ausstellung von Araukarien) blieben am Tage darauf vier oder fünf mehr oder weniger deutliche Erinnerungen, die miteinander verschwimmend, in uns eine einfache, farblose und unbestimmte Vorstellung zurücklassen, in welche verschiedne wiederauflebende Empfindungen in einer äusserst schwachen, unvollständigen und verkümmerten Weise als Bestandteile eintreten. Diese Vorstellung ist aber nicht die allgemeine oder abstrakte Idee, sie ist nur ihre Begleiterscheinung, und zwar, wenn ich so sagen darf, diejenige, aus welcher die Idee entnommen ist. Denn die Vorstellung ist, obwohl schlecht gezeichnet, doch immerhin ein Bild, und zwar das sinnliche Bild eines bestimmten Individuums, und in der That, wenn ich es befestige und dabei verweile, so wiederholt es eine Anzahl spezieller Gesichtsempfindungen; ich sehe im Geiste einen Umriss, der aber nur irgend einer bestimmten Araukarie entspricht und deshalb nicht der ganzen Klasse entsprechen kann. Meine abstrakte Idee entspricht aber der ganzen Klasse, sie unterscheidet sich also von der Vorstellung eines Individuums. Überdies ist meine abstrakte Idee vollkommen klar und bestimmt; nun, da ich sie besitze, werde ich niemals verfehlen, eine Araukarie unter verschiednen mir vorkommenden Pflanzen zu erkennen. Was ist denn nun das in mir so klar und bestimmt dem abstrakten Merkmal Entsprechende, allen Araukarien Entsprechende und ihnen allein Entsprechende? Ein Klassenname, der Name ‚Araukarie‘. So begreifen wir die abstrakten Merkmale der Dinge vermittelst abstrakter Namen, die unsre abstrakten Ideen sind und die Bildung unsrer abstrakten Ideen ist nichts andres, als die Bildung der Namen."*)

Der richtige Ausweg besteht also darin, zu untersuchen, was wir unter dem Wort „Abstraktion" oder seinen gleichwertigen Ausdrücken verstehen. Wenn wir den Ausdruck auf die Fähigkeit beschränken, „manche Verbindungen von einfachen Ideen aufzunehmen und zu behalten" *plus* der Fähigkeit, der sich ergebenden Verbindung einen Namen zu geben, so unterscheiden sich Tiere und Menschen unzweifelhaft dadurch, dass jene kein Abstraktionsvermögen zeigen, was nichts andres bedeutet, als dass die Tiere kein Sprachvermögen besitzen. Wenn aber der fragliche Ausdruck nicht in diesem Sinne beschränkt sein sollte, wenn er nur den ersten der oben bezeichneten Vorgänge bezeichnen sollte, abgesehen vom zweiten, — dann würde nicht weniger unzweifelhaft das Tier dem Menschen in der Darlegung des Abstraktionsvermögens gleichen. In Übereinstimmung mit der oben mitgeteilten Definition folgt mit Notwendigkeit, dass „wir die abstrakten Merkmale der Dinge begreifen mittelst der abstrakten Namen, die unsre abstrakten Ideen sind" und demzufolge, dass „die Bildung unsrer abstrakten Ideen nichts andres ist, als die Bildung abstrakter Namen". Nach der andern Anschauung dagegen besteht das Wesen der Abstraktion — so wichtig es auch an sich sein mag, einer Verbindung einfacher Ideen einen Namen zu geben, um derselben grössere Klarheit und Beständigkeit zu verleihen — doch nur im Akt der Verbindung oder Verschmelzung besondrer Ideen zu einer allgemeinen Idee von derjenigen Klasse, zu der die einzelnen Dinge gehören. Die Thätig-

*) *Intelligence* pag. 397, 399. Ich möchte hier noch das interessante Buch eines andern französischen Schriftstellers erwähnen: *La Psychologie du Raisonnement par* Binet 1866. Seine Absicht ist zu zeigen, dass alle Denkprozesse im Grunde identisch mit Wahrnehmungsvorgängen sind. Zu diesem Zweck giebt er eine ausführliche Auseinandersetzung von der allgemeinen Thatsache, dass die beiderlei Vorgänge auf dem „Zusammenschmelzen" von Bewusstseinszuständen beruhen. Bei der Wahrnehmung sind diese verschmelzenden Elemente Empfindungen, während sie beim Denken Wahrnehmungen sind — in beiden Fällen ist das Assoziationsprinzip in gleicher Weise beteiligt.

keit, dieser zusammengesetzten Idee einen Klassennamen beizulegen, ist eine deutlich davon geschiedene, aber eine solche, die mit Notwendigkeit der vorhergehenden Thätigkeit der Verbindung auf dem Fusse folgt. Warum, fragen wir, sollten wir nun leugnen, dass eine solche zusammengesetzte Idee eine allgemeine oder abstrakte Idee sei, nur weil sie nicht von dem Kunstgriff gefolgt ist, sie mit einem Namen zu belegen?

Meiner Meinung nach ist schon so viel zu Gunsten dieser beiden Anschauungen gesagt worden, dass ich auf keine derselben einzugehen brauche. Mein seitheriges Bemühen ging dahin, klarzumachen, dass die Frage, ob irgend ein Unterschied zwischen Mensch und Tier in Bezug auf Abstraktion bestehe, nur eine Frage der Terminologie ist. Die eigentliche Frage wird erst dann aufgeworfen werden, wenn wir zur Behandlung des Sprachvermögens kommen: die hier vorliegende ist nur ein Frage psychologischer Klassifikation oder der Nomenklatur von Ideen. Nun scheint mir, dass diese Frage genau festgestellt und ein grosser Teil überflüssiger Missverständnisse beseitigt werden könnte durch eine leichte Verbesserung und eine engere Begrenzung des Ausdrucks. Mögen wir nun mit dem Worte „Abstraktion“ die Fähigkeit, einfache Ideen zu verbinden, ohne die Fähigkeit, diesen Verbindungen einen Namen zu geben, bezeichnen wollen oder nicht, auf alle Fälle ist zuzugeben, dass an der Stelle, wo die Fähigkeit der Namengebung hinzutritt, der frühern Fähigkeit eine so ungeheure Zugabe geboten wird, dass jedes System psychologischer Nomenklatur in hohem Grade unvollständig sein würde, dem es an einer Bezeichnung fehlte, wodurch jener Unterschied klar gemacht wird. Denn wenn auch die Psychologen von der Schule unsrer Gegner zugeben wollten, dass das Wesen der Abstraktion in der Verbindung einfacher Ideen bestände und durchaus nicht in dem nachfolgenden Vorgang der Benennung jener Verbindung, so ist die Wirkung dieses nachfolgenden Vorgangs, d. h. die hinzutretende Fähigkeit, doch so wunderbar, dass die höhern Grade der Abstraktion, welche durch sie erst möglich werden, sicher angemerkt und von den niedern Graden unterschieden werden müssen. Ohne deshalb in irgend einer Weise der Frage vorzugreifen, ob wir es hier mit einem Unterschied dem Grade nach oder mit einem solchen der Art nach zu thun haben, will ich hier eine Klassifikation der Ideen aufstellen, die, zumal sie wohl von keiner Seite einen Widerspruch hervorrufen dürfte, uns in der nachfolgenden Untersuchung von grosser Hilfe sein wird.

Das Wort Idee gebrauche ich in dem schon früher definierten Sinne,*) nämlich als einen Gattungsausdruck, zur unterschiedslosen Bezeichnung irgend eines Produktes der Einbildungskraft, und zwar von der blossen Erinnerung an einen Sinneseindruck aufwärts bis zum Resultat der abstrusesten Verallgemeinerung.

Unter „einfacher Idee", „besondrer Idee" oder „konkreter Idee" verstehe ich die blosse Erinnerung an eine sinnliche Wahrnehmung.

Unter „zusammengesetzter Idee" oder „gemischter Idee" verstehe ich die Verbindung von einfachen, besondern oder konkreten Ideen in jener Art von Ideenverbindungen, die ohne Hilfe der Sprache möglich sind.

Mit „allgemeiner Idee", „abstrakter Idee", „Begriff" endlich bezeichne ich jene Art von zusammengesetzten Ideen, die nur mit Hilfe der Sprache bezw. dadurch ermöglicht werden, dass eine Abstraktion als solche bezeichnet werden kann.

Nun ersehen wir aus dieser Klassifikation, dass, wenn auch mindestens acht verschiedne Ausdrücke aufgeführt werden mussten, die noch heute bei Psychologen und sonst angesehenen Schriftstellern in Gebrauch sind, doch nur drei besondre Klassen zu unterscheiden sind. Überdies ist zu bemerken, dass ich um der Definierung willen die drei ersten Ausdrücke auf die Bezeichnung von Erinnerungen an einzelne Sinneswahrnehmungen beschränke, indem ich mich enthalte, sie auf jene gemischten Erinnerungen an viele Sinneswahrnehmungen anzuwenden, welche Tiere und Kinder (wie auch uns selbst) dazu befähigen, zusammengesetzte Art- und Klassenideen zu bilden, ohne Hilfe der Sprache. Die erste Abteilung der dreifachen Klassifikation hat es ferner lediglich mit dem zu thun, was wir Wahrnehmungen nennen, während die letzte Abteilung sich nur auf Begriffe beschränkt. Es giebt aber noch kein

*) „Geistige Entwicklung im Tierreich" S. 123 u. flgd.

Wort, das die mittlere Abteilung deckt. Diese Thatsache zeigt schon an und für sich deutlich den Zustand der dunklen Verwirrung, in welche man mit der Klassifikation der Ideen geraten ist. Die Psychologen der beiden von uns berücksichtigten Schulen, nämlich die, welche den Unterschied der Art nach zwischen der Ideenbildung von Mensch und Tier behaupten, so gut wie diejenigen, welche ihn leugnen, werden zugeben müssen, dass ein grosser Unterschied besteht zwischen dem, was ich eine „einfache Idee" und dem, was ich eine „zusammengesetzte Idee" nenne. Mit andern Worten, es ist eine nicht zu leugnende Thatsache, dass der einzige Unterschied zwischen Ideen nicht in der Erinnerung an eine besondre Wahrnehmung oder in der Bildung eines benannten Begriffs besteht, denn zwischen diesen beiden Ideenklassen liegt offenbar noch eine andre Klasse, nach welcher auch Tiere und Kinder einzelne Gegenstände als zu einer gewissen Art gehörend zu unterscheiden vermögen. Indessen ist jenes grosse und wichtige Gebiet der zwischen den andern beiden Klassen liegenden Ideenbildung sozusagen unbenannter Boden. Selbst die Worte „zusammengesetzte Idee" und „gemischte Idee" sind von mir, ohne die Sanktion eines frühern Gebrauchs, dorthin verwiesen worden, da, wie gesagt, dieses Zwischenland seither unbekannt blieb, sodass wir kein Wort besitzen, das etwa so darauf anzuwenden wäre, wie „Wahrnehmung" und „Begriff" auf die beiderseits liegenden Gebiete angewendet werden. Die Folge davon ist, dass die Psychologen der einen Schule dieses Zwischenland der Ideenlehre mit Ausdrücken belegen, die nur der niedern Region zukommen, während die Psychologen der andern Schule Ausdrücke dafür brauchen, welche nur auf die höhere Region anwendbar sind; der eine Punkt, in dem alle übereinzustimmen scheinen, besteht darin, das weite Feld jenes Zwischengebiets zu ignorieren und demzufolge auch in Unkenntnis der grossen Entfernung zu verharren, welche die beiden Seitengebiete von einander trennt.

Zu den Ausdrücken „Wahrnehmung" und „Begriff" stelle ich hier also noch das Wort „Erkenntnis"*) auf. Es ist dies ein Ausdruck,

---

*) In der von der seitherigen Analyse der Psychologie nicht unwesentlich

welcher den Anforderungen der Sache am besten zu entsprechen scheint. Denn so wie „Wahrnehmung" buchstäblich ein ganzes Aufnehmen und „Begriff" ein zusammenfassendes Aufnehmen bedeutet, so bedeutet „Erkenntnis" ein wiederholtes Aufnehmen. Demzufolge ist Erkenntnis das, was wiederholt aufnimmt, also eine Wiedererkennung von vorher gekannten Dingen. Nun gehört zu dem Wesen dessen, was ich als zusammengesetzte Ideen definierte (Erkenntnisse), dass sie aus einer Wiederholung mehr oder weniger übereinstimmender Wahrnehmungen entstehen. Wenn ich eine Anzahl Araukarien gesehen habe, so erkennt mein Geist aus der ganzen Masse der Individuen, die er wahrnimmt, eine zusammengesetzte Idee von „Araukaria" oder eine Klasse, die sämtliche Individuen dieser Art in sich begreift, eine Idee, die sich von einer allgemeinen oder abstrakten Idee nur dadurch unterscheidet, dass sie nicht bewusst fixiert und mit Hilfe eines abstrakten Namens als eine Idee bezeichnet wird. Zusammengesetzte Ideen können also nur aus einer Wiederholung von mehr oder weniger ähnlichen Wahrnehmungen und daraus erst das Vermögen entstehen, sie als Erkenntnisse zu bezeichnen. Überdies sind die Verbindungen, die sich uns mit den verwandten Ausdrücken „erkennen", „Erkennung" u. s. w. bieten, alle von mehr oder weniger passiver Art, während die Verbindungen mit den Ausdrücken des „Begreifens" von aktiver Art sind. Also auch hier sehen wir den Gebrauch des Wortes „Erkenntnis" mit der betreffenden Klasse von Ideen verbunden, insofern beim Erkennen solcher Ideen der Geist sich passiv verhält, während er beim Begreifen abstrakter Ideen aktiv ist. Um einen Begriff zu

abweichenden Nomenklatur habe ich die vom Verfasser neu aufgestellte Zwischenstufe der *recepts* (zwischen *percepts* und *concepts*) mit „Erkenntnisse" wiederzugeben versucht. Bei der Schwierigkeit, einen passenderen Ausdruck dafür zu finden, halte ich mich zu dieser Wahl umsomehr berechtigt, als die Definition des gewählten Wortes vielfach schwankt (wie denn z. B. Kant die Einteilung des Erkenntnisvermögens in ein oberes und unteres ausdrücklich zulässt) und der vom Verfasser im obigen gegebenen Interpretation kaum hindernd im Wege stehen dürfte. Vergl. auch die Anführung aus Steinthal (S. 107) der sich bereits desselben Ausdrucks in ähnlichem Sinne zu bedienen scheint. Der Übersetzer.

bilden, muss der Geist absichtlich seine Wahrnehmungen oder die Erinnerungen derselben zusammenbringen, um sie zu einem Pack von Ähnlichkeiten zusammenzubinden und denselben mit einem Namen zu etikettieren. Zur Bildung einer Erkenntnis aber bedarf der Geist keiner solchen absichtlichen Thätigkeiten; die Ähnlichkeiten unter den Wahrnehmungen, mit denen es diese Art von Ideenbildung allein zu thun hat, sind so merklich, so ins Auge fallend und so häufig beobachtet, dass sie sich im Augenblick der Wahrnehmung von selbst ergeben und als solche von selbst d. h. ohne irgend eine bewusste Anstrengung von seiten des Wahrnehmenden in die ihnen zugehörige Klasse fallen. Wir brauchen nicht Steine zu benennen, um sie von Blättern zu unterscheiden, noch Fische, um sie nicht mit Fliegen zu verwechseln. Klassenunterscheidungen dieser Art finden mit dem Akt der Wahrnehmung statt und können, wie wir in der Folge noch sehen werden, bei den höhern Tieren zu einer wunderbaren Höhe von unterscheidender Vollendung gesteigert werden. Erkenntnisse sind also unbeabsichtigte Verbindungen, was so viel sagen will als unbewusste Abstraktionen.*)

---

*) Hierzu möchte ich folgende Darstellung aus einer Schrift des Sekretärs des Viktoria-Instituts anführen, die direkt gegen die von mir vorgebrachte Lehre gerichtet ist, dass es einen Unterschied der Art nach zwischen tierischer und menschlicher Psychologie nicht gebe: „Abstraktion und Generalisation werden nur intellektuell, wenn sie durch den Intellekt gewonnen werden. Ein Stier wird durch die rote Farbe aufgereizt und nicht durch den Gegenstand, dessen Eigenschaft die rote Farbe ist; es würde aber unsinnig sein zu behaupten, der Stier abstrahiere willentlich die Erscheinung der roten Farbe von dem betreffenden Gegenstand. Der Vorgang ist im wesentlichen ein Abstraktionsprozess und ist doch zugleich wesentlich automatisch.“ Und mit Bezug auf die Ideenbildung bei Tieren im allgemeinen fährt er fort: „Gewisse Eigenschaften eines Gegenstandes nehmen seine Aufmerksamkeit in Anspruch unter Ausschliessung andrer Eigenschaften, welche übersehen werden, und so abstrahiert er automatisch. Da das Bild eines Gegenstandes seinem Gedächtnis eingeprägt ist, sind es gleicherweise auch die von jenem erregten Empfindungen; bei der Reproduktion des Bildes werden auch die sich daraus ergebenden Empfindungen und Handlungen reproduziert, und zwar ebenfalls automatisch: so handelt er aus Erfahrung und doch automatisch. Das Bild mag das Bild desselben Gegenstandes oder das eines andern von derselben Art sein, die

Eine fernere Bemerkung erübrigt uns noch, ehe wir unsre Ideennomenklatur als vollständig betrachten können. Es wird dem Leser nicht entgangen sein, dass der Ausdruck „allgemeine Idee“ auch Art- und Klassenideen zuerteilt wird, mögen sie benannt oder nicht benannt sein. Die Ideen für „essbar“ und „nicht essbar“ sind bei den Tieren ebenso allgemein als beim Menschen, und sind bei beiden auf dieselbe Weise gebildet worden, nämlich durch Anhäufung von einzelnen, im Bewusstsein willkürlich zusammengeordneten Erfahrungen. Allgemeine Ideen dieser Art sind jedoch von frühern Schriftstellern über die Psychologie der Generalisation nicht beobachtet worden, weshalb der Ausdruck „allgemein“, wie auch der Ausdruck „abstrakt“ durch Gebrauch auf jene höhern Produkte der Ideenbildung beschränkt wurde, die vom Sprachvermögen abhängen. Die einzigen Ausdrücke, die ich zur Bezeichnung von Ideen der niedern, nicht von der Sprache abhängigen Art der Verallgemeinerung bei frühern Schriftstellern finden konnte, sind die oben erwähnten: „zusammengesetzt“ und „gemischt“. Nun ist keines dieser Worte so treffend, wie das Wort „allgemein“, weil keins derselben den Begriff der „Gattung“ oder der „Klasse“ ausdrückt; der grosse Unterschied in der Idee eines Tieres oder eines Kindes, sagen wir einmal von einem einzelnen Menschen, und der von Menschen im allgemeinen besteht nicht darin, dass die eine Idee einfach und die andre zusammengesetzt oder gemischt ist, sondern dass die eine eine „besondre“, die andre eine „allgemeine“ Idee ist. Nun könnte man fordern, dass der Ausdruck „allgemein“ allen Klassen- oder Artideen, zum Unterschied von den Einzelideen,

Wirkung bleibt dieselbe und so verallgemeinert er immer automatisch.“ Zuletzt sagt er über das Schlussvermögen: „Diese Methode ist Mensch und Tier gemeinsam und wird, wie das Abstraktionsvermögen und dergl., nur dann intellektuell, wenn wir es dazu machen wollen.“ (Morshead, *on compar. psychology* im *Journ. Vic. Inst.* 1870.) In dem schon erwähnten Buche von Binet wird die fragliche Unterscheidung ebenfalls anerkannt. Denn er sagt, dass die „Verschmelzung“ von Empfindungen, die in einem Wahrnehmungsakt platzgreifen, automatisch (d. h. erkennend) vor sich gehe, während die „Verschmelzung“ von Wahrnehmungen, welche bei einem Vernunftakt beteiligt sind, absichtlich (d. h. begrifflich) verrichtet werden.

beigelegt werden müsse, — ganz abgesehen von dem Grad der Allgemeinheit und auch abgesehen davon, ob solche allgemeine Ideen von der Sprache zufällig abhängig sind oder nicht. Da aber jener Ausdruck durch längern Gebrauch bereits auf Ideen von Allgemeinheit höherer Ordnung beschränkt worden ist, will ich keine Verwirrung stiften, indem ich ihn auf eine andre Ordnung anwende bezw. dem Tiere die Fähigkeit der Verallgemeinerung zuspreche. Dem Bedürfnis eines parallelen Ausdrucks gegenüber, werde ich mich also in solchen Fällen, zur Bezeichnung der allgemeinen oder Klassenideen, die ohne Hilfe der Sprache gebildet werden, des Wortes „generisch" bedienen. Es soll ausserdem anzeigen, dass gemischte Ideen oder Erkenntnisse nicht nur Klassen- oder Artideen sind, sondern dass sie aus der Vermischung einzelner Ideen, d. h. aus den gemischten Erinnerungen an einzelne Wahrnehmungen „erzeugt" wurden.

Meine Ideennomenklatur kann nach alledem in folgender tabellarischer Form aufgestellt werden:

Ideen	allgemeine, abstrakte, begriffliche	= Begriffe
	zusammengesetzte oder gemischte	= Erkenntnisse oder gemischte Ideen
	einfache, besondre oder konkrete	= Erinnerungen an Wahrnehmungen.

Drittes Kapitel.

Logik der Erkenntnisse.

Wie wir gesehen, ist jenes Grenzland, die *terra media* zwischen den besondern und den allgemeinen Ideen, von den Psychologen seither in befremdender Weise vernachlässigt worden; dagegen werden wir nun darauf vorbereitet sein, bei einer sorgfältigen Durchforschung jenes Gebietes Dinge von der höchsten Wichtigkeit für die Zwecke unsrer Untersuchung zu finden. Das gegenwärtige Kapitel wird sonach eine erschöpfende Betrachtung dessen enthalten, was ich generische Ideen oder Erkenntnisse nenne.

Es wurde bereits bemerkt, dass zur Bildung generischer Ideen der Geist nicht nötig hat, die sie aufbauenden besondern Ideen absichtlich zu verbinden. Eine Erkenntnis unterscheidet sich von einem Begriffe dadurch, dass sie aufgenommen, nicht begriffen wird. Die Wahrnehmungen, aus denen eine Erkenntnis zusammengesetzt worden, sind von vergleichsweise so einfachem Charakter, so häufig in der Beobachtung wiederholt und bieten unter sich so offenbare Ähnlichkeiten und Übereinstimmungen, dass die geistigen Vorstellungen derselben wie von selbst zusammenrinnen, in Übereinstimmung mit den primären Gesetzen einer bloss sinnesmässigen Verbindung und ohne Zuhilfenahme irgend eines bewussten Vergleichungsaktes. Es ist das eine schon von frühern Schriftstellern beobachtete Wahrheit, wie ich denn in dieser Beziehung bereits eine Stelle aus Taine angeführt habe. Ich könnte hierzu noch andre beiziehen, worin derselbe Autor die von mir sogenannten Erkenntnisse sehr passend mit unbearbeitetem Erz vergleicht, aus dem nachmals das Metall eines Begriffs herausgeschmolzen wird. Noch besser dürfte unserm Zwecke folgende Stelle aus Sully entsprechen: „Die konkreten Begriffe oder generischen Vorstellungen werden in grossem Maasse durch einen passiven Assimilationsprozess gebildet. Die Ähnlichkeit unter Hunden z. B. ist so gross und auffallend, dass wenn ein Kind, das mit einem solchen Tiere vertraut ist, ein zweites sieht, es dasselbe in gewissen deutlichen Beziehungen als identisch mit dem ersten erkennt: das Vorstellungsbild des ersten hebt mit dem die gewohnten Umrisse des Hundes zeigenden Bilde des zweiten die Hundegestalt in noch genauerer Weise hervor. So kommt es, dass die Vorstellungsbilder der verschiednen Hunde sich sozusagen überdecken und ein typisches Hundebild entstehen lassen. Es handelt sich dabei kaum um eine aktive Hinlenkung des Geistes von einem Gegenstand zu einem andern, um herauszufinden, wo die Übereinstimmung liegt: dieselbe prägt sich vielmehr von selbst dem Geiste ein. Wenn die Ähnlichkeit dagegen weniger stark ist, wie z. B. bei abstraktern Begriffen, so wird damit eine deutliche Handlung aktiver Vergleichung erforderlich.“*)

Ähnlich bemerkt Perez: „Die Notwendigkeit, unter der sich die Kinder befinden, in einer getrennten, bruchstückartigen Weise zu sehen, um gut zu sehen, lässt sie fortwährend jene Art von Abstraktion ausüben, durch die wir die Eigenschaften von den Dingen trennen. Von jenen Dingen aber, die das Kind bereits einzeln unterschieden hat, kommen ihm zu verschiednen Momenten besonders lebhafte Eindrücke ... Derartige herrschende Empfindungen reizen, durch ihre Energie oder Häufigkeit, dazu an, die Ideen der Dinge, von denen sie ausgehen, zu verwischen, sie zu trennen oder abzusondern ... Das Licht einer Wachskerze ist nicht immer gleich glänzend oder flackernd; sichtbare, schmackhafte,

*) *Outlines of Psychology p.* 342. Die Hervorhebung der betr. Stellen habe ich selbst veranlasst. Es braucht kaum darauf aufmerksam gemacht zu werden, dass Sully hier die Bezeichnung „generisch“ in demselben Sinne gebraucht, wie ich.

duftende und hörbare Eindrücke treffen des Kindes Sinneswerkzeuge nicht stets mit der gleichen Intensität, noch während der gleichen Zeitdauer. Es kommt dies daher, weil die Erinnerung an bestimmte Formen, wenn auch kräftig eingeprägt, doch allmählich ihre ursprüngliche Deutlichkeit verliert, so dass z. B. die Idee eines Baumes schliesslich in einer unbestimmten, undeutlichen Gestalt wiederkehrt, die für eine allgemeine Idee gehalten werden kann."*)

Wie J. Stuart Mill sagt, „ist es die Lehre eines der fruchtbarsten Denker aus neuerer Zeit, Aug. Comtes, dass es ausser der Logik der Zeichen auch eine Logik der Vorstellungsbilder giebt, so gut wie eine Logik der Gefühle. In einer Menge vertrauter Denkprozesse, besonders bei unkultivierten Geistern, dient ein sichtbares Bild statt eines Wortes. Unsre Gesichtsempfindungen, die fast immer mit den andern Sinneseindrücken gemeinsam auftreten, verbinden sich auch leicht mit den letzteren. Daher zieht die sichtbare charakteristische Erscheinung eines Gegenstandes durch Assoziation gewöhnlich die Ideen aller übrigen Besonderheiten nach sich, die häufiger Erfahrung nach mit jener Erscheinung zusammenfielen, und indem sie dieselben mit einer Stärke und Genauigkeit zusammenfasst, welche andre vielleicht zufällig mit auftretende Assoziationen weit übertrifft, lenkt sie die Aufmerksamkeit auf jene. Es ist dies eine als Zeichen dienende Vorstellung — die Logik der Vorstellungsbilder. Dieselbe Funktion kann von einem Gefühl ausgehen. Irgend ein tiefes, stark in Anspruch nehmendes Gefühl, das mit dem Attribut einer Gruppe verbunden ist, klassifiziert von selbst alle Dinge darnach, ob sie jenes Attribut besitzen oder nicht. Wir können nicht wohl daran zweifeln, denn die Dinge, die den Hunger zu stillen vermögen, bilden gewiss eine vollkommen deutliche Klasse im Geiste jedes intelligenten Tieres, und zwar ganz ebenso, als wenn sie imstande wären, das Wort „Nahrung" zu verstehen. Es geht uns damit die unverkennbare Wahrheit auf, dass es kaum irgend etwas Allgemeingiltigeres in der Psychologie giebt, als die Gesetze der Assoziation."**)

---

*) A. a. O. p. 342.

**) *Examination of Hamiltons Philosophy p.* 403.

Dieselbe Wahrheit entwickelt Mansel in folgender klarer Weise: „Der Geist erkennt den von einem Baum verursachten Eindruck auf der Netzhaut des Auges; dies ist darstellendes Bewusstsein. Er malt ihn sodann aus; aus einer Reihe solcher Gemälde bildet er einen allgemeinen Begriff und diesem Begriff giebt er zuletzt einen Namen.“ *) Fast mit den nämlichen Worten trifft Noiré dieselbe Unterscheidung: „Alle von mir bis dahin gesehenen Bäume hinterlassen in meiner Einbildungskraft ein gemischtes Bild, eine Art idealer Darstellung von Bäumen. Ganz verschieden davon ist der Begriff, der niemals ein Bild ist.“ **)

Um unsre Beweisführung nicht mit Anführungen zu überlasten, will ich nur noch eine letzte beibringen, die womöglich mit noch grössrer Klarheit genau das vorbringt, was ich unter einer „Erkenntnis“ verstanden haben will. Prof. Huxley schreibt: „Ein Anatom, der sich aufmerksam mit der Prüfung verschiedner Exem-

*) Obigem widerspricht Max Müller wegen des darin verborgenen Conceptualismus, insofern der „Begriff“ zeitlich vor dem „Namen“ kommt (*Science of thought p.* 268). Mit dieser Kritik haben wir es jedoch hier nicht zu thun. Ob „die Reihe solcher Bilder“, welche der Geist herstellt und in das zusammen vermischt, was Locke eine „zusammengesetzte Idee“ nennt, in dieser Mischung ein „allgemeiner Begriff“ genannt zu werden verdient, — das ist eine Frage der Terminologie, die ich damit erledige, dass ich solche „zusammengesetzten Ideen“ Erkenntnisse nenne und den Ausdruck Begriff zusammengesetzten Ideen vorbehalte, nachdem sie benannt worden sind.

**) „Logos“ S. 175. Max Müller, der diese Stelle anführt, fügt hinzu: „Die Nachfolger Humes könnten leicht die abgeblassten Bilder unsres Gedächtnisses für abstrakte Ideen halten. Unser Gedächtnis oder, was oft ebenso wichtig ist, unsre Vergesslichkeit scheint nach ihnen imstande zu sein, das zu thun, was die Abstraktion, wie Berkeley zeigt, niemals zu thun vermag, und unter ihrem stillen Einfluss könnte so manche Idee oder Ideenhäufung unter der Hand verschmelzen, bis nichts davon übrig ist, als ein blosser Schatten. Diese Schatten aber, die recht unbestimmt werden können, bleiben Wahrnehmungen und keine Begriffe.“ (*Science of thought p.* 453.) Meiner Meinung nach sind aber diese Schatten keine Wahrnehmungen, sondern das Ergebnis der Zusammenschmelzung von Wahrnehmungen, von denen keine der ursprünglichen Summe entspricht. Wenn wir nun sehen, dass sie weder Wahrnehmungen noch Begriffe und doch so hochbedeutsame Elemente in der Ideenbildung sind, so belege ich sie eben mit dem unterscheidenden Namen „Erkenntnisse“.

plare einer neuen Tierart beschäftigt, erwirbt sich im Lauf der Zeit einen so lebendigen Begriff von ihrer Form und ihrem Bau, dass die Idee davon sichtbare Gestalt annehmen und zu einer Art wachem Traume werden kann.“*) Obwohl das Wort „Begriff“ hier unglücklich gewählt ist, zeigt es doch das verzweifelte Bedürfnis nach dem von mir vorgeschlagnen Ausdruck.

Diese Anführungen werden genügen, um zu zeigen, dass die von mir gezogene Unterscheidung keineswegs im Interesse meiner besondern Zwecke ausersonnen ist; vielmehr ging mein Bemühen nur darauf hin, sie in allen ihren Teilen klarzulegen und jeden der letztern ausdrücklich zu bezeichnen. Damit ist jedoch nicht gesagt, dass die beiden unter den Namen „Erkenntnisse“ und „Begriffe“ zusammengefassten Klassen von Verallgemeinerungen der Art nach dieselben wären. Ich habe vielmehr die Frage darüber offen gelassen, ob ein Geist, welcher nur bis zu Erkenntnissen reicht, dem Grade oder der Art nach von demjenigen Intellekt verschieden sei, der bis zur Bildung von Begriffen vorzuschreiten vermag. Hätte ich mit Sully gesagt: „Wenn die Ähnlichkeit weniger auffallend ist, wie bei abstraktern Begriffen, so wird eine deutliche Handlung aktiver Vergleichung damit erforderlich“ — so hätte ich damit ausgesprochen, dass zwischen einer Erkenntnis und einem Begriff nur ein Unterschied dem Grade nach besteht; wenn ich aber beides mit demselben Ausdruck bezeichnet und geschlossen hätte, dass sie sich nur nach dem Grade der Abstraktion unterschieden, so hätte ich angenommen, dass, was jener den „passiven Assimilationsprozess“ nennt, — wobei ein Kind oder ein Tier einen besondern Menschen als zu einer Klasse gehörig erkennt — in Wirklichkeit dieselbe Art psychologischen Vorgangs ist, wie „bei abstraktern Begriffen“, wo der einzelne Mensch durch einen besondern Namen bezeichnet wird, während die Klasse, zu der er gehört, einen gemeinschaftlichen Namen trägt. Hätte ich, in ähnlicher Weise, mit Thomas Brown gesagt, dass der Verallgemeinerungsprozess in sich schliesst: „1. die Wahrnehmung zweier oder mehrerer Dinge (Wahrnehmung), 2. das Gefühl ihrer Ähnlichkeit

*) *Life of Hume* 96.

(Erkenntnis), 3. den Ausdruck dieses allgemeinen beziehlichen Gefühls (Begriff)", so würde ich ausdrücklich die Frage nach dem allgemeingültigen Zusammenhang der Ideenbildung, bei Tieren wie bei Menschen, aufgeworfen haben. Allerdings ist das die Schlussfolgerung, auf die ich hier ziele; meine Bemühung geht jedoch dahin, prüfend und, ohne die Sache von vornherein zu entscheiden, Schritt für Schritt vorzugehen. Ich führte daher die obigen Stellen nur deshalb an, weil sie, klarer als andre, das erkennen lassen, was ich für die richtige Klassifikation der Ideen halte, und obgleich, mit Ausnahme des Millschen Ausspruchs, keine dieser Stellen andeutet, dass ihr Verfasser dabei an die tierische Intelligenz gedacht oder die grosse Bedeutung seiner Darstellung für die von uns behandelte Frage wahrgenommen habe, so wird damit doch nur ein um so kräftigeres Zeugnis für die Richtigkeit meiner Klassifikation geliefert.*)

---

*) Steinthal und Lazarus in ihrer Behandlung des Problems über den Ursprung der Sprache haben indessen, wenn auch in einer etwas skizzenhaften Weise schon auf diese Art von Ideenbildung bei Tieren aufmerksam gemacht. Lazarus z. B. sagt: „Es giebt in der gewöhnlichen Erfahrung kein so einfaches Ding von einfacher Beschaffenheit, dass wir es durch eine Sinnesempfindung wahrnehmen könnten; erst aus der Sammlung seiner Eigenschaften, d. h. erst aus der Verbindung der mehreren Empfindungen ergiebt sich die Wahrnehmung eines Dinges: erst indem wir die weisse Farbe sehen, die Härte fühlen und den süssen Geschmack empfinden, erkennen wir ein Stück Zucker (Leben der Seele II. S. 66)." Diese und andre Stellen in demselben Werke folgen der Lehre Steinthals, wie z. B.: „Die Anschauung von einem Ding ist der Complex der sämtlichen Empfindungserkenntnisse, die wir von einem Dinge haben . . . Die Anschauung ist eine Synthesis, aber eine unmittelbare, die durch die Einheit der Seele gegeben ist." In Übereinstimmung mit beiden Schriftstellern sagt Friedr. Müller: „Diese Sammlung und Einigung der verschiednen Empfindungen gemäss der in den Dingen verbundenen Eigenschaften heisst Anschauung (Grundriss der Sprachwissenschaft I. S. 26)." Auf der andern Seite tritt Geiger dieser Anwendung des Wortes „Anschauung" seitens seiner philologischen Kollegen entschieden entgegen, indem er sagt: „Unter Anschauung wird teils etwas von der Sinneswahrnehmung gar nicht Unterschiedenes verstanden, teils auch ein dunkles Etwas, welches, ohne dass die Bedingungen und Ursachen zu erkennen sind, die Einheit der Wahrnehmungen zu kleineren oder grösseren Complexen bewirken soll . . . So dass ich eine solche ‚Synthesis' nicht auch bei den Tieren ganz ebenso wie bei den Menschen voraussetze: ich glaube im Gegenteil,

Die Frage ist also die, ob es sich zwischen einer Erkenntnis und einem Begriff um einen Unterschied der Art oder nur dem Grade nach handelt. Es ist das genau dieselbe Frage, mit der wir es im ganzen Verlauf des vorliegenden Buches zu thun haben. Da ihre Behandlung aber einigermassen mühevolle Untersuchungen nach verschiednen Seiten erfordert, so will ich versuchen, die verschiednen Zweige des Gegenstandes auseinanderzuhalten, und jeden für sich betrachten. In erster Linie möchte ich, an der Hand von Beispielen, die höchsten Stufen der Ideenbildung nachweisen, die auf dem Gebiet der blossen Erkenntnisse zu erreichen sind. Ich werde hierzu meine Zeugnisse nur aus der Tierwelt nehmen, da hier kein Verdacht vorliegt — wie es bei Kindern der Fall

---

dass es sich mit der Sprache erst entwickelt (Ursprung der Sprache S. 177)." Ich führe diese Stellen an, weil sie dazu dienen, in einer kurzen, lehrreichen Form die unterschiedlichen Anschauungen wiederzugeben, die über eine verhältnismässig so einfache Sache bestehen und dem Mangel an scharf definierenden Ausdrücken ihr Dasein verdanken. Unzweifelhaft ist die Anwendung des Wortes „Anschauung" bei den oben erwähnten Autoren unglücklich gewählt, scheint aber gerade dadurch eine Idee von dem, was ich unter Erkenntnis verstehe, verständlich anzudeuten. Alle drei fehlen darin, dass sie diese Idee nach ihrem ganzen Inhalt nicht erschöpfen, insofern sie das Vermögen der nicht begrifflichen „Synthesis" auf eine Gruppe von einfachen Wahrnehmungen beschränken, die von verschiednen Sinnesorganen geliefert werden, statt sie auf eine Synthesis von Synthesen von Wahrnehmungen auszudehnen, die entweder von denselben oder auch durch andre Sinne geliefert werden. Die drei Philologen sind jedoch sämtlich auf der richtigen psychologischen Spur, und ihr Kritiker Geiger sagt ganz mit Unrecht, dass es keine Synthesis von (nichtbegrifflichen) Ideen ohne Hilfe der Sprache geben könne. In der That ist das „dunkle Etwas", welches er bei seinen Vorgängern im Zusammenhang mit der Ideenbildung bei Tieren beklagt, ein „Etwas", welches, ans helle Licht gebracht, von der höchsten Wichtigkeit ist. Wie wir später sehen werden, ist es nichts weniger, als die notwendige psychologische Bedingung zur Entwicklung der Sprache sowohl, als des Denkens. Der Ausdruck „Apperzeption" einiger deutscher Psychologen schliesst ebenfalls das ein, was ich unter „erkennender Ideenbildung" verstehe. Friedr. Müller beschränkt allerdings die Bedeutung jenes Wortes ausdrücklich auf die begriffliche Ideenbildung, indem er sagt: „Alle psychischen Prozesse bis einschliesslich zur Perzeption lassen sich ohne Sprache ausführen und vollkommen begreifen, die Apperzeption dagegen lässt sich nur an der Hand der Sprache denken. (A. a. O. I. S. 29)."

sein könnte — dass die Logik der Erkenntnisse mit dem aufkeimenden Wachstum von Begriffen verbunden wäre. Ehe ich zu diesen Beweisen schreite, scheint es mir indessen wünschenswert, mit ein paar Worten zu sagen, was ich unter dem erwähnten Ausdruck „Logik der Erkenntnisse" verstehe.

Wie ich im früheren Bande des nähern dargelegt, sind alle geistigen Vorgänge von anpassender Natur an letzter Stelle Vorgänge der Klassifizierung; sie bestehen in der Wahrnehmung von Unterschieden und Ähnlichkeiten. Ein einfacher Wahrnehmungsakt besteht in der Erkennung der Ähnlichkeiten und Unterschiede zwischen den Gegenständen jener Wahrnehmung, wogegen ein begrifflicher Akt ein Zusammenfassen oder absichtliches Zusammenstellen von Ideen ist, die als ähnlich erkannt wurden. Daher hat es die Abstraktion mit dem Absondern von ähnlichen Eigenschaften zu thun. Vernunft ist Schlussvermögen oder Vergleichung von Verhältnissen und so bestehen denn die höchsten Thätigkeiten des Denkens, wie die einfachsten Wahrnehmungsakte, aus der Gruppierung oder Koordinierung von Ähnlichkeiten, die vorher von den Unterschieden ausgesondert wurden. Das Grenzland der Ideenbildung, das von den sogenannten Erkenntnissen eingenommene Gebiet, hat es nun gleichfalls mit demselben Vorgang zu thun, nur dass er sich hier auf einer höhern Ebene abspielt, wie bei den Wahrnehmungen, aber auf einer niedern, wie bei den Begriffen. Kurzum, der Gegenstand, die Anwendung und die Methode der Logik aller Ideenbildung ist überall dieselbe. Gewöhnlich beschränkt man diesen letztern Ausdruck auf das höhere Feld der Begriffe. Wie aber schon Comte nachgewiesen hat, liegt kein Grund vor, warum dieser Ausdruck nicht nötigenfalls auf alle Geistesthätigkeiten ausgedehnt werden sollte, insoweit dieselben in regelmässiger Weise vor sich gehen. Denn sofern sie regelmässig oder angepasst sind — nicht bloss empfindend oder indifferent — bestehen diese Thätigkeiten, wie wir gesehen, sämtlich in Vorgängen von Ideengruppierung oder Zusammensetzung.*) Ich finde demnach nichts Ungehöriges

*) Das Wort Logik kommt her von λόγος, welches wiederum abstammt von λέγω, ordnen, auflesen, zusammenbinden.

in dem Gebrauch des Wortes „Logik", um damit die fundamentale Übereinstimmung aller Ideenbildung zu betonen, soweit es ihre Methode betrifft. Ich verwerfe dagegen die Ausdrücke „Logik der Gefühle" und „Logik der Zeichen". Denn die „Gefühle" betreffen in erster Linie die empfindende, emotionelle Seite des geistigen Lebens, im Gegensatz zu der intellektuellen, ideenbildenden Seite desselben. Dagegen sind „Zeichen" nur Ausdrücke von Ideen, nicht diese selbst. Die von ihnen ausgehende Methode oder Bedeutung ist demnach nur ein Reflex der Anordnung oder Gruppierung der von ihnen ausgedrückten Ideen. Die Logik befindet sich daher weder in den Gefühlen, noch in den Zeichen, sondern in den Ideen. Demzufolge setzte ich für obige Ausdrücke die genauern Bezeichnungen „Logik der Erkenntnisse" und „Logik der Begriffe."*)

Im gegenwärtigen Kapitel haben wir nur die Logik der Erkenntnisse zu untersuchen und wollen hierzu vorerst bemerken, dass wir schon auf dem Gebiete der Wahrnehmungen Vorgängen von unwillkürlicher Gruppierung von Gleich und Gleich begegnen, die wiederum noch weiter abwärts zu rein unbewusster oder mechanischer Gruppierung von Reizen in den niedern Nervenzentren leiten. Sonach ist die Methode objektiv überall dieselbe, sei es bei Reflexthätigkeit, bei Empfindung, Wahrnehmung, Erkenntnis, Begriff oder Erwägung. Auch mit Rücksicht auf das Nervensystem ist die Methode überall gleichmässig: „Überall besteht sie in der fortschreitenden Entwicklung eines Unterscheidungsvermögens zwi-

*) Die Ausdrücke „Logik der Gefühle", „Logik der Zeichen" wurden erstmals von Comte eingeführt und umfassend angewandt. Später wurden sie aufgenommen und in noch grösserer Ausdehnung gebraucht von Lewes, der sie jedoch in einem etwas verschiednen Sinne verstanden wissen will. Mir scheint, dass Lewes dabei fehl geht. Abgesehen davon, dass Comte hier, wie auch sonst, theologisch infiziert war, halte ich die Ideen, die er unter jenen Ausdrücken bekannt zu machen sucht, für die nämlichen, wie die von Lewes eingeführten, obwohl der Mangel an Zusammenhang folgende Bemerkung seines Nachfolgers rechtfertigt: „Da ich nicht imstande bin, dies zu verstehen, so kritisiere ich es nicht (*life and mind* III, p. 239)". Die fraglichen Ausdrücke wurden auch von Mill angenommen, wie die frühere Anführung zeigt.

schen Reizen in Verbindung mit der ergänzenden Fähigkeit angepasster Beantwortung."*) Obwohl diese Wahrheit (die, wie es scheint, stillschweigend oder auch zufällig anerkannt wird, wie die Anwendung ungefähr derselben Ausdrücke zur Bezeichnung der niedersten und höchsten Glieder aus der Reihe der oben genannten Fähigkeiten zeigt) für die psychologische (im Gegensatz zur physiologischen) Forschung von höchster Wichtigkeit ist, so halte ich es doch für passend, von der objektiven Seite dieses ununterbrochenen Prozesses abzusehen und unsre Untersuchung da aufzunehmen, wo sie in Begleitung eines subjektiven Seitenstückes auftritt, bei der Wahrnehmung.

Es ist schon so viel über die bei unsern Wahrnehmungen nebenhergehenden sogenannten „unbewussten" oder „intuitiven Urteile" geschrieben worden, dass ich bei diesem Gegenstand nicht länger zu verweilen brauche. Das bekannte Beispiel, starr auf eine polierte Kugel zu blicken und sie abwechselnd als eine Kugel und einen Kreis wahrzunehmen, ist hinreichend, um uns hierbei eine Logik der Gefühle erkennen zu lassen: Ohne irgend einen Akt von Ideenbildung schliesst der Geist unwillkürlich oder urteilt unbewusst, dass ein Gegenstand, der entweder eine Kugel oder ein Kreis sein muss, bald das eine und bald das andre sei.**) Wir ent-

---

*) „Geistige Entwicklung im Tierreich" S. 61.

**) Eine besondere Aufmerksamkeit verdient die Thatsache, dass der Ausdruck „unbewusstes Urteil" nicht metaphorisch zu verstehen ist, sondern im technischen Sinne das wiedergeben soll, was die genaue Psychologie des Vorganges zu sein scheint. Denn das unterscheidende Element eines Urteils in seinem technischen Sinne besteht in einem darin eingeschlossenen Element des Glaubens. Wenn, wie Mill bemerkt, „ein Stein vor mir liegt, so bin ich gewisser Empfindungen bewusst, die ich von ihm empfange; denn wenn ich sage, dass diese Empfindungen mir von einem äussern Gegenstande zukommen, den ich wahrnehme, so bedeuten diese Worte, dass wenn ich diese Empfindungen empfange, ich sofort glaube, dass eine äussere Ursache dieser Empfindungen existiert. (Logik S. 58)." In Fällen, wie die im Texte erwähnten, wo das „unbewusste Urteil" irrig, d. h. die Wahrnehmung trügerisch ist, kann es natürlich von einem Urteil höherer Ordnung überholt werden; deshalb schliessen wir nicht damit, dass wir die Kugel für einen Kreis halten. Nichtsdestoweniger folgert der Geist, soweit er von dem Zeugnis

nehmen daraus, dass unsre sämtlichen Gesichtswahrnehmungen ihrer Natur nach automatische Folgerungen sind, die auf einem vorhergegangnen Einvernehmen zwischen ihnen und den Wahrnehmungen des Tastsinns beruhen. Von hier aus schliessen wir weiter, dass Wahrnehmungen jeder Art von vorherigen Gruppierungen abhängen, die entweder unter sich, mit alleiniger Hilfe des nämlichen Sinnes, oder auch in Verbindung mit diesen und der Unterstützung andrer Sinne enstanden sind.

Wenn dies aber schon bezüglich der Wahrnehmungen gilt, muss es offenbar auch für die Erkenntnisse zutreffen, und wenn uns der Versuch lehrt, dass unsre sämtlichen Wahrnehmungen auf automàtischer, unter-bewusster Koordination beruhen, so wird es uns auch nicht überraschen, wenn wir finden, dass auch unsre einfachsten Ideen von unwillkürlicher, fast ebenso automatischer Koordination abhängen. Es bedarf daher nur einer kurzen Untersuchung unsrer gewöhnlichen geistigen Vorgänge, um nachzuweisen, dass unsre sämtlichen einfachern Ideen Gruppierungen sind, die sich sozusagen von selbst bildeten, ohne irgend einen absichtlichen, vergleichenden, sichtenden und verbindenden Vorgang, wie er auf höhern Gebieten ideenbildender Thätigkeit erforderlich wird. Das Vergleichen, Sichten und Verbinden geschieht sozusagen für das bewusste Agens, nicht durch dasselbe. Erkenntnisse werden erkannt, nur Begriffe müssen begriffen werden. Eine Erkenntnis ist jene Art von Idee, deren Bestandteile — mögen sie nun blosse Erinnerungen an Wahrnehmungen oder schon mehr oder weniger ausgearbeitete Erkenntnisse sein, — sich von selbst vereinigen, sobald sie zusammengebracht werden. Es liegt nichts daran, ob

unsrer Sinne abhängt, irrtümlich, indem er die Kugel als einen Kreis wahrnimmt. In seinem Buche „*Illusions*“ zeigt Sully, dass Illusionen der Wahrnehmung durch „geistige Anwendung einer für die Mehrheit der Fälle giltigen Regel auf einen Ausnahmefall“ entstehen. Mit andern Worten, ein irrtümliches Urteil wird durch ein nicht-begriffliches Wahrnehmungsvermögen hergestellt, indem dieses Urteil nach Ähnlichkeiten aus vergangenen Erfahrungen gebildet wird. Natürlich ist ein solcher Akt rein wahrnehmender Folgerung kein Urteil im wahren Sinne des Wortes; es ist aber offenbar mit einem Urteil verwandt, und Bequemlichkeit mit nachmals befestigter Gewohnheit bezeichnet es als ‚unbewusstes“, „intuitives“, oder „wahrnehmendes Urteil“.

diese Bereitschaft zur Vereinigung einer deutlichen Ähnlichkeit oder häufiger Wiederholung verdankt wird; die Hauptsache ist, dass eine so starke Verwandtschaft zwischen den elementaren Bestandteilen vorhanden ist, dass die Zusammensetzung als eine Konsequenz ihrer blossen Nebeneinanderstellung im Bewusstsein erfolgt. Wenn ich über die Strasse gehe und hinter mir plötzlich einen Ruf höre, so brauche ich nicht zu warten, um mir vorerst zu sagen, dass wahrscheinlich grade ein Wagen im Begriff ist, mich zu überfahren; ein solcher Ruf unter solchen Umständen ist so innig mit seinem Zwecke in meinem Geiste verbunden, dass die dadurch hervorgerufene Idee sich nicht über die Stufe einer blossen Erkenntnis zu erheben braucht, und die angepassten Bewegungen meinerseits, zu denen mich jene Idee unmittelbar anreizt, werden ohne jegliches intelligente Nachdenken vollführt. Anderseits sind sie aber auch weder Reflexhandlung, noch instruktive Thätigkeit, sie sind eben das, was ich eine Handlung aus Erkenntnis nenne. Es ist dies natürlich ein überaus einfaches Beispiel, das ich nur anzog, um die weitere Bemerkung darauf folgen zu lassen, dass auf blosser Erkenntnis beruhende Handlungen, obwohl sie oft nahe an Reflexhandlung streifen, dies doch nicht immer thun. Im Gegenteil sind solche Handlungen, wie wir bald finden werden, häufig so hoch intelligent, dass es uns ganz unmöglich gemacht wird, zwischen ihnen und den auf Begriffen beruhenden Handlungen eine Grenze zu ziehen. Bei uns selbst giebt es in der That ein weites Grenzgebiet, innerhalb dessen es uns nicht möglich ist, zu bestimmen, ob angepasste Handlungen bloss auf Erkenntnissen oder auf Begriffen beruhen. Daher können wir uns nur bei den Tieren über die Grenzen der auf der ausschliesslichen Wirksamkeit der Erkenntnisse beruhenden intelligenten Anpassung vergewissern. Es entsteht nun die Frage: Wie geht jene unwillkürliche oder unbeabsichtigte Vergleichung, Sichtung und Verbindung ohne die absichtliche Wirkung des bewussten Agens vor sich? Welche Stufe von Ideenbildung mögen Erkenntnisse erreichen, ohne Mitwirkung der Begriffe?

Wir haben im vorigen Kapitel gesehen, dass Tiere generische oder Erkenntnisideen von essbar, nicht essbar u. dgl. an den Tag legen und wir wissen, dass wir es selbst „instinktiv“ vermeiden, unsre Hand an die Flamme zu bringen, ohne dass wir vorher irgend einen Satz hinsichtlich der Eigenschaften der Flamme zu bilden brauchten. Wie weit vermag sich diese Art von nichtbenannter oder nichtbewusster Ideenbildung auszudehnen? Mit andern Worten, wie weit reicht der Geist, ohne die Unterstützung der Sprache zu bedürfen? Aus bereits angegebenen Gründen will ich diese Frage zu beantworten suchen, indem ich mich ausschliesslich dabei an den tierischen Geist halte.

Ich beginne mit einigen zu demselben Zwecke schon von Darwin angeführten Beispielen:*) „Houzeau erzählt, dass beim Übergang über eine weite, dürre Ebene in Texas seine Hunde sehr vom Durste litten, und dass sie zwischen dreissig- und vierzigmal Vertiefungen hinabjagten, um nach Wasser zu suchen. Diese Vertiefungen waren keine Thäler, auch waren weder Bäume darin, noch zeigten sie eine andre Verschiedenheit in der Vegetation; da sie trocken waren, konnte auch kein Geruch nach feuchter Erde vorhanden gewesen sein. Die Hunde benahmen sich so, als wüssten sie, dass eine Vertiefung im Boden ihnen die beste Aussicht böte, Wasser zu finden. Houzeau beobachtete dasselbe Benehmen auch bei andern Tieren.“ Ich selbst bemerkte häufig diese Ideenverbindung zwischen Vertiefungen und der Wahrscheinlichkeit, Wasser zu finden, bei Setterhunden, welche während der Arbeit viel Wasser bedürfen; unstreitig sind diese Ideenverbindungen von ausgesprochen generischer Natur. Darwin fährt dann fort: „Ich habe es gesehen, und ich bin überzeugt, andre auch, dass, wenn irgend ein kleiner Gegenstand vor einem der Elefanten im zoologischen Garten auf den Boden geworfen wird, zu weit für ihn, um ihn zu erreichen, er dann mit seinem Rüssel jenseits des Gegenstandes auf den Boden bläst, um durch den dort von allen Seiten reflektierten Luftstrom den Gegenstand in seinen Bereich treiben zu lassen. Ferner teilt mir ein bekannter Ethnolog, Herr Westropp mit, dass er in Wien beobachtet habe, wie ein Bär mit seiner Pfote in dicht an seinem Käfig stehendem Wasser eine Strömung zu erregen

*) „Abstammung des Menschen“ S. 98, 99.

suchte, um ein Stückchen auf dem Wasser schwimmenden Brote in seinen Bereich zu bringen.“

Diese Thatsachen weisen auf eine Fähigkeit zur Bildung generischer Ideen von hoher Kompliziertheit hin. Dieselben sind in der That nicht unähnlich den generischen Ideen intelligenter Wasserhunde, welche die Tiere hinsichtlich der Wasserströmungen veranlassen, die Kraft des Stromes zu berechnen, indem sie in der ihm entgegengesetzten Richtung hinlaufen, bevor sie ins Wasser gehen. Hunde, die an Ebbe und Flut oder an die See gewöhnt sind, erwerben eine weitere generische Idee von der Unregelmässigkeit im Verlauf der Flut zu irgend einer gegebnen Zeit; die intelligentern dieser Hunde vergewissern sich nämlich darüber, indem sie die Vorderpfoten in den Strom stellen und dann je nach der Richtung des Stromes vorgehen.

Endlich schreibt Darwin: „Wenn ich zu meinem Terrier in einem eifrigen Tone sage (und ich habe den Versuch vielmal gemacht): ‚Such, such, wo ist es?‘, so nimmt er dies sofort als ein Zeichen, dass irgend etwas aufgestöbert werden müsse, sieht sich zuerst schnell ringsum und stürzt dann in das nächste Dickicht, um irgend einem Wilde auf die Spur zu kommen; findet er nichts, so sieht er sich auf einem der nahestehenden Bäume nach einem Eichhorn um. Weisen nun diese Handlungen nicht deutlich darauf hin, dass der Hund in seiner Seele einen allgemeinen Begriff oder eine Idee davon hatte, dass irgend ein Tier zu entdecken oder zu jagen sei?“ *)

Von den vielen Beispielen der hohen Fähigkeiten der Ameisen will ich hier nur ein von Belt veröffentlichtes anführen, der als einer der kompetentesten Beobachter gilt: „Ein Nest wurde in der Nähe unsrer Eisenbahn gemacht und um zu den Bäumen zu gelangen, mussten die Ameisen die Schienen kreuzen, über welche die Wagen stets hin- und herliefen. Jedesmal, wenn sie daherkamen, wurde eine Anzahl Ameisen zu Tode gequetscht. Eine Zeitlang bestanden sie auf dem Übergang, endlich aber machten

---

*) A. a. O. S. 107. Natürlich stehen hier die Ausdrücke „Begriff oder Idee“ dem psychologischen Einwurf offen, zu dessen Vermeidung ich die Bezeichnungen „generische Idee“ und „Erkenntnis“ festsetzte.

sie sich ans Werk und führten einen Gang unterhalb der Schienen durch. Eines Tages, als die Wagen nicht fuhren, verstopfte ich ihren Gang mit Steinen, aber obwohl nun eine grosse Anzahl auf diese Weise vom Nest abgeschnitten wurde, wollten sie doch die Schienen nicht mehr kreuzen, sondern machten sich daran, neue Tunnels unterhalb derselben zu bauen."

Diese Thatsachen können nicht wohl dem Instinkt zugeschrieben werden, da Eisenbahnwagen nicht Dinge einer vorhergegangnen Erfahrung für die Vorfahren der Ameisen gewesen sein können; deshalb ist der damit aufgezeigte Grad erkennender Intelligenz oder „praktischer Folgerung" höchst bemerkenswert. Die Insekten mussten offenbar die Natur der wiederholten Katastrophen gewürdigt haben und klügelten richtig den einzigen Weg aus, auf dem jene zu vermeiden waren. Da dies einen wichtigen Teil meiner Untersuchung bildet, so will ich noch ein paar Beispiele von Wirbeltieren hinzufügen, indem ich mit einem Auszug aus Leroys Schriften beginne, der mehr Gelegenheit als die meisten Menschen hatte, die Gewohnheiten der Tiere im Zustand der Natur zu studieren. Er sagt vom Wolf:*)

„Wenn er eine Herde in seinem Revier wittert, so ruft ihm das Gedächtnis den Eindruck des Hirten und seines Hundes zurück und wiegt damit den der unmittelbaren Nähe der Schafe auf; er bemisst die Höhe der Umzäunung, vergleicht sie mit seiner eignen Stärke, zieht die weitere Schwierigkeit in Rechnung, sie mit Beute beschwert zu überspringen und schliesst daraus auf die Nutzlosigkeit des Versuchs. Indessen wird er ein aus der Herde verirrtes Schaf vor den Augen des Schäfers ergreifen, besonders wenn ein Gehölz in der Nähe ist, das ihm die Aussicht auf ein Versteck eröffnet. Er wird aber der verführerischsten Beute widerstehen, wenn sie von jener beunruhigenden Zugabe begleitet ist (dem Geruch des Menschen), und selbst ohne eine solche wird es noch längere Zeit dauern, bis er seinen Verdacht überwindet. In diesem Falle kann der Wolf nur eine abstrakte Idee von der Gefahr haben, während die Natur der ihm gelegten Falle ihm unbekannt ist . . . Einige Nächte genügen kaum, ihm Vertrauen einzuflössen, und obwohl die Ursache seines Misstrauens nicht mehr vorhanden ist, wird es doch durch das Gedächtnis hervorgerufen und der Verdacht bleibt. Die Idee des Menschen ist mit einer unbekannten Gefahr verbunden und macht ihn gegen den verlockendsten Anschein misstrauisch . . . Tiere sind, wie wir selbst, gezwungen zu ab-

---

*) *Intelligence des animaux, p.* 20.

strahieren. Ein Hund, der seinen Herrn verloren hat, läuft zu einer Gruppe Menschen vermöge einer allgemeinen Idee, die ihm die Eigenschaften vorstellt, welche sein Herr mit jenen Menschen gemein hat. Er erfährt in der Folge einige weniger allgemeine, aber noch immer abstrakte Empfindungsideen, bis er der besondern Empfindung begegnet, die er sucht.“ — Mit Bezug auf den Hirsch schreibt derselbe Verfasser: „Er erschöpft jede Art von Versuch, aus denen die Handlung der Flucht besteht. Er machte die Wahrnehmung, dass in Dickichten, wo der Durchbruch seines Körpers eine starke Spur zurücklässt, die Hunde ihm eifrig und ungehindert folgten; er verlässt deshalb das Dickicht und stürzt in Wälder, wo kein Unterholz vorhanden ist, oder fliegt am Rande der Strasse dahin. Manchmal wendet er der Gegend ganz den Rücken und sucht sein Heil lediglich in der Geschwindigkeit der Flucht. Aber auch schon ausser Hörweite der Hunde, weiss er doch, dass sie bald hinter ihm sein werden und statt sich trügerischer Sicherheit hinzugeben, benutzt er die Frist, neue Listen zu ersinnen, um jenen zu entgehen. Er läuft geradeaus, kehrt wieder um und indem er mehreremal hintereinander von der Erde aufspringt, übertrifft er die Schlauheit der Hunde. Hart bedrängt, duckt er sich oft nieder, in der Hoffnung, dass der Eifer seiner Verfolger ihn über seine Spur hinweg führen werde, und wenn es ihm gelingt, kehrt er wieder zurück. Oft sucht er die Gesellschaft seiner Artgenossen und wenn sein Kamerad gehörig in die drohende Gefahr mit hineingehetzt ist, überlässt er ihn seinem Schicksal und entkommt durch rasche Flucht. Diese List ist sogar eine der häufigsten und erfolgreichsten. Oft, wenn auch gar nicht gejagt wird, pflegt er, statt in Ruhe und Zuversicht nach seinem Lager zurückzukehren und sich geradewegs zur Ruhe zu legen, sein Revier zu durchwandern, tritt in den Wald ein, verlässt ihn wieder und geht vielemale hin und her. Ohne dass eine unmittelbare Ursache zu seiner Unruhe vorläge, versucht er sich in denselben Künsten, deren er sich bedienen würde, um sich den verfolgenden Hunden zu entziehen. Diese Vorsicht ist ein Beweis für seine Erinnerung an stattgefundene Thatsachen und für eine Reihe von Ideen und Vermutungen, die sich aus jener Thatsache ergeben.“

Es ist bemerkenswert, dass ein Tier seine Spur durch solche Listen zu vertilgen sucht, selbst wenn es weiss, dass die Hunde in seiner Verfolgung begriffen sind; noch merkwürdiger ist es aber, wenn solche Listen ausgeführt werden, um imaginäre Hunde, die möglicherweise auf seiner Fährte sein könnten, irrezuführen. Manchen mag es scheinen, dass solche Vorkommnisse bei Tieren für ein gewisses Denkvorstellungsvermögen oder für eine Art ohne Hilfe der Sprache ausgeführter Überlegung sprechen. Ich möchte betonen, dass ich nicht das Gegenteil behaupten will, nur muss man zugeben, dass das Beispiel nicht hinreicht, die gemachte Schlussfolgerung zu rechtfertigen; mein Bestreben geht darauf hinaus, jeden Zweifel darüber zu beseitigen, dass bei Tieren eine Logik vorhanden ist, sei es nun eine Logik der Erkenntnisse oder, worauf ich später zurückkommen werde, eine „Logik der Vorbegriffe".

Leroy erzählt noch vom Fuchs:

„Er wittert das Eisen der Falle und diese Empfindung wird so schrecklich für ihn, dass sie jede andre überwiegt. Wenn er gewahr wird, dass die Schlingen zahlreicher werden, so zieht er aus, um sich eine sicherere Nachbarschaft zu suchen. Manchmal, kühner gemacht durch eingehendere, oft wiederholte Erfahrung und geleitet durch seinen unfehlbaren Geruch, gelingt es ihm, den Köder geschickt aus der Falle zu ziehen . . . Sind alle Ausgänge seines Baues mit Fallen besetzt, so wittert und erkennt sie das Tier und wird lieber den schärfsten Hunger leiden, als den Versuch wagen, sie zu passieren. Ich weiss von Füchsen, die ganze vierzehn Tage in ihrem Bau blieben und sich erst dann entschlossen herauszukommen, als der Hunger ihnen keine Wahl ausser der Todesart liess . . . Es giebt nichts, was er nicht versuchte, um sich zu retten. Er gräbt bis er seine Klauen zerrissen hat, um durch eine neue Öffnung zu einem Ausweg zu gelangen und entgeht auf diese Weise nicht selten den Schlingen des Jägers. Wenn ein mit ihm zusammen eingeschlossenes Kaninchen in einer der Fallen gefangen wird oder auf irgend eine Weise entkommt, so folgert er, dass die Vorrichtung ihren Zweck erfüllt hat und schreitet kühn und sicher darüber hinweg."*)

---

*) In dieser Beziehung kann ich nochmals auf das Kapitel über „Einbildungskraft" im vorigen Bande verweisen, wo gleichfalls eine Anzahl Beispiele über diese Fähigkeit bei Tieren beigebracht werden, denn überall wo die Einbildungskraft zu einer angepassten Handlung führt, liegt eine Logik der Erkenntnisse vor, die auf höheren Stufen, beim Menschen, in die Logik der Begriffe übergeht. — Ich habe in letzter Zeit noch ein merkwürdiges Beispiel von tierischer Einbildungskraft erfahren, welches schon um seinetwillen eine Veröffentlichung verdient. Es ist im allgemeinen bekannt, dass Hunde und Katzen bei ihren Spielen darin den Kindern gleichen, dass sie leblose Dinge für belebt halten d. h. als solche „vorgeben", was eine ziemlich hohe Stufe von Einbildungskraft bezeugt. Diese Fähigkeit kann aber, wie aus nachstehendem Fall hervorgeht, bei Tieren wie bei Kindern, einen solchen Grad erreichen, dass sie nicht nur leblose Dinge als belebt vorgeben, sondern auch „den Raum mit ihren luftigen Phantasiegebilden anfüllen". Ich führe die Thatsachen mit den Worten meiner Korrespondentin, Miss Bramston, an: „*Watch* ist ein dem Erzbischof von Canterbury angehöriger Pudel. Da ihm Lambeth aber nicht gefällt, so hält er sich grossenteils bei mir auf. Er ist ein in vieler Beziehung merkwürdiger Hund, sehr intelligent, schlau und versteht viele Worte. Was ich aber hier besonders erwähnen will, ist, dass er

Schliesslich führt derselbe Autor noch ein Beispiel an, welches seitdem schon öfter, wenn auch selten mit Angabe der Quelle, abgedruckt wurde. Es betrifft die Krähen, welche man auf ihren Nestern zu schiessen sucht, um mit dem Vogel auch die Eier zu vertilgen. Die Krähen kommen während des Tages nicht zu ihren Nestern, wenn sie bemerken, dass jemand darauf wartet, um sie zu schiessen. Wenn man, um ihren Verdacht einzuschläfern, eine Hütte unter ihrem Geniste anlegt und sich mit einer Flinte darin verbirgt, wird man vergebens warten, wenn schon einmal zuvor in gleicher Weise nach dem Vogel geschossen wurde. Der letztere „weiss, dass aus der Höhlung, in die er den Menschen eintreten sah, Feuer hervorgeht". Leroy fährt fort: „Um den misstrauischen Vogel zu täuschen, wurde der Plan ausgeheckt, zwei Leute in die Hütte zu schicken, von denen einer wieder wegginge, während der andre zurückbliebe; die Krähe zählte jedoch und hielt sich in Entfernung. Am nächsten Tage kamen drei Leute und wiederum bemerkte sie, dass nur zwei herauskamen; zuletzt hielt man es für nötig, fünf oder sechs Leute hineingehen zu lassen, um das Tier aus seiner Rechnung zu bringen."

Da Leroy nicht in den Tag hinein schreibt und sein Beruf der eines Wildmeisters zu Versailles war, so dürfen wir seine Aufstellungen nicht für für unglaubhaft halten, umsoweniger als er hinzufügt, dass „der Vorgang sich stets wiederholte, so oft der Versuch gemacht wurde", und somit „als eins der häufigsten Beispiele des Scharfsinns bei Tieren" zu betrachten sei. Wenn aber einmal zugestanden wird, dass ein Vogel hinreichenden Scharfsinn

der einzige mir bekannte Hund ist, der eine schauspielerische Fähigkeit besitzt. Seine dramatische Lieblingsaufführung besteht darin, eingebildete Schweine zu jagen. Er wurde nämlich mehrfach ausgeschickt, um wirkliche Schweine aus den Feldern zu jagen; in der Folge wurde es aber eine Gewohnheit für Miss Benson, abends nach dem Essen die Thür zu öffnen und ihm zuzurufen: ‚Schweine'! worauf er stets hinausstürzte, die eingebildeten Schweine zu jagen. Wenn niemand die Thüre öffnete, kam er selbst wedelnd herbei, um sein gewöhnliches Schauspiel aufzuführen. Neuerdings geht er noch weiter, denn sobald unser Abendessen beendet ist, beginnt er heftig zu bellen und rennt, sobald man die Thür öffnet, zu seiner eingebildeten Jagd hinaus, ohne dass jemand das Wort ‚Schweine' ausgesprochen hätte."

besitzt, um zu folgern, dass, wo er zwei Menschen hineingehen und nur einen wieder herauskommen sah, der zweite also drinnen blieb, so ist es nur eine Frage bezüglich des Grades, inwieweit diese unterscheidende Wahrnehmung ausgedehnt werden könne. Natürlich wäre es thöricht, zu vermuten, dass der Vogel die Menschen vermöge eines begrifflichen Vorganges abzählte; wir wissen aber, dass für einfache Zahlideen keine figürliche Versinnlichung notwendig ist. Wenn wir drei Menschen in ein Haus eintreten und nur zwei wieder herauskommen sehen, haben wir nicht nötig auszurechnen: $3 - 2 = 1$; der Gegensatz zwischen der gleichzeitigen Sinneswahrnehmung von $A + B + C$ im Vergleich zu der nachfolgenden Wahrnehmung $A + B$ genügt zu der unwillkürlichen Folgerung, dass C noch im Hause sein muss. Dieser Vorgang ist aber für uns selbst fortdauernd möglich, und zwar bis zu einem Punkte, wo die gleichzeitige Wahrnehmung aus zu vielen Teilen zusammengesetzt ist, um durch eine Erkenntnisanalyse in ihre Bestandteile zerlegt zu werden.*)

Hierzu kann ich mitteilen, dass es mir, mit Hilfe des Wächters gelungen ist, den gegenwärtig im Londoner Zoologischen Garten befindlichen Schimpansen deutlich bis fünf zählen zu lehren. Die dabei befolgte Methode besteht darin, von dem Tiere einen Strohhalm, zwei, drei, vier oder fünf Strohhalme zu fordern, natürlich ohne dabei irgend eine Ordnung oder Aufeinanderfolge zu beobachten. Für den Fall, dass mehr als ein Strohhalm gefordert wird, ist der Affe gelehrt worden, dieselben im Maule zu behalten, bis die Summe vollständig ist, so dass er alle Strohhalme zugleich abzuliefern vermag. Wenn er z. B. nach vier Halmen gefragt wird, nimmt er nach und nach drei Halme auf, steckt sie in den Mund, worauf er den vierten aufnimmt und alle vier zusammen überreicht.

*) Prof. Preyer hat die Zahl der Gegenstände (Schrotkörner, Stecknadeln, Punkte auf einem Blatt Papier), die mit Sicherheit gleichzeitig abgeschätzt werden können, durch Versuche festgestellt („Sitzungsberichte der Gesellsch. f. Medizin und Naturwissensch.“ Juli 1881). Die Zahl kann durch Übung stark anwachsen, und zwar, bei einer Ausstellung auf die Dauer einer Sekunde, bis zur genauen Schätzung einer Zahl swischen 20 und 30. (Vergl. auch „Geistige Entwicklung im Tierreich“ S. 145).

Diese Methode verhinderte jeglichen aus der Interpretation der gesprochenen Töne entstehenden Irrtum. So unterliegt es denn keinem Zweifel, dass das Tier imstande ist, zwischen den Zahlen 1, 2, 3, 4, 5 erkennend zu unterscheiden und die Namen für jede einzelne derselben zu verstehen. Ich bemerke noch, dass die Ausführung von den Beamten der Zoologischen Gesellschaft und andern Naturforschern bezeugt ist. Der Affe ist jedoch launenhaft und wenn er sich zur gegebnen Zeit nicht gerade in günstiger Stimmung befindet, dürfen die Besucher nicht enttäuscht sein, wenn sie nicht mit einer Vorstellung seiner Studien unterhalten werden.*)

Der grosse Physiologe Joh. Müller, sowie der berühmte Philosoph Hegel werden beide von Mivart als Zeugen für seine Behauptung angeführt, dass die Fähigkeit, „abstrakte Ideen von solchen Thätigkeiten, die vielen Tieren gemeinsam sind, unter dem Begriff von Ursache und Wirkung zu bilden, den Tieren vollständig abgehe". Ohne Zweifel könnten noch viele andre berühmte Namen zur Unterstützung dieser Behauptung angeführt werden. Mir scheint jedoch, dass in dieser Sache ein unnötiges Dunkel dadurch hervorgebracht wird, dass man nicht bedenkt, woraus unsre eigne Idee von Kausalität besteht. Um eine allgemeine Idee der Kausalität, als allgemeingültig u. s. w., zu gewinnen, wird offenbar eine höhere Fähigkeit abstrakten Denkens erfordert, als sie irgend ein Tier, ja sogar die grosse Mehrzahl der Menschen besitzt. Es ist aber nicht weniger klar, dass alle Menschen, wie auch die meisten Tiere eine generische Idee von Kausalität besitzen, und zwar in dem Sinne, dass sie übereinstimmende Erfahrungen unter übereinstimmenden Bedingungen erwarten. Eine Katze sieht jemand an eine Thür klopfen und bemerkt, dass darauf die Thüre geöffnet wird; indem sie sich dessen erinnert, wenn sie selbst dort hineinzukommen wünscht, springt sie an den Klopfer und erwartet, dass die Thüre geöffnet

*) Während der Vorbereitung dieser Übersetzung schreibt mir der Verfasser, dass es ihm gelungen sei, den Affen inzwischen auf oben beschriebene Weise bis zehn zählen zu lassen, und dass „das Tier dies bis zu seinem vor kurzem erfolgten Tode auf das Deutlichste und Genaueste ausgeführt habe".

Der Übersetzer.

werde. Kann man darnach leugnen, dass bei diesem Akt der Folgerung oder Nachahmung, oder welchen Namen wir sonst dafür wählen wollen, die Katze zwischen dem Klopfen und Öffnen eine Verbindung wahrnimmt, die sie fühlen lässt, dass das erstere in irgend einer Weise als vorhergehend gefordert wird, um das letztre als nachfolgend zu bestimmen? Und was ist dies anders, als eine Wahrnehmung von kausaler Beziehung, die ja auch von einem Kinde an den Tag gelegt wird, wenn es auf eine Uhr bläst, um das Gehäuse zu öffnen, weil es dies nach der entsprechenden Täuschung seitens der Eltern für die Ursache des Öffnens hält; oder von einem Wilden, der Nägel und Schiesspulver in die Erde pflanzt, um sie wachsen zu lassen?

Zahllose Beispiele solcher Wahrnehmungen von Kausalität könnten noch aus den alltäglichen Erfahrungen eines jeden civilisierten Menschen herangezogen werden. Wie selten warten wir in der That auf den Ausbau eines abstrakten Kausalitätssatzes, ehe wir nach der praktischen Kenntnis der Sache handeln! Dass dieselbe praktische Kenntnis die Tiere in stand setzt, eine generische Idee oder eine Erkenntnis der Gleichwertigkeit zwischen Ursache und Wirkung zu bilden, sodass sie ein wahrgenommenes Äquivalent als eine Erklärung erkennen, wird durch folgende Thatsache bewiesen, die ich zu dem ausdrücklichen Zwecke der Lösung dieser Frage auf das sorgfältigste beobachtete. Ich wiederhole den Fall aus einem schon früher veröffentlichten Vortrag vor der britischen Gesellschaft zu Dublin im Jahre 1878:

Ich hatte einen Setter, der sich stark vor dem Donner fürchtete. Eines Tages wurde eine Anzahl Äpfel auf dem Holzboden einer Äpfelstube ausgeschüttet und sowie ein Sack ausgeschüttet wurde, verursachte er durch das ganze Haus ein Geräusch wie von fernem Donner. Mein Hund wurde bei dem Klange vom Schreck ergriffen; als ich ihn aber in die Äpfelstube brachte und ihm die wahre Ursache des Geräusches zeigte, wurde er wieder so lebendig und munter wie gewöhnlich.*)

---

*) Ich möchte hierzu bemerken, dass das früheste Kindesalter, in dem ich eine ähnliche Schätzung der Kausalität angetroffen habe, der sechste Monat

Die Bedeutung der zweifellosen Wahrnehmung, dass Tiere eine generische — zum Unterschied von einer abstrakten — Idee von Ursache und Wirkung haben und haben müssen, wenn sie ihre Handlungen irgendwie den Umständen anpassen wollen, liegt darin, dass jene den Beweis für eine Logik der Erkenntnisse mit sich bringt, die sich bis zu generischen Ideen von Prinzipien sowohl, als von Dingen, Eigenschaften und Handlungen erstreckt. Als einen unbestrittenen Beweis für diese wichtige Thatsache führe ich hier eine Stelle aus der Lebensgeschichte eines Rollschwanzaffen (*cebus*) an, den ich zu dem ausdrücklichen Zwecke hielt, um seine Intelligenz zu beobachten.

„Heute setzte er sich in Besitz einer Ofenbürste, einer von der Art, wobei der Griff in die Bürste eingeschraubt ist. Er fand bald das Mittel heraus, den Handgriff herauszuschrauben und nachdem er dies vollbracht, begann er zu untersuchen, wie man ihn wieder hineinschrauben könne. Mit der Zeit brachte er auch das fertig. Zuerst steckte er das falsche Ende des Griffes in das Loch, drehte ihn aber ganz richtig nach Art der Schraube herum. Da er fand, dass er so nicht hielt, drehte er den Handgriff herum, steckte ihn sorgfältig in das Loch und begann wiederum ihn richtig herumzudrehen. Das war gewiss ein sehr schwieriges Kunststück für ihn, denn er benötigte beide Hände, um den Griff in der richtigen Lage zu halten und zwischen den Händen herumzudrehen, um ihn anzuschrauben. Dazu verhinderten die langen Borsten der Bürste das richtige Festhalten. Er hielt nun die Bürste mit seinen Hinterhänden, aber auch so war es sehr schwer für ihn, die erste Windung der Schraube in den richtigen Gang einzupassen; er arbeitete jedoch daran mit unermüdlicher Ausdauer, bis er die erste Windung der Schraube zu fassen bekam, dann drehte er rasch in der Runde herum, bis die Schraube zu Ende war. Das

---

ist. Bei meinen eignen Kindern von diesem Alter bemerkte ich, dass wenn ich einen klopfenden Ton heimlich mit einem Fuss hervorbrachte, sie sich rund im Zimmer umschauten, in dem offenbaren Verlangen, sich über die den Ton hervorbringende Ursache zu vergewissern. — Vgl. auch „geistige Entwicklung im Tierreich" S. 163 u. flgd.: Über Gemütsbewegungen bei Tieren durch den Sinn für das Geheimnisvolle, Unerklärliche.

Merkwürdigste war, dass so oft er auch im Anfang enttäuscht wurde, er es doch niemals versuchte den Griff in der falschen Richtung herumzudrehen; stets schraubte er von links nach rechts. Sobald er seinen Wunsch erfüllt sah, schraubte er wieder los und zum zweitenmal wieder fest, schon leichter als das erstemal, und so weiter zu oft wiederholten Malen."

Vorstehendes ist ein Auszug aus dem Tagebuch meiner Schwester. Ich selbst war nicht Zeuge vom Fortgang dieser Beobachtungen mit der Ofenbürste, wogegen ich viele andre erfolgreiche Untersuchungen mit dem merkwürdigen Tiere anstellte. Ich setze jedoch ein vollkommnes Vertrauen sowohl in die Genauigkeit der Beobachtungen meiner Schwester, als auch in die Treue ihres Berichtes; überdies hat der Punkt, mit dem ich mich eben beschäftige, nahe Beziehungen zu dem folgenden, wobei ich reiche Gelegenheit zu nahen und wiederholten Beobachtungen hatte. Der Punkt ist nämlich der, dass der Affe, nachdem er das mechanische Prinzip der Schraube in dem besondern Fall entdeckt hatte, damit fortfuhr, es weiter zu verallgemeinern, seine neu erworbene Kenntnis auf jeden andern Fall anzuwenden, wo es überhaupt möglich schien, dass das betreffende Prinzip in Frage kam. Die Folge war, dass das Tier im Hause lästig wurde durch sein unaufhörliches Aufschrauben der Enden von Schüreisen, Glockengriffen u. s. w., wobei er durchaus nicht bemüht war, sie stets sorgfältig wieder in Ordnung zu bringen. Hier haben wir also ein unfragliches Zeugnis von intelligenter Erkenntnis eines Prinzips, das im ersten Beispiel durch „unermüdliche Ausdauer" auf dem Wege des Experiments und nachträglich bei einer Menge von durchaus unähnlichen Gegenständen versucht wurde.*)

Diesen Thatsachen will ich noch eine andre folgen lassen, die wegen ihrer Merkwürdigkeit schon an und für sich eine Wiederveröffentlichung verdient. Ich führe den Fall nach der Zeitschrift „*Science*" an, wo er anonym erschien. Nachdem ich aber herausgefunden, dass der wohlbekannte Astronom S. P. Langley der

*) Vgl. hierzu Kap. X über die „Einbildungskraft" in „Geistige Entwicklung im Tierreich."

Beobachter war und ich persönlich überzeugt bin, dass bei ihm von einem Missverständnis keine Rede sein kann, so gebe ich den Artikel mit seinen eigenen Worten hier wieder:

„Die interessante Beschreibung von M. Larkin (*Science* Nr. 58) von einer Spinne, die einen grossen Käfer nach ihrem Neste trug, erinnert mich an einen andern Kunstgriff, vermöge dessen eine kleine Spinne, kaum grösser als ein Stecknadelkopf, eine Stubenfliege, die mehr als das Zwanzigfache ihres Gewichtes hatte, eine Strecke von über einem Fuss emporhob. Die Fliege hing an einem Faden von dem Querrahmen eines Fensters herab und wurde, als sie zuerst meine Aufmerksamkeit auf sich zog, in kleinen aufeinanderfolgenden Abständen von je etwa $^1/_{10}$ Zoll nach und nach hinaufgezogen; die Hebungen folgten einander so rasch, dass der Aufstieg fast ununterbrochen vor sich zu gehen schien. Offenbar musste das „tote Gewicht" weit über das Hebungsvermögen einer Spinne gehen, indessen geschahen die Bewegungen so rasch, dass es anfänglich nicht leicht zu sehen war, wie jener anscheinend unmögliche Versuch zu stande gebracht wurde. Ich muss eine Zeichnung behufs seiner Erklärung zu Hilfe nehmen, denn die Kompliziertheit des Plans scheint mir weniger zu dem zu gehören, was wir gewöhnlich „Instinkt" nennen, als zu einer hochgradigen Intelligenz, deren selbst wir uns nicht alle rühmen können. Die kleine Spinne ging auf folgende Weise vor: *a b* sei ein Teil des Fensterrahmens, bis zu dessen Höhe die Fliege von ihrer ursprünglichen Lage bei *F*, senkrecht unter *a*, gehoben werden sollte.

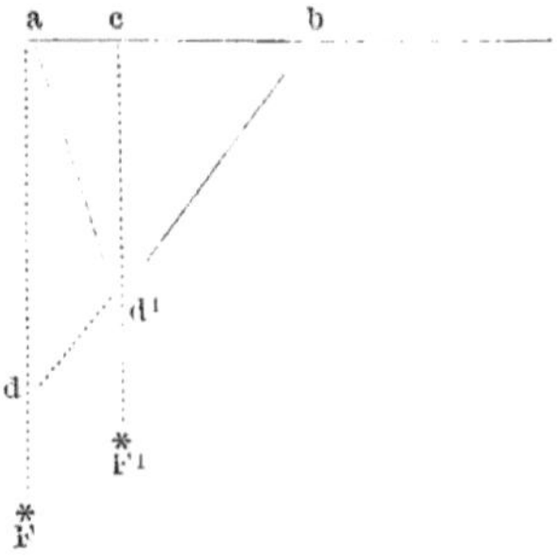

Die erste Handlung der Spinne bestand darin, dass sie halbwegs zur Fliege herabstieg, nach *d*, und dort ein Ende des fast unsichtbaren Fadens anheftete; dann stieg sie wieder zum Rahmen hinauf und lief bis zum Punkte *b*, wo sie das andre Ende festmachte und nun ihr Tau mit aller Macht anzog. Natürlich musste der vorher straffe Faden etwa in der Mitte nachgeben, was das Gewicht der Fliege in die Stelle von F^1, rechts von der ersten und ein wenig höher brachte. Über diesen Punkt hinaus schien sie nicht heben zu können; aber die Spinne, ihr Tau bei *b* befestigt haltend, lief nun zu einem dazwischen liegenden Punkte *c*, gerade über der neuen Lage ihres Opfers und spann von hier aus einen neuen senkrechten Faden, den sie bei d^1 befestigte, wonach sie *a d* fallen liess, so dass die Fliege nun senkrecht unter *c* hing, wie vorher unter *a*, nur ein wenig höher; dieselbe Operation wurde nun immer aufs neue wiederholt, wobei gelegentlich ein neues Tau gesponnen wurde, die Spinne aber niemals weiter als etwa halbwegs an dem hängenden Faden hinunterstieg, dessen Elastizität währenddem in keiner Weise Einbusse erlitt. Alles wurde mit einer erstaunlichen Geschicklichkeit vollbracht. Ich wachte darüber etwa fünf Minuten, währenddem die Fliege etwa 6 Zoll hoch gehoben wurde, und wurde dann abgerufen.“

Ohne den Beweisgang mit weiteren Beispielen beschweren zu müssen, wird man erkennen, dass das „Erz“, aus dem sich die Begriffe bilden lassen, ausserordentlich metallreich ist; es ist nicht etwa dunkle Erde, ohne Ähnlichkeit mit der glänzenden Substanz, die in dem Hochofen der Sprache herausgeschmolzen wird, sondern es funkelt bereits in einem solchen Grade, dass es keiner besondern Analyse bedarf, um es mit jener Substanz in reiner Form beschwert zu finden, d. h. dieselbe Art Metall im Erze zu entdecken, die wir dem Schmelztiegel entnahmen, nur dass es sich von der letzteren noch nach dem Grade der Reinheit unterscheidet. Indessen will ich annehmen, dass wir hier noch nicht so weit seien. Ehe wir uns vollkommen überzeugen lassen, dass zwei Dinge, die sich für das Auge des gesunden Menschenverstandes so übereinstimmend darstellen, auch wirklich dieselben sind, müssen wir sie noch einer wissenschaftlichen Untersuchung unterwerfen. Denn obwohl das eine aus dem andern entstanden sein mag, bleibt doch die Möglichkeit, dass im Schmelztiegel noch irgend ein andres Ingredienz hinzugekommen sein kann. Menschliche Intelligenz ist unzweifelhaft von menschlicher Erfahrung abhängig, ebenso wie tierische Intelligenz von tierischer Erfahrung. Dies beweist aber nicht, dass die Ideenbildung, die wir mit den Tieren gemeinsam haben, sich nicht durch irgend eine andersartige Ideenbildung ergänzen könne. Ich will nun die Zeugnisse untersuchen, die für den letzteren Fall beigebracht werden; es wird sich daraus ergeben, dass wenn eine Ergänzung vorhanden ist, dieselbe nur in dem Schmelztiegel der Sprache hinzugekommen sein kann, eine Thatsache übrigens, die von allen neueren Schriftstellern, welche den genetischen Zusammenhang von tierischer und menschlicher Intelligenz leugnen, zugestanden wird.

Ich habe also bisher nur eine vorläufige Klärung des Bodens versucht, erstens durch eine sorgfältige Definierung meiner Ausdrücke und eine vorurteilslose Erklärung der Psychologie der Ideenbildung; sodann dadurch, dass ich die Natur der vorliegenden Frage feststellte, und schliesslich indem ich die Stufe kenntlich machte, welche die Intelligenz unter der Logik der Erkenntnisse, ohne mögliche Beihilfe seitens der Logik der Begriffe, erreicht. — Im gegenwärtigen Kapitel haben wir nur noch einen Punkt zu betrachten. Wir begegnen nämlich fortwährend der zuversichtlichen, anscheinend keinen Zweifel zulassenden Behauptung, dass die einfachste oder ursprünglichste Art der Ideenbildung diejenige sei, die es nur mit einzelnen oder speziellen Gegenständen der Wahrnehmung zu thun habe. Man nimmt an, dass die auftauchenden Ideen eines Kindes sich um die von den individuellen Wahrnehmungen gelieferten Kerne ankrystallisierten; die weniger intelligenten Tiere, wenn nicht gar die Tiere insgesamt, sollen, wie Locke sagt, nur „innerhalb derjenigen besondren Ideen denken, die sie von ihren Sinnen empfangen haben". Nun kann ich mich vollständig damit einverstanden erklären, wenn es so gemeint ist, dass Kinder und Tiere nicht bewusst, absichtlich oder, wie er sagt, „von selbst" einfache Ideen zu zusammengesetzten verbinden. Um absichtlich oder von selbst die Ideen zu verbinden, müsste man verlangen, dass sie über ihre Ideen als Ideen denken oder in bewusster Weise eine Idee einer andern, als zwei deutlich verschiedene Gegenstände des Denkens, vorstellten, und zwar zum erkannten Zweck der Zusammensetzung. Hierzu wäre die Befähigung zu introspektivem Nachdenken erforderlich. Es ist dies aber eine Art von geistiger Thätigkeit, die es mit Begriffen, im Gegensatz von blossen Erkenntnissen, zu thun hat und deshalb für Kinder und Tiere unmöglich ist. Wie wir jedoch zur Genüge gesehen haben, folgt aus der Thatsache, dass Ideen bei Kindern und Tieren nicht absichtlich mit einander verbunden werden können, keineswegs, dass jene überhaupt nicht verbinden könnten. Locke spricht es ganz klar aus, dass Tiere „verschiedene Verbindungen einfacher Ideen aufnehmen und behalten zur Bildung einer zusammengesetzten Idee"; er leugnet nur, dass Tiere „von selbst jemals solche Ideen zu zusammengesetzten Ideen verbinden". So stimmt also Locke mit meiner Lehre von den Erkenntnissen, zum Unterschied von den Begriffen, überein; auch glaube ich nicht, dass irgend ein neuerer Psychologe, besonders mit Rücksicht auf den vorhergehenden Beweisgang, diese Lehre anzweifeln wird.

Nach meiner Meinung sind dagegen viele Psychologen irre gegangen, indem sie annahmen, dass die ursprünglichste Ordnung von Ideenbildung es nur mit Besonderheiten zu thun habe, oder dass der Zeit nach die Erinnerung an Wahrnehmungen dem Auftreten von Erkenntnissen voraufgehe. Mir scheint, dass ein klein wenig Nachdenken einerseits und ein klein wenig Beobachtung anderseits genüge, Gewissheit darüber zu verschaffen, dass sobald Ideen von irgend einer Art überhaupt gebildet werden, sie nicht als Erinnerungen an besondre Wahrnehmungen, sondern auch als rudimentäre Erkenntnisse gebildet werden, sowie dass bei der darauffolgenden Entwicklung der Ideenbildung die Entstehung der Erkenntnisse stets *pari passu* mit der der Wahrnehmungen vor sich geht. Ich sagte, dass ein klein wenig Nachdenken genüge, um zu zeigen, dass dies so sei: *a priori*, je unausgebildeter das Wahrnehmungsvermögen, um so weniger kann eine Erkennung von Besonderheiten stattfinden. Die Entwicklung dieser Fähigkeit besteht in der stets zunehmenden Wirksamkeit ihrer Analyse bezw. Kenntnisnahme von kleineren und immer kleineren Unterschieden im einzelnen, und folglich der Wiedererkennung jener Unterschiede in verschiedenen Verbindungen. Daher, je schwächer das Wahrnehmungsvermögen, umsomehr muss es sich mit den grösseren Klassen-Unterschieden zwischen den Dingen der sinnlichen Erfahrung beschäftigen, und umsoweniger mit den kleinen oder einzeln auftretenden Unterschieden. Oder, wenn wir lieber wollen: was später zur Klassen-Unterscheidung wird, ist auf früheren Stufen der Ideenbildung nur Unterscheidung, und daher ganz dasselbe, was später Unterscheidung im einzelnen ist. Was folgt aber daraus? Jedenfalls, dass wenn diese ursprünglichen Einzel-Unterscheidungen zu Klassen-Unterscheidungen anwachsen, sie im Geist einen unverwischbaren Eindruck ihres ersten Auftretens zurücklassen; sie waren die ursprünglichen Erkenntnisse des Gedächtnisses und wenn sie sich später nach und nach differenzieren, wie sie sich nach und nach zu einzelnen Teilen ausbilden, so ist das durchaus kein Hinderungsgrund dafür, dass sie während aller dieser Vorgänge stets ihre organische Einheit festhalten: Der Geist darf nie aufhören anzuerkennen, dass die Teile, welche er als eine allmähliche Entfaltung aus dem kennen lernte, was er ursprünglich nur als ein Ganzes erkannt hatte, eben die Teile sind, welche zu dem Ganzen gehören; mit andern Worten, dass die neuerdings beobachteten Besonderheiten nur die Glieder dessen sind, was nun als Klasse wahrgenommen wird. Deshalb sage ich, schon aus Gründen *a priori* dürfen wir die willkürliche Behauptung zurückweisen, dass von je niederer Ordnung die Ideenbildung ist, sie desto mehr mit besondern, bezw. desto weniger mit Klassen-Unterscheidungen zu thun habe. Die Wahrheit ist vielmehr: je primitiver die Erkenntnisse, desto grösser sind die Klassen-Unterscheidungen, auf die sie beschränkt sind, vorausgesetzt natürlich, dass diese Behauptung als nicht über das Gebiet sinnlicher Wahrnehmung hinausgehend verstanden wird.

Wir finden in der That, sowohl bei Kindern, wie bei Tieren, dass je niedriger der Grad der Intelligenz ist, dieselbe umsomehr einer Wahrnehmung von Klassen-Unterschieden erschlossen ist. „Wir sprechen das Wort ‚Papa‘ dem Kinde in der Wiege vor, indem wir zugleich auf seinen Vater zeigen. Nach einer Weile lallt es seinerseits das Wort und wir bilden uns ein, dass es dasselbe in dem gleichen Sinne verstehe wie wir, bezw. nur seines Vaters Gegenwart das Wort zurückrufe. Nicht im geringsten. Wenn eine andre Person, d. h. eine ähnliche dem Äussern nach, mit einem Gehrock, einem Bart und einer lauten Stimme, in das Zimmer tritt, ruft es auch diese mit ‚Papa‘ an. Der Name war individuell; es hat ihn zu einem allgemeinen gemacht. Für uns ist er nur auf eine einzige Person anwendbar, für das Kind auf eine Klasse . . . Ein kleiner, einjähriger Knabe war eine grosse Strecke mit der Eisenbahn gefahren. Die Maschine mit ihrem Zischen und Rauchen und der grosse Lärm des Zuges nahm seine Aufmerksamkeit gefangen, und das erste Wort, das er lernte, war ‚*Fefer*' (*chemin de fer*). Später wurde ein Dampfboot, ein Kaffeetopf mit Spirituslampe, kurz jedes Ding, das zischte und rauchte, zu ‚*Fefer*'." *)

Ich entnahm dieses Beispiel aus dem untenerwähnten Buche, weil der Verfasser dasselbe als einen Beweis für seine Behauptung anführt, dass „hier eine Freiheit des Eindrucks erscheine, die dem Menschen allein eigentümlich sei". Ohne weiter zu untersuchen, ob diese Behauptung durch das angeführte Beispiel gerechtfertigt sei, oder ob das Kind seinen Vater unter andern Männern sogar persönlich zu unterscheiden wüsste, zu einer Zeit, da es zuerst alle Männer mit demselben Namen anrief, genügt uns hier die Feststellung der einzigen Thatsache, dass wenn ein Kind zum erstenmal imstande ist, uns die Natur seiner Ideenbildung durch das Hilfsmittel der Sprache anzuzeigen, es uns mit einem weitgehenden Beweis dafür versieht, dass diese Ideenbildung das ist, was ich generisch nenne. Der Anzug, der Bart, die Stimme bilden eine Erkenntnis, dem alle Männer nach seiner Wahrnehmung entsprachen. Die auffallendsten Eigentümlichkeiten einer Lokomotive prägen sich dem Gedächtnis lebhaft ein, so dass wenn irgend etwas dem Ähnliches sonstwo angetroffen wird, es in der Erkenntnis als zu einem Ding von ähnlichem Charakter gehörig klassifiziert wird. Erst viel später, wenn das analysierende Wahrnehmungsvermögen vollkommen entwickelt ist, beginnt das Kind seine Unterscheidungen mit hinreichender Feinheit zu treffen und wahrzunehmen, dass jene Klassifikation zu roh ist, dass die Ähnlichkeiten, die seine kindliche Einbildungskraft am meisten in Anspruch nahmen, nur zufällige sind, dass sie hintangesetzt werden müssen zu Gunsten weniger auffallender Ähnlichkeiten, die ursprüng-

---

*) Taine, *intelligence p.* 16, 17.

lich sämtlich unbemerkt blieben. Obgleich nun die Klassifizierung mit der wechselnden Intelligenz fortdauernd Verbesserungen erfährt, so geschieht dies doch vom ersten Augenblick an, da es überhaupt eine Klassifizierung giebt, natürlich nur innerhalb des Gebiets sinnlicher Wahrnehmung. Ebenso geht, hinsichtlich der Tiere, aus den angeführten Thatsachen hervor, dass die Vorstellungen, von denen ihre angepassten Handlungen abhängen, zum grossen Teil generischer Natur sind.

Ohne nun irgendwie der Frage vorzugreifen, ob ein grundsätzlicher Unterschied zwischen einem so begabten Geiste und dem begrifflichen Denken des Menschen bestehe, darf ich es für ausgemacht halten, dass die Ideenbildung bei Kindern von Anfang an generischer Natur ist, und dass daher jene Psychologen sich in grossem Irrtum befinden, die ohne weiteres annehmen, dass die Bildung von Klassenideen das Vorrecht einer vorgeschritteneren Intelligenz sei. Ohne Zweifel scheint ihre Ansicht von der Sache beim ersten Blick annehmbar, weil wir wissen, dass innerhalb des Gebiets des begrifflichen Denkens jeder Fortschritt durch die wachsende Fähigkeit der Verallgemeinerung bezeichnet wird; dass es die leichtesten Schritte sind, die es mit der Erkennung der Besonderheiten zu thun haben, während die schwierigeren zu den Abstraktionen führen. Es heisst dies jedoch Erkenntnisse mit Begriffen verwechseln und damit einen Unterschied zwischen den beiden Arten von Verallgemeinerung übersehen, über den sich von vornherein Klarheit zu verschaffen von der höchsten Wichtigkeit ist. Eine generische Idee ist generisch, weil die besondern Ideen, aus denen sie zusammengesetzt ist, solche offenbaren Punkte von Ähnlichkeit bieten, dass sie im Bewusstsein unwillkürlich mit einander verschmelzen. Eine allgemeine Idee aber ist allgemein aus genau dem entgegengesetzten Grunde, — weil die von ihr erfassten Punkte der Übereinstimmung für die unmittelbare Wahrnehmung verborgen sind und deshalb niemals im Bewusstsein mit einander verschmelzen können, ohne Hilfe einer absichtlichen Abstraktion oder einer geistigen Befähigung, die ihre eignen Ideen als solche vollständig zu erkennen und über sie zu verfügen vermag. Mit andren Worten, die Art der Klassifizierung, mit der es die Erkenntnisse zu thun haben, liegt derjenigen Art der Klassifizierung am nächsten, mit der alle Vorgänge sogenannter „intuitiver Schlussfolgerung" zusammenhängen, wie z. B. eine Kugel missverständlich für einen Kreis zu nehmen. Die Art der Klassifizierung dagegen, die es mit Begriffen zu thun hat, liegt der rein automatischen Gruppierung von Wahrnehmungen am fernsten; Klassifizierung ist aber ohne Zweifel in beiden Fällen vorhanden, nur beruht die eine Klasse auf der nahen Ähnlichkeit in einem Wahrnehmungsakt, während sie bei der andren Klasse mit dem Ausdruck des Entferntseins von bloss wahrnehmbaren Assoziationen verbunden ist. — Um die Sache noch in einem andern Lichte zu zeigen, können wir auch so schliessen: dass die Gruppierung der Erkenntnisse zu denen der Begriffe in genau derselben Beziehung steht, wie die Gruppierung der Wahrnehmungen zu denen der Erkenntnisse. In jedem Fall ist es die niedere Gruppierungsordnung, die das Material für die höhere liefert, und der Hauptinhalt des Kapitels bestand eben darin, zu zeigen, dass erstens die unbeabsichtigte Gruppierung, welche für die Erkenntnisse bezeichnend ist, ohne Unterstützung der absichtlichen Gruppierung der Begriffe, zu einer wunderbaren Höhe der Vollendung geführt werden kann, und zweitens, dass von Anfang an bewusste Ideenbildung mit Gruppierung verbunden ist. Sie hat es daher nicht ausschliesslich, ja nicht einmal hauptsächlich mit der Aufzeichnung besonderer Wahrnehmungen im Gedächtnis zu thun, sondern vielmehr mit dem unwillkürlichen Aussondern solcher Wahrnehmungen, mit der unwillkürlichen Anordnung derselben in Vorstellungssystemen und demzufolge mit dem unwillkürlichen Nachdenken im Bewusstsein über die vielen weniger zusammengesetzten Beziehungen oder weniger verwickelten Prinzipien, die dem Geiste im Verkehr mit einer geordneten Welt regelmässig begegnen.

Viertes Kapitel.

Logik der Begriffe.

Der Kunstgriff, Symbole an Stelle von Ideen zu setzen und sie dann als Ideen zu benutzen, trägt begreiflich zur Bildung höherer abstrakter Ideen mächtig bei. Wenn wir z. B. bemerken, dass sehr viele Dinge eine gewisse Eigenschaft gemeinsam haben, wie etwa die rote Farbe, so finden wir es passend, dieser Eigenschaft einen Namen zu geben, und nachdem wir das gethan haben, sprechen wir ganz abstrakt von „rot", wie von etwas ganz besondrem und von jedem Gegenstand abgetrenntem. Unser Wort „rot" dient sonach als Zeichen oder Symbol einer Eigenschaft, abgesehen von irgend einem besondern Gegenstand, dessen Eigenschaft es sein mag; nachdem wir aber diese symbolische Abstraktion bei einer einfachen Eigenschaft, wie z. B. „rot", gewonnen haben, können wir sie nachher mit andern symbolischen Abstraktionen verbinden und so fort, bis wir zu Wortsymbolen von immer abstrakteren oder allgemeineren Eigenschaften gelangen, die sich weiter und weiter von der unmittelbaren Wahrnehmung entfernen. Wenn wir z. B. sehen, dass viele Dinge darin übereinstimmen, dass sie gelb oder blau sind und dgl., so verbinden wir alle diese Abstraktionen zu einem noch allgemeineren Begriff der „Farbe", welcher, als noch abstrakter, auch noch weiter von der unmittelbaren Wahrnehmung entfernt ist, insofern wir niemals eine Wahrnehmung des zusammengesetzten Begriffs „Farbe" gehabt haben, obwohl wir viele Wahrnehmungen machen, die dem gemischten Begriff der „Farbe" entsprechen.

So auch bei besondern Gegenständen. Die Eigennamen Peter, Paul u. s. w. hält der Geist als Merkmale meiner individuellen Begriffe fest; der Ausdruck „Mensch“ dient dazu, alle übereinstimmenden Punkte unter ihnen, wie auch unter allen andren Individuen ihrer Art — ohne Rücksicht auf ihre Verschiedenheiten — zusammenzufassen. Das Wort „Tier“ greift noch weiter und das Gleiche gilt für fast alle Dingworte. Gleich den die Eigenschaften zusammenfassenden Ausdrücken lassen sie sich je nach dem Rang ihrer Allgemeinheit einander überordnen, und es ist klar, dass je höher diese Rangstufe ist, umsomehr ihre Bedeutung von allem entfernt liegt, was jemals ein Gegenstand unmittelbarer Wahrnehmung gewesen sein kann.

Wir werden es noch von der höchsten Wichtigkeit finden, dass diese Bemerkungen ganz ebensogut auf Handlungen und Zustände passen, wie auf Dinge und Eigenschaften. Zeitwörter können, so gut wie Haupt- und Eigenschaftswörter, ebensowohl Namen für einfache Erkenntnisse, als auch für Verbindungen von andern Begriffen sein. Auf alle Fälle unterscheiden sie sich von Haupt- und Eigenschaftswörtern nur darin, dass sie es mit Handlungen und Zuständen zu thun haben. Säen, graben, spinnen u. s. w. sind Namen für besondre Thätigkeiten, leben ist das Symbol eines noch allgemeineren Begriffs. Selbstverständlich sind hier, wie vorher, die allgemeinen Begriffe aus den spezielleren aufgebaut. Später werde ich noch Beweise dafür beibringen, dass sowohl mit Hinsicht auf das heranwachsende Kind, wie auch auf die durch die neuesten Forschungen der Philologie aufgedeckte Geschichte der Menschheit, keine dieser einfachen Begriffsklassen (Haupt-, Eigenschafts- und Zeitwörter) die Priorität vor der andern gehabt zu haben scheint, und wo ja die Spur einer Priorität auftritt, sie für die Haupt- und Zeitwörter zu sprechen scheint. Worauf ich die Aufmerksamkeit hier lenken möchte, das ist der ungeheure Hebel, der sich mit der Fähigkeit, Worte als geistige Äquivalente von Ideen zu benutzen, für die Ideenbildung ergiebt. Denn mit Hilfe dieser Symbole gewinnen wir immer höhere und höhere Gebiete der Abstraktion; durch das Denken in Wortzeichen denken wir sozusagen mit dem Widerschein von Ideen und befreien uns zugleich von der Notwendigkeit wirklicher Abbilder von Wahrnehmungen sowohl, als von Erkenntnissen; wir verlassen die Sphäre der Sinne und erheben uns zu der der Gedanken.

Nehmen wir z. B. einen beliebigen Typus abstrakter Ideendildung, und zwar einen, der nicht nur besser wie andre die Bedeutung der Zeichen als Stellvertreter der Ideen nachweist, sondern auch dic ausserordentlichen Ergebnisse vorzüglich illustriert, zu denen uns ein solcher Symbolismus führt, wenn er andauernd vervollkommnet wird. Ich denke an die Mathematik. Ehe die Idee der Zahl oder der Beziehung auftauchen kann, muss das Begriffsvermögen schon bedeutende Fortschritte gemacht haben. Nehmen wir nun diese Fähigkeit an dem Punkte auf, wo die Kunst, Zeichen für Ideen zu setzen, schon so weit gekommen ist, um den Geist in stand zu setzen, vermöge einfacher Aufzeichnung zu zählen. Es würde uns offenbar unmöglich sein, die letzten, verwickeltesten Schlussfolgerungen auszuführen, die irgendwelche Idee von Zahl oder Verhältnis wachrufen, wenn wir nicht die Fähigkeit besässen, den Zahlideen besondre Zeichen beizulegen. Wir könnten nicht einmal sagen, ob die Uhr elf oder zwölf geschlagen habe, wenn wir nicht jeden der aufeinanderfolgenden Schläge mit irgend einem Unterscheidungszeichen anzumerken wüssten, sodass, wenn man sagt, dass ein Tier nicht zählen könne, wir nicht vergessen dürfen, dass auch der beste Schüler nicht zählen könnte, wenn er seiner Zeichen beraubt wäre. „Der Mensch beginnt mit dem Zählen der Dinge, indem er sie augenfällig gruppiert (d. h. durch Logik der Erkenntnisse). Er lernt sodann einfach die Zahlen zählen, in Abwesenheit der Dinge, indem er sich seiner Finger und Zehen als Symbole bedient. Dann setzt er an ihrer Statt abstrakte Zeichen und die Arithmethik beginnt. Von dieser geht er zur Algebra über, deren Zeichen nicht nur abstrakt, sondern auch allgemeingiltig sind, und rechnet mit zahlmässigen Beziehungen, nicht mit Zahlen. Endlich geht er zur höhern Beziehungsrechnung über.“ Und grade wie in der Mathematik die angewandten Symbole in einer leicht zu behandelnden Form ungeheure Ganze in sich enthalten können, möglicherweise das Gesamtergebnis einer langen Kalkulation, so enthalten auch in allen andern Arten abstrakter

Ideenbildung die von uns gebrauchten Symbole, sei es in Miene, Sprache oder Schrift, mehr oder weniger verdichtete Bedeutungsmengen. Oder auch, um mich wieder, wie oben, eines Beispiels von Lewes zu bedienen: „Es ist dasselbe mit der Entwicklung des Handels. Die Menschen beginnen mit dem Austausch von Gegenständen und gehen dann zu dem Austausch von Worten über. Zuerst bildet das Geld, dann Banknoten oder Wechsel das Symbol des Wertes. Endlich verkehrt man miteinander durch Buchführung und wickelt ungeheure Geschäfte durch derartige Ausgleichungen von Ausgleichungen ab; die verwickelten Vorgänge des Säens, Mähens, Sammelns, Verschiffens und Ablieferns irgend einer Quantität Weizen sind in die Eintragung weniger Worte in ein Hauptbuch verdichtet.“

So wird es ohne weiteres klar, dass die Bedeutung der Sprache, als Hauptstütze des Denkens, gar nicht hoch genug zu schätzen ist. „Ein Zeichen“, sagt Sir W. Hamilton, ist erforderlich, um unsrem geistigen Fortschritt Beständigkeit zu verleihen, jeden Schritt vorwärts als einen neuen Ausgangspunkt zu einem weitern Fortschritt darüber hinaus zu gestalten. Worte sind die befestigten Punkte des Gedankens. Sie setzen uns instand, jede geistige Eroberung zur Operationsbasis für weitere zu machen.“ Noch mehr, Gedanken und Sprache wirken gegenseitig aufeinander, sodass, um ein glückliches Bild von Max Müller zu gebrauchen, das Wachstum von Gedanken und Sprache dem der Korallen gleicht. Jede Zelle ist das Produkt des Lebens und wird wieder zur Stütze neuen Lebens. In demselben Sinne ist jedes Wort das Produkt des Gedankens und wird seinerseits wieder zur Stütze für das weitere Wachstum desselben.

Es braucht wohl nicht mehr gesagt zu werden, um die ungeheure Bedeutung der Zeichen für die Entwicklung der Ideenbildung klar zu machen, zumal sie von den Schriftstellern jeder Richtung übereinstimmend anerkannt wird. Ich gehe nun zu dem Gegenstand dieses Kapitels über, indem ich die Logik jener Fähigkeit oder die Methode ihrer Entwicklung im einzelnen nachzuweisen suche. Aus dem bisher Gesagten ist zu entnehmen, dass die einfachsten Begriffe nur Namen von sogen. „Erkenntnissen“ darstellen, während Begriffe von höherer Ordnung die Namen andrer Begriffe sind. Ganz wie Erkenntnisse entweder Erinnerungen an besondre Wahrnehmungen oder die Ergebnisse vieler Wahrnehmungen (bezw. verschiedner andrer Erkenntnisse), zu einer Klasse zusammengefasst, darstellen, so können Begriffe entweder die Namen für besondre Erkenntnisse oder die Ergebnisse vieler benannten Erkenntnisse (bezw. verschiedner andrer Begriffe), zu einer Klasse gruppiert, sein. Das Wort „rot" z. B. ist meine Benennung für eine besondre Erkenntnis, das Wort „Farbe" dagegen meine Benennung für eine ganze Gruppe benannter Erkenntnisse, und ganz derselbe Fall ist es mit Worten, welche Dinge, Zustände und Handlungen bedeuten. Somit können wir die Begriffe unbedenklich in zwei Ordnungen teilen, nämlich in solche, die es mit blossen Erkenntnissen und solche, die es mit andern Begriffen zu thun haben. Denn ein Begriff ist ein Begriff, selbst wenn er nicht mehr als eine benannte Erkenntnis wäre, und er ist immer noch ein Begriff, selbst wenn er für die höchste Verallgemeinerung des Gedankens steht. Ich werde diese Unterscheidung durch einige treffende Beispiele noch klarer zu stellen suchen.

Wasservögel beobachten eine etwas verschiedne Art des Sichniederlassens auf Land oder auch auf Eis, im Gegensatz zu ihrer Niederlassung auf Wasser; diejenigen Arten z. B., die von der Höhe aus herabstürzen (wie z. B. die Meerschwalben und Bassangänse), thun dies niemals über Land oder Eis. Diese Thatsachen beweisen, dass die Tiere eine Erkenntnis besitzen, die einer festen Substanz, und eine andre, die einer Flüssigkeit entspricht. Ebenso wird ein Mensch auf andre Weise ins Wasser springen als auf trocknes Land. Gleich dem Wasservogel hat auch er zwei deutlich unterschiedne Erkenntnisse, von denen die eine dem festen Boden, die andre der widerstandslosen Flüssigkeit entspricht. Aber im Gegensatz zum Wasservogel ist er imstande, jedem dieser Erkenntnisse einen Namen beizulegen und sie damit beide auf die Stufe von Begriffen zu erheben. Soweit praktische Zwecke von Ortsveränderung damit verbunden sind, ist es natürlich unwesentlich, ob er seine Erkenntnisse auf diese Weise zu Begriffen erhebt oder nicht, wogegen es für andre Zwecke für ihn von der höchsten Wichtigkeit ist, dass er überhaupt dazu imstande ist. Um dies zu thun, muss er sich im Geiste seine Erkenntnis als einen Gegenstand seines eignen Nachdenkens vorstellen; ehe er jenen generischen Ideen die Namen des „Festen“ und „Flüssigen“ giebt, muss er sie als Ideen erkannt haben. Ehe dieser Erkennungsakt stattfindet, unterscheiden sich seine Ideen in keiner Weise von den Erkenntnissen eines Wasservogels, die gewöhnlichen Bedürfnisse seiner Ortsveränderung erfordern das auch nicht, deshalb wird sich der Mensch, diesen Bedürfnissen gegenüber, auch nicht auf seine höhere Befähigung zur Ideenbildung berufen. Kraft dieses Erkennungsaktes, wobei er einer als solche erkannten Idee einen Namen beilegte, schuf er für sich (und für andre Zwecke, als die einer Ortsveränderung) ein unschätzbares Besitztum: er bildete einen Begriff.

Nichtsdestoweniger ist der hierdurch gebildete Begriff ein ausserordentlich einfacher, da er sich in der That zu nichts Höherm erhebt, als zu der Benennung eines der gewöhnlichsten seiner Erkenntnisse. Es gehört aber zur Natur der Begriffe, dass, wenn einmal gebildet, sie eine absichtliche Vergleichung untereinander zulassen. Daraus entsteht dann eine neue Möglichkeit zu Ideengruppierungen, nämlich nicht mehr mittelst sinnlicher Verbindungen, sondern durch symbolische Darstellungen. Die Namen von Erkenntnissen dienen nun als Symbole der Erkenntnisse selbst und lassen sich, ohne Rücksicht auf sinnliche Wahrnehmungen, aus denen sie ursprünglich entstanden, gruppieren. Nicht länger auf Zeit, Art, Umstände oder Gelegenheit beschränkt, können Ideen nun nach Belieben hervorgerufen und benutzt werden, denn in dieser neuen Methode von Ideenbildung besitzt der Geist sozusagen eine „Algebra von Erkenntnissen“; es ist nicht länger erforderlich, dass die Erkenntnisse selbst der sinnlichen Wahrnehmung oder auch der darstellenden Einbildungskraft gegenwärtig seien. Da nun Begriffe Symbole von Erkenntnissen sind, so können sie, wie gesagt, miteinander verglichen und verbunden werden, ohne Rücksicht auf die Erkenntnisse, zu deren Symbolisierung sie dienen. So werden wir in den Stand gesetzt, in einer Weise und bis zu einem Grade in Begriffen zu rechnen, wie es dem bloss wahrnehmenden Medium der Erkenntnisse ganz unmöglich wäre. In dieser Algebra der Einbildungskraft kommt die ganze Macht der Ideenbildung zur höchsten Vollendung, und als das Ergebnis lange und ausgearbeiteter Zusammenfassung von Begriffen erweisen sich geistige Produkte von ungeheurer Kompliziertheit, die sich nichtsdestoweniger in einzelne Wörter verkörpern lassen. Solche Wörter wie „Tugend", „Regierung", „mechanisches Äquivalent", stehen für weit ausgearbeitetere Begriffe, als die Wörter „fest" oder „flüssig", insofern für die erstern auf dem Wege der Erkenntnisse Äquivalente unmöglich zu finden sind.

Wir müssen also damit beginnen, den grossen Umfang des intellektuellen Gebiets kennen zu lernen, der durch die sogenannten Begriffe eingenommen wird. Auf der niedrigsten Stufe finden sich nur benannte Erkenntnisse, über diese Stufe hinaus werden sie zu Namen für andre Begriffe und in der Folge zu den benannten Erzeugnissen der vollkommensten und kompliziertesten Begriffskoordinationen des menschlichen Geistes. Unter der Bezeichnung „niedere Begriffe" verstehe ich diejenigen, die nichts weiter als benannte Erkenntnisse sind, während ich unter „höhern Begriffen" jene verstehe, die aus andern Begriffen zusammengesetzt sind.

Nächstdem wünsche ich klar zu machen, dass die erwähnten Begriffe von niedrer Ordnung, trotzdem sie von möglichst einfacher Art sind, bereits etwas mehr vorstellen, als die Namen von besondern oder einfachen Ideen; sie sind vielmehr die Namen für die sogenannten generischen Ideen oder Erkenntnisse. Wir können das ganze Wörterbuch irgend einer beliebigen Sprache durchsuchen, ohne ein einziges Wort zu finden, das als Name für eine wirklich einfache Idee dasteht, d. h. für die Erinnerung an eine besondre Wahrnehmung. Eigennamen kommen diesem Charakter noch am nächsten, aber auch sie sind eigentlich Namen von Erkenntnissen, zum Unterschied von besondern Wahrnehmungen, insofern jeder durch sie bezeichnete Gegenstand ein höchst zusammengesetztes Ding von vielen und verschiednen Eigenschaften ist, die sämtlich im Gedächtnis als jenem Gegenstand zugehörig aufgezeichnet werden müssen, wenn er als derselbe wiedererkannt werden soll.

Namen bezeichnen also nicht besondre Ideen im engern Sinne

des Wortes: Begriffe, selbst von der niedrigsten Ordnung, haben es mit generischen Ideen zu thun; dieselben sind sogar zum grössten Teile in hohem Grade generisch: bevor eine Erkenntnis alt genug ist, um getauft, oder hinreichend weit entwickelt, um als Glied des begrifflichen Ganzen zugelassen zu werden, ist sie schon ein hochorganisiertes Erzeugnis der Ideenbildung. Wir haben im vorigen Kapitel gesehen, wie weit die verbindende Macht der Einbildungskraft ohne Hilfe der Sprache reicht; die Folge davon ist, dass vor dem Hinzutreten der Sprache der Geist bereits mit einer reichen Sammlung von Ideen ausgestattet ist, die in eine grosse Anzahl Systeme von logischem Zusammenhang gruppiert sind. Wenn dann die Sprache hinzutritt, so ist es unnötig, dass die Arbeit der logischen Gruppierung *ab initio* wiederholt werde. Die Leistung der Sprache besteht darin, dass sie die Arbeit der Gruppierung aufnimmt, wo sie die generische Ideenbildung zurückliess, und wenn es angemessen gefunden wird, eine generische Idee zu benennen, so kann dazu ebensowohl die mehr, als auch die minder generische gewählt werden. Kurz, so ungeheuer die organisierende Kraft des Logos ist: wenn er die Bühne seiner schöpferischen Macht betritt, sieht er sich nicht einem Etwas ohne Form und Inhalt gegenüber; er findet vielmehr einen ansehnlichen Bau von hoher systematischer Ordnung, ausgestaltet durch vorhergehende Beeinflussungen, und insofern einen wahrhaften Kosmos vor.

Alle Begriffe beruhen in letzter Linie wieder auf Erkenntnissen, ganz wie diese ihrerseits auf Wahrnehmungen beruhen. Beweise für diese Thatsache sind im Überfluss zu erbringen, nicht allein durch allgemeine Betrachtungen, sondern auch durch die etymologische Abstammung der abstrakten Bezeichnungen. Die abstraktesten derselben leiten sich von minder abstrakten und diese wieder von andern, noch weniger abstrakten Ausdrücken ab, bis wir, mit höchstens zwei oder drei Schritten, in allen Fällen direkt auf ihren Ursprung aus einem „niederen Begriff", d. h. dem Namen eines Erkenntnisses, zurückgeführt werden. Wie ich noch später nachweisen werde, giebt es in keiner Sprache irgend einen abstrakten oder allgemeinen Ausdruck, der, soweit seine Abstammung überhaupt zu erforschen ist, nicht seine Wurzel in dem Namen eines blossen Erkenntnisses hätte. Begriffe sind deshalb nichts weiter als benannte Erkenntnisse; deshalb ist es *a priori* unmöglich, einen Begriff zu bilden, der nicht weiterhin auf der Grundlage von Erkenntnissen beruhte. Dank der Vervollkommnung, die er später auf dem Gebiet der Symbolik erfährt, kann er allerdings jede Ähnlichkeit mit seiner Verwandtschaft insoweit verlieren, dass es nur noch etwa dem Philologen möglich ist, seine Abstammung nachzuweisen. Wenn wir von Tugend sprechen, brauchen wir nicht mehr an einen Menschen zu denken, ebensowenig an die Lenkung eines Schiffes, wenn wir das Wort Regierung gebrauchen. Nichtsdestoweniger ist es unzweifelhaft, dass diese beiden in hohem Grade abstrakten Worte in der Benennung von Erkenntnissen (und zwar eines Gegenstandes bezw. einer Handlung) wurzeln und ihre nachfolgende Erhebung auf die Stufe der Allgemeinheit einer fortschreitenden Erweiterung begrifflicher Bedeutung, an der Hand symbolischen Denkens, verdanken. Mit andern Worten und um zugleich auf eine frühere Terminologie zurückzukommen: „Höhere Begriffe“ können in keinem Falle *de novo* entstehen, sie können nur aus „niedern Begriffen“ erzeugt werden, die ihrerseits die Nachkommenschaft von Wahrnehmungen sind.

Wir kehren nun zu dem Punkte zurück, mit dem wir uns am Schlusse des vorigen Kapitels beschäftigten. Ich zeigte dort, dass diejenige Art von Klassifizierung oder geistiger Gruppierung von Ideen, welche die Logik der Erkenntnisse ausmacht, sich von der Ideengruppierung der Begriffe darin unterscheidet, dass, während die erstere auf Ähnlichkeiten hinweist, die der Wahrnehmung in hohem Grade zugänglich sind, bezw. auf Analogieen, die sich der Aufmerksamkeit aufdrängen, die letztere es mit Ähnlichkeiten zu thun hat, die sich der Wahrnehmung am wenigsten offenbaren, und mit Analogieen, die den Sinnen sehr schwer zugänglich sind. In beiden Fällen ist aber eine Klassifizierung vorhanden; während sie jedoch bei der einen auf der nahen Übereinstimmung im Wahrnehmungsakt beruht, drückt sich bei der andern das Gegenteil aus. Hieraus folgt also, dass je begrifflicher die Klassifizierung ist, umsomehr die Ähnlichkeiten unter den klassifizierten Dingen sich der unmittelbaren Wahrnehmung entziehen; und je höher die Verallgemeinerung geht, desto grösser die Entfernung sein muss, in die sie von der bloss automatischen Gruppierung erkennender (rezeptiver) Ideenbildung entrückt ist.

Die früheste Klassifizierung des Tierreichs, die wir kennen, umfasst z. B. unter der gemeinsamen Bezeichnung „Kriechtiere“ Artikulaten, Mollusken, Reptile, Amphibien und sogar gewisse Säugetiere, wie Wiesel u. s. w. Offenbar beruhte hier die Klassifikation nur auf sehr oberflächlichen Ähnlichkeiten, die jene verschiednen Geschöpfe in der Art und Weise ihrer Ortsbewegung zeigten. Das begriffliche Denken war bis dahin noch nicht auf die Anatomie der Tiere gerichtet gewesen und kam, als es die Klassifizierung unternahm, dabei nicht weiter, als zur Aufzeichnung der auffallendsten Unterschiede nach äussrer Gestalt und Bewegung. Mit andern Worten, diese früheste begriffliche Klassifizierung war wenig mehr, als der sprachliche Ausdruck einer auf blosser Erkenntnis beruhenden Klassifizierung. Als aber die Wissenschaft der vergleichenden Anatomie durch die Griechen aufkam, entstand eine weit begrifflichere Klassifikation der Tiere, obwohl die Bedeutung irgend einer systematischen Anordnung des Tierreichs, als eines Ganzen, noch so wenig erkannt war, dass sie nicht einmal von Aristoteles versucht wurde. Denn so wunderbar der von ihm dargelegte Fortschritt in der begrifflichen Gruppierung auch sein mag, so beschränkt er sich doch darauf, anatomische Vergleiche zwischen der einen und der andern Tiergruppe zu ziehen; er hatte weder eine Idee von der Unter- bezw. Überordnung der Gruppen, die später das leitende Prinzip der systematischen Forschung wurde, noch giebt er irgend eine übersichtliche Aufstellung seiner eignen Resultate, wie er sie doch kaum zu geben verfehlt haben würde, wenn er die Bedeutung der Klassifikation des Tierreichs als eines systematischen Ganzen erkannt hätte. Endlich, etwa seit Ray, richteten sich die besten Gedanken der besten Naturforscher auf diese Arbeit, und zwar mit dem Ergebnis, dass die begriffliche Ideenbildung seitdem fortdauernd zu immer weiteren und, mittelst der zielbewussten und vereinigten Kenntnisse, zu immer richtigern Verallgemeinerungen gelangte. Wie ungeheuer ist der Gegensatz zwischen dem ersten einfachen Versuch zur Klassifizierung, den die alten Juden machten, und dem ausgearbeiteten Ergebnis des abstrakten Gedankens in der systematischen Wissenschaft unsrer Tage.

Ähnliche Beispiele könnten aus jedem andern Gebiet begrifflicher Entwicklung angezogen werden, weil jene Entwicklung im wesentlichen stets in der Ausführung gedanklicher, mehr und mehr von einfachen Wahrnehmungen entfernter Ergänzungen besteht; oder, wie Sir W. Hamilton sich ausdrückt: „Durch die erste Verallgemeinerung haben wir eine Anzahl Klassen von unter sich ähnlichen Individuen gewonnen. Diese Klassen können wir miteinander vergleichen, ihre Übereinstimmungen, abgesondert von ihren Verschiedenheiten, beobachten und ihrem gemeinsamen Verhältnisse einen gemeinsamen Namen beilegen. Mit der zweiten Ordnung von Klassen können wir dieselbe Operation ausführen und so über die ganze Stufenleiter der Begriffe hinauf, immer eine grössere Anzahl von Unterschieden ausser acht lassend und stets weniger Ähnlichkeiten bei der Bildung unsrer Klassen in Anspruch nehmend, bis wir schliesslich an die Grenze unsres Fortschritts, zum Begriff des Seins oder der Existenz gelangen."*)

Worüber ich nun vollkommen Klarheit zu verbreiten wünsche, ist, dass dieser Vorgang begrifflicher Ideenbildung, wobei Ideen verallgemeinert werden, sorgfältig auseinandergehalten werden muss von den Vorgängen erkennender (rezeptiver) Ideenbildung, wodurch Ideen zu generischen Ideen werden. Denn diese letzterwähnten Vorgänge bestehen darin, dass besondre Ideen, welche in der sinnlichen Wahrnehmung unmittelbar gegeben sind, durch Verbindung von Ähnlichkeit oder Verwandtschaft automatisch miteinander verschmelzen, sodass aus einer Anzahl solcher verbundner Wahrnehmungen eine Erkenntnis gebildet wird, ohne dass eine absichtliche Mitwirkung des Geistes dabei erforderlich wäre.

Auf der andern Seite kann eine allgemeine Idee oder ein Begriff nur vom Geiste selbst gebildet werden, indem er seine als solche erkannten Erkenntnisse mit Absicht klassifiziert, oder, behufs Herstellung „höherer Begriffe", denselben Vorgang mit

*) *Lectures II. p.* 290.

seinen bereits gewonnenen allgemeinen Ideen befolgt, um noch allgemeinere Ideen darauf zu errichten. Eine generische Idee wird also in dem Sinne verallgemeinert, dass ein Naturforscher von einem niedern Organismus als einem Gattungsbegriff spricht, d. h. als noch nicht zu Gruppen von höherem und spezialisierterem Bau differenziert, wie sie später daraus hervorgehen. Eine allgemeine Idee dagegen wird verallgemeinert durch Zusammenfassung einer Gruppe von höherem und spezialisierterem Bau, die bereits mit Rücksicht auf ihre übereinstimmenden Punkte festgestellt und mit einem gemeinsamen Namen bezeichnet wurde. Klassifizierung ist in allen Fällen vorhanden; in der Ordnung der Erkenntnisse geschieht sie automatisch, während sie in der Ordnung der Begriffe introspektiv ist.

In meiner bisherigen Untersuchung habe ich der Kritik oder Meinungsverschiedenheit eines Psychologen nicht vorgegriffen. Dagegen möchte ich nun über eine Sache von geringerer Wichtigkeit entscheiden, obwohl meine Ansicht darüber vielleicht nicht der allgemeinen Zustimmung sicher sein mag.

Ich halte es für einen deutlichen Zug unsres innern Lebens, dass wir imstande sind, ausgedehnte Ideenbildungen ohne Hilfe von Worten auszuführen oder, um es paradox hinzustellen, dass wir ohne Begriffe zu begreifen vermögen. Ich bin natürlich gewärtig, dass dieses unverkennbare Vermögen, ohne Benutzung von Wortzeichen zu denken (das *verbum mentale* der Scholastik), von verschiednen hervorragenden Schriftstellern geleugnet werden wird, wie z. B. besonders von Prof. Max Müller, der mit so grosser Sorgfalt zu beweisen sucht, dass „wir nicht nur in umfassender Weise, sondern immer und überall mittelst Namen denken.“ Diese Behauptung scheint mir aber entweder selbstverständlich oder falsch zu sein; denn sie ist entweder tautologisch ihrem Ausdruck nach oder thatsächlich irrig. Wenn wir den Ausdruck „denken“ auf die Thätigkeit des Namengebens beschränken, so ist es nur selbstverständlich, zu sagen, dass es kein Denken ohne Sprache geben kann, da das nichts weiter heisst, als dass es kein Namengeben ohne Namen giebt. Wenn aber der Ausdruck „denken“ alle Vorgänge von Ideenbildung, die wir nicht mit den

Tieren gemein haben, decken soll, so halte ich dafür, dass jene Behauptung einer unleugbaren Thatsache widerspricht. Ich stimme mit der langen Reihe von Logikern und Philosophen überein, die, Prof. M. Müller an der Spitze, zaudern, einer Lehre zu folgen, die nach ihrer Meinung die unvermeidliche Schlussfolgerung des Nominalismus ist. Mir scheint es offenbar, dass das häufige Handhaben der dem Geiste geläufigen Begriffe den letztern dazu verleitet, mit jenen in etwa derselben automatischen Weise umzuspringen, wie, auf einem niedrigern Gebiete koordinierter Thätigkeit, der Pianist mit seinen Saiten und Noten. Während es anfänglich eine absichtliche und mühselige Anstrengung erfordert, die vielen mannigfachen und zusammengesetzten entsprechenden Bewegungen auszuführen, tritt diese Verrichtung durch Übung immer mehr aus der Reihe bewusster Anstrengungen heraus, bis sie auf nahezu mechanische Weise ausgeführt wird. Derselbe Fall ist es auch mit den rein geistigen Thätigkeiten von der höchsten Ordnung.

Anfänglich verlangt jedes Glied in der Kette der Ideenbildung, der Aufmerksamkeit mittelst eines Wortes eingeprägt zu werden; jeder Schritt in einem Denkprozess erfordert den festen Untergrund eines Satzes. Durch häufige Gewohnheit hört jedoch dieser Zwang für die Denkfähigkeit auf; sie geht sozusagen von einem Ende der Kette zur andern, ohne bei jedem Gliede Halt machen zu müssen; statt ursprünglicher Schrittsteine hat sie eine Brücke geschlagen, die sie fast mit einem Satz überspringen kann. Um ein andres Bild zu gebrauchen: Es entsteht eine Methode abgekürzten Denkens, wobei selbst die Symbole der Ideen (Begriffe) nicht mehr im Bewusstsein zu erscheinen brauchen. Urteil folgt auf Urteil in logischer Folge, sogar ohne irgend einen artikulierten Ausdruck durch das *verbum mentale.* Dies ist, wie gesagt, eine Thatsache, deren Bestätigung meiner Meinung nach nur einer kurzen Selbstbeobachtung bedarf. Wenn wir z. B. einen Brief lesen, können wir uns augenblicklich über unsre Antwort entscheiden, obwohl wir uns noch besinnen müssen, ehe wir die nötigen Sätze unsres Antwortschreibens entwerfen können. Wie oft fühlen wir bei der Abfassung einer Arbeit eine gewisse Wahrheit sozusagen vor uns stehen, obwohl wir sie nicht sofort in Worte zu fassen vermögen. Wir wissen ganz im allgemeinen, dass wir eine Wahrheit vor uns haben, vermögen aber nicht das Vehikel herbeizuschaffen, um sie uns erreichbar zu machen; es bedarf oft vieler künstlicher Versuche, von denen jeder eine lange Reihe von aufeinanderfolgenden Sätzen enthält, ehe wir die Genugthuung haben, dasjenige sprachlich *explicite* zu machen, was vorher *implicite* im Gedanken war. Beim Schachspiel z. B. haben wir von vielen verwickelten, bestimmten und unbestimmten Beziehungen Kenntnis zu nehmen und eine recht starke Anforderung an unser abstraktes Denkvermögen zu machen. Bei alledem brauchen wir über das, was wir oder unser Gegner zu thun hat, keinen stillschweigenden Monolog zu halten. Um noch ein letztes Beispiel zu geben: In einigen Formen der Aphasie hat der Patient jede Spur von Sprachgedächtnis verloren und dennoch findet sich seine Fähigkeit, über alle praktischen Zwecke des Lebens nachzudenken, nicht wesentlich beeinträchtigt. Im grossen und ganzen schliesse ich also, dass, obwohl die Sprache eine notwendige Bedingung zum ursprünglichen Aufbau eines begrifflichen Gedankens ist, dennnoch, wenn der Bau einmal vollendet ist, das Gerüste abgetragen werden kann, ohne dass das Gebäude an Festigkeit einbüsst. Vertraute Begriffe werden auf diese Weise sozusagen zu Erkenntnissen herabgesetzt, aber zu Erkenntnissen von einem Grade der Zusammensetzung und Einrichtung, wie sie nur bei einer solchen begrifflichen Abstammung möglich sind. Mit Geiger dürfen wir sagen: „So ist denn überall die Sprache primär, der Begriff entsteht durch das Wort.“ *) Dennoch hindert dies nicht, dass wir mit Friedr. Müller hinzufügen: „Sprechen ist nicht denken, sondern es ist nur ein Ausdruck des Denkens.“**)

Mit Ausnahme des letzten Abschnitts wird meine Untersuchung, wie schon bemerkt, wahrscheinlich keinem Widerspruch seitens irgend eines lebenden Psychologen begegnen, möge er zur Entwicklungstheorie halten oder nicht; denn überall habe ich meinen

*) Ursprung der Sprache S. 91.

**) Grundriss der Sprachwissenschaft. I. S. 16.

Beweisgang absichtlich darnach eingerichtet, streitige Fragen soweit als thunlich zu vermeiden. Aber auch der letzte Abschnitt hat eigentlich nichts mit dem vor uns liegenden Ziel zu thun, da die betreffende Frage ausschliesslich menschlich-geistige Vorgänge betrifft.

Nachdem wir nun unsern Weg durch eine immerhin langwierige Klärung des Untergrundes völlig vorbereitet haben, wollen wir zu der Frage schreiten, ob es denkbar ist, dass das Sprachvermögen, mit dem ganzen Gefolge seiner entwickelten Ideenbildung auf natürlichem Wege aus niedern Geistesfähigkeiten entstanden sein könne. Wie wir gesehen haben, wird unbedingt zugegeben, dass die einzige Unterscheidung zwischen menschlicher und tierischer Psychologie darin besteht, dass die erstere jenes Vermögen aufzeigt, welches, wie wir ebenfalls gefunden, nichts anderes ist, als die Fähigkeit, Ideen in Symbole umzusetzen und diese Symbole an Stelle der Ideen zu benutzen.

Dies ist also die einzige Unterscheidung, in der alle übereinstimmen; die Frage ist nur, ob dieser Unterschied ein solcher der Art oder dem Grade nach sei? Seit der Zeit, da die alten Griechen das nämliche Wort gebrauchten, um das Sprachvermögen samt dem Denkvermögen zu bezeichnen, wurde die philosophische Berechtigung dieser Gleichstellung immer augenscheinlicher. Wie auch die Wahrheit zu Zeiten durch den Nebel des Realismus verdunkelt werden mag, so hat der Jahrhunderte lange Streit die philosophische Atmosphäre in dieser Richtung doch völlig geklärt. Daher besteht die einzige Frage für die Anhänger der Entwicklungslehre heute nur darin: Warum lernte das Tier sich nicht besser seinesgleichen mitteilen? Warum wurde der Mensch allein mit dem Logos begabt? Zur Beantwortung dieser Frage müssen wir nun eine etwas mühevolle Erforschung der Philosophie der Sprache unternehmen.

Fünftes Kapitel.

Die Sprache.

Sprache kommt her von sprechen, was nichts andres bedeutet, als mittelst der Zunge Zeichen zu geben. In weiterem Sinne wird das Wort im allgemeinen für Zeichengebung gebraucht, wenn wir z. B. von einer „Fingersprache“ der Taubstummen, einer „Blumensprache“ u. s. w. reden. Wie Prof. Broca sagt: „Es giebt verschiedene Arten von Sprachen; jedes Zeichensystem, das Ideen in irgend einer mehr oder weniger intelligenten, mehr oder weniger vollkommnen oder mehr oder weniger schnellen Weise zum Ausdruck verhilft, ist eine Sprache im allgemeinen Sinne des Wortes. So sind Sprache, Gebärde, Daktylologie, Schreiben (hieroglyphisches wie phonetisches) ebenso viele Arten von Sprache. Es giebt also ein allgemeines Sprachvermögen, das über allen andern Ausdrucksweisen steht und definiert werden kann als die Befähigung zur Herstellung einer beständigen Beziehung zwischen einer Vorstellung und einem Zeichen, sei dies nun ein Laut, eine Gebärde, eine Figur oder ein Bild von irgend welcher Art.“

Die beste Klassifikation der verschiedenen Darstellungen von Zeichengebung habe ich bei Mivart gefunden.*) Ich will sie in seinen eignen Worten wiedergeben:

---

*) *Lessons from Nature*, p. 83.

„Wir können im allgemeinen sechs verschiedene Arten von Sprachen unterscheiden:

1. Laute, die weder artikuliert, noch vernunftgemäss sind, wie Schmerzensschreie, oder die lallende Unterhaltung von Mutter und Kind.

2. Laute, die artikuliert, aber nicht vernunftgemäss sind, wie das Geplapper des Papageis oder gewisser Idioten, die jeden gehörten Satz ohne Verständnis wiederholen.

3. Laute, die vernunftgemäss, aber nicht artikuliert sind, Ausrufe, durch die wir unsre Zustimmung oder Ablehnung, einem Vorschlag gegenüber, auszudrücken pflegen.

4. Laute, die sowohl vernunftgemäss, als auch artikuliert sind — das eigentliche Sprechen.

5. Gebärden, die nicht vernünftigen Begriffen entsprechen, sondern nur Kundgebungen von Gemütsbewegungen und Gefühlen sind.

6. Gebärden, welche vernünftigen Begriffen entsprechen und deshalb „äusserliche“, aber nicht hörbare Offenbarungen des *verbum mentale* darstellen.“

Diesem Verzeichnis der „Sprachkategorien“ muss noch eine 7. Reihe hinzugefügt werden, die jede Art schriftlicher Zeichen enthält; mit diesem unabweislichen Zusatz stimme ich der Klassifikation zu, da sie alle Arten einschliesst, die möglicherweise unter dem Genus Sprache vorkommen können, und keine ausser acht lässt.

Nun ist vor allem zu beachten, dass die Zeichen entweder absichtlich oder unabsichtlich gemacht werden können und sodann, dass die absichtlichen Zeichen eigentlich in zwei Unterklassen zerfallen und zwar in solche, die naturgemäss und in solche die konventionell sind. Die letztgenannte Unterklasse kann wieder zerfallen in solche konventionelle Zeichen, die vergangenen Verbindungen zukommen und in solche, die Folgerungen aus gegenwärtiger Erfahrung sind. Ein Hund, der um Futter „bittet“ oder ein Papagei, der seinen Kopf beugt, um gekratzt zu werden, thun dies, weil vergangene Erfahrung das Tier gelehrt hat, dass es dadurch die gewünschte Vergünstigung erhält; hierbei braucht die Vernunft, d. h. eine Schlussfolgerung, nicht ins Spiel zu kommen.

Wenn aber das Tier keine solche frühere Erfahrung hätte und nicht wissen könnte, dass eine solche besondre Gebärde oder ein solches Zeichen zu einer solchen besondern Folgerung führen würde, wenn dann, unter solchen Umständen, ein Hund einen andern Hund bitten sähe und die Gebärde nachahmte, um das schliessliche Resultat abzuwarten, oder wenn unter ähnlichen Umständen ein Papagei von selbst seinen Kopf beugte, um eine ausdrucksvolle Gebärde zu machen, dann würde das Zeichen im wahren Sinne des Wortes ein vernunftgemässes sein.

Offenbar lassen vernunftgemässe Zeichen fast unzählige Grade der Zusammensetzung und Vervollkommnung zu, sodass die Vernunft selbst keine grössere Verschiedenheit von Darstellungen in dieser Beziehung zu geben vermöchte, als die Symbolik, wodurch sie ausgedrückt wird. Eine algebraische Formel gehört in dieselbe Kategorie von Zeichengebung wie die einfachste Gebärde, durch die wir absichtlich eine ganz einfache Idee mitteilen. Vernunftgemässe Zeichen können daher durch Gebärde, Ton, Artikulation oder durch Schrift, jedes dieser Worte in seinem weitesten Sinne verstanden, dargestellt werden.*)

---

*) Es ist leicht ersichtlich, dass ich durch die Ausdrücke „Schlussfolgerung", „Vernunft", „vernunftgemäss" u. s. w. in ihrer Anwendung auf geistige Vorgänge bei niederen Tieren in keiner Weise der Frage bezügl. der Unterscheidung zwischen Mensch und Tier vorgreifen will. Auf dem Gebiete der gesteigerten Erkenntnisse gelangen Mensch und Tier zu einem hohen Grad der Wahrnehmung von Analogien und Relationen, nämlich zum Schlussvermögen in seiner unmittelbarsten Form, die sich von dem Prozess, der in der Sphäre des begrifflichen Denkens platzgreift, nur dadurch unterscheidet, dass sie nicht selbst ein Objekt der Erkenntnis wird. Es kann aber meiner Meinung nach keinen Unterschied in unsrer Terminologie machen, ob dieser Folgerungsprozess zufällig ein solches Objekt bildet oder nicht. Ich kann deshalb den zahlreichen Schriftstellern nicht beipflichten, die jene Ausdrücke auf die höheren Darstellungen des Prozesses beschränken, d. h. auf das Schlussvermögen, welches nur das introspektive Denken betrifft. Mag es auch eine Haarspalterei sein, ich halte es für das beste, unsere Unterscheidung festzuhalten, wo immer eine Unterscheidung vorkommt, und kann nicht einsehen, dass es den Folgerungsprozess als Folgerung ändert, ob der Geist, vermöge der hinzutretenden Fähigkeit, über den Prozess als solchen nachdenken kann, — so wenig wie etwa der Assoziationsprozess alteriert wird, wenn er selbst ein Objekt der Erkenntnis

Das nachfolgende Schema möge dazu dienen, die Klassifikation in einer diagrammatischen Form zu zeigen.

Die weitere Einteilung der intellektuellen Zeichen in denotative, connotative, denominative und prädikative werden in einem spätern (VIII.) Kapitel ihre Erklärung finden.

Die Sprache als Zeichengebung.

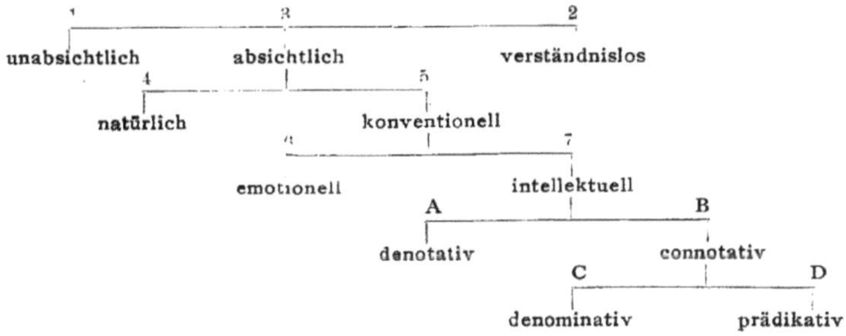

Wenn wir nun die unabsichtlichen, rein auf den ersten Anstoss erfolgenden Zeichen als Zeichen im eigentlichen Sinne des Wortes überhaupt nicht ansehen wollen, so lassen sich sämtliche Arten absichtlicher Zeichen diagrammatisch in der nachfolgenden Figur darstellen.

Soweit haben wir es also mit Thatsachen zu thun, die nirgends bestritten werden, wie denn auch niemand die in dem obigen Schema gegebne Aufstellung bemäkeln wird. Eine Meinungsverschiedenheit könnte nur dann entstehen, wenn gefragt wird, ob die durch das Schema dargestellten verschiedenen Fähigkeiten (oder Fälle) entwicklungsgeschichtlich miteinander zusammenhängen? Dieser Frage wollen wir uns nun zuwenden.

Ein Punkt steht offenbar fest, dass nämlich alle durch das Schema dargestellten Fähigkeiten oder Fälle, mit der einzigen Ausnahme der letzten (Nr. 7), Tieren und Menschen gemeinsam sind.

---

wird. Ich hoffe es somit klar gemacht zu haben, dass ich mit der Beibehaltung des Vernunftvermögens bei Tieren, nichts weiter behaupte, als dass sie, wie Mivart selbst zugiebt, die Fähigkeit besitzen, „praktische Folgerungen“ zu ziehen. Bis dahin ist also meine Meinungsverschiedenheit mit Mivart und, soweit ich sehen kann, mit allen andern Autoren, welche die Vernunftlosigkeit der Tiere behaupten, nur eine die Terminologie betreffende.

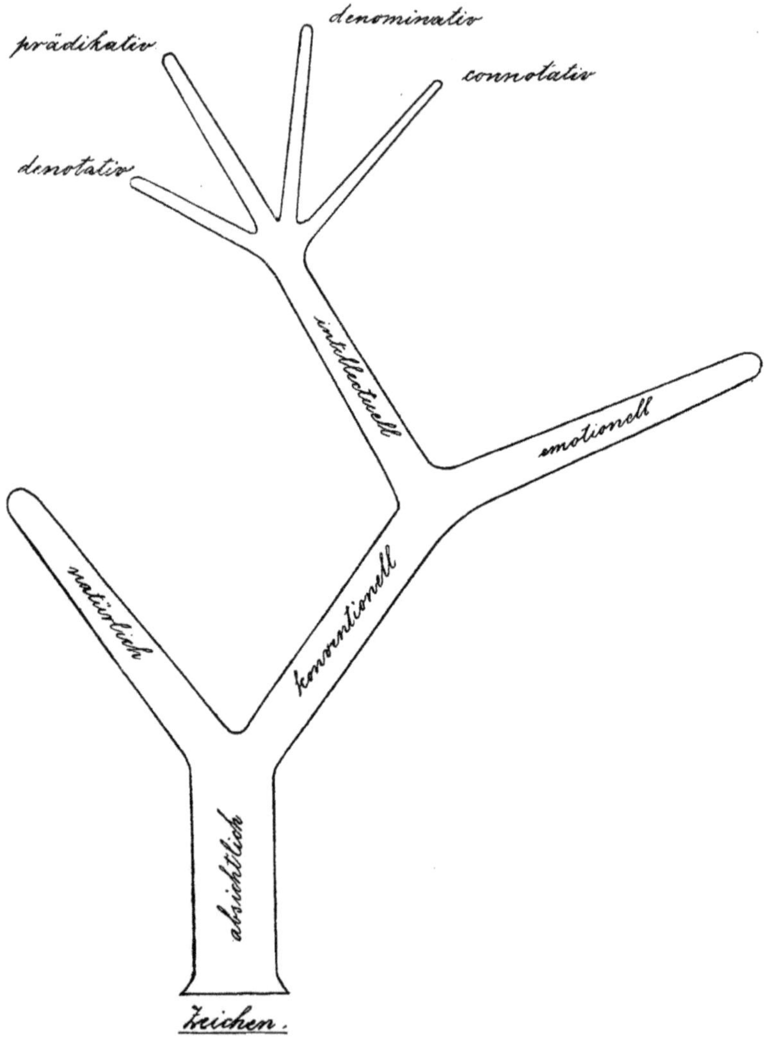
prädikativ
denominativ
connotativ
denotativ
intellectuell
emotionell
natürlich
konventionell
absichtlich
Zeichen.

Wir können daher von der unbestrittenen Thatsache ausgehen, dass die Tiere in unzweideutiger Weise den Keim einer Fähigkeit zur Zeichengebung besitzen. Diese Thatsache ist aber mit Bezug auf unsern Gegenstand so wichtig, dass ich zuvörderst die Art und Weise, sowie die Ausdehnung prüfen muss, in denen diese Fähigkeit hier zum Ausdruck gelangt.

Huber sagt, dass „wenn eine Wespe einen Honigvorrat findet, sie zu ihrem Neste zurückkehre und in kurzer Zeit hundert andre Wespen mitbringe.“ Dasselbe wird von Dujardin bestätigt. Ferner schreibt ein trefflicher Beobachter, Fritz Müller, in einem seiner Briefe an Darwin, dass er eine Bienenkönigin beobachtet habe, die ihre Eier in einem Nest von siebenundvierzig Zellen unterbrachte. Bei diesem Vorgang übersah sie vier Zellen und als sie die andern dreiundvierzig Zellen besetzt hatte, machte sie sich, in der Voraussetzung, dass ihre Arbeit gethan sei, zum Rückzug bereit. „Da sie nun die vier Zellen des neuen Wabens übersehen hatte,, liefen die Arbeiterinnen aus dieser Gegend unruhig zur Königin und stiessen sie in sonderbarer Weise mit den Köpfen, ebenso andre Arbeiterinnen, denen sie begegnete. Infolgedessen begann die Königin wieder die Runde um die zwei älteren Waben zu machen; als sie aber hier keine Zelle fand, die ein Ei nötig hatte, versuchte sie wegzugehen, wurde jedoch überall von den Arbeiterinnen aufs neue zurückgestossen. Dieser Streit dauerte längere Zeit, bis die Königin entwischte, ohne dass sie ihre Arbeit vollendet hätte. Somit wussten die Arbeiterinnen wohl ihrer Königin mitzuteilen, dass noch etwas zu thun sei, sie wussten ihr aber nicht deutlich zu machen, wo es zu thun sei.“ Nach de Fravière, Landois und einigen andern Beobachtern besitzen Bienen eine Anzahl verschiedner Töne, wodurch sie einander Nachrichten zukommen lassen, hauptsächlich, wie es scheint, durch Gebärden oder Bewegungen mit den Antennen. Huber teilte einen Bienenkorb in zwei Kammern; danach entstand eine grosse Aufregung in der Hälfte, welche der Königin beraubt war, und die Bienen gaben sich daran, Königinzellen für die Erzeugung einer neuen Königin zu bauen. Huber teilte darauf einen andern Bienenkorb in ganz derselben Weise, nur mit dem Unterschied, dass er die Scheidewand aus Gitterwerk machte, durch dessen Öffnung die Bienen jederzeit ihre Antennen hindurchstecken konnten. Unter diesen Umständen zeigten die Bienen in der königinlosen Hälfte keine Verwirrung, auch bauten sie keine Königinzellen; die Bienen in der abgetrennten Hälfte waren also imstande, sich davon zu unterrichten, dass die Königin heil und sicher sei.

Wenden wir uns zu den Ameisen, so wird uns die Ausdehnung, bis zu welcher hier das Mitteilungsvermögen von Zeichen geht, nicht weniger überraschen. Wenn wir bedenken, wie hoch das Prinzip der Mitteilung bei ihnen entwickelt ist, so ist es einleuchtend, dass sie verschiedne Mittel hierzu besitzen müssen. Es trifft dies besonders bei den südamerikanischen Wanderameisen (*Eciton*) zu, die in so wunderbarer Weise die militärische Taktik ausüben: „Die Armee marschiert in der Form einer breiten und regelmässigen Kolonne, hunderte von Ellen lang. Der Zweck des Marsches ist der Raub andrer Insekten und dergl. zur Nahrung; sobald aber der gut organisierte Feind vorrückt, setzen seine plündernden Legionen alles andre irdische Leben in Gefahr. Von der Hauptkolonne werden von Zeit zu Zeit kleine Seitenkolonnen ausgesandt, deren Teilnehmer die Rolle von Kundschaftern spielen, indem sie nach verschiednen Richtungen aufbrechen und mit der grössten Lebhaftigkeit nach Insekten, Raupen und dergl. suchen, unter jedem Stück Holz, unter jedem gefallenen Blatt, in jedem Winkel und jeder Ritze, wo nur eine Aussicht vorhanden ist, Beute zu finden. Wenn sie ihren Auftrag ausgerichtet haben, kehren sie wieder zur Hauptkolonne zurück. Wird die Beute so klein befunden, dass die Kundschafter sie selbst bewältigen können, so wird sie sofort ergriffen und zur Hauptkolonne geschleppt; ist sie aber zu gross, so werden Boten zu letzterer gesandt, von wo dann sofort eine hinreichend starke Abteilung abgeschickt wird, um dem Erfordernis zu genügen. Zu beiden Seiten der Hauptkolonne laufen fortwährend Individuen von lichterer Färbung hin und her, welche Offiziere vorzustellen scheinen; sie verlassen niemals ihre Posten und während sie an der Seite der Kolonne auf und nieder laufen, machen sie dann und wann halt, um das eine oder andre Glied in der Linie mit ihren Antennen zu berühren, als ob sie ihm eine Anordnung erteilen wollten.

Wenn die Kundschafter ein Wespennest in einem Baum entdecken, wird eine stärkere Macht von der Hauptkolonne ausgesandt, das Nest wird in Stücke zerrissen und sämtliche Larven zur Nachhut der Armee gebracht, während die Wespen, wehrlos gegen die eindringende Menge, umherfliegen. Trifft man auf das Nest einer andern Ameisenart, so wendet sich eine gleich starke Macht, mitunter auch die ganze Armee gegen sie, und mit der äussersten Energie geben sich die unzähligen Insekten daran, Schachte und Minen auszugraben, bis das ganze Nest seines Inhalts beraubt ist. Bei dieser Minierarbeit entfalten die Ameisen ein ausserordentlich merkwürdiges, kooporatives Organisationstalent, denn diejenigen, die sich in die Schachte versenken, verlieren nicht die Zeit damit, die ausgegrabene Erde wegzuschaffen, sondern reichen den oben gebliebenen die Erdkügelchen, welche von jenen mit einer Voraussicht, die Bates auf das lebhafteste überraschte, weit genug weggebracht wurden, um sicher zu sein, dass sie nicht mehr in den Schacht hinabrollen könnten, dann eilen sie schleunigst wieder zur Arbeit zurück. Es giebt dabei aber keine strenge oder auch nur mechanische Arbeitsteilung; das Werk scheint durch einsichtiges Zusammenwirken einer Schar eifriger, kleiner Geschöpfe verrichtet zu werden, die bald als Träger von Erdkügelchen, bald als Minierer wirken, während alle kurz darauf die Pflicht der Beuteträger übernehmen. Belt schreibt: Die Wanderameise (*Eciton*), wie die meisten andern Arten folgen einander vermöge des Geruchs und ich glaube, dass sie sich die Gegenwart von Gefahr oder Beute oder andre Auskunft auf eine gewisse Entfernung durch die verschiedne Stärke und Eigenschaft der abgegebenen Gerüche mitzuteilen vermögen. Ich sah einst eine Kolonne am Fuss eines fast senkrechten, etwa sechs Fuss tiefen Einschnittes der Eisenbahn laufen, während sich an einem gewissen Punkt eine Art Versammlung von ungefähr einem Dutzend Individuen zu beraten schien. Plötzlich verliess eine Ameise die Versammlung und lief mit grosser Hast, ohne anzuhalten, die senkrechte Wand des Einschnitts hinan. „Als sie den obern Rand desselben erreicht hatte, betrat die Ameise ein zur Jagd geeignetes Buschwerk. In ganz kurzer Zeit wurde die Nachricht den unten Gebliebenen mitgeteilt, wonach eine dichte Kolonne beutesuchend hinaufrannte."

Ferner schreibt Bates: „Wenn ich den Zug unterbrach oder ein Individuum herausnahm, gelangte die Nachricht von dieser Störung rasch bis zu dem einige Ellen entfernten Ende des Zuges, welcher infolgedessen sofort den Rückzug antrat.“ Kommt die marschierende Kolonne an einen Wasserlauf, so sucht sie zuerst eine natürliche Brücke zu finden. Ist ein solcher Übergang nicht vorhanden, „so wandert der Zug das Flussufer entlang, bis er auf ein flaches, sandiges Ufer stösst. Hier ergreift jede Ameise ein Stückchen trocknes Holz, schleppt es ans Wasser und stellt sich darauf. Die Nachfolgenden schieben die Vordern immer mehr in das Wasser, indem sie sich mit den Füssen an das Holz, mit den Zangen aber an die Vordermänner festklammern. In kurzer Zeit bedeckt sich das Wasser mit Ameisen, und wenn das Floss zu gross geworden ist, um durch die Kraft der Tierchen noch zusammengehalten zu werden, so reisst sich ein Teil los und beginnt die Überfahrt, während die noch am Ufer gebliebenen rüstig ihre Hölzchen ins Wasser schleppen und an der Vergrösserung der Fähre weiterarbeiten, bis sie wieder abreisst. Dieses Spiel wiederholt sich, so lange noch eine Ameise am Ufer sich befindet.“*)

Das wird genügen, um eine allgemeine Idee davon zu geben, bis zu welcher Ausdehnung ein Zusammenarbeiten bei der Wanderameise stattfindet, eine Thatsache, die doch auf einem gewissen Zeichensystem beruhen muss. Noch deutlichere Beweise für solche Mitteilungen liefert uns der Geologe Hague aus Südamerika, der einst an Darwin schrieb, dass drei Vasen mit frischen Blumen, die auf dem Kaminsims seines Wohnzimmers standen, von einem Haufen roter Ameisen entdeckt worden seien, die einen Zug dorthin unternahmen, indem sie fortwährend zwischen dem Kaminsims und dem Fussboden, und ebenso zwischen dem Kaminsims und der Stubendecke hin und herliefen. Mehrere Tage nacheinander kehrte Hague die Ameisen von der Wand auf den Boden herunter; da sie dabei aber nicht getötet wurden, bildete sich der Zug immer von neuem. Dann tötete er jedoch einmal mit seinem Finger einige Ameisen auf dem Kaminsims. „Der Er-

---

*) Büchner, L., Geistesleben der Tiere S. 216.

folg war unmittelbar und überraschend. Sobald nämlich die anrückenden Ameisen in die Nähe ihrer toten und verwundeten Genossen kamen, wandten sie sich um und flohen in voller Hast davon. In einer halben Stunde war Wand und Kaminsims von den Ameisen geräumt. Während einer oder zwei Stunden setzte die Kolonne von unten noch ihren Aufmarsch fort, bis sie die schräg abfallende Kante des Kaminsimses erreichten, wo die Furchtsameren, obwohl noch nicht imstande, die Vase zu sehen, doch die Störung gewahr wurden und ohne weitere Untersuchung kehrt machten, während die mutvollern zögernd vorgingen bis zur obern Kante des Kamins. Dort machten sie halt, dehnten ihre Antennen aus, streckten ihre Köpfe vor und schienen vorsichtig über die Kante zu gucken; als sie dort aber ihre verwundeten Kameraden sahen, wandten sie sich gleichfalls schleunigst um und folgten den andern, indem sie durch ihr Benehmen in hohem Masse Aufregung und Entsetzen an den Tag legten. Ein paar Stunden später war der Pfad zwischen dem unten befindlichen Zug und der Vase von Ameisen ganz frei . . . Ein sonderbarer und unveränderlicher Zug in ihrem Benehmen bestand darin, dass wenn eine Ameise erschreckt umkehrte und einer andern begegnete, diese beiden stets miteinander in Verbindung traten; jede setzte darauf ihren eignen Weg fort, und die zweite verfolgte ihren Aufstieg dabei bis zu dem Punkt, wo die erste umgekehrt war, worauf sie dann ebenfalls kehrt machte. Einige Tage nach jenem Vorfall waren keine Ameisen an der Wand, weder über noch unter dem Kaminsims, mehr zu sehen. Dann aber begannen wieder einige Ameisen von unten her zu erscheinen; statt aber die Vase zu besuchen, die der Schauplatz des Unglücks gewesen, folgten sie, unter Vermeidung derselben, der untern Vorderkante des Kaminsimses bis zu dem mittlern Glas, auf welches sie dann ihre Angriffe richteten, und zwar mit den nämlichen Folgen."

Endlich stellte Sir J. Lubbock einige Versuche an, zu dem ausdrücklichen Zweck, das Mitteilungsvermögen der Ameisen festzustellen. Er fand, dass wenn eine Ameise eine Niederlage von Larven ausserhalb des Nestes entdeckte, sie zu letzterem zurückkehrte und, auch ohne dass sie Larven aufzuzeigen hatte, ihr Bedürfnis nach Beistand mitzuteilen vermochte, worauf eine Anzahl Freunde ihrer Führung zu den von ihr aufgefundnen Larven folgte. In einem sehr lehrreichen Versuch stellte Sir J. Lubbock drei parallele, je etwa $2^1/_2$ Fuss lange Bandstreifen her, das eine Ende eines jeden befestigte er in der Nähe des Nestes, während er das andre in ein Glasgefäss tauchte. In das Glas am Ende des einen Streifens legte er eine grössere Menge Larven (300—600), in das zweite Glas legte er nur zwei oder drei Larven, während er das dritte Glas leer liess. Der Zweck des leeren Glases war, zu sehen, ob irgend eine der Ameisen unter solchen Umständen wie von ungefähr in das Glas kommen würde. Er nahm sodann zwei Ameisen, und setzte die eine in das Glas mit den vielen, die andre in das Glas mit den wenigen Larven. Jede Ameise nahm eine Larve, trug sie zum Nest, kam dann in derselben Absicht zurück u. s. w. In das Glas mit den wenigen Larven setzte er jeden Tag zum Ersatz der weggetragenen Larve eine frische. Das Endergebnis war, dass während $47^1/_2$ Stunden die Ameisen, welche zu den zahlreichen Larven gekommen waren, 257 Kameraden zu ihrer Hilfe herbeigelockt, während in 53 Stunden jene, die zu den zwei bis drei Larven gekommen, nur 82 Freunde mitgebracht hatten; nicht eine einzige Ameise aber war zu dem leeren Glase gekommen. Da alle Gläser denselben Bedingungen ausgesetzt waren und die Wege zu den ersten beiden, mindestens beim ersten Mal, durch den Übergang der Ameisen gleicherweise verwittert sein mussten, so scheint dieses Ergebnis in der That einen untrüglichen Beweis für irgend ein deutliches Mitteilungsvermögen zu liefern, nicht allein insofern die Larven überhaupt aufgefunden wurden, sondern auch bezüglich der Stelle, wo sich der grösste Vorrat befand.

In betreff der Mitteilungsweise oder der Art der Zeichengebung kann es keinem Zweifel unterliegen, dass dieselbe bei Ameisen, wie bei Bienen, hauptsächlich durch Bewegungen der Antennen geschieht; dass aber auch Gebärden andrer Art in Anwendung kommen, wird hinlänglich durch nachstehende Beobachtung des Rev. Dr. M. Cook bezeugt: „Ich sah eine Ameise vor einer andern niederknieen und den Kopf vorstrecken, indem sie thatsächlich ganz niedersank und bewegungslos dalag, damit so deutlich, als es durch Zeichensprache möglich ist, ausdrückend, dass sie gereinigt zu werden wünschte. Ich verstand die Gebärde sofort und die andre Ameise ebenfalls, denn sie gab sich sogleich ans Werk."

Soviel über das Vermögen der Zeichengebung bei den Hymenopteren. Da mir keine ähnlichen Zeugnisse bezüglich der übrigen Wirbellosen zur Seite stehen,*) gehe ich zu den Wirbeltieren über. Ray beobachtete die verschiednen Töne der gemeinen Henne und fand dieselben übereinstimmend bezeichnend für verschiedne Ideen oder Gemütsbewegungen, wonach er auf ein allerdings ganz bruchstückweises Sprachsystem bei ihnen schloss. Er unterschied insgesamt neun oder zehn deutliche Töne, die für ebenso viele Gemütsbewegungen oder Ideen bezeichnend sind, nämlich Brüten, Führen der Brut, Futterfinden, Unruhe, Schutzsuchen, Ärger, Schmerz, Furcht, Freude oder Stolz über ein gelegtes Ei. Houzeau, der unabhängig davon dasselbe beobachtete, meint, dass die Henne mindestens zwölf deutliche Töne äussere.**)

Viele andre Beispiele könnten von Vögeln, und noch mehr von Säugetieren, beigebracht werden, hinsichtlich der Stimmlaute, die sie anwenden, um absichtlich Gefühlszustände und bestimmte Ideen zu bezeichnen; des Raumes wegen will ich nur einige dieser Thatsachen in abgekürzter Form mitteilen:

„Der *Cebus Azarae* in Paraguay giebt, wenn er aufgeregt wird, wenigstens sechs verschiedene Laute von sich, welche bei andern Affen ähnliche Erregungen veranlassen . . . Es ist eine noch merkwürdigere Thatsache, dass der Hund seit seiner Domestikation wenigstens vier oder fünf verschiedene Töne zu bellen gelernt hat . . . Das Bellen des Eifers, auf der Jagd, das des Ärgers, ebenso wie das Knurren, das heulende Bellen der Verzweiflung, z. B. wenn sie eingeschlossen sind, das Heulen bei Nacht, das Bellen der Freude, wenn sie z. B. mit ihrem Herrn spazieren gehen sollen,

---

*) Das beste Beispiel von Zeichengebung bei andern Wirbellosen, habe ich selbst beobachtet und bereits im vorhergehenden Bande S. 380 mitgeteilt. (S. dort.)

**) *Fac. ment. des animaux II. p.* 348.

und das sehr bestimmte Bellen des Verlangens, z. B. wenn sie wünschen, dass eine Thür oder ein Fenster geöffnet werde.*)

Mr. S. Goodbehere erzählte mir von einem Pony, der den innern Thürriegel seines Geheges zurückzuschieben und einem Esel zuzuwiehern pflegte, welcher im Hofe frei herumlief; der Esel kam dann heran und stiess die äussere Klinke auf, indem er auf diese Weise die Thür öffnete und den Pony herausliess.

Youatt erzählt von einem Schwein, welches dazu angelernt war, mit grosser Pünktlichkeit „vorzustehen", was schon beim Hunde einen hohen Entwicklungsgrad in der Fähigkeit des Zeichengebens darlegt. Jeder Jäger weiss, wie gut ein Setter sein eignes Vorstehen, so gut wie das Stellen andrer Hunde aus Gebärden erkennt. Was sein eignes Vorstehen betrifft, so pflegt das Tier in einiger Entfernung vom Jäger zurückzuschauen, ob es auch bemerkt wird; wenn dies der Fall, so steht es noch fester, als wenn es merkt, dass es nicht beobachtet wird: Was das Stellen andrer Hunde betrifft, so ist es bekannt, dass sobald ein Hund einen andern vorstehen sieht, er ebenfalls steht, mag er nun ein Wild wittern oder nicht. Im vorhergehenden Bande habe ich, nach Vorgang Darwins, bereits gezeigt, dass bei gut erzogenen Hunden die mehr oder weniger ausgesprochene Neigung zum Stellen bei unmittelbarer Anschauung vorhanden ist. Ich bemerkte aber auch bei meinen eignen Hunden, dass in Fällen, wo ein junger Hund eine angeborene Anlage zum Stellen nicht hat, er diese Gewohnheit in kurzer Zeit annimmt, wenn man ihn mit andern Hunden arbeiten lässt, und zwar ohne jede andre Anleitung, als die ihm durch seine eigne Beobachtung geliefert wird.

Major Skinner schreibt von einem wilden Elefanten, den er

---

*) Darwin, Abstammung d. Menschen I. S. 109. — Man könnte dem noch beifügen das Heulen der Unlust (?) beim Anhören gewisser Töne, die Laute der Angst, der Versöhnung, der Bitte, der Brunst (der „Paarungsruf", mit dessen Auftreten, nach G. Jäger, die Sprache beginnt; „Ausland" 1867, IV. S. 42), das Winseln oder Stöhnen aus Schmerz u. s. w. Ähnliches wird, wenn auch in minderem Grade, bei Katzen beobachtet. (Vergl. dazu auch Darwin, a. a. O. II S. 312. Über die „Sprachlosigkeit von Hunden und Katzen im Naturzustand", vergl. den vorigen Band S. 273. Der Übers.

in einer Mondscheinnacht aus einem ein Wasser umgrenzenden Walde kommen sah. Nachdem das Tier vorsichtig eine Blösse bis auf hundert Ellen vom Wasser überschritten hatte, blieb es vollkommen unbeweglich stehen, währenddem sich die übrige im Wald verborgene Herde so ruhig verhielt, dass nicht der geringste Laut von derselben ausging. Allmählich, nach dreimaligem Vorrücken mit einem dazwischen liegenden Halt von einigen Minuten, wandte er sich zu dem Rande des Wassers, in das er jedoch noch nicht seinen Rüssel tauchte, sondern wo er einige weitere Minuten lautlos lauschend stehen blieb. Darauf kehrte er vorsichtig und langsam zu der Stelle zurück, wo er aus dem Walde gekommen war und kam mit fünf andern Elefanten wieder, mit denen er etwas weniger langsam als vorhin bis auf wenige Ellen vor dem Teiche vorging, wo er sie Posten stehen liess. Er betrat dann wiederum den Wald, sammelte die ganze Herde, die aus 80—100 Stück bestehen mochte und führte sie in aller Gemütsruhe über die Blösse, bis sie zu den fünf Schildwachen kamen, wo er sie auf einen Augenblick verliess, um aufs neue forschend bis zum Rande des Teiches vorzudringen. Endlich, offenbar darüber beruhigt, dass alles sicher sei, kehrte er zurück und gab den Befehl zum Vorrücken, „denn in demselben Augenblick", schreibt Major Skinner, „stürzte die ganze Herde ins Wasser und zwar mit einer, der früher gezeigten Furcht und Misstrauen so entgegengesetzten rückhaltlosen Zuversicht, dass man mich niemals wird überreden können, dass kein vernünftiges und vorbedachtes Zusammenwirken in der ganzen Gesellschaft vorhanden gewesen sei" — und ebenso, natürlicherweise, eine deutliche Mitteilung durch Zeichen.

Mit Bezug auf die Gebärdensprache bei Katzen, erinnere ich an den im früheren Bande erwähnten Fall, wo eine Katze von einem Hunde das „bitten" lernte, da sie sah, dass derselbe infolge dieser Gebärde Futter bekam.*) Ferner ist es bekannt, dass diese Tiere einen besondern Laut von sich geben, wenn sie wünschen, dass man ihnen die Thür öffne, worauf sie, falls nicht beachtet, einen mit den Pfoten am Kleide zupfen und wenn sie dadurch

*) „Geistige Entwicklung im Tierreich" S. 211.

die gewünschte Aufmerksamkeit auf sich gezogen, nach der Thüre laufen und jenen Laut ausstossen, bis man sie herauslässt. Auch kenne ich eine Katze, die, als sie den ihr befreundeten Papagei mit den Flügeln schlagen und heftig in einem schon über die Füsse gehenden Teige kämpfen sah, die Treppe hinauflief, um die Köchin von dem Unglück zu unterrichten; sie miaute und gab alle möglichen Zeichen von sich, um dieselbe nach unten zu locken, bis sie zuletzt aufsprang, sie an der Schürze fasste und sie hinunter zu ziehen suchte, sodass die Köchin endlich folgte und den Vogel noch rechtzeitig vor dem Erstickungstode rettete. Diese Zeichengebung durch Zupfen am Kleid, um jemand zu verleiten, eine Unglücksstelle zu besuchen, kommt häufig bei Katzen, wie auch bei Hunden vor. Es sind auch Beispiele von Katzen bekannt, die auf Stühle sprangen und die Tischglocke suchten, wenn sie Milch zu haben wünschten (im Sinne eines Zeichens, dass sie dadurch die Bedienung herbeiwünschten, die die Milch zu bringen pflegte); sie setzten dabei ihre Pfoten zum grösseren Nachdruck der Zeichengebung auf die Tischglocke oder liessen gar die Glocke ertönen.

Hinsichtlich der Gebärdensprache bei Hunden, abgesehen vom „Vorstehen", erwähne ich eines Terriers, den ich hatte und der, wenn er durstig war, sein Verlangen nach Wasser dadurch bezeichnete, dass er sich vor dem Waschtisch oder irgend einem andern Gegenstand, von dem er wusste, dass er gewöhnlich Wasser enthielt, „bittend" niederliess. Sir John Lefroy erzählte mir eine noch auffallendere Thatsache von seinem Terrier, den seine Aufwärterin mit Milch zu versorgen hatte. Eines Morgens war dieselbe mit Näterei beschäftigt und gab ihm keine Milch. „Der Hund versuchte auf alle mögliche Weise ihre Aufmerksamkeit auf sich zu ziehen, zog sie fort, stiess dann den Thürvorhang zur Seite und brachte, obwohl er niemals etwas zu holen oder zu tragen gelehrt worden, zwischen den Zähnen den Milchtopf herbei, dessen sie sich gewöhnlich bediente, und stellte ihn ihr vor die Füsse."

Hier noch eine eigne Beobachtung an einem Terrier, der einem andern Zeichen gab: Der Terrier A schlief bei mir im Hause und Terrier B lag aussen auf einer Mauer, als ein fremder Hund C unterhalb derselben auf der öffentlichen Strasse einem

Hundekarren nachlief. Sobald B den C sah, sprang er von der Mauer, lief die Treppe hinauf, wo A schlief, weckte ihn, indem er ihn in einer gewissen anregenden Weise mit der Nase anstiess, was A sofort als ein Zeichen verstand; er sprang über die Mauer und verfolgte den Hund C, obwohl derselbe schon um eine Biegung der Strasse verschwunden war.

Dr. Beattie erzählt von einem Hunde, der seinem Herrn (der durchs Eis gebrochen war und sich noch dadurch oben hielt, dass er seine Flinte quer über die Öffnung legte), das Leben rettete, indem er in das nahegelegene Dorf lief und einen Mann in so bezeichnender Weise am Rocke zerrte, dass derselbe dem Tiere folgte und seinen Herrn herauszog. Mehr oder weniger ähnliche Fälle findet man in vielen Büchern erzählt.

Was die Zeichengebung der Affen anbelangt, so berichtet James Forbes von einem männlichen Affen, der den Körper eines Weibchens erbat, welches grade geschossen worden war. „Das Tier“, sagt Forbes, „kam zum Eingang des Zeltes und begann, da es Drohungen nicht für angebracht hielt, kläglich zu stöhnen und durch die ausdrucksvollsten Gebärden den toten Körper zu erbitten. Als er ihm gegeben wurde, nahm er ihn sorgenvoll in seine Arme und trug ihn zu seinen wartenden Kameraden. Die, welche Zeugen dieses aussergewöhnlichen Auftritts waren, beschlossen, nie wieder auf einen Affen zu schiessen.“

Auch Kapitän Johnson schreibt von einem Affen, der auf einem Baume geschossen wurde und dann, wie er sagte, „sofort herunter auf den untersten Ast kam, als wollte er zu uns flüchten, dann plötzlich innehielt und ruhig seine Pfote auf die blutige Wunde hielt, um sie mir bemerkbar zu machen. Ich war davon so betroffen, dass es mir einen unauslöschlichen Eindruck hinterliess und ich seit der Zeit niemals wieder einen Schuss auf dieses Geschlecht abgebe. Fast unmittelbar nach meiner Rückkehr von diesem Ausflug und bevor ich den Vorgang noch vollends aufgezeichnet hatte, wurde mir hinterbracht, dass der Affe tot sei. Wir gaben den Auftrag, dass er uns gebracht werde, aber mittlerweile waren die andern Affen zurückgekehrt, hatten den Toten weggetragen und liessen sich nicht wieder sehen.“

Einen ganz ähnlichen Fall erzählt Sir W. Hoste. Einer seiner Offiziere, der nach einem langen Jagdausflug nach Hause gekommen war, sah einen weiblichen Affen mit seinem Jungen im Arme längs der Felsen hinlaufen. Er schoss und das Tier fiel. Bei seinem Herantreten schloss die Mutter das Kleine fest an ihre Brust und deutete mit der andern Hand nach der Wunde, oberhalb der Brust, wo die Kugel eingedrungen war. Indem sie ihre Finger in das Blut tauchte und ihn in die Höhe hielt, schien sie ihm Vorwürfe wegen des Schmerzes zu machen, den er ihr und dem Jungen, auf das sie wiederholt hinwies, verursachte. „Niemals", sagt Sir William, „ging mir etwas so nahe, und als ich die Geschichte erfuhr, beschloss ich, nie in meinem Leben auf eines dieser Tiere zu schiessen."

Zum Beweis schliesslich, dass die intelligentesten Tiere den Gebrauch von ganz konventionellen Zeichen (d. h. von einer ihrem Fühlen und Denken möglichst entlegenen Ausdrucksform), gelehrt werden können, berufe ich mich auf die neuesten Versuche Sir J. Lubbocks: „Tiere verkehren zu lehren". Diese Versuche bestehen darin, auf einzelne, einander ähnliche Karten Worte zu schreiben, wie „Knochen", „Wasser", „hinaus", „streichle mich" u. dgl. und einen Hund anzuleiten eine Karte zu bringen, die den Ausdruck seines zeitweiligen Wunsches trägt. In dieser Weise wurde eine Ideenverbindung zwischen dem Aussehen einer gewissen Karte und der Gestalt der geschriebenen Zeichen und ihrer Bedeutung hergestellt. Sir J. Lubbock fand, dass sein Hund den richtigen Gebrauch dieser Zeichen lernte.*) Natürlich würden bei diesen Versuchen Zeichen von irgend einer andern Art denselben Dienst geleistet haben wie geschriebene Worte; denn es wäre thöricht, anzunehmen, dass der Hund die Buchstaben zu lesen vermöchte, um sie geistig in das Äquivalent des gesprochnen Wortes umzuwandeln, wie etwa ein Kind buchstabieren würde W-a-s-s-e-r, Wasser. Immerhin sind diese Versuche von grossem Interesse, insofern sie zeigen, dass es in den Bereich des Auffassungsvermögens intelligenter Tiere fällt, konventionelle Schrift-

*) *Nature* 1884, 10. April, S. 547, 548.

zeichen zu benutzen, die oberhalb bildlicher Darstellung und unterhalb der Anwendung des Alphabets stehen.

Das Bisherige wird genügen, um den offenbarsten Beweis dafür zu erbringen, dass Tiere diejenige Fähigkeit an den Tag legen, die ich den Keim des Zeichengebungsvermögens nenne. Da wir aber in diesem Kapitel hauptsächlich die Wahrscheinlichkeit abzuschätzen haben, die für eine Entstehung der menschlichen Sprache auf dem Wege einer ununterbrochnen Entwicklung aus jenem Keime spricht, so wollen wir zunächst einen allgemeinen Überblick über die menschliche Sprache in ihrem weitesten Sinne geben, d. h. insoweit sie die ganze Darstellung des Zeichengebungsvermögens umfasst.

Mit Bezugnahme auf das früher gegebene Schema (S. 91) brauchen wir wohl die beiden ersten Fälle nicht weiter zu beachten, da dieselben augenscheinlich eine gleichmässige psychologische Stufe bei Mensch und Tier darstellen. Auch No. 3, besonders in der Richtung ihrer Abzweigung nach No. 4, ist für Menschen und Tiere in hohem Grade psychologisch gleichbedeutend, insofern ein Unterschied dabei nur auf der höhern psychischen Natur des Menschen beruht, welcher viel reicher an Ideen ist, die ihren natürlichen Ausdruck in Gebärden oder Lauten finden. Dies bedarf keiner weitern Erklärung; die Thatsache, dass der Mensch einen mit weit reicheren Ideen beanlagten Geist besitzt, hat selbstverständlich zur Folge, dass auch ihr natürlicher Ausdruck weit vielgestaltiger ist. Etwas ganz andres ist es aber, wenn wir zu den Zeichen gelangen; diese erreichen beim Menschen eine so ungeheure Ausbildung, im Vergleich zu den Tieren, dass die Frage vollkommen zulässig erscheint, ob sie nicht auf einer der Art nach neu hinzutretenden Fähigkeit beruhen möchten?

Vor allem haben wir hinsichtlich der vom Menschen benutzten konventionellen Zeichen zu bemerken, dass zwischen diesen und den natürlichen Zeichen keine strenge Grenzlinie zu ziehen ist; letztere gehen in so allmählicher Abstufung in die erstern über, dass die Grenze bei zahlreichen Einzelfällen unmöglich zu entdecken ist. Was z. B. die Töne anbelangt, so ist es vielfach gar nicht festzustellen, ob diese oder jene Modulation, die heute als der Ausdruck eines gewissen Gefühlszustandes angesehen wird, stets dasselbe ausgedrückt hat oder erst durch konventionelle Gewohnheit so geworden ist. Wenn wir die verschiednen Töne bedenken, wodurch die verschiednen Menschenrassen ähnliche Gefühle zum Ausdruck bringen, so ist es gewiss, dass der eine oder andre Unterschied dabei auf konventioneller Gewohnheit beruht, ebenso wie wir davon überzeugt sein können, dass wenn im gegenseitigen Verkehr alle Menschen dieselben Laute zum Ausdruck der nämlichen Gefühle anwenden, diese Ausdrucksweise naturgemäss ist. Ebenso bei Gebärden. Viele, die wir beim ersten Blick, nach unsern eignen Gefühlen zu urteilen, für natürlich halten, wie z. B. das Küssen, müssen nach näherer Betrachtung der primitiven Rassen für konventionell angesehen werden, während andre, die wir wahrscheinlich für konventionell halten, wie z. B. das Achselzucken, aus demselben Grunde für naturgemäss zu halten sind.*)

Zu unserm gegenwärtigen Zweck ist es aber von keinem Belang, ob wir alle Zeichen als natürlich oder konventionell klassifizieren. Denn es ist zweifellos, dass die Tiere beide Arten anwenden, weshalb auch keine Unterscheidung zwischen Mensch und Tier nach der Art ihrer Zeichen, ob natürlich oder konventionell, getroffen werden kann. Von dieser Unterscheidung können wir also absehen; natürliche oder konventionelle Zeichen werde ich, wenn absichtlich als Zeichen gemacht, künftig als identisch betrachten. Um der Methode willen werde ich jedoch das Zeichengebungsvermögen beim Menschen als eine Folge seiner wahrscheinlichen Entwicklung behandeln und deshalb mit dem natürlichsten oder wenigst konventionellen System beginnen. Es ist dies die Ton- und Gebärdensprache.

---

*) Vergl. hierzu Darwin, Ausdruck der Gemütsbewegungen.

Sechstes Kapitel.

Ton und Gebärde.

Ton und Gebärde, in ihrer Eigenschaft als Verkehrsmittel, können gleichzeitig abgehandelt werden, denn so wenig es nachzuweisen ist, dass, in historischer wie psychologischer Beziehung, das eine dem andern vorhergegangen sei, so unmöglich ist es, festzustellen, ob in den frühesten Phasen ihrer Entwicklung dieses ausdrucksvoller gewesen sein möchte, als jenes. Die intelligenten Tiere wenden beide Mittel an, und das Zischen, Fauchen, Knurren, Schreien, Grunzen, Girren u. s. w., das bei den verschiednen Arten von ebenso vielerlei Gebärden begleitet wird, sind ohne Zweifel ebenso viele Zeichen für die mannigfachen damit zum Ausdruck gelangenden Gefühle. Auch bei unsrer eignen Rasse ist der Ton gerade so verbreitet und innerhalb gewisser Grenzen ganz ebenso ausdrucksvoll wie die Gebärde. Ja, selbst im vollkommen entwickelten Gespräch ist die gründliche Bedeutung der gegenseitigen Mitteilungen zum grossen Teil abhängig von leichten Unterschieden in der Betonung. Die fünfhundert Wörter, aus denen die chinesische Sprache besteht, werden durch die bedeutsame Betonung auf die dreifache Anzahl gesteigert und auch bei den höchst entwickelten Sprachen lässt sich der Sinn der Wörter noch auf demselben Wege, besser wie auf jedem andern, näher bestimmen.

Die Tonsprache liegt, gleichwie die Gebärdensprache, der „Logik der Erkenntnisse" offenbar näher und dient ihr weit besser, als die artikulierte Sprache. Alle bekannten Thatsachen bestätigen dies. Wir wissen, dass ein Kind beträchtliche Fortschritte in der

Ton- und Gebärdensprache macht, ehe es zu sprechen anfängt. Nach Dr. Scott, dem eine grosse Erfahrung in der Erziehung blödsinniger Kinder zur Seite steht, sind „diejenigen, bei denen keine Hoffnung besteht, dass ihnen mehr beigebracht werden könne, als die einfachsten Rudimente der Sprache, noch immerhin imstande, eine erkleckliche Summe von Kenntnissen aufzunehmen mit Hilfe von Zeichen bezw. durch Ausdruck und Anwendung derselben.“*) Endlich ist es bekannt, dass bei Wilden Ton, Gestikulation und Grimasse eine weit grössere Rolle in der Unterhaltung spielen, als bei uns. Wir haben sogar einigen Anhalt dafür, dass bei manchen Wilden die Gestikulation eine so notwendige Stütze der Artikulation bildet, dass letztere ohne die erstere nur schwer verständlich sein würde. „Diejenigen, welche, wie z. B. die Arapahos, einen sehr dürftigen Wortschatz haben, sprechen auf eine fast unverständliche Weise und vermögen im Dunkeln kaum mit einander zu verkehren.“**) Wie Taylor sagt, ist „der Beweis für die Existenz von Stämmen, deren Sprache ohne Hilfe von Zeichengebung ganz unvollkommen wäre, selbst für Dinge wie der der alltäglichsten Bedeutung, jederzeit zu erbringen; eine Thatsache, die — wie der Verfasser passend hinzufügt — einen sprechenden Beweis dafür liefert, dass die Gebärdensprache die ursprüngliche Äusserungsweise für unsre Rasse (wie auch ontogenetisch für jedes Individuum) ist und die Wortsprache sich aus derselben, mehr oder weniger vollkommen, bei den verschiednen Stämmen entwickelt hat.“***) Zur Unterstützung dieser allgemeinen Schlussfolgerung will ich noch die ausgezeichneten Bemerkungen aus Mallerys inhaltreichem Werke über Gebärdensprache anführen:†)

„Die Wünsche und Gemütsbewegungen kleiner Kinder werden in einer geringen Anzahl von Lauten, aber in einer grossen Mannigfaltigkeit von Gebärden und Grimassen mitgeteilt. Die Gebärden

---

*) Taylor, *early History of mankind p.* 80.

**) Burton, *city of the Saints p.* 151.

***) A. a. O. p. 78.

†) *Sign-language among the North American Indians etc. by Lieut.-col.* Garrick Mallery *(First annual Report of the Bureau of Ethnology.* Washington 1881).

eines Kindes zeigen Verständnis schon lange vor dem Sprechen und zwar trotzdem, dass frühe und nachdrückliche Bemühungen dahin aufgewandt werden, es in letzterm, nicht aber in ersterm zu unterrichten, und zwar schon von der Zeit an, da es anfängt, *risu cognoscere matrem*. Es lernt Wörter nur, soweit sie ihm gelehrt werden und lernt sie durch Vermittlung von Zeichen, die ihm nicht ausdrücklich gelehrt werden. Noch lange nach seinem Vertrautsein mit der Sprache hat es acht auf die Gebärden und Gesichtsausdrücke seiner Eltern und Wärterinnen, als ob es deren Worte auf diese Weise zu übersetzen und zu erklären suchte. Diese Thatsachen sind wichtig in Bezug auf das biologische Gesetz, wonach die Entwicklung des Individuums dieselbe ist wie die der Art ... Die Irren verstehen und befolgen Gebärden, wenn sie auch gar keine Kenntnis von irgend einem Worte besitzen. Man hat auch gefunden, dass halb-blödsinnige Kinder, denen man nur die einfachsten Rudimente der Sprache beibringen kann, eine ziemlich grosse Summe von Kenntnissen aufzunehmen und zum Ausdruck zu bringen vermögen allein durch Zeichen. An Aphasie Leidende fahren fort, passende Gebärden zu gebrauchen. Ein Stammler arbeitet mit Armen und Gesichtsmuskeln, als wenn dieselben dazu bestimmt wären, seine Gedanken herauszubringen, und zwar in einer Weise, die nicht nur von dem physischen Kampfe Zeugnis giebt, sondern auch von der Anwendung der Gebärden als eines ererbten Hilfsmittels."

Wörter, insofern sie nicht absichtlich andre Laute nachahmen und somit den Gebärden nahekommen, beruhen viel mehr auf Übereinkunft, als Töne, die unmittelbar Gemütsbewegungen ausdrücken, oder körperliche Thätigkeiten, die sich an das Auge wenden und, insofern sie eine beabsichtigte Bedeutung haben, auch absichtlich möglichst darstellend sind. Die Darstellung und das Verständnis der konventionelleren Zeichen erfordert daher einen höhern Grad von geistiger Entwicklung und wir finden deshalb auch überall die Ton- und Gebärdensprache, im Vergleich zu der artikulierten Sprache, als das einfachere, natürlichere und darum primitivere Mittel zur Mitteilung von Erkenntnisideen.

Dieselbe allgemeine Wahrheit finden wir in der Thatsache

ausgedrückt, dass die Ton- und Gebärdensprache stets von Menschen zu Hilfe genommen wird, die ihre artikulierte Sprache gegenseitig nicht verstehen, und obwohl bei denjenigen Rassen, bei denen die Gebärdensprache zu ihrer höchsten Entwicklungsstufe gelangte, die meisten der zur Anwendung kommenden Zeichen mehr oder weniger konventionell wurden, so bleiben sie doch in der Hauptsache noch immer darstellend. Dies geht, ohne weitere Untersuchung, schon daraus hervor, dass die Mitglieder jener Rassen mit einander in so vollkommner Weise verkehren, dass es einem Zuschauer fast wunderbar erscheinen muss.

„So z. B. haben die Indianer, die im civilisierten Osten gezeigt wurden, häufig durch Anwendung der von ihnen erfundnen Prinzipien einer sozusagen ‚lautlosen Muttersprache‘ eine erfolgreiche Unterhaltung mit weissen Taubstummen angeknüpft, die unstreitig keinen andern den Indianern bekannten Codex dieser Kunst besitzen, als den von ihrem gemeinsamen Menschentum abgeleiteten. Die Indianer bezeigten das grösste Vergnügen bei der Begegnung mit den Taubstummen, ganz wie Reisende in einem fremden Lande erfreut sind, wenn sie auf Personen treffen, die ihre Sprache sprechen.“ *)

Auch Taylor sagt: „Die Gebärdensprache ist im wesentlichen durch die ganze Welt dieselbe“, und Mallery schliesst sich dem durch die Bemerkung an, dass seine Forschungen „dies nicht nur bestätigten, sondern auch eine überraschende Anzahl von Zeichen lieferten, die in wesentlich derselben Form gewisse Ideen nicht nur bei wilden Stämmen, sondern auch bei allen Völkern, die sich der Gebärdensprache mit einiger Freiheit bedienen, zum Ausdruck bringen. Menschen, die nach einer Form der gegenseitigen Mitteilung suchten, und im allgemeinen dieselbe Methode befolgten, befanden sich dabei unter den mannigfachsten Umständen und Bedingungen, welche häufig in verschiedner Weise auf ihre

---

*) Mallery a. a. O. Der Verf. berichtet über mehrere derartige Gespräche und fügt hinzu, dass die Stummen mehr Verständnis den Indianern gegenüber zeigten, als *vice versa*, weil für sie die „Handlung, Handlung, Handlung“ des Demosthenes die einzige, keiner weiteren Steigerung fähige Beredsamkeit bildet.

Vorstellungen und deren Darstellung durch Zeichen einwirkten, in vielen andern Fällen aber in beiden übereinstimmten."

Bei alledem ist es von Wert, die Syntax dieser Sprache festzustellen, da wir dabei jedenfalls auf die Grundprinzipien des Zeichengebungsvermögens stossen werden, wo dieses der Logik der Erkenntnisse entspringt, nicht etwa auf die feinern Verzweigungen dieser Fähigkeit, wie sie sich bei der hochkonventionellen und für die Wortsprache charakteristischen Logik der Begriffe finden. Ehe ich jedoch näher auf diese Betrachtung eingehe, will ich noch in wenigen Sätzen zeigen, zu wie hohem Grade der Vollendung die Gebärdensprache sich entwickeln lässt.

Tylor schreibt: „Als Verkehrsmittel ist die Pantomime des Indianers unstreitig nicht nur imstande, gewisse einfache und gewöhnliche Meinungen auszudrücken, sondern sie bietet auch dem unzivilisierten Wilden mit seinen bescheidnen materiellen Ideen eine höchst wertvolle Ergänzung seines dürftigen Wortschatzes." Mallery weist in seiner bereits angezognen Arbeit nach, in welcher überraschenden Ausdehnung die „indianische Pantomime" als ein vorteilhafter Ersatz der Sprache dient. Das Folgende ist aus einer grossen Anzahl der von ihm mitgeteilten Gespräche ausgewählt, die im übrigen alle denselben Charakter tragen. Es wurde ihm von Jwan Pehoff mitgeteilt, der damals die Unterhaltung aufzeichnete. Die beiden miteinander Verkehrenden gehörten verschiednen Indianerstämmen an:

„Kenaitze, hebt die rechte Hand zur Höhe der Augen, die Handfläche nach auswärts gekehrt, und bewegt sie verschiedene Male rasch von rechts nach links; streckt die Finger geschlossen aus; zeigt nach dem Fremden mit der linken Hand, die rechte Hand beschreibt eine Kurve von Nord nach Ost: ‚Welcher der nordöstlichen Stämme ist der eurige?'

Tennanal, die gehöhlte rechte Hand zum Munde gehoben, dann ausgestreckt und eine allmählich von rechts nach links abfallende Wellenlinie beschreibend; die linke Hand beschreibt die Linie eines Gebirgsrückens, wobei anscheinend eine Spitze sich über die andre erhebt: ‚Mountain-River-Leute'.

Kenaitze, hebt die linke Hand zur Höhe der Augen, die Handfläche nach aussen, bewegt dieselbe von rechts nach links, die Finger ausgestreckt; der linke Zeigefinger beschreibt eine Kurve von Ost nach West, zieht eine Gebirgslinie nebst Fluss, ähnlich wie der vorige: ‚Wie viele Tage vom Mountain-River entfernt?'

Tennanal, die rechte Hand gegen den Zeigefinger erhoben und mit dem Daumen zuerst die Form eines Halbmonds, dann einen Ring bildend, wiederholt dieses dreimal: ‚Der Mond dreimal neu und voll‘. — Derselbe hebt sodann die rechte Hand, die Fläche gegen die Stirn gekehrt, den Zeigefinger erhebend und fallen lassend: ‚Gewandert‘. — Beide Hände ahmen abwechselnd das Rudern eines Kanoes nach: ‚Drei Monate gereist zu Fuss und zu Kanoe‘. — Er kreuzt beide Arme über die Brust und stellt sich wie vor Kälte schauernd: ‚Kalt, Winter‘. — Er deutet mit dem Zeigefinger nach dem Sprecher: ‚Ich‘. — Die linke Hand nach Westen zeigend: ‚Reiste nach Westen‘. — Er hebt die Rechte becherartig zum Munde: ‚Wasser‘. — Die Rechte beschreibt eine Wellenlinie von rechts nach links, allmählich abfallend, dann nach Westen zeigend: ‚Der Strom fliesst westwärts‘. — Er stösst die rechte Hand von der Höhe der Brust aus allmählich vorwärts, die Handfläche nach oben, die linke beschattet die Augen, die in grosse Entfernung zu blicken scheinen: ‚Sehr weit‘. — Beide Hände in Form eines schiefen Daches aneinander gehalten: ‚Hütte, Lager‘. — Die Hände mit der Fläche einwärts, die Finger gespreizt, zur Höhe der Augen gehoben: ‚Viele Male‘. — Beide Hände geschlossen, die Handfläche nach aussen gekehrt, in der Höhe der Hüften: ‚Überrascht‘. — Er deutet mit dem Zeigefinger vom Auge aus nach vorn: ‚Siehe!‘ — Er streckt drei Finger der rechten zur Schulterhöhe erhobnen Hand aus, indem er mit der Linken nach mir zeigt: ‚Drei weisse Männer‘.

Kenaitze, deutet mit der Rechten auf mich, während er die Linke erhebt mit drei ausgestreckten Fingern: ‚Drei weisse Männer‘. — Er macht das Zeichen des russischen Kreuzes: ‚Russen‘, d. h. ‚Waren die drei weissen Männer Russen?‘

Tennanal, erhebt die linke Hand, mit der Fläche nach einwärts, und streckt zwei Finger aus, die rechte Hand macht das Zeichen des Kreuzes: ‚Zwei Russen‘. — Die rechte Hand mit der Fläche nach aussen, zur Höhe der Augen gestreckt, bewegt sich nach aussen, ein wenig nach rechts: ‚Nein‘. Er erhebt einen Finger der linken Hand: ‚Einer‘. — Zeichen des Kreuzes mit der Rechten: ‚Russe‘. — Die rechte Hand zur Höhe der Augen, die Finger geschlossen ausgestreckt, mit der Handfläche nach aussen und ein wenig nach rechts: ‚Ja‘. — Er legt die rechte Hand ausgestreckt quer auf die Brust, mit der Fläche nach aussen, Finger und Daumen geschlossen, als ob sie etwas festhielten. Die Linke, mit der Fläche nach unten, quer vor die rechte Hand gebracht: ‚Handel‘. — Er erhebt einen Finger der linken Hand, indem er mit der Rechten auf mich zeigt: ‚Ein weisser Mann‘. — Er hält die Rechte wagerecht die Fläche nach unten, etwa vier Fuss von der Erde: ‚Klein‘. — Zeigefinger und Daumen bilden einen Ring um die Augen: ‚Brille‘. — Die rechte Hand geballt, mit der Fläche nach aufwärts, deutet mit dem Daumen einwärts nach der Brust: ‚Gab eins‘. — Er ahmt mit der hohlen rechten Hand das Trinken nach: ‚Trinken‘. — Die Rechte greift wiederholt nach der Brust, die Finger krümmend und spreizend: ‚Stark‘. —

Er hält sich mit beiden Händen die Schläfen und bewegt den Kopf von einer Seite zur andern: ‚Getrunken, Kopfweh'. — Beide Zeigefinger vereinigt ausgestreckt und vorwärts deutend: ‚Zusammen'. — Er flechtet die Finger wiederholt zusammen: ‚Gebaut'. — Die Linke mit geschlossnen Fingern schräg nach links gehalten: ‚Lager'. — Er hält beide Handgelenke gegen die Schläfen, die Hände nach aufwärts und auswärts gebogen, die Finger gespreizt: ‚Hörner'. — Er hebt beide Hände wagerecht bis zur Höhe der Schultern, streckt den Arm nach und nach zur vollen Länge aus, indem er die Hand am Ende etwas sinken lässt: ‚Lange zurück, Elentier'. — Er hält beide Hände aufrecht, mit der Fläche nach auswärts, die Finger ausgestreckt und gespreizt, eine Hand abwechselnd vor die andre legend: ‚Bäume, dichter Wald'. — Kreuzeszeichen: ‚Russe'. — Bewegung des Schiessens: ‚Geschossen'. — Er wiederholt das Zeichen für Elentier und zeigt dabei zwei Finger der linken Hand: ‚Zwei'. — Mit dem Zeichen wie oben: ‚Lager'. — Die rechte Hand beschreibt zweimal einen Bogen von Ost nach West: ‚Zwei Tage'. — Er hebt die Hand zur Höhe des Mundes, den Rücken nach auswärts, die Finger geschlossen, als ob sie etwas festhielten; die rechte Hand macht die Bewegung des Zerreissens und wird zum Munde geführt: ‚Elentier gegessen'. — Er legt die Rechte aufs Herz, die Finger geschlossen, und bewegt sie mehrmals ein wenig nach vorwärts und nach oben: ‚Fröhlich'. — Die Finger der linken Hand und der Zeigefinger der Rechten werden ausgestreckt und wagerecht zusammengehalten, indem sie in Höhe der Brust nach vorwärts deuten; die Hände trennen sich, die Rechte zeigt nach Osten, die Linke nach Westen: ‚Drei Männer und der Sprecher reisten ab, nach Westen und Osten'" — u. s. f.

Ohne Zweifel scheinen einige dieser Gebärden konventionell zu sein und dasselbe ist auch gewiss der Fall mit einer grossen Anzahl der von Mallery in seinem „*Dictionary of Indian Signs*" veröffentlichten Zeichen. Es wird dadurch aber nur bewiesen, dass sich kein Zeichensystem zu irgend einem höhern Grade entwickeln lässt, ohne mehr oder weniger konventionell zu werden. Was ich zu betonen wünsche, ist, dass die Gebärdensprache so weit und so lang als möglich fortfährt, der naturgemässe Ausdruck für die „Logik der Erkenntnisse" zu sein. Wie Mallery bemerkt, „besteht das Ergebnis seiner Forschungen darin, dass die sog. Zeichensprache der Indianer im eigentlichen Sinne des Wortes keine besondre Sprache ist, sondern vielmehr mit den Zeichensystemen der Taubstummen aller Völker zusammen eine gemeinsame Sprache bildet, die Gebärdensprache des Menschentums, von der jedes einzelne System nur ein Dialekt ist." Zur Bestätigung dessen, wie zum Beweis für die Vollkommenheit der Gebärdensprache führe ich noch ein Beispiel aus einem andern Volke, sowie noch eine Anwendung bei Taubstummen an. Das erstere entnehme ich Alexander Dumas. Derselbe schreibt:

„. . . Sechs Wochen später war ich Zeuge eines andern Beispiels von jener Fähigkeit zu stummer Unterhaltung. Es war in Neapel. Ich ging mit einem jungen Manne aus Syrakus an einer Schildwache vorbei. Der Soldat und mein Begleiter tauschten zwei oder drei Grimassen aus, die ich zu einer andern Zeit gar nicht bemerkt haben würde. Die kurz vorher erlebten Fälle liessen mich aber aufpassen. ‚Armer Bursche', warf darauf mein Begleiter hin. Was sagte er denn? frug ich. ‚Nun, ich glaubte einen Sizilianer in ihm zu erkennen', erwiderte er, ‚und erfuhr von ihm im Vorübergehen, woher er sei; er sagte mir, dass er aus Syrakus stamme und mich wohl kenne. Dann fragte ich ihn, wie ihm der Dienst in Neapel gefalle und er antwortete, dass er durchaus keine Freude daran empfinde und wenn seine Offiziere ihn nicht besser behandelten, er sicher noch desertieren werde. Ich deutete ihm darauf an, dass wenn er sich je zu diesem Äussersten gezwungen sähe, er sich auf mich verlassen könne, und dass ich ihm nach Kräften beistehen wolle. Der arme Bursche dankte mir von ganzem Herzen und ich zweifle gar nicht, dass ich ihn eines schönen Tages bei mir eintreten sehen werde.' — Drei Tage darauf befand ich mich bei meinem Freunde in Syrakus, als ihm gemeldet wurde, dass jemand nach ihm frage, der seinen Namen nicht angeben wolle. Er ging hinaus und liess mich auf zehn Minuten allein. ‚Ganz wie ich sagte', bemerkte er nach seiner Rückkehr. Wieso? frug ich. ‚Dass der arme Bursche desertieren werde'."

Das nachfolgende Beispiel von Gebärdensprache bei einem Taubstummen fand am 6. März 1880 im Taubstummenkolleg zu Washington statt, wozu Oberst Mallery sieben Utah-Indianer mitgebracht hatte: „Ein Taubstummer gestikulierte uns, dass, als er noch ein kleiner Knabe war, er zu einem Melonenfeld gekommen sei, einige der Früchte betastet, aber grün und unreif gefunden habe; endlich, nachdem er eine gute angetroffen, habe er sein Messer genommen, eine Scheibe abgeschnitten und gegessen. Ein Mann zu Pferd sei darauf in denselben Fusspfad eingelenkt, habe die angeschnittne Melone gefunden, den Dieb entdeckt und die Melone nach ihm geworfen. Dieselbe habe ihn im Rücken getroffen, worauf er schreiend davon gelaufen sei. Der Mann habe dann wieder sein Pferd bestiegen und sei nach der entgegengesetzten Richtung davongeritten. — Alle diese Zeichen wurden leicht verstanden, obwohl einige der Indianer in ihrer Übersetzung etwas abwichen. Als nun die Indianer gefragt wurden, ob sie die Taubstummen skalpieren würden, wenn sie nach Utah kämen, gaben sie zur Antwort: ‚Nichts würde euch geschehen, wir würden Freunde sein‘, und zwar geschah dies in folgender Weise: Die Fläche der rechten Hand wurde nach rechts über die linke gewischt (‚nichts‘); die Rechte fasste dann die Handfläche der Linken, indem sich beide Daumen über den Rücken der entgegengesetzten Hand legten (‚Freunde‘). Dies wurde von den Taubstummen leicht aufgefasst. Ebenso wurden deren Zeichen für Kuhmelken und Milchtrinken rasch und vollständig verstanden. Die Erzählung von einem Knaben, der zu einem Apfelbaum ging, die reifen Früchte stahl und seine Taschen damit anfüllte, bis er von dem Eigentümer überrascht und mit einem Stein in den Rücken geworfen wurde, wurde von den Indianern sehr gewürdigt und durchweg verstanden."

Von den unzähligen Beispielen dieser Art*) genügt das obige vollständig zu dem von uns beabsichtigten Nachweise, dass nämlich die Zeichensprache sich zu einem Grade entwickeln lässt, der sie fähig macht, die gesprochne Sprache zu ersetzen, insoweit die mitzuteilenden Ideen nicht allzu abstrakt sind und sich von einem unmittelbaren oder natürlichen (im Gegensatz zu einem konventionellen oder künstlichen) Ausdruck nicht weiter entfernen, als es das Verständnis der durch Zeichen Sprechenden, ohne vorheriges Übereinkommen über die Bedeutung der gebrauchten Zeichen, erlaubt.

Es ist nun zunächst zu bemerken, dass, da alle heutigen Menschenrassen Wortsprecher sind, wir diesen Faktor nicht mehr ausmerzen oder sagen können, inwieweit die menschliche Befähigung zur Zeichensprache dem vervollkommnenden Einfluss der beständigen und gleichzeitigen Anwendung der gesprochnen Sprache verschuldet sei. Man wird nicht leugnen dürfen, dass dieser Einfluss beträchtlich, unmessbar gewesen ist. Selbst bei den Taubstummen zeugt nichts für das Gegenteil, denn diese Unglücklichen ererben, obwohl der Sprache beraubt, in ihrem mensch-

*) Vergl. Tylor a. a. O. S. 28, wo sich ein interessanter Bericht über ausgearbeitete und verständliche Zeichen befindet, durch die ein erwachsener Taubstummer Anordnungen zur Aufsetzung seines letzten Willens gab.

lichen Gehirn doch eine psychologische Struktur, die nur mit Hilfe der Sprache aufgebaut werden konnte; ihre Fähigkeit zur Zeichengebung ist so gut entwickelt, wie bei andern Menschen, obschon sie durch einen physiologischen Unglücksfall des gewöhnlichen Gebrauchs derselben beraubt sind. Ich werde noch im nächsten Kapitel darauf zurückkommen und erwähne dies nur, um einer verfrühten Beurteilung der Gebärde als eines Mittels zur Gedankenbildung, im Gegensatz zum Ausdruck des Gedankens, vorzubeugen.

Indem ich nun zur Prüfung der Syntax der Gebärdensprache übergehe, berufe ich mich für die dabei mitgeteilten Thatsachen auf zwei Schriftsteller, die diese Art Sprache in einer besonders dazu geeigneten wissenschaftlichen Weise erforschten. Tylor sagt:*)

„Die Zeichensprache besitzt keine eigentliche Grammatik, sie kennt keinerlei Beugungen, so wenig wie das Chinesische. Die nämlichen Zeichen gelten für gehen, gehst, gehend, gegangen. Eigenschafts- und Zeitwörter werden von Taubstummen nicht leicht unterschieden. Pferd, schwarz, schön, Trab, Galopp würden im allgemeinen die Zeichen bedeuten, mit denen ein Taubstummer feststellen will, dass ein schwarzes, schönes Pferd trabt und galloppiert. Im ganzen ist unser ausgebildetes Sprachsystem nur unvollkommen auf die Gebärdensprache anwendbar, obschon es vielleicht möglich wäre, in der gesprochenen Sprache einen Dualismus einzuführen, der einigermassen dem der Gebärdensprache mit ihren beiden Bestandteilen — dem Vorbringen von Dingen und Handlungen in einer wirklichen Handlung, und der blossen Andeutung derselben durch Nachahmung — gliche . . . Die Zeichensprache besitzt jedoch eine Syntax, die eine sorgfältige Prüfung verdient. Die Syntax des sprechenden Menschen unterscheidet sich nur nach der Sprache, die er lernt: *equus niger*, ein schwarzes Pferd; *hominem amo, j'aime l'homme.* Der Taubstumme dagegen reiht die Zeichen für die verschiedenen Ideen, die er zu verbinden wünscht, in der anscheinend natürlichen Ordnung aneinander, in der sie in seinem Geiste aufeinander folgen; sie ist dieselbe bei den Stummen aller Länder und dabei gänzlich unabhängig von der Syntax, die etwa zu der Sprache seiner sprechenden Freunde gehört. Seine gewöhnliche Konstruktion ist z. B. nicht ‚schwarzes Pferd', sondern ‚Pferd schwarz'; nicht ‚bringe einen schwarzen Hut', sondern ‚Hut schwarz bring'; nicht ‚ich bin hungrig, gieb mir Brot', sondern ‚hungrig ich, Brot gieb' . . .

„Das Grundprinzip, welches die Zeichen der Taubstummen regelt, scheint mir von Schmalz am treffendsten erklärt worden zu sein: Das was er für

*) *Early History of mankind p.* 24 ff.

das Wichtigste hält, behandelt er stets vor dem übrigen, während er das ihm überflüssig Erscheinende auslässt. Um z. B. zu sagen: ‚Mein Vater gab mir einen Apfel', macht er das Zeichen für ‚Apfel', sodann dasjenige für ‚Vater', darauf ‚Ich', ohne ein Zeichen für ‚geben' hinzuzufügen. Die folgenden Bemerkungen, die mir von Dr. Scott zugehen, scheinen damit übereinzustimmen: Mit Bezug auf die zwei angegebnen Sätze: ‚Ich schlug Tom mit einem Stock; Tom schlug mich mit einem Stock', würde die Aufeinanderfolge in der Ausführung der verschiednen Satzteile einigermassen davon abhängen, auf welchen Teil man die meiste Aufmerksamkeit zu lenken wünscht. Wenn es sich um eine einfache Erzählung der Thatsache handelt, würde die Anordnung wahrscheinlich so sein: ‚Ich — Tom — schlug — Stock' und in ähnlicher Weise die passive Form unter Vorsetzung des Wortes Tom. Beide Sätze werden im allgemeinen von Taubstummen nicht geäussert, ohne dass sie bei der Thatsache beteiligt waren und in diesem Falle geben sie zuerst den Teil von sich, der den stärksten Eindruck auf den Hörer machen soll. Wenn z. B. ein Knabe den andren geschlagen hatte und der Geschlagne uns davon Mitteilung machen wollte, pflegte er zuerst auf den Knaben hinzuweisen. Wenn es ihm aber darum zu thun war, die Aufmerksamkeit mehr auf die Verletzung zu richten, als auf den, der sie verursachte, zeigte er gewöhnlich auf sich, machte die Bewegung des Schlagens und gab uns dann kund, durch wen es geschah.

„Dr. Scott ist meines Wissens der einzige, der eine Anzahl bestimmter Regeln für die Syntax der Gebärdensprache zusammenstellte: ‚Das Subjekt kommt vor dem Attribut, das Objekt vor dem Prädikat'. Eine dritte Konstruktion ist noch gebräuchlich aber nicht erfordert: ‚Das Bedingende nach dem Bedingten'. Die erste Konstruktion, wobei ‚Pferd' vor ‚schwarz' gesetzt wird, setzt den Taubstummen instand, durch seine Syntax bis zu einem gewissen Grade die Unterscheidung zwischen Eigenschafts- und Hauptwörtern zu ersetzen, die er mit seinen nachahmenden Zeichen selbst nicht auszudrücken vermag. Die andren beiden Konstruktionen werden durch einen Bericht des Abbé Sicard deutlich gemacht: Ein Zögling, der mir eines Tages auf die Frage ‚Wer machte Gott?' antwortete: ‚Gott machte nichts', liess mich nicht im Zweifel über diese bei Taubstummen gewöhnliche Umkehrung, als ich ihn weiter frug: ‚Wer macht den Schuh?' und er darauf antwortete: ‚Den Schuh machte der Schuhmacher'. Auch Laura Bridgman, die sowohl blind, als taubstumm war und gelernt hatte, ihre Ideen durch Buchstabieren der Worte an ihren Fingern mitzuteilen, pflegte zu sagen: ‚Schliesse Thür; gieb Buch', ohne Zweifel, weil sie diese Sätze als Ganzes gelernt hatte; wenn sie aber Sätze aus sich selbst gestaltete, ging sie auf die natürliche Taubstummen-Syntax zurück und buchstabierte ‚Laura Brot gieb', um Brot zu fordern, oder ‚Wasser trinken Laura', um auszudrücken, dass sie Wasser zu trinken wünsche . . .

„Ein fragender Blick verwandelt eine Behauptung in eine Frage und scheint den Unterschied zwischen ‚der Lehrer ist gekommen' und ‚ist der Lehrer gekommen?' vollständig zu decken. Die fragenden Fürwörter ‚wer?

was?‘ werden durch Herumblicken oder Herumzeigen in fragender Weise dargestellt, in der That also durch eine Anzahl fruchtloser Versuche zu sagen: ‚er, das‘. Das taubstumme Kind stellt die Frage ‚Wer hat Dich geschlagen?‘ in folgender Weise: ‚Dich schlagen; wer war es?‘ Obwohl die Möglichkeit zu einer grossen Anzahl einzelner Sätze und Fragen, fast Gebärde für Wort, vorliegt, erfordert die Verkörperung des Gedankens eines Taubstummen, dessen Geist noch nicht durch den Gebrauch der Schriftsprache höher entwickelt ist, ja sogar des unterrichteten, der seinen Gedanken in seinen natürlichen Zeichen denkt und äussert, gewöhnlich kompliziertere Phrasen zur Umformung. Eine so gewöhnliche Frage wie z. B. ‚Wie geht es Ihnen?‘ pflegt so gestellt zu werden: ‚Sie weinen? Sie geschlagen worden?‘ u. s. w. Das taubstumme Kind frägt nicht: ‚Was speisten Sie gestern zu Mittag?‘ sondern, ‚Hatten Sie Suppe, Gemüse u. s. w.?‘ Einen Konjunktivsatz drückt es durch eine Alternative oder einen Gegensatz aus; statt: ‚ich würde gestraft werden, wenn ich faul und unartig wäre‘, setzt es: ‚ich faul, unartig, nein; faul, unartig, ich gestraft, ja!‘ Der Befehl muss in ähnlicher Weise ausgedrückt werden: ‚Ich muss meinen Lehrer lieben und ehren!‘ wird so gesetzt: ‚Lehrer, ich schlagen, betrügen, schelten, nein; ich lieben, ehren ja!‘ Wie Steinthal in seiner bekannten Arbeit sagt, ist es nur die Sicherheit, welche die Sprache einem menschlichen Geiste verleiht, wenn er, unter Festhaltung der Ideen in allen ihren Beziehungen, nur die positive Seite der Ideen zum Ausdruck bringt und die negative fallen lässt . . . ‚Machen‘ ist eine allzu abstrakte Idee für einen Taubstummen; um zu zeigen, dass der Schneider den Rock macht oder der Schreiner den Tisch, würde er den Schneider den Rock nähend und den Schreiner den Tisch hobelnd und sägend darstellen. Ein Satz, wie ‚der Regen macht das Land fruchtbar‘, kann nicht in seine Denkweise fallen; sein darstellender Ausdruck dafür ist: ‚Regen fallen, Pflanzen wachsen‘.“

Mallery schreibt über denselben Gegenstand*):

„Der Leser wird ohne weiteres verstehen, dass es in der Zeichensprache keine so geordneten Sätze geben kann, wie in der Sprache der Civilisation und dass er daher nicht nach Artikeln oder Partikeln, Passivum, Casus oder Genus suchen darf, ja nicht einmal nach einem Haupt- oder Zeitwort, Subjekt oder Prädikat, nach Flexionen. Die Zeichensprache vermag nicht mittelst Flexionen die rückbezügliche Abhängigkeit von Worten oder Sätzen zu zeigen. Abgestufte, der Betonung entsprechende Bewegungen werden nur in rhetorischem Sinne oder zur Vergleichung angewandt. Die Beziehungen von Ideen oder Dingen werden daher durch die Stellung ausgedrückt und ihre Verbindung wird, wenn nötig, durch Abstraktion der Ideen hergestellt. Der durch Zeichen Sprechende ist ein Künstler, der Personen und Dinge nach ihren Beziehungen gruppiert, und die Wirkung ist gleich der eines Gemäldes. Obwohl aber der

*) A. a. O. p. 54.

Künstler den Vorteil besitzt, das Ergebnis verschiedener vorübergehender Zeichen in einem dauernd verbundnen Bilde darzustellen, kann er es doch nur so darstellen, wie es ihm in einem einzigen Augenblicke erscheint. Der in Zeichen Sprechende dagegen hat die Zeitfolge in seiner Gewalt und seine Bilder bewegen sich und handeln, sie sind lokalisiert und beseelt, und ihre Anwendung ist deshalb abwechselnder und bezeichnender.

„Es ist auch zu bemerken, dass das Zeitwort ‚sein' als Kopula oder Prädikat in der Zeichensprache nicht vorkommt. Es wird jedoch bei Taubstummen als eine Bestätigung der Gegenwart oder der Existenz durch Ausstrecken der Arme und Hände mit darauffolgenden Zeichen der Bejahung ausgedrückt. Die Zeit mit Beziehung auf die Konjunktionen ‚wenn' und ‚dann' wird nicht gestikuliert. Statt ‚wenn ich geschlafen habe, werde ich zum Flusse gehen', drücken Taubstumme und Indianer die Absicht durch ‚Schlaf vorbei, ich Fluss gehe' aus. Obwohl die Zeiten der Gegenwart, Vergangenheit und Zukunft sicher durch Zeichen ausgedrückt werden, geschieht dies doch ein für allemal in der dazugehörigen Verbindung und wird, wenn einmal festgestellt, durch keine weitere Andeutung wiederholt, wie es beim Sprechen in der Regel der Fall ist. Eine Umkehrung, wodurch das Objekt vor das Prädikat gesetzt wird, bildet einen auffallenden Zug der Taubstummensprache und scheint der natürlichen Methode zu folgen, mit der Dinge und Handlungen in die geistige Vorstellung fallen. Bei einem Schlag gegen einen Felsen besteht die erste natürliche Vorstellung nicht aus der abstrakten Idee des Schlagens oder der Ausführung eines Schlags ins Leere, da nichts sichtbar war und auch nicht die Absicht bestand, irgend etwas besonderes zu schlagen, als plötzlich ein Felsen in die Erscheinung tritt und den Schlag erhält; nach der Reihe sieht also der Mensch den Stein, hat die Absicht ihn zu schlagen und thut es, deshalb gestikuliert er: ‚Ich Stein schlage'. Ein Beispiel hierzu liefert der taubstumme Knabe, der die zusammengesetzte Handlung eines Mannes, der einen Vogel vom Baume schoss, durch Zeichen wiederzugeben hatte. Er stellte zuerst den Baum dar, dann den sich darauf niederlassenden Vogel, darauf einen herankommenden und nach letzterem zielenden Jäger, den Knall und schliesslich das Fallen und die Bewegungen des sterbenden Vogels. Es ist das jedenfalls auch die Reihe der Schritte, die ein Künstler bei der Herstellung eines Gemäldes, oder vielmehr einer Reihe von eine Begebenheit illustrierenden Bildern, befolgen würde. Gradweise Vergleichungen werden häufig von Taubstummen und Indianern ausgedrückt, indem sie dem generischen oder beschreibenden Zeichen dasjenige für ‚gross' oder ‚klein' beifügen. Nebel wird zu ‚nass-klein', kühl zu ‚kalt-klein', heiss zu ‚warm-gross'. Die Stärke der Bewegung zeigt auch oft eine entsprechende Verringerung oder Vermehrung an, soll aber zuweilen auch nur eine gewisse abschattierte Bedeutung der eignen Meinung ausdrücken, wie von Dr. Matthews mit Bezug auf die Zeichen für ‚schlecht' und ‚verächtlich' bestätigt wird. Diese Abwechslung in der Stärke der Bewegung wird daneben auch zu einem Nachdruck benutzt, ähnlich wie das Erheben der Stimme beim Sprechen oder das Unterstreichen zur Hervorhebung des geschriebenen Wortes. Der Prinz von Wied liefert ein Beispiel einer solchen Vergleichung in seinen Zeichen für ‚ausserordentlich hart', indem er zuerst das Zeichen für ‚hart' darstellt: Öffne die linke Hand und schlage mehrmals mit dem Rücken der Rechten dagegen. Nach diesem Zeichen für ‚hart' lege den linken Zeigefinger auf die rechte Schulter, strecke zugleich den rechten Arm aus und in die Höhe mit senkrecht aus- und emporgestrecktem Zeigefinger."

Ich bin in die Syntax der Gebärdensprache tiefer eingegangen, weil dieselbe, wie gesagt, die natürlichste und unmittelbarste Ausdrucksweise für die Logik der Erkenntnisse darstellt; sie bildet die am wenigsten symbolische oder konventionelle Phase des Zeichengebungsvermögens, und eine Erforschung ihrer Methode ist deshalb zu einem allgemeinen Überblick, wie wir ihn über diese Fähigkeit gewinnen wollen, von grossem Werte. Die Punkte, die ich in der vorstehenden Untersuchung einer besondern Aufmerksamkeit empfehlen möchte, sind aber die Abwesenheit der Kopula und vieler andrer Sprachteile, die Ordnung, in der die Ideen zum Ausdruck gelangen, die darstellenden Kunstgriffe, wodurch Ideen in einer so konkreten Form wie möglich dargestellt werden, und die Thatsache, dass keine Idee von irgend welcher höhern Abstraktion je zum Ausdruck gelangen kann.*)

*) Weitere, den Inhalt des obigen Kapitels bestätigende Aufschlüsse über die Gebärdensprache findet man in Kleinpauls Völkerpsychologie VI., S. 352 und Longs *Expedition to the Rocky Mountains*. Zum erstenmal findet sich aber dieser Gegenstand in wissenschaftlicher Weise behandelt in Leibniz *Collectanea etymologica IX.* 1717.

Siebentes Kapitel.

Artikulation.

Während dieses Kapitel einer eingehenden Betrachtung der Artikulation und ihrer Entwicklung aus dem allgemeinen Zeichengebungsvermögen gewidmet sein wird, behalte ich mir eine Untersuchung über die Philosophie der Sprache für das nachfolgende Kapitel vor.

An der Schwelle der artikulierten Sprache haben wir vier Klassen zu unterscheiden: 1. Artikulation in der Weise einer bedeutungslosen Nachahmung; 2. bedeutungslose Artikulation auf dem Wege einer unwillkürlichen oder instinktiven Übung der Sprachorgane; 3. das Verständnis für die Beziehungen artikulierter Laute oder Worte; 4. Artikulation mit einer absichtlichen Beilegung der Bedeutung, verstanden als das dem Worte Anhaftende. Ich werde jeden dieser Fälle gesondert vornehmen.

Die bedeutungslose Nachahmung artikulierter Laute finden wir bei sprechenden Vögeln, kleinen Kindern, nicht selten bei Wilden, bei Blödsinnigen und geistig Verwirrten. Dieses bedeutungslose Nachahmungsvermögen braucht uns hier nicht aufzuhalten, denn offenbar ist das blosse Wiederholen eines Wortlautes von keinem grössern psychologischen Wert als das Nachahmen irgend eines andern Lautes.

Bedeutungsloser Artikulation unwillkürlicher oder instinktiver Art begegnen wir bei kleinen Kindern, unerzognen Taubstummen und Blödsinnigen.*) Kinder beginnen gewöhnlich, wenn auch nicht

---

*) Vergl. hierüber Scotts *Remarks on Education of Idiots*. Die Thatsache wird von den meisten Schriftstellern über die Seelenkunde Blödsinniger

unabänderlich, mit Silben wie *alla*, *tata*, *mama*, *papa*, mit oder ohne Verdoppelung der Silben, noch ehe sie die Bedeutung irgend eines Wortes verstehen. Eines meiner eignen Kinder vermochte alle diese Silben im Alter von $8^1/_2$ Monaten sehr deutlich auszusprechen, dabei konnte ich nicht entdecken, dass es zu derselben Zeit Worte verstanden oder jene Silben durch Nachahmung gelernt habe. Ein andres Kind, welches erst spät zu sprechen anfing, sagte im Alter von $14^1/_2$ Monaten einmal, aber auch nur ein einzigesmal, ganz deutlich „*ego*". Es wurde dies sicher nicht nachahmungsweise geäussert, insofern jemand in seiner Gegenwart dieses Wort ausgesprochen hätte, weshalb ich diesen Fall als einen Beweis dafür anführe, dass bedeutungslose Artikulation bei kleinen Kindern sowohl unwillkürlich oder instruktiv, als auch absichtlich nachahmend vorkommt, denn alle andern Silben, die das Kind in jenem Alter aussprach, waren solche mit langem *a*, wie die oben erwähnten. Wäre es nötig, so liessen sich noch viele andre Beweise für diese Thatsache anführen; da dieselbe aber von allen Schriftstellern über die Psychologie des Kindes anerkannt wird, will ich hier davon absehen.

Wir kommen nun zur dritten Abteilung, dem Verständnis für artikulierte Laute. Es ist dies ein wichtiger Punkt, insofern die Fähigkeit, die Bedeutung der Worte abzuschätzen, offenbar

---

bestätigt; auch ich habe sie häufig beobachtet. Der die unerzognen Taubstummen betreffende Fall entspricht indessen mehr unsrem vorliegenden Zwecke und will ich deshalb ein Beispiel dazu anführen: „Es ist eine bemerkenswerte Thatsache, bezüglich der Frage über die Sprachentstehung, dass sogar geborne Taubstumme, die niemals ein gesprochnes Wort gehört, aus eignem Antriebe, ohne dazu angeleitet worden zu sein, mehr oder weniger artikulierte Laute äussern, denen sie eine bestimmte Bedeutung beilegen und die, wenn einmal angewandt, nachher in unverändertem Sinne von ihnen weiter gebraucht werden. Obwohl diese Laute sich häufig mittelst unsres gewöhnlichen Alphabets mehr oder weniger deutlich niederschreiben lassen, kann ihre Wirksamkeit für diejenigen, welche sie hervorgebracht, nichts mit dem Gehörsinn zu thun haben, sondern nur in einer besondern Art des Atmens, in Verbindung mit einer besondern Lage der Sprachorgane, bestehen (Tylor, a. a. O. S. 72). Die instinktiven Artikulationen der blinden und taubstummen Laura Bridgman sind in dieser Richtung noch überzeugender. (Ebds. S. 74, 75).

einen beträchtlichen Fortschritt im allgemeinen Sprachvermögen bezeichnet. Wie wir gesehen, sind Ton und und Gebärde, als die natürliche Ausdrucksweise für die „Logik der Erkenntnisse“, selbst in ihren ausgebildetsten Formen absichtlich malerisch darstellend und so wenig als möglich konventionell. Dagegen sind Worte, die ausdrücklich im Dienste der Begriffe erfunden worden, immer in geringerm Grade darstellend und gewöhnlich willkürlich. Obwohl es nun gewiss falsch wäre, zu sagen, dass eine höhere Befähigung dazu gehöre, die willkürliche Verbindung zwischen einem besondern Wortlaut und einer besondern Handlung oder Erscheinung zu lernen, als eine abstrakte Idee in einer Gebärde darzustellen, so ist doch soviel gewiss, dass, wo höhere Fähigkeiten vorhanden sind, dieselben sich sowohl in Gebärden als auch in Worten zu äussern vermögen. Ich möchte nun darauf hinweisen, dass das Verstehen eines Wortes eine höhere Entwicklungsstufe des Zeichengebungsvermögens bedingt, als das Verständnis eines Tones oder einer Gebärde — vorausgesetzt, dass letztere an sich weniger konventionell sind, als das Wort, — sodass, wenn z. B. ein Tier das Wort „Peitsche“ verstände, es mehr Intelligenz in der Kenntnis der Zeichen bewiese, als durch das blosse Verständnis der Gebärde des Peitscheschwingens.

Die höhern Tiere verstehen unzweifelhaft die Bedeutung von Worten; Blödsinnige, die auf einer so niedrigen Stufe stehen, dass sie sogar nicht sprechen können, befinden sich in derselben Lage, und Kinder lernen die Bedeutung vieler artikulierter Laute, lange bevor sie dieselben zu äussern beginnen.*) In allen diesen Fällen

*) Die verschiednen Angaben weichen bezüglich der Zeit, zu welcher Worte zuerst von Kindern verstanden werden, ab. Ohne Zweifel ist dies je nach der Individualität verschieden, die Bestimmung daher immer mehr oder weniger schwierig. Alle Beobachter, wozu auch Mütter und Wärterinnen gehören, stimmen jedoch darin überein, dass das Verständnis vieler Worte und Sätze unverkennbar vorhanden ist, ehe das Kind selbst zu sprechen anfängt. Darwins Beobachtungen ergeben, dass bei seinen Kindern das Verständnis der Worte und Sätze zwischen dem 10. und 12. Monat auftrat. (Darwins gesammelte kleinere Schriften. Leipzig, Ernst Günthers Verlag. — Vergl. auch die in demselben Verlage erschienene Schrift von Prof. Dr. Fritz Schultze, Die Sprache des Kindes).

ist es natürlich von Wichtigkeit, zwischen dem Verständnis von Worten und dem von Tönen zu unterscheiden, denn wie schon bemerkt, ist das erstere sowohl im Tierreich, wie auch bei dem heranwachsenden Kinde ersichtlich mit einem höhern Grade geistiger Entwicklung verbunden, als das letztere. Obwohl diese Thatsache jeder Beobachtung offen vorliegt, sodass ich keine weitern Beispiele dafür anzuführen brauche, ist es doch durchaus nicht leicht, in besondern Fällen zu unterscheiden, ob das gezeigte Verständnis einer Kenntnis der Worte oder aber der Töne zu danken ist, oder beiden zusammen. Ohne Zweifel werden Worte niemals verstanden, wenn es nicht auch bezüglich der damit verbundnen Töne der Fall ist, so dass das Verständnis von Worten immer Hand in Hand mit dem Verständnis der Töne geht, in denen jene geäussert werden. Die einzige Methode, sich darüber Gewissheit zu verschaffen, ob Worte als solche verstanden werden, besteht darin, herauszufinden, wo sie zum erstenmal ohne Rücksicht auf die Töne, in denen sie geäussert werden, Verständnis finden. Dieses Merkmal schliesst nach meiner Erfahrung auch alle Fälle bei Tieren, abgesehen von den höhern Säugetieren, aus, die Befehlen gehorchen, auf ihren Namen hören und dergl. Denn während das Verständnis von gewissen Tönen der menschlichen Stimme sich mindestens auf die ganze Reihe der Wirbeltiere erstreckt*) und auch bei wenige Wochen alten Kindern vorhanden ist, scheint das Verständnis von Worten, ohne Unterstützung der Töne, nur bei wenigen höhern Säugetieren, beim Kinde aber etwa im Laufe des zweiten Lebensjahres vorzukommen.**) Die Thatsache, dass intelligentere Säuge-

*) Vergl. hierzu des Verf. Buch: *Animal Intelligence.* Die auf die Autorität von Bingley hin dort angeführten Fälle der zahmen Bienen von M. Widman, der jene gelehrt hatte, seinen gesprochnen Befehlen zu gehorchen, würde die in Frage stehende Fähigkeit auch auf die Wirbellosen ausdehnen!

**) Obwohl das Alter, mit welchem das Sprechen beginnt, bei Kindern sehr verschieden ist (vergl. die Fussnote auf der vor. S.), kann es doch als eine allgemeine Regel gelten, dass Worte und Sätze, wie oben gesagt, viel eher verstanden, als artikuliert werden, obwohl auch bedeutungslose Silben häufig unwillkürlich oder instinktiv ohne Verständnis der Worte geäussert werden.

tiere Worte, ohne Rücksicht auf den Ton, verstehen, ist, wie gesagt, von grosser Bedeutung, weshalb ich einige Beweise dazu beibringen will.

Mein Freund, Professor Gerald Yeo, hatte einen Terrier, den er gelehrt hatte, ein Stück Brot und dergl. auf seiner Schnauze liegen zu lassen, bis er die Worte hörte: „*paid for*“. Dabei war es ganz gleichgiltig, in welchem Tone man diese Worte aussprach, denn der Hund unterschied sie sogar dann, wenn sie in den gewöhnlichen Verlauf der Unterhaltung eingeflochten wurden, und schleuderte den Bissen darauf ins Maul. Als ich dies sah, hielt ich es der Mühe wert, zu versuchen, ob das Tier wohl imstande sei, die beiden Worte von andern möglichst ähnlichen Lauten zu unterscheiden, und äusserte, während er auf sein Zeichen wartete, das Wort „*pinafore*“. Der Hund fuhr auf und war im Begriff, den Bissen von seiner Nase zu werfen, hielt aber unmittelbar darauf in seiner Bewegung inne, indem er sein Missverständnis offenbar bemerkte. Dieser Versuch wurde oftmals mit nahe übereinstimmenden Worten wiederholt und stets mit demselben Erfolg; der Hund wusste klar zwischen den Worten zu unterscheiden. Ich wiederholte neuerdings den Versuch mit einem andern Terrier, dem ich dasselbe Kunststück gelehrt und erhielt genau dieselben Resultate.

Die vielfach bekannte, dem Dichter Hogg zugeschriebene Anekdote darf ebenfalls noch einmal in dieser Verbindung herangezogen werden. Ein schottischer Schäferhund verstand vieles, was sein Herr ihm sagte und um seine Geschicklichkeit auf die Probe zu stellen, warf der Schäfer, während sie sich zusammen in seiner kleinen Hütte befanden, in einem möglichst ruhigen und natürlichen Tone hin: „Ich glaube, die Kuh ist in den Kartoffeln.“ Sofort sprang der Hund, der anscheinend schlafend auf dem Boden gelegen, auf, lief in das Kartoffelfeld, rund um die Hütte herum und auf das Dach derselben, um von dort aus einen allgemeinen Überblick zu gewinnen. Da er aber keine Kuh in den Kartoffeln fand, kehrte er zurück und legte sich wieder nieder. Einige Zeit darnach sagte sein Herr so ruhig wie zuvor: „Ich bin überzeugt, die Kuh ist in den Kartoffeln“, worauf derselbe Auftritt erfolgte. Als er es aber zum drittenmal versuchte, wedelte der Hund nur mit dem Schwanze.

Übereinstimmend damit erzählt Sir Walter Scott unter andern Anekdoten von seiner Dogge: „Der Diener zu Ashestiel pflegte, wenn er das Tischtuch zum Mittagessen auflegte, zu dem Hunde, der auf einer Matte beim Feuer lag, zu sagen: „Camp, mein guter Bursche, der Scheriff kommt vom Flusse her“ oder „vom Berge her“, und das Tier machte sich sofort auf, seinen Herrn zu bewillkommnen, indem er so weit und so schnell er konnte, in der durch die Worte angedeuteten Richtung entgegenlief. Ähnliche Beispiele sind noch in Masse vorhanden.*) Der merkwürdigste Fall dieser Art fiel unter meine eigne Beobachtung und wurde ausserdem von vielen andern Naturforschern Englands zur Kenntnis genommen. Es betrifft den schon früher erwähnten Schimpanse des Zoologischen Gartens. Diesen Affen lehrte sein Wärter die Bedeutung so vieler Worte, dass er in dieser Beziehung an ein Kind erinnert, kurz bevor es zu sprechen beginnt. Zudem sind es nicht nur einzelne Worte und besondre Redensarten, die er auf diese Weise lernte, sondern er versteht auch in grosser Ausdehnung die Verbindungen der Worte zu Redensarten und Sätzen, sodass der Wärter es dem Tiere stets klar zu machen weiss, was von ihm verlangt wird. Der Affe soll z. B. einen Strohhalm durch irgend eine Öffnung im Gitter seines Käfigs stecken. Der Wärter zeigt dies etwa durch folgende Redensarten an: „Durch die Öffnung bei deinem Fuss; nun durch die nächste beim Schlüsselloch; jetzt durch die über der Stange u. s. w.“ Natürlich wird keine Hindeutung auf die wörtlich bezeichneten Stellen damit verbunden, noch irgend eine bestimmte Reihenfolge befolgt. Das Tier versteht lediglich aus den Worten, was gemeint ist, und zwar auch dann, wenn der Wärter eine Öffnung bezeichnet, aus der zufällig schon ein Strohhalm heraushängt.

Mit Rücksicht auf den uns hier beschäftigenden Gegenstand lassen sich die vorerwähnten Thatsachen kaum hoch genug veran-

---

*) Vergl. hierzu auch Watson, *Reasoning power in animals* p. 137 ff. und Meunier, *les animaux perfectibles XII.*

schlagen. Je hartnäckiger meine Gegner die grundlegende Natur der Verbindung von Sprache und Denken behaupten, um so mehr gewinnt die Betrachtung an Wert, dass die höhern Tiere imstande sind, in einem so überraschenden Masse das Verständnis von Worten mit uns zu teilen. Von dem heranwachsenden Kinde wissen wir genau, dass das Verstehen der Worte dem Aussprechen derselben vorhergeht und die Bedingung zu begrifflicher Ideenbildung mit diesem höhern Produkt rezeptiver Ideenbildung gegeben ist. Die Thatsache, dass eine grosse Anzahl von Tieren (namentlich Elefanten, Hunde und Affen) sichtlich jenes gesteigerte Erkenntnisvermögen mit dem menschlichen Kinde gemein haben, ist von der höchsten Bedeutung. Denn es beweist zum mindesten, dass jene Tiere solche Geisteseigenschaften mit dem Kinde gemeinsam besitzen, die bei dem letztern unmittelbar dazu dienen, die Ideenbildung aus der Erkenntnissphäre in die Begriffssphäre zu erheben. Ein so umfangreiches Verstehen von Worten bringt uns der Grenze sehr nahe, wo die Befähigung beginnt, Worte mit einsichtsvoller Abwägung ihrer Bedeutung anzuwenden.

Vertrautheit mit den vorliegenden Thatsachen ist sehr dazu geeignet, deren ausserordentliche Bedeutsamkeit abzuschwächen; deshalb lade ich meine Gegner ein, darüber nachzudenken, wie verschieden der Fall liegen würde, wenn kein Tier etwa intelligent genug wäre, die Bedeutung von Worten zu verstehen. Um wieviel überwiegender würde dann der Vorteil dessen sein, der es unternehmen wollte, das ausschliesslich menschliche Vorrecht des Logos zu beweisen. Kein einziges Tier, würde man vorbringen, hat jemals auch nur den ersten Schritt zu jener Befähigung zurückgelegt; von seinem Uranfang an bis zu seinem Ende gehört dieselbe ausschliesslich dem Menschen an. Wie dagegen die Sachen heute stehen, kann dergleichen nicht geltend gemacht werden: die Tiere teilen mit uns die Art der Ideenbildung, die mit dem Verständnis von Worten verbunden ist, Worte überdies, die nach ihrer Bedeutung etwas so Bestimmtes und Besondres aussagen, wie z. B. eine bestimmte Masche in einem grossen, netzartigen Drahtgitter, durch die ein Strohhalm gesteckt werden soll. Wenn ich diese Leistung des Schimpansen überdenke, fühle ich mich mehr als je in Übereinstimmung mit dem grossen Philologen Geiger, wenn er sagt, dass es „kaum eine wunderbarere Verwandtschaft auf Erden giebt, als die Annäherung der tierischen Intelligenz zu der des Menschen.“*)

Ich halte es sonach für zweifellos festgestellt, dass der Keim des Zeichengebungsvermögens bei den höhern Tieren soweit entwickelt ist, dass sie imstande sind, nicht nur konventionelle Gebärden, sondern auch artikulierte Laute, ohne Rücksicht auf den Ton, in dem sie geäussert werden, zu verstehen. Dies zusammengehalten mit der früher nachgewiesenen Thatsache, dass dieselben Tiere häufig auch konventionelle Gebärdenzeichen anwenden, gibt uns die Berechtigung, *a priori* zu schliessen, dass wenn die Tiere imstande wären, zu artikulieren, sie sich ebensogut einfacher Worte — ich sage nicht: geformter Sätze! — zum Ausdruck ihrer einfachen Ideen bedienen würden, wie sie heute natürliche oder konventionelle Töne und Gebärden zu demselben Zwecke benutzen. Es würde z. B. keiner höhern psychischen Fähigkeit bedürfen, das Wort „komm“ zu sagen, als zur Mitteilung derselben Idee jemand am Kleide zu zupfen; oder das Wort „öffne“ zu äussern, statt sich in gewohnter Weise miauend an die Thüre zu setzen; oder das Wort „Knochen“ auszusprechen, statt eine mit demselben Worte beschriebene Karte auszusuchen und herbeizubringen. Wenn dem so ist, so haben wir daraus zu schliessen, dass der einzige Grund, warum die höhern Säugetiere keine einfachen Worte zur Mitteilung einfacher Ideen gebrauchen, sozusagen zufälliger Natur ist und mit ihrer Psychologie nichts zu schaffen hat; es handelt sich um eine anatomische Ursache, die lediglich auf dem Bau ihrer Stimmorgane beruht, der keine Artikulation zulässt.**)

---

*) „Ursprung der Sprache“ S. 122.

**) Es giebt einige Fälle von Hunden, die artikulieren gelernt hatten. So verbürgt sich der tiefsinnige Leibniz für die Thatsache (die er der *Académie Royale* zu Paris mitteilte und von dieser, wie sie veröffentlichte, angezweifelt worden wäre, wenn sie nicht von einem so berühmten Manne beobachtet worden), dass er den Hund eines Bauern dreissig Worte deutlich habe aussprechen hören, die jenem von des Bauern Sohn gelehrt worden waren. In *Dumfries Journal*, Jan. 1829, wird ein Hund aus jener Stadt

Wir werden bei diesem Punkte gewiss an sprechende Vögel denken, denn bei ihnen haben wir ja offenbar die anatomischen Vorbedingungen, obwohl dieselben hier an einer ziemlich auffallenden Stelle der tierischen Reihenfolge auftreten. Es spricht dies aber nur um so mehr für die Richtigkeit meiner Folgerung *a priori*, dass wenn die intelligentern Tiere zu artikulieren vermöchten, sie auch Gebrauch von einfachen Wortzeichen machen würden. Wir dürfen nämlich nicht vergessen, dass Vögel auf einer psychologisch niedrigern Stufe stehen, als Hunde, Katzen oder Affen, und meine Schlussfolgerung bezüglich der letzteren noch nicht auf die ersteren Anwendung zu finden brauchten. Die hierher gehörigen Thatsachen fallen also um so mehr ins Gewicht. Dies führt uns aber zu dem vierten und letzten Punkt unsres im Eingang dieses Kapitels aufgestellten Programms hinsichtlich der Artikulation unter Beilegung einer Bedeutung als das dem Worte Anhaftende.

Was zuerst die Eigennamen betrifft, so unterliegt es keinem Zweifel, dass viele Papageien sehr gut wissen, dass gewisse Namen gewissen Personen angehören, und dass, um diese letztern anzu-

---

erwähnt, der deutlich das Wort „*William*“, den Namen einer Person, der er sehr zugethan war, äusserte. Auch Mallery schreibt: „Einige neuerliche Versuche von Prof. A. Graham Bell, nicht weniger berühmt wegen seines Werkes über künstliches Sprechen, als wegen seiner Telephone, zeigen, dass Tiere eine grössere physikalische Fähigkeit für die Aussprache artikulierter Laute besitzen, als man es seither vermutete. Er teilte dem Verf. mit, dass er neuerdings infolge gewisser Manipulationen dahin gelangte, einen Terrier eine Anzahl Wortlaute auszusprechen und besonders deutlich die Worte „*How are you grandmama*“ aus ihm herauszubringen. Da ich glaube, dass das Hindernis bei der Artikulation für Hunde anatomischer, nicht psychologischer Natur ist, so halte ich es nur für eine Frage der Beobachtung, ob dieses Hindernis in gewissen Fällen nicht zu überwinden sei? Meiner Meinung nach liegt der Wert obiger Beispiele mehr darin, dass die Tiere den Ton ihrer Stimme auf die besagte Weise zu modulieren, als dass sie die Laute gewisser Worte nachzuahmen wussten. Der Verf. — G. Jäger, der das Artikulationsvermögen wohl mit Recht hauptsächlich auf die „Zweibeinigkeit“ zurückführt, ist der Meinung, dass auch in den oben angegebnen Einzelfällen den Hunden das „Sprechen“ in aufrechter, „bittender“ Stellung beigebracht worden sei. Der Übers.

rufen, man die ihnen eigentümlichen Namen hören lassen muss. Ich kenne einen Papagei, der seine Herrin so verständig wie irgend ein andres Mitglied der Familie zu rufen pflegte; wenn sie aber einmal tagsüber auswärts war, wurde der Vogel geradezu unausstehlich durch sein unaufhörliches Rufen. In ähnlicher Weise lernen sprechende Vögel häufig die Namen andrer Haustiere, ja selbst die Namen lebloser Gegenstände. Der Gebrauch und die richtige Anwendung von Eigennamen und Hauptwörtern seitens sprechender Vögel unterliegt sonach keinem Zweifel.

Hinsichtlich der Eigenschaftswörter bemerkt Houzeau sehr richtig, dass die geschickte Art und Weise, in der Papageien besondre Worte gebrauchen, für ihre Fähigkeit spricht, Eigenschaften sowohl als Dinge richtig wahrzunehmen und zu benennen. Es ist dies nichts weitres, als was wir zu erwarten berechtigt sind, da, wie schon gezeigt, Tiere generische Ideen von vielen Eigenschaften besitzen, und eine auffallende Eigenschaft ebensowohl eine Sache unmittelbarer Beobachtung bezw. Sinnesassoziation ist, wie der Gegenstand, zu dem sie gehört. Auch steht es fest, dass viele Papageien die Bedeutung aktiver und passiver Zeitwörter verstehen und zwar sowohl nach eigner Anwendung, wie auch von andrer Seite. Das Verlangen „Polly zu kratzen“ oder die Mitteilung „Polly ist durstig“ spricht, wenn absichtlich gebraucht, ebenso für ein richtiges Verständnis der Bedeutung von Zeitwörtern oder vielmehr von Wortzeichen, die eine Handlung oder einen Zustand anzeigen, wie die Gebärde eines Hundes oder einer Katze, die jemand am Kleide zupft oder miaut, wenn man „kommen“ oder die Thüre „öffnen“ soll.

Aber nicht nur, dass sprechende Vögel Haupt-, Eigenschafts- und Zeitwörter in dem entsprechenden Sinne anwenden, sie machen auch Gebrauch von kurzen Sätzen in einer Weise, die deutlich zeigt, dass sie nicht etwa ihren grammatikalischen Bau, wohl aber ihre Anwendung als Ganzes auf besondre Umstände genau kennen.*)

---

*) Darwin schreibt darüber: „Es ist ganz sicher, dass manche Papageien, denen Sprechen gelehrt worden ist, ohne zu irren, Worte mit Dingen, und Personen mit Ereignissen in Verbindung bringen. Ich habe mehrere eingehende Berichte darüber erhalten. Admiral Sir J. Sullivan, den ich als

Wir brauchen uns auch nicht allzusehr darüber zu wundern, denn solche Beispiele von passender Anwendung von Wörtern und Sätzen lassen sich, nach unsern frühern Untersuchungen, ja auf das Assoziationsprinzip zurückführen. Der Vogel hört den einer Person beigelegten Eigennamen und verbindet ihn mit derselben während des Lernens. Ähnlich geschieht es mit den Sätzen. Diese sind für den sprechenden Vogel blosse stimmliche Gebärden von wenig höherer psychologischer Bedeutung als die muskulösen. Die wörtliche Bitte: „Polly kratzen" zeugt von keiner weitern psychologischen Entwicklung, als die bezeichnende Gebärde, den Kopf gegen die Käfigstangen zu drücken; ebenso bei allen andern passend gebrauchten Redensarten. Indem wir dies also lediglich auf die Befähigung zur Ideenverbindung zurückführen dürfen, erscheint uns jedes Wortzeichen nicht wunderbarer oder intelligenter als eine Gebärde oder sonstiges Stimmzeichen. Der einzige Punkt, in dem

---

einen sorgfältigen Beobachter kenne, versichert auch, dass ein lange Zeit in seines Vaters Hause gehaltner afrikanischer Papagei ausnahmslos gewisse Personen des Hausstands und ebenso Besucher bei ihrem Namen nannte. Beim Frühstück sagte er zu jedermann „guten Morgen", und zu allen „gute Nacht", wenn sie abends das Zimmer verliessen, ohne je diese Begrüssungen zu verwechseln. Bei Begrüssung von Sir J. Sullivans Vater pflegte er dem „guten Morgen" noch einen kurzen Satz hinzuzufügen, den er nach dem Tode des Vaters nicht ein einziges Mal wiederholte. Einen fremden Hund, der durchs offne Fenster ins Zimmer kam, schalt er heftig aus; ebenso zankte er auf einen andern Papagei (er rief: *you naughty polly*), der aus seinem Käfig herausgegangen war und auf dem Küchentisch liegende Äpfel ass. Dr. A. Moschkau erzählt mir, dass er einen Star gekannt habe, welcher beim Begrüssen ankommender Personen mit „guten Morgen" und fortgehender mit „leb wohl, alter Junge", sich niemals geirrt habe. Ich könnte noch mehrere solcher Fälle anführen." („Abstammung des Menschen" I. S. 110). Ausser ähnlichen Nachweisen bei Houzeau (*Fac. ment. des animaux II.* S. 309 fgd.), M. Lee (*anecdotes*) und Meunier (*les animaux perfectibles*) führe ich noch aus den mir zahlreich zugegangnen Korrespondenzen an, dass Papageien oft komische Redensarten benutzen, wenn sie lachen, traurige, wenn sie Mitleid erregen wollen u. s. w. Übrigens folgt hieraus nicht, dass Vögel die Bedeutung dieser Redensarten in weiterem Sinne verstehen, als dass sie das Ganze als geeignet erkennen, diejenigen Gefühle zu erregen, die sie zu erregen wünschen. Ich selbst besass mehrere Papageien und kann die obigen Behauptungen sämtlich nach meinen eignen Beobachtungen bestätigen.

es sich von andern Zeichen unterscheidet, liegt in der Thatsache, dass es rein willkürlich oder konventionell ist, und obwohl ich das, wie gesagt, für einen wichtigen Unterschied halte, vermag ich mich doch nicht darüber zu verwundern, dass der Verstand eines Vogels die Herstellung solcher speziellen Verbindungen zulässt oder dass irgend ein rein willkürliches Zeichen auf dem geschilderten Wege erworben und darnach als ein Zeichen benutzt wird.

Dass die Wortzeichen bei sprechenden Vögeln einzig und allein auf Assoziation beruhen, unterliegt kaum einem Zweifel. Zum Nachweis, wie die Ideenverbindung in diesem Falle zu wirken vermag, führe ich die sorgfältigen Beobachtungen an, die Sam. Wilks bei seinem Papagei anstellte. Er sagt, dass „wenn der letztere sich allein sieht, er ein langes Verzeichnis seines Sprachschatzes von sich zu geben pflegt, besonders wenn er noch aus der Entfernung sprechen hört, grade als ob er an der Unterhaltung teilzunehmen wünschte; zu andern Zeiten spricht er jedoch ein besondres Wort oder eine Redensart nur aus, wenn ihn eine Person oder ein Gegenstand dazu anregt. Einige meiner Freunde, die sich mit irgend einem besondern Ausdruck oder einer bestimmten Melodie an den Vogel zu richten pflegen, bewillkommnet er stets mit denselben Worten bezw. Tönen und wenn ich nach Hause komme, wiederholt er, da er mich am Schritte kennt, stets eine meiner eignen Redensarten, während er der eintretenden Bedienung gegenüber gleich mit einem ihrer Ausdrücke, unter Nachahmung ihrer Stimme, bei der Hand ist. Es ist sonach klar, dass in seinem Geiste eine nahe Verbindung zwischen gewissen Redensarten und gewissen Personen oder Dingen besteht, insofern deren Gegenwart oder Stimme ihm sofort das betreffende Wort eingiebt. Wenn ich z. B. meinem Kutscher einen Auftrag gebe, pflegt der Ausdruck ‚halb drei‘ so oft wiederzukehren, dass, sobald jener zur Thür hereintritt: Polly ausruft: ‚halb drei‘. Wenn ich ihn spät abends noch wach finde, rufe ich ihm gewöhnlich zu: ‚Geh schlafen‘; sobald ich mich nun in der Dunkelheit dem Käfig nähere, wiederholt er die nämlichen Worte. Auch weiss er eine Anzahl Wörter, die mit Bezug auf gewisse Dinge geäussert werden, später miteinander zu verbinden. Da er zur Essenszeit z. B. an die Darreichung einiger schmackhafter Bissen gewöhnt wurde, lehrte ich ich ihn sagen: ,Gieb mir ein Stück'. Er wiederholt dies nun fortwährend, aber nur zur Essenszeit. Der Vogel verbindet diesen Ausdruck mit etwas Essbarem, kennt aber natürlich die Ableitung der benutzten Wörter so wenig, wie ein kleines Kind. Da er den Käse sehr liebt, merkte er sich bald das Wort dafür und bittet gegen Ende des Mittagessens stets um Käse, niemals jedoch zu andrer Zeit. Ich kann nicht sagen, ob der Vogel das Wort diesem Gegenstand selbst beilegt oder nicht; die Zeit seiner Anforderung ist jedoch stets richtig gewählt. Er ist auch ein Freund von Nüssen und lässt einen besondern Schrei erschallen, sobald er sie erblickt. Man hat ihn denselben nicht gelehrt, es ist Pollys eigner Name für Nüsse, denn er lässt den betreffenden Laut nur hören, wenn diese Frucht in Sicht ist. Einige von ihm verlautbarte Geräusche sind den betreffenden Gegenständen selbst entnommen, wie z. B. das des Pfropfenziehens beim Hereinbringen einer Weinflasche oder das Geräusch von ausfliessendem Wasser beim Anblick einer Wasserflasche. Der Gang des Dieners über den Flur, um die Hausthüre zu öffnen, verleitet ihn zu dem Geräusch einer sich in den Angeln bewegenden Thüre, dem ein lauter Pfiff nach einem Wagen zu folgen pflegt." *)

Die Zuverlässigkeit dieser Beobachtungen erleidet keinen Zweifel; ich selbst kann dieselben aus eignen Erfahrungen unterstützen. Es geht daraus hervor, erstens, dass sprechende Vögel gewisse Wörter mit gewissen Dingen und Eigenschaften, andre Wörter und Redensarten mit der Erfüllung bestimmter Wünsche und der Beobachtung besondrer Handlungen zu verbinden lernen. Zweitens, dass sie Laute aus eignem Vermögen erfinden und sie in derselben Weise benutzen, sowie, dass diese Laute entweder die damit bezeichneten Dinge nachahmen, wie z. B. der Laut von ausfliessendem Wasser für „Wasser", oder auch rein willkürlich sind, wie der eigentümliche Schrei zur Bezeichnung von „Nüssen". Drittens, dass in einer noch weit grössern Anzahl von Fällen die von sprechenden Vögeln hervorgebrachten (verbalen oder andersartigen) Laute nur

---

*) *„Journal of mental Science"*, July 1879.

nachahmend sind, ohne dass die Vögel ihnen eine besondre Bedeutung beilegen. Von diesem dritten Punkt können wir, als von keiner psychologischen Bedeutung, absehen; dagegen erfordert der erste und zweite noch eine eingehendere Betrachtung.

Wenn ich den richtigen (durch Ideenverbindung erworbenen) Gebrauch von Eigennamen, Haupt-, Eigenschafts- und Zeitwörtern, sowie von kurzen Redensarten „Stimmgebärden" nenne, so will ich die damit verbundne Fähigkeit keineswegs damit heruntersetzen. Im Gegenteil halte ich dieselbe für die nämliche wie bei Kindern, die anfangen sprechen zu lernen; denn gleich dem Papagei lernt das Kind mittelst direkter Ideenverbindung die Bedeutung gewisser Worte (oder Laute), als bezeichnend für gewisse Gegenstände, Eigenschaften, Wünsche und Handlungen u. s. w. Der einzige Unterschied besteht darin, dass diese Fähigkeit, wenige Monate nach ihrem ersten Auftreten, beim Kinde sich in so hohem Masse entfaltet, dass es den Vogel bald weit hinter sich zurücklässt und seinen Wortschatz um vieles erweitert und vertieft. Was wir ferner nicht übersehen dürfen, ist, dass anfangs und noch einige Monate nach seiner Entstehung der Wortschatz des Kindes ohne Ausnahme für besondre Dinge, Eigenschaften, Handlungen oder Wünsche bezeichnend ist und mittelst direkter Ideenverbindung erworben wird. Die unterscheidende Eigentümlichkeit der menschlichen Sprache, die sie hoch über die Stufe der tierischen Gestikulation erhebt, ist ein Erzeugnis späterer Zeit; es ist die Eigentümlichkeit, Wörter nicht mehr stereotyp, im Rahmen von speziellen, unmittelbaren Verbindungen, zu benutzen, sondern als bewegliche Typen in jeder beliebigen, von ihrer Bedeutung vorgeschriebnen beliebigen Anordnung.

Mit dieser Stufe haben wir die Fähigkeit erreicht, etwas auszusagen oder grammatische Sätze zu bilden, welche nicht mehr, nach Art der Lautgebärden, für besondre Dinge, Eigenschaften, Handlungen oder Seelenzustände bezeichnend sind, sondern ein Mittel zur Übertragung von immer wechselnden Gedanken bilden. Diese Unterscheidung zwischen den benennenden und aussagenden Phasen der Sprache ist für unsre gegenwärtige Untersuchung von der höchsten Wichtigkeit. Was wir dabei in erster Linie zu berücksichtigen haben, ist, dass die benennende Phase der Sprache, wenn auch rudimentär, unzweifelhaft im Tierreich vorkommt und dass die Thatsache ihres Vorkommens uns keineswegs überraschen kann, wenn wir bedenken, dass in diesem Stadium die Sprache nichts weiter ist als vokale Gestikulation. Psychologisch betrachtet ist die Thatsache, dass ein Vogel, der einen artikulierten Laut äussert und durch Ideenverbindung diesen Laut als ein konventionelles Zeichen gebraucht, nicht merkwürdiger, als wenn er auf demselben Wege eine Muskelthätigkeit benutzen lernt, wie z. B. das Niederbeugen seines Kopfes zum Zeichen, dass er gekratzt sein will. Wir können es demnach sowohl *a posteriori*, wie *a priori* als feststehend erachten, dass es sich sozusagen nur um einen anatomischen Zufall handelt, wenn nicht alle höhern Tiere sprechen können, und dass wenn Hunde oder Affen dies vermöchten, wir keinen Grund hätten, daran zu zweifeln, dass sie Worte und Redensarten noch in ausgedehnterm Masse anwenden würden, wie Vögel. Huxley bemerkt: „Eine stumme Menschenrasse, die aller Verbindung mit Sprechenden beraubt wäre, würde sich gewiss wenig über die Tiere erheben. Die moralischen und intellektuellen Unterschiede zwischen ihnen und uns wären in Wirklichkeit ungeheuer, obwohl die Naturforscher nicht den geringsten Schatten einer spezifischen Abweichung im Bau aufzufinden vermöchten.“*)

*) „Stellung des Menschen in der Natur“ S. 52. — Ich möchte mich hier noch auf eine Schrift beziehen, die vor einigen Jahren viel von sich reden machte. Sie stammt von Dr. Fred. Batemann und ist betitelt: „*Darwinism tested by recent researches in language*“. Der Verf. sucht darin zu beweisen, dass das Sprachvermögen einen Unterschied der Art nach zwischen der Psychologie des Menschen und der Tiere bilde. Diese Behauptung stützt er in erster Linie auf die gewöhnliche Annahme, dass kein Tier imstande sei, Worte mit irgend einem Grad von Verständnis zu gebrauchen, ferner auf Gründe rein anatomischer Art. Im Text habe ich die erstere Behauptung bereits ausführlich abgehandelt. Was ich hier noch berücksichtigen will, ist die anatomische Seite von Dr. Batemans Behauptung. Er sagt: „Da die wunderbare Ähnlichkeit zwischen dem Hirn des Menschen und dem des Affen nicht bestritten werden kann, so dürfte, wenn der Sitz der menschlichen Sprache auf einen besondern Teil des Gehirns zu beziehen ist, der Darwinist sagen, dass obwohl der Affe nicht sprechen kann, er doch den Keim zu jener Fähigkeit besitze, und dass in künftigen Generationen vermöge des Entwicklungsprozesses das

Wir wollen nun noch in aller Kürze den andern Punkt in der Psychologie sprechender Vögel, auf den Dr. Wilks die Aufmerksamkeit gelenkt hat, betrachten, nämlich dass sie Laute von sich aus erfinden und sie mit Beziehung auf Dinge und Eigenschaften oder zum Ausdruck von Wünschen benützen, Laute, die entweder nachahmend hinsichtlich der damit bezeichneten Dinge, oder auch ganz willkürlich sind. Es ist dies ein höchst wichtiger Punkt, denn er dient dazu, die Fähigkeit zu vokaler Zeichengebung bei Tieren noch enger mit dem Sprachvermögen des Menschen zu verbinden. Wenn wir zum Kinde zurückkehren, welches eben zu sprechen

---

'Sprachcentrum' weiter entwickelt werden und der Affe dann sprechen würde . . . Wenn das Messer des Anatomen noch nicht den materiellen *locus habitandi* für das stolze Vorrecht des Menschen, die artikulierte Sprache, zu entdecken vermochte, so erlaube ich mir die Unterstellung, dass die Sprache eben die Schranke zwischen Mensch und Tier bildet und damit einen Unterschied, nicht nur dem Grade, sondern auch der Art nach feststellt. Die darwinistische Analogie zwischen dem Hirn des Menschen und dem seines berühmten Vorfahren, des Affen, verliert alle Kraft, solange der allgemeine Glaube an den mosaischen Bericht über den Ursprung des Menschen bestätigt wird." — Nun, ich will mit dem allen lebenden Physiologen bekannten und genügenden Beweis, dass das Sprachvermögen einen materiellen *locus habitandi* besitzt, hier nicht aufwarten; der Punkt, auf dem ich zu bestehen wünsche, ist vielmehr der, dass es für die „darwinistische Analogie" durchaus keinen Unterschied machen kann, ob jenes Vermögen auf ein besondres „Sprachcentrum" beschränkt ist, oder seinen anatomischen „Sitz" über irgend ein weiteres Gebiet der Hirnrinde verbreitet hat. Ein solcher „Sitz" muss auf alle Fälle vorhanden sein, wenn es zugegeben wird (wie es auch Dr. Bateman zugiebt), dass die Hirnrinde „unzweifelhaft das Instrument ist, wodurch sich jenes Attribut äusserlich offenbart." Die Frage, ob „das materielle Organ der Sprache" gross oder klein ist, kann mit der vorliegenden Frage gar nichts zu thun haben. Seit der Schrift des Dr. Bateman ist eine neue Ära hinsichtlich der Lokalisierung von Hirnfunktionen aufgetaucht, so dass wenn seine Behauptung irgendwie begründet wäre, man nun vollauf imstande ist, die „darwinistische Analogie" zu bestätigen, indem wir die Physiologen täglich damit beschäftigt sehen, die Gehirne von Affen zur analogen Lokalisierung „motorischer Centren" im Menschenhirn zu benutzen. Mit andren Worten: Man hat es für gut gefunden, die „darwinistische Analogie" sowohl physiologisch, wie anatomisch über die ganze Hirnrinde auszudehnen. Die ganze Behauptung Dr. Batemans hat somit keinen Sinn und ich brauche mich daher auch wohl nicht länger bei diesen neuen und wunderbaren Ergebnissen physiologischer Untersuchung aufzuhalten. —

beginnt, so ist, wie Dr. Wilks und mit ihm fast alle Schriftsteller über die Philosophie der Sprache bestätigen, die Sprache des kleinen Kindes in grosser Ausdehnung nachahmend (onomatopoetisch). Obwohl dies zum Teil eine Erbschaft aus der Ammenstube sein mag, so ist doch grade die Thatsache, dass die dort herrschende Sprache einen so grossen onomatopoetischen Bestandteil enthält, ein weiterer Beweis dafür, dass diese Art Worterfindung sich mit grosser Leichtigkeit an das kindliche Verständnis wendet. Auf der andern Seite wird niemandem, der auf den frühen Wortschatz eines Kindes achtet, eine erfolgreiche Neigung zur Erfindung von ganz willkürlichen Worten entgangen sein. Da diese spontane Erfindungsgabe bei kleinen Kindern für den weitern Verlauf meiner Darstellung von grosser Wichtigkeit ist, so will ich das gegenwärtige Kapitel nicht schliessen, ohne nachzuweisen, bis zu welcher Ausdehnung jene Fähigkeit unter günstigen Umständen gelangen kann. Vorher möchte ich aber noch darauf hinweisen, dass alle solche Fälle von Erfindung willkürlicher Stimmzeichen bei kleinen Kindern sich von den entsprechenden Fällen bei Papageien nur dadurch unterscheiden, dass die erstern gewöhnlich artikuliert sind, die letztern nicht. Dieser Unterschied erklärt sich aber leicht durch das Bedenken, dass die erbliche Tendenz beim Vogel ebenso stark in der Richtung unartikulierter Laute wirkt, wie beim Kinde zu Gunsten artikulierter.

Noch ein Punkt in der Psychologie sprechender Vögel verdient unsre Beachtung, zumal bisher noch niemals auf denselben aufmerksam gemacht wurde, wenn er auch kaum einem sorgfältigen Beobachter entgangen sein mag. Ich meine die Geschicklichkeit, mit der intelligente Papageien ihre artikulierten Zeichen von einem Ding, einer Eigenschaft oder einer Handlung auf etwas Ähnliches ihrer Art ausdehnen. Einer meiner Papageien lernte z. B. das Bellen meines Terriers. Nach einiger Zeit wurde dieses Bellen vom Papageien zu dem den Terrier bezeichnenden Laut d. h. zu dessen Eigennamen benutzt; so oft der Vogel den Hund sah, pflegte er zu bellen, einerlei, ob es der Hund ebenfalls that oder nicht. Später liess der Papagei diese Bezeichnung für meinen Hund fallen, wandte ihn dagegen auf jeden andern bekannten oder unbekannten Hund an, der zufällig in das Haus kam. Nun geht doch daraus offenbar hervor, dass der Vogel zwischen einzelnen Hunden zu unterscheiden wusste, während er zugleich ihre Klassenübereinstimmung erkannte. Mit andern Worten, der Name, den der Papagei dem einzelnen Hunde gegeben, wurde in der Folge zu einem Gattungsnamen für alle Hunde. Ähnliche Beobachtungen wären gewiss überall zu machen, wenn man es nur der Mühe wert hielte, dergleichen unbedeutend scheinende Thatsachen festzustellen.

In diesem Überblick über die artikulierte Sprache sind wir also zu Schlussfolgerungen gelangt, die ohne Ausnahme durch angemessene, unmittelbare Beobachtung festgestellt und bestätigt werden. Wir haben sonach vier Abteilungen von artikulierten Zeichen zu unterscheiden: 1. Bedeutungslose Nachahmung; 2. instinktive Artikulation; 3. Verständnis von Wörtern ohne Rücksicht auf den Ton, und 4. absichtliche Benutzung von Wörtern als Zeichen.

Unter die erste Abteilung fallende Thatsachen bedürfen keiner weitern Betrachtung. Die zur zweiten Abteilung gehörenden Fälle, die auf erblichen Einfluss zurückzuführen sind, kommen nur bei kleinen Kindern, Taubstummen und Blödsinnigen vor. Ein Verständnis für Wörter zeigen Tiere, Idioten, kleine Kinder; es erfordert *per se* eine höhere Entwicklung des Zeichengebungsvermögens, als das Verständnis für Töne und Gebärden, vorausgesetzt, dass letztere nicht von ebenso rein konventioneller Art sind, als Wörter. Inbetreff der absichtlichen Benutzung von Wörtern als Zeichen haben wir nun folgende Thatsachen zu beachten:

Sprechende Vögel, die aus Zufall die einzigen Tiere sind, deren Stimmorgan die Bildung artikulierter Laute zulassen, sind imstande, Eigennamen, Haupt-, Eigenschafts- und Zeitwörter, sowie passende Redensarten zu benutzen, wenn auch ausschliesslich vermöge der Ideenverbindung und ohne Kenntnis des grammatikalischen Baues. Wörter sind stimmliche Gebärden und so unmittelbar für die Logik der Erkenntnisse geschaffen, wie irgend welche andre Zeichen es nur sein können. Indessen ist es beachtenswert, dass diese Fähigkeit zu vokaler Gestikulation auch die erste Phase artikulierten Sprechens beim heranwachsenden Kinde bildet, ferner das letzte ist, was auf den absteigenden Stufen des Idiotismus verschwindet, und überdies bei sprechenden Vögeln in einem so hohen Grade vertreten ist, dass die Tiere sogar Namen erfinden, die häufig einen onomatopoetischen Ursprung haben, oft aber auch rein willkürlich sind.

Ich will zum Schluss nun zu dem Nachweis übergehen, bis zu welcher Ausdehnung, unter günstigen Umständen, kleine Kinder willkürliche Zeichen erfinden, die dabei, aus den schon angeführten Gründen, fast unabänderlich von artikulierter Natur sind. Es würde nichts leichter sein, als diesen Nachweis aus den vielen bestehenden Schriften über die Psychogenesis bei Kindern zu schöpfen; es wird aber genügen, wenn ich nur einen Autor sprechen lasse, der sich bereits die Mühe genommen hat, die bemerkenswertern Thatsachen über diese Frage zu sammeln. Es ist dies Hor. Hale.*) Derselbe schreibt:

„Im Jahre 1860 wurden einer geachteten Familie in einer Vorstadt von Boston Zwillinge, Knaben, geboren. Sie waren zum Teil von deutscher Abstammung, da ihr Grossvater mütterlicherseits im Alter von siebzehn Jahren aus Deutschland nach Amerika gekommen war; indessen wurde die deutsche Sprache niemals in der Familie gesprochen. Die Kinder waren sich einander so ähnlich, dass ihre Grossmutter, welche sie häufig besuchte, sie nur an einem verschiedenfarbigen Bande unterscheiden konnte, das ihnen um den Arm gebunden war. Wie dies häufig in solchen Fällen vorkommt, bestand eine innige Liebe zwischen den Kindern und sie waren stets zusammen. In dem gewöhnlichen Alter begannen die Zwillinge zu sprechen, seltsamerweise jedoch nicht in ihrer Muttersprache. Sie bedienten sich vielmehr einer eignen Sprache und alle Bemühungen, sie auf andre Weise zum Sprechen zu bringen, waren vergeblich. Sie verweigerten hartnäckig eine Silbe Englisch hervorzubringen, selbst den Versuchen einer kleinen, um fünf Jahr ältern Schwester gegenüber. Nicht einmal die herkömmlichen ersten Worte *papa*, *mamma* sprachen sie jemals aus, und nach Aussage der in demselben Hause wohnenden Tante der

*) Seine Arbeit erschien in den „*Proceedings of the American Association for the Advancement of Science.*“ Vol. XXXV. 1886.

Kinder, welcher der Verfasser die betreffenden Mitteilungen verdankt, haben sie ihre Eltern während dieser Zeit niemals mit jenen Namen angerufen. Sie hatten ihre eignen Namen für sie, aber nicht die englischen, und obwohl sie in der That die gewöhnlichen Neigungen bezeigten, sich freuten, ihren Vater abends nach Hause kommen zu sehen, mit ihm spielten u. s. w., schienen sie doch im übrigen einander ausschliesslich in Anspruch zu nehmen, ganz in einander aufzugehen. Die Kinder waren noch nicht zur Schule gewesen; da sie nicht englisch sprechen konnten, war es unmöglich, sie aus dem Hause zu geben. So brachten sie denn ihre Tage hin, spielend und sich in ihrer eignen Sprache unterhaltend, mit derselben Leichtigkeit und Lebendigkeit wie andre Kinder. Ihr Akzent war, wie es der Familie schien, deutsch. Sie hatten regelmässig wiederkehrende Wörter, unter welchen die Familie einige mit der Zeit unterscheiden lernte, wie z. B. das Wort für Wagen, welches *ni-si-bu-a* war, wobei die Silben manchmal so oft wiederholt wurden, dass ein weit längeres Wort daraus wurde."

Noch über einen andern derartigen Fall berichtet Hale nach den Mitteilungen eines Dr. E. R. Hun im *„monthly journal of psychological medicine"* 1868: „Der Gegenstand dieser Beobachtung ist ein Mädchen von viereinhalb Jahren, lebhaft, intelligent und von guter Gesundheit. Als es zwei Jahre alt war, gewahrte die Mutter, dass es im Sprechen zurück sei und nur die Worte *papa* und *mamma* gebrauchte. Darauf begann es Worte eigner Erfindung zu benutzen und obwohl es leicht verstand, was man sagte, bediente es sich niemals der von andern gebrauchten Worte. Nach und nach erweiterte es seinen Wortschatz bis zu der nachfolgend beschriebenen Ausdehnung. Es hat einen um achtzehn Monate jüngern Bruder, der die Sprache seiner Schwester lernte, so dass sie sich ohne Schwierigkelt miteinander unterhalten können. Er scheint dies jedoch nur gethan zu haben, weil er mehr mit ihr verkehrt, als mit andern Menschen. Sie besteht jedoch auf der Anwendung ihrer eignen Wörter, obschon ihre Eltern, die sich wegen der Eigentümlichkeit ihrer Sprache sehr bekümmert zeigen, grosse Anstrengungen machen, sie zum Gebrauch angemessner Wörter zu bringen. Mit Rücksicht darauf, dass das Mädchen die Wörter von andern gelernt haben könnte, muss noch hinzugefügt werden, dass seine Eltern gebildete Leute sind, die sich nur der englischen Sprache bedienen. Die Mutter ist des Französischen mächtig, benutzt aber diese Sprache niemals in der Unterhaltung. Die Dienerschaft sowohl, wie die Wärterin sprechen englisch ohne auffallende Eigentümlichkeit, und das Kind hat sogar weniger wie sonst wohl der Fall, das gehört, was man kindisches Lallen nennen könnte. Einige der Wörter und Redensarten haben allerdings eine Ähnlichkeit mit dem Französischen; es steht jedoch fest, dass niemand das Haus besucht, der diese Sprache benutzte und es ist sehr zweifelhaft, ob das Kind jemals Gelegenheit gehabt hat, sie sprechen zu hören. Es scheint auch kein Hindernis im Sprachorgan zu bestehen. Es gebraucht seine Sprache rasch und mit Leichtigkeit und wenn es mit seinem Bruder zusammen ist, verkehren sie mit grosser Flüssigkeit und ohne alle Schwierigkeit. — Dr. Hun lässt nun ein Wörterverzeichnis des Kindes folgen, das er zu verschiednen Zeiten, nach dem Kinde selbst, wie auch besonders nach den Mitteilungen der Mutter, zusammenstellte. Es ist daraus zu entnehmen, dass es nicht die Gesamtzahl der Wörter jener Kindersprache umfasst. In der That enthält es nur einundzwanzig verschiedne Ausdrücke, von denen eine grosse Anzahl unter abweichender Bedeutung gebraucht wird, je nach der Stellung oder Verbindung untereinander. Drei oder vier dieser Wörter haben offenbare Ähnlichkeit mit Französisch und andre könnten mit einer leichten Veränderung zu derselben Sprache gezogen werden. Dr. Hun konnte nicht mit Bestimmtheit behaupten, dass das Mädchen niemals jene Sprache sprechen gehört habe und es scheint deshalb nicht unmöglich, dass es, wenn nicht unter der Dienerschaft, so doch wenigstens unter den Besuchern des Hauses jemand gegeben haben könnte, der sich unschuldigerweise damit unterhielt, das Kind einige französische Wörter zu lehren. Es ist gewiss nicht unwahrscheinlich, dass der eigentümliche Sprachinstinkt auf diese Weise bei dem Mädchen erweckt wurde, als es grade zu sprechen begann. Unter den betreffenden Wörter befinden sich z. B. *feu*, mit der Aussprache des französischen Wortes, wie ausdrücklich bemerkt wird, als Bezeichnung für ‚Feuer, Licht, Cigarre, Sonne‘; ebenso *tout* (frz.) in der Bedeutung von ‚alle, jedes‘; *ne pas* (frz.) für ‚nicht‘; *peti-peti*, der Name, den das Kind seinem Bruder gab, ist augenscheinlich das französische *petit*, und *ma*, ‚ich‘, könnte von dem französischen *moi* herrühren. Wenn das Kind übrigens imstande war, in einem so frühen Alter diese fremden Laute so leicht aufzunehmen, zu behalten und sie in seine eigne Sprache zu verweben, so zeigt dies nur, wie rasch und stark in diesem Falle die sprachbildende Fähigkeit bei ihm entwickelt war. Von nachahmenden Worten zeigt seine Sprache kaum eine Spur. Das Miauen der Katze leitete wahrscheinlich zu *mi*, welches sowohl ‚Katze‘ als ‚Pelz‘ bezeichnet. Für die andern Wörter kann kein Ursprung nachgewiesen werden. Bei einigen derselben ist jedoch die Vorliebe zu erkennen, welche Kinder und gewisse Menschenrassen für die Wiederholung von Lauten besitzen. So haben wir z. B. *migno-migno* für ‚Wasser, Wäsche, Bad‘; *go-go* für Süssigkeiten, Zucker und dergl.; *waiar-waiar* für ‚schwarz, dunkel, Neger‘. Man ersieht aus diesen Beispielen übrigens keine besondre Vorliebe für einsilbige Formen. *Gummigar* bezeichnet alle Substanzen der Tafel, wie Brot, Speise, Gemüse und dergl.; dasselbe Wort dient aber auch für ‚Köchin‘. Der Knabe gebraucht jedoch nicht dieses Wort, sondern statt dessen *gna-migna*, was aber das Mädchen für ein Missverständnis hält. Es geht daraus hervor, dass selbst in diesem zarten Alter die Bildung ihrer Sprache zu einem Gegenstande des Nachdenkens für sie wurde, und dass die Sprache nicht allein von dem Mädchen erfunden wurde, sondern dass beide Kinder sie gemeinsam gestalteten. Die Mehrheit der Bedeutungen, die jedes Wort erhalten konnte, zeigt sich in verschiedner Weise. So kann z. B. *feu* auch ein Eigenschaftswort werden, wie in *ne-pas-feu*, ‚nicht warm‘. Das Zeitwort *odo* besitzt verschiedne Bedeutungen, je nach seiner Stellung oder den begleitenden Worten: *ma-odo*, ‚ich will ausgehen‘, *gar-odo* ‚lass das Pferd kommen‘, *tout-odo*, ‚alles ist ausgegangen‘; *gaan* bedeutet ‚Gott‘, und wenn es regnet, laufen die Kinder oft ans Fenster und rufen: *gaan odo migno-migno feu odo*, ‚Gott nimm den Regen fort und sende die Sonne‘; *odo* vor dem Objekt bedeutet ‚nimm fort‘, nach dem Objekt ‚senden‘. Aus diesem Beispiel lernen wir nicht nur, dass die Sprache, wie es bei allen wirklichen Sprachen der Fall ist, ihre Konstruktionsregeln hat, sondern dass diese auch etwas verschieden von den gewöhnlichen Regeln sind. Es erscheint dies auch in der Form *mi waia-waia*, ‚dunkler Pelz‘, wobei das Eigenschaftswort dem Hauptwort folgt. Die sonderbaren und unerwarteten Verbindungen, welche in allen Sprachen die Bedeutung der Worte bestimmen, treten auch in diesem kurzen Wörterverzeichnis zu Tage. Wir können daraus entnehmen, dass die Eltern Katholiken und pünktliche Kirchengänger sind. Die Worte *papa*, *mamma* werden getrennt in ihrem gewöhnlichen Sinne gebraucht, in der Verbindung *papa-mamma* bezeichnen sie aber ‚Kirche, Gebetbuch, Kreuz, Priester‘; *bau* war ‚Soldat‘, man sagte mir aber, dass als die Kinder den Bischof in seiner Mitra sahen, sie ihn für einen Soldaten hielten und das Wort *bau* auch auf ihn anwandten; *gar odo* bezeichnet eigentlich ‚lass das Pferd kommen‘, da aber die Kinder häufig sahen, dass wenn ihr Vater einen Wagen bedurfte, er eine Bestellung aufschrieb und sie nach dem Stalle schickte, fingen sie an, den nämlichen Ausdruck (*gar odo*) für ‚Bleistift‘ und ‚Papier‘ zu benutzen. Es giebt in ihrer Sprache begreiflicherweise keine Beugungen. Kleine Kinder wenden in allen Sprachen selten Beugungsformen an. Ein englisches oder deutsches Kind von drei oder vier Jahren sagt z. B. ‚Fanny Tasse, statt ‚Fannys Tasse‘. Es ist aber durchaus nicht unwahrscheinlich, dass wenn die Kinder ihre eigne Sprache einige Jahre länger fortgeführt hätten, in derselben sich Beugungen entwickelt haben würden, zumal wir sehen, dass eigentümliche Konstruktionsformen und neue Verbindungen, die den Keim der Flexion in sich tragen, bereits zum Vorschein gekommen sind. Diese beiden Beispiele von Kindersprache haben zu weiteren Untersuchungen geführt, die obwohl nur für kurze Zeit und auf einem beschränkten Gebiete verfolgt, dargethan haben, dass derartige Fälle nichts Ungewöhnliches sind . . .“

Der Verfasser bringt sodann noch andre Beispiele bei; ich halte jedoch die obigen Anführungen für vollständig ausreichend, da daraus zu ersehen ist: 1. dass die spontane und allem Anschein nach willkürliche Wortbildung, die man mehr oder weniger bei allen Kindern, die zu sprechen anfangen, beobachten kann, unter günstigen Umständen zu einem ganz erstaunlichen Grad der Vervollkommnung und Wirksamkeit gelangen kann; 2. dass obwohl die erfundnen Worte oder artikulierten Zeichen bisweilen unverkennbar nachahmenden Ursprungs sind, dies doch nicht die Regel ist; 3. dass die Wörter keineswegs stets einsilbig sind; 4. dass dieselben an Zahl und Verschiedenartigkeit in einer Weise zunehmen können, dass eine nicht unwirksame Sprache daraus entsteht, und zwar ohne dass sie bis zur Stufe der Flexion vorgeschritten wäre; 5. dass die Syntax dieser Sprache eine unverkennbare Ähnlichkeit mit den früher betrachteten menschlichen Gebärdensprachen besitzt.

Achtes Kapitel.

Ton und Gebärde in ihrer Beziehung auf Worte.

Wir haben gefunden, dass die gesprochne Sprache sich von der Ton- und Gebärdensprache dadurch unterscheidet, dass sie ein Zeichensystem von rein konventioneller Natur ist. Dies will sagen, dass mit Rücksicht auf gegenseitigen Verkehr die Artikulation ein höheres Produkt geistiger Entwicklung darstellt, als die Gestikulation oder Intonation. Es bedeutet aber auch, dass zu einer derartigen Entwicklung die artikulierte Sprache ein wirksameres Mittel ist. Da der letztere Punkt von besondrer Wichtigkeit ist, werden wir hier etwas näher darauf eingehen.

Wie schon in einem früheren Kapitel angedeutet wurde, ist unser Banknoten- und Wechselsystem geeigneter, den Wert der Arbeit oder des Eigentums zu bezeichnen, als das ursprüngliche, weniger konventionelle System des Austauschs von Arbeit oder Eigentum; ebenso ist unser arithmetisches System zu Rechnungszwecken geeigneter, als das natürlichere Abzählen an den Fingern; beide Systeme leiten gleicherweise zu einer höheren Entwicklungsstufe des geschäftlichen Verkehrs bezw. der Kalkulation. Ohne ein solches bewährtes Zeichensystem wäre es unmöglich, so viele verwickelte Unternehmungen und Rechnungen zu führen, wie wir es thun. Ähnlich verhält es sich mit der Sprache im Gegensatz zur Gebärde. Worte, wie Gebärden sind Zeichen für Gedanken und Gefühle; da aber die ersteren mehr konventioneller Natur sind, so stellen sie auch in reinerem und ausschliesslicherem Sinne Zeichen dar und lassen sich zu einem viel passendern und wirksamern System verarbeiten, während sie zugleich grössern Einfluss und Verwendbarkeit bei der Ideenbildung erlangen. Die grosse Überlegenheit der Worte gegenüber den Gebärden in beiderlei Hinsicht lässt sich durch ein paar Beispiele leicht klar machen. Ich öffne Mallerys Buch aufs Geratewohl und finde folgende Angaben als das Zeichen für einen bellenden Hund: „Fahre mit der gewölbten Hand von dem untern Teil des Gesichts nach vorwärts, um eine Verlängerung von Nase und Mund anzudeuten, alsdann strecke die beiden Zeigefinger, während die übrigen Finger mit den Daumen geschlossen bleiben, beiderseits des Unterkiefers nach oben gerichtet aus, zur Bezeichnung einer niedrigern Hundeart, indem man die Gebärde zu gleicher Zeit mit Zurückziehen der Lippen und Fletschen der Zähne begleitet; darauf stosse die ausgestreckten und getrennten Finger der rechten Hand rasch nach vorn und ein wenig nach aufwärts (‚Stimme' oder ‚Sprechen')."

Wie mühsam ist diese darstellende Bezeichnung im Vergleich zu dem Gebrauch der beiden dafür bestehenden Worte, und bei alledem doch nicht einmal wirksam, da die Zeichen von den beigezognen Indianern missverstanden wurden, die sie vielmehr auf einen brummenden Bären bezogen; welchen Aufwand von Nachdenken erforderte ferner die Erfindung und das Verständnis solcher Ideogramme; und wenn sie gebildet und verstanden sind, wie schwerfällig erscheinen sie im Vergleich zu den Worten! Mallery sagt allerdings, dass „bei anhaltender Übung die Gebärdensprache in der schnellen Übertragung vertrauter Dinge die Wortsprache übertreffe und fast dem Gedanken gleichkomme"; aber abgesehen von der starken Einschränkung hinsichtlich „vertrauter Dinge", fügt derselbe noch hinzu: „Man muss zugeben, dass eine rasche Zunahme der Schnelligkeit hauptsächlich durch ein System vorher verabredeter Abkürzungen, sowie durch den Gebrauch willkürlicher Formen erreicht wird, bei denen die Natürlichkeit zu Gunsten der Verabredung geopfert wurde." *)

---

*) Inbetreff der vergleichsweisen Schnelligkeit, mit der die Zeichen für Auge bezw. Ohr gemacht werden können, muss bemerkt werden, dass ein

Abgesehen von der Schwerfälligkeit leidet die Gebärdensprache aber auch unter dem noch ernstlichern Mangel an Genauigkeit, sowie darunter, dass sie zur Entwicklung von Abstraktionen viel ungeeigneter ist, als die gesprochne Sprache. Wir haben bereits erfahren, dass die mehr oder weniger als rein konventionelle Zeichen dienenden Worte nicht an materielle Dinge gebunden sind, denn obwohl sich gewiss alle ursprünglich auf sinnliche Wahrnehmungen bezogen und nicht notwendig ideographisch zu sein brauchten, lassen sie sich doch leicht als Zeichen für allgemeine Ideen verwenden und dienen schliesslich zum Ausdruck für die höchsten Abstraktionen. „Worte sind die leicht zu handhabenden Rechenpfennige des Gedankens.“ Gebärden dagegen, die stets mehr oder weniger ideographisch sind, sind auch viel enger an sinnliche Wahrnehmungen gebunden und können deshalb nur wenn auf „vertraute Dinge“ gerichtet, als Ausdrucksmittel mit Worten rivalisieren, während sie nie den hohen Flug zu dem feineren Medium der reinen Abstraktion zu nehmen imstande sind. Kein Anhänger der Zeichensprache vermöchte in irgend einer gegebnen Zeit eine Seite von Kant in die Gebärdensprache zu übersetzen.

Vergessen wir indessen nicht, dass ich hier von der Zeichensprache spreche, wie wir sie in der Wirklichkeit finden. Was diese Sprache noch an latenten Fähigkeiten in sich schliessen mag, ist eine andre Frage, mit der wir hier nichts zu thun haben. Da der Gegenstand jedoch nicht ohne Bedeutung für unsre gegenwärtige Abhandlung ist, so will ich hier einen kurzen Auszug aus einer neuerdings erschienenen Arbeit von Prof. Whitney folgen lassen. Nachdem derselbe bemerkt, dass „die Stimme sich den grössten und fast ausschliesslichen Teil der gegenseitigen Mitteilungsweise erobert habe,“ fährt er fort: „Es geschieht dies nicht etwa infolge einer engeren Verbindung des Denk-Apparats mit den Muskeln, deren Thätigkeit hörbare Laute nach sich zieht, im

physiologischer Grund vorliegt, warum die letzteren einen Vorteil vor den ersteren besitzen: Während das Ohr aufeinanderfolgende Empfindungen noch in Intervallen von 0,016 Sekunden unterscheiden kann, vermag dies das Auge nur in Zwischenräumen von über 0,047 Sekunden (Wundt).

Vergleich zu jenen, die sichtbare Bewegungen hervorbringen; auch nicht weil es von Natur mehr ausgesprochne, als gestikulierte Namen für Begriffe giebt: Es handelt sich vielmehr einfach um den Fall des ‚Überlebens des Passendsten‘, ähnlich dem Prozess, bei welchem Eisen das ausschliessliche Material für Schwerter, Gold und Silber das für Geld wurde; weil nämlich die Erfahrung zeigte, dass das betreffende das bestgeeignete Material zu dem speziellen Gebrauche sei. Die Vorteile der Stimme sind zahlreich und unverkennbar. Da ist erstens ihre Ökonomie, indem sie einen Mechanismus in Anwendung bringt, der für nichts andres tauglich ist und die zu andren Zwecken unentbehrlichen Werkzeuge, die Hände, freilässt. Da ist sodann ihre überlegne Empfindlichkeit; ihre feinen Unterschiede prägen sich dem Sinne noch auf eine Entfernung ein, bei welcher sichtbare Bewegungen undeutlich werden; sie lassen sich nicht durch dazwischen geschobne Dinge verbergen, sie lassen die Augen des Hörers, wie die Hände des Sprechenden, zu andern nützlichen Verwendungen frei, sie zeigen sich im Dunkeln so offen wie im Licht und sind noch fähig, die Aufmerksamkeit von jemand gefangen zu nehmen, der in keiner andern Weise erreichbar ist.“ *)

Diesen Vorzügen können wir noch hinzufügen, dass Worte, die wir in minderm Grade ideographisch, als Gebärden kennen lernten, für Zwecke des abstrakten Ausdrucks um so tauglicher sein müssen. Wir dürfen nicht vergessen, wie tief die Gebärdensprache in ihrer heutigen Vervollkommnung dem psychologisch aufbauenden Einfluss der gesprochnen Sprache verschuldet ist; trotzdem ist es bezeichnend, dass noch heute die Gebärdensprache Ideen von irgend welcher höhern Abstraktion nicht zu vermitteln vermag. Ich will nicht in Abrede stellen, dass man möglicherweise einmal ein vollständig konventionelles Gebärdensystem auszuarbeiten vermöchte, welches allen abstrakten Worten und Beugungen der gesprochnen Sprache entspräche, und dass alsdann das eine Zeichensystem an Stelle des andern treten könnte, in ähnlicher Weise wie das Zeichensystem der Schrift das der Sprache

---

*) *Encyklop. Brit. 9th ed. Art. Philology.*

zu ersetzen vermag. Dies berechtigt aber noch nicht zu der Annahme, dass ein so vervollkommnetes Gebärdensystem durch einen natürlichen Entwicklungsprozess entstehen könnte, und wenn wir den wesentlich ideographischen Charakter solcher Zeichen berücksichtigen, so erhebt sich die wohlberechtigte Frage, ob selbst unter den dringendsten Umständen (wie z. B. für den Fall, dass der Mensch oder seine Vorfahren nicht imstande gewesen wären zu artikulieren) die Gebärdensprache zu irgend einem annähernden Ersatz für die Wortsprache sich hätte entwickeln können.

Es wird dazu beitragen, einiges Licht über diese für uns nicht unwichtige hypothetische Frage zu verbreiten, wenn wir den psychologischen Zustand von ganz unerzognen Taubstummen betrachten. Obwohl ihr Fall nicht vollständig einer des Sprachvermögens gänzlich ermangelnden menschlichen Rasse entspricht (da der heutige Taubstumme keinerlei vorbereitetes und ausgearbeitetes Zeichensystem vorfindet, das er den Bemühungen stummer Vorfahren zu danken hätte, wie es doch wohl unter den vorausgesetzten Umständen der Fall sein würde), so dürfen wir doch nicht übersehen, dass der einzelne Taubstumme nicht nur ein durch die Sprache seiner Vorfahren vervollkommnetes menschliches Hirn ererbt, sondern auch von einer Gesellschaft umgeben ist, deren Ideenbildung auf der Sprache beruht. Um nun die psychologischen Bedingungen eines so begabten Individuums darzulegen, führe ich hier eine Stelle aus einer Schrift an, die ich im Jahre 1878 der britischen Gesellschaft vorlegen durfte:

„Es kommt häufig vor, dass taubstumme Kinder armer Eltern so arg vernachlässigt sind, dass man sie nicht einmal die Fingersprache oder irgend ein andres Zeichensystem gelehrt hat, mittelst dessen sie mit ihren Mitgeschöpfen in Verkehr treten könnten. Die Folge davon ist, dass diese unglücklichen Kinder in einem Zustand geistiger Isolierung aufwachsen, die nahezu so vollständig ist, wie die irgend eines Tieres. Wenn nun ein solches Kind in die Hände eines berufenen Lehrers fällt, so kann es unterrichtet werden und ist dann in der Lage, seine Erfahrungen aus jenem Zustande geistiger Isolierung aufzuzeichnen. Ich habe auf diese Weise einen ausreichenden Nachweis von der geistigen Beschaffenheit solcher

Personen erlangt und finde, dass ihre Angaben vollständig übereinstimmen. Ohne Beihilfe der Sprache ist der Geist imstande, nach der Logik der Gefühle zu denken, vermag sich aber niemals zu Ideen von höherer Abstraktion zu erheben, wie sie die Logik der Gefühle mit sich bringt. Unerzogene Taubstumme haben dieselben Begriffe von Recht und Unrecht, Ursache und Wirkung u. s. w., wie wir sie schon bei Tieren und Idioten angetroffen haben. Sie denken stets in ganz konkreten Formen, wie sich denn aus ihren Berichten ergiebt, dass sie in ihrer frühern Zeit, vor ihrer Erziehung, stets in Bildern dachten. Sie gelangen niemals zu abstrakten Ideen von der bescheidensten Form, wenigstens konnte ich in keinem einzigen Falle einen Beweis dafür finden, dass ein Taubstummer vor seiner Erziehung sich selbst zu irgend einer Art von Supranaturalismus zu erheben vermochte. Das ist aber insofern bemerkenswert, weil wir unbedenklich annehmen dürfen, dass die Ausbildung irgend einer rohen Form von Fetischismus oder Geisterglauben keine allzu abstrakte Aufgabe für den hilflosen Geist eines zivilisierten Menschen bildet, zumal der Geist in diesem Falle nicht einmal ganz ohne Hilfe ist. Im Gegenteil, die Freunde eines Taubstummen thun gewöhnlich ihr möglichstes, ihm eine Idee von irgend einer Religionsform mitzuteilen, die sie zufällig selbst besitzen. Indessen wird man in allen Fällen finden, dass ohne Hilfe der Sprache keine Idee dieser Art mitgeteilt werden kann. Rev. Dr. Smith teilt mir mit, dass einer seiner Zöglinge vor erhaltnem Unterricht angenommen habe, die Bibel sei auf einer Buchdruckerpresse im Himmel von Druckern von ungewöhnlicher Stärke gedruckt worden, — die einzige Auslegung, die der Taubstumme den Gebärden zu geben wusste, durch die seine Eltern ihm beizubringen suchten, dass nach ihrem Glauben die Bibel eine Offenbarung des allmächtigen Gottes sei, der im Himmel lebe. Von einem ähnlichen Fall erzählt auch Graham Bell, wobei der Taubstumme vermutete, der Kirchenbesuch sei eine dem Priester dargebrachte Huldigung."

In der bereits angeführten Stelle sagt Tylor mit Bezug auf denselben Gegenstand, dass Taubstumme nur Abstraktionen des niedersten Grades zu bilden vermöchten, und giebt im weitern einige Beispiele dazu. So sagte z. B. ein Taubstummer, dass vor seiner Erziehung seine Finger ihm das Zählen gelernt hätten und dass, wenn die Zahl über zehn hinausging, er Einschnitte in ein Stück Holz machte. Hier haben wir eine anererbte Fähigkeit von Rechnen mit Zahlen, in Verbindung mit der rohesten Form von Zahlenbegriff und Zahlensymbolik. Ebenso verhält es sich in allen Fällen mit unerzognen Taubstummen; sie zeigen eine ererbte Fähigkeit abstrakter Ideenbildung und finden doch ihre Zeichensprache von keiner allzugrossen Hilfe behufs Entwicklung dieser Fähigkeit; sie ist im wesentlichen allzu malerisch darstellend, um weit über das Gebiet der sinnlichen Wahrnehmung hinaus zu reichen.

Obwohl ich es somit für nutzlos halte, Betrachtungen darüber anzustellen, was die Gebärdensprache ohne die Wortsprache hätte werden können, halte ich es doch für fraglich, ob sie irgend eine höhere Stufe der Entwicklung erreicht haben würde; es ist sogar nicht unwahrscheinlich, dass ohne Artikulation die menschliche Rasse in psychologischer Beziehung kaum merklich über die anthropoiden Affen hinausgekommen wäre. Denn wir dürfen nicht vergessen, dass das Denken ebensowohl die Wirkung, als auch die Ursache der Wort- wie der Gebärdensprache ist, und wenn man berücksichtigt, wie sehr die Gebärde als Sprachsystem hinter dem Worte, besonders hinsichtlich der Präzision und der Abstraktion, zurücksteht, so ist es kaum denkbar, dass ohne die Sprache die Gebärde allein jene feinen und genauen Bedingungen geschaffen hätte, die für das Wachstum einer höher entwickelten Ideenbildung so wesentlich sind.

Der nächste Punkt, der sich unsrer Beachtung empfiehlt, ist der, dass die Gebärdensprache, trotz ihrer geringern Wirksamkeit, bei der Entstehung und Vervollkommnung der Wortsprache und der damit zusammenhängenden Aufrichtung des gesamten geistigen Gebäudes von grossem Nutzen gewesen sein muss. Bei kleinen Kindern wie bei Wilden, in minderem Grade auch bei Blödsinnigen, ist leicht zu erkennen, dass die Gebärde eine wichtige Unterstützung der Sprache bildet, und so wird gewiss in allen Fällen, wo der Wortschatz dürftig oder unvollkommen ist, die Gebärde als die natürliche Stütze und Ergänzung der Sprache zur Geltung gelangen. In der Voraussetzung, dass die Sprache im allgemeinen auf eine natürliche Entstehungsweise zurückzuführen ist, unterliegt es sonach wohl keinem Zweifel, dass sie ihren Ursprung und ihre Entwicklung zum grossen Teil der Gebärde verdankt. In den folgenden Kapiteln werde ich noch fernere Beweise dafür beibringen. Hier möchte ich zuvor noch einen andern Punkt besprechen. Obwohl nämlich die Gebärde psychologisch der Sprache vorausgeht, so ist, wenn einmal artikulierte Laute zum Ausdruck von Ideen vorhanden sind, doch nicht damit gesagt, dass die Befähigung zu deren Verwendung eine höhere psychologische Entwicklungsstufe darstellte, als das Vermögen, Töne und Gebärden zur Vermittlung ähnlicher Ideen in Anwendung zu bringen. Wie schon gesagt, ist es eine offenkundige Thatsache, dass die einzigen Tiere, die artikulieren können, auch Haupt-, Eigenschafts- und Zeitwörter als Ausdruck für konkrete Ideen verwenden, während nicht artikulierende Tiere in ähnlicher Weise Töne gebrauchen und in vielen Fällen Worte verstehen. Es ist daher gleichfalls nur eine Sache der Beobachtung, dass diejenige psychologische Stufe, welche die Benutzung von Tönen als Stimm-Gebärden, das Verstehen von einfache Ideen ausdrückenden Worten, ja, sogar das Äussern von Worten mit der richtigen Abschätzung ihrer Bedeutung voraussetzt, nicht höher liegt, als diejenige, welche von einer Anzahl Tiere der Gegenwart eingenommen wird.

Wenn wir nun von den Tieren zum Menschen zurückkehren, finden wir dieselbe Wahrheit überall bestätigt. Auf den niedern Stufen der menschlichen Intelligenz, wie sie von Blödsinnigen eingenommen werden, ist der Zwischenraum zwischen einem Idioten, der sich nicht einmal durch artikulierte Worte, sondern nur durch einfache Gebärden mitzuteilen vermag, und einem solchen, der die einfachsten Worte auszustossen versteht, nur ein sehr kurzer. Eine ähnliche Beobachtung können wir auch auf den höheren Stufen machen, die uns das heranwachsende Kind vorführt. Wenn auch manche Kinder einer längeren Zeit zur Entwicklung der artikulierenden Mechanik bedürfen, als andre, werden wir das psychologische Intervall, welches die Gestikulation von der Sprache trennt, hier nur allzuleicht überschätzen.*)

So läuft denn unsre ganze Beweisführung darauf hinaus, dass während die Laut- und Gebärdensprache in ihrer unvollkommensten Form sich durch einen verhältnismässig geringen Grad geistiger Entwicklung unterscheidet, sie auf allen weiteren Entwicklungsstufen diese Unterscheidung verliert; denn sobald die Gebärdensprache im geringsten konventionell wird, hat sie damit eine Stufe erreicht, die den Gebrauch artikulierter Laute, sowie von Stimm-Gebärden oder Worten, die für konkrete Ideen ausdrucksfähig sind, zulässt, immer in der Voraussetzung, dass letztere aus der psychologischen Umgebung zu beziehen sind. Ob in diesem Falle artikulierte Laute vorgebracht werden oder nicht, hängt natürlich nur von anatomischen Bedingungen ab. Wie schon früher angedeutet, kommen dabei namentlich die vierfüssigen Tiere in Betracht, von denen keines der Artikulation fähig ist. Nicht allein, dass höhere Affen weit intelligenter sind, als sprechende Vögel, sind sie zugleich auch weit befähigter zur Nachahmung menschlicher Gebärden. Sie wären daher gewiss mehr als irgend ein andres Tier psychologisch befähigt, den Gebrauch von Worten zu lernen, wenn nicht irgend ein anatomischer Zufall dem im Wege stände. In dieser Beziehung müssen wir uns an eine Bemerkung von Prof. Huxley halten, wonach ein unmerklich kleiner Unterschied in der Innervation oder ein andrer anatomischer Charakter der betreffenden Teile die Fähigkeit zur Äusserung artikulierter Laute bestimmen oder verhindern kann.

Hier möchte ich nun einem möglichen Einwurf begegnen.

---

*) Ich verweise hierbei auf ein früheres Kapitel, wo ich die Unmöglichkeit betonte, den rückwirkenden Einfluss der Sprache auf die Gebärde, mit Bezug auf ihre hohe Entwicklung beim Menschen, richtig abzuschätzen. Hier handelt es sich nun um den umgekehrten Einfluss der Gebärde auf die Sprache, der ebenso schwierig zu beurteilen sein dürfte. Auf alle Fälle muss diese Wechselwirkung nach beiden Richtungen hin bedeutend gewesen sein; auch muss dieselbe im Anfang von der Gebärde zur Sprache und später, als die letztere sich zu einem System von hörbaren Zeichen entwickelt hatte, von der Sprache zur Gebärde übergegangen sein. In einem künftigen Kapitel werde ich noch näher hierauf zurückkommen.

Man könnte nämlich einwenden, dass wenn die ganze bisherige Darstellung als eine Vorbereitung zu der Schlussfolgerung dienen soll, dass die menschliche Intelligenz sich aus der tierischen Intelligenz entwickelt habe, die Darstellung eigentlich zu viel beweist. Denn wenn die Tiere in einem so merklichen Grade den Keim des Zeichengebungsvermögens besitzen, warum, könnte man fragen, ist dieser Keim nur bei unsren eignen Vorfahren zur Entwicklung gelangt? Zur Beantwortung dieser Frage muss ich damit beginnen, den Leser darauf hinzuweisen, dass ich im Verlauf dieses Kapitels folgende Sätze klar zu stellen suchte: 1. dass ohne Artikulation oder ohne die Befähigung zur Bildung von Wortzeichen, das Sprachvermögen nicht wohl grössere Fortschritte im Tierreich machen konnte; 2. dass Worte zwar weit weniger ideographisch, aber viel genauer sind als Gebärden und deshalb auch zweckmässiger, um abstrakte Ideen auszudrücken und aufzubauen, weshalb ich es denn auch nicht für wahrscheinlich halte, dass ohne Artikulation die menschliche Rasse psychologisch weit über die anthropoiden Affen hinausgekommen wäre; 3. dass obwohl die Gebärdensprache zur Entwicklung abstrakter Ideen nicht so wirksam ist, als die artikulierte Sprache, sie dennoch von grosser Hilfe beim Wachstum der letzteren gewesen sein muss, sodass wo das Artikulationsvermögen vorhanden war, beide Systeme der Zeichengebung zur Entwicklung des abstrakten Denkens zusammenwirkten; mit der Artikulation hat sich die Gebärde einen vermehrten Einfluss in dieser Richtung gesichert.

Es ergiebt sich daraus die wichtige Folgerung, dass nur von irgend einer Affenart, welche im Besitz der notwendigen anatomischen Vorbedingungen war, der menschliche Geist seinen Ursprung nehmen konnte. Mit andern Worten: Die vorstehenden Betrachtungen dienen dazu, die Unrichtigkeit der Behauptung darzuthun, dass wenn der menschliche Geist dank dem Zeichengebungsvermögen, wie es sich in der Sprache darstellt, entwickelt worden ist, wir wohl hätten erwarten dürfen, dass von demselben Ausgangspunkt (nämlich dem Menschenaffen) irgend ein verhältnismässig gut beanlagter Geist sich auch an der Hand des Zeichengebungsvermögens, wie es mit der Gebärde gegeben ist, entwickelt habe.

Ich behaupte, dass hinreichender Grund vorliegt, warum, *ceteris paribus*, derjenige Zweig der Primaten, welcher das Vermögen oder die Möglichkeit der Artikulation besass, sich zu jener psychologischen Stufe erheben konnte, während alle benachbarten Zweige, die in ihrer Sprache auf die Gebärde beschränkt blieben, in den Grenzen ihrer ursprünglichen Beschaffenheit verharrten.

Dem könnte noch entgegengehalten werden, dass die sprechenden Vögel als die möglichen oder gar wahrscheinlichen Rivalen der artikulierenden Säugetiere hinsichtlich ihrer potentiellen Intelligenz angesehen werden könnten und dass man deshalb, entsprechend dem von mir befürworteten Standpunkt, wohl hätte erwarten dürfen, dass es irgendwo auf der Erde eine Rasse vogelähnlicher Geschöpfe gebe, die dem Menschen seine Suprematie streitig machten. Es ist dies jedoch ein sehr schwacher Einwurf. Der bescheidenste Jünger der Naturwissenschaft wird sich darüber klar sein, dass wenn irgend etwas Wahres an der Abstammungslehre ist, wir vor allem zu der Anerkennung gezwungen sind, dass die Bedingungen, welche die Entwicklung einer Spezies nach irgend einer Richtung bestimmen, überall von stark verwickelter Natur sind. Warum eine Art durch einen unfassbar langen geologischen Zeitraum hindurch sich unverändert erhalten hat, während andre eine reiche und mannigfaltige Geschichte aufsteigender Veränderungen durchlaufen haben, — warum das der Fall ist, vermögen wir nicht zu sagen. Wir können nur ganz im allgemeinen sagen, dass die Bedingungen, die in irgend einem Falle das Wachstum oder den Stillstand eines Typus bestimmen, allzu zahlreich und verwickelt sind, um unsre entwirrenden Bemühungen daran zu versuchen. Wenn sich dies aber schon hinsichtlich der Strukturen zusammengehörender Typen so verhält, wo nichts vorhanden ist, was von vornherein für eine Verschiedenheit der Bedingungen, die zu so verschiedenen Resultaten geführt haben, spricht, um wie viel mehr muss dies bei Tieren der Fall sein, die einander so unähnlich sind, wie Affe und Papagei. Es würde meines Erachtens sehr kühn sein zu behaupten, dass wenn der Orang-Utang das Artikulationsvermögen besessen hätte, derselbe jedenfalls oder auch nur wahrscheinlicherweise der Stammvater einer andern menschlichen Rasse geworden wäre. Hiernach wäre es aber geradezu absurd, zu schliessen, dass wenn der Mensch seinen Ursprung auf eine andre menschenähnliche Art zurückführt und kraft seines Artikulationsvermögens menschlich geworden ist, die sprechenden Vögel deshalb eine ähnliche Nachkommenschaft hätten entwickeln müssen, nur weil sie zufällig eine der Vorbedingungen erfüllten! Nehmen wir eine entsprechende Analogie. Das Fliegen ist ohne Zweifel eine sehr nützliche Fähigkeit für alle Tiere, die sie besitzen; dabei ist die mechanische Möglichkeit dafür vorhanden bei Tieren, die einander so unähnlich sind, wie Insekten, Reptile, Vögel und Säugetiere. Wir könnten deshalb aus der Thatsache, dass Fledermäuse fliegen, folgern, dass auch viele andere Säugetiere diese Kunst sich hätten aneignen müssen. Da dies aber nicht der Fall ist, so können wir nur sagen, dass der Grund darin liegt, dass die komplizierten Bedingungen, die zur Ausbildung jener Fähigkeit führten, einzig nur von den Fledermäusen erfüllt wurden. Ähnlich steht es mit dem „Flug der Gedanken“, der eine höchst nützliche Fähigkeit ist, aber nur beim Menschen zur Entwicklung gelangte. Eine seiner notwendigen Vorbedingungen, das Artikulationsvermögen, kommt auch bei einigen Vögeln vor. Daraus aber zu schliessen, dass diese Vögel nun auch das Denkvermögen entwickelt haben müssten, wäre genau so verkehrt, wie der Schluss, dass andre Säugetiere auch die Fähigkeit des Fliegens hätten erwerben müssen, da bei ihnen doch die wichtigste der notwendigen Vorbedingungen, durch Nerven in Thätigkeit versetzte Knochen und Muskeln, erfüllt ist. Ja, die erstere Behauptung wäre noch unverantwortlicher wie die letztere, denn wie wir wissen, sind die wichtigsten Vorbedingungen zur Entwicklung des Denkens psychologischer und sozialer Art, während die rein anatomischen nur von sekundärem Werte, aber, wie schon gesagt, nichtsdestoweniger unerlässlich sind. Kurz, ich bin keineswegs der Meinung, dass der Einfluss der Artikulation auf die Entwicklung des Gedankens irgendwie mystischer Natur sei. Deshalb bietet die blosse Thatsache, dass gewisse Vögel artikulierte Laute äussern können, meiner Beweisführung gegenüber an sich keine grössere Schwierigkeit, als die Thatsache, dass sie eine Anzahl andrer Laute nachzuahmen vermögen. Denn der psychologische Gebrauch artikulierter Laute lässt sich nur mit Hilfe vieler andern, hoch komplizierten Bedingungen entwickeln, von denen nur wenige von Vögeln erfüllt werden. Wenn irgend eine heutige Art anthropoider Affen die Fähigkeit zeigte, artikulierte Laute nachzuahmen, so würde das dem anscheinenden Bedenken etwas mehr Stütze verleihen, aber auch in diesem Falle wäre die Beweiskraft nicht so schwerwiegend, wie in dem oben erwähnten Vergleich bezüglich der grossen Ausnahme der Fledermäuse.

Ich halte es indessen nicht für glaublich, dass unsre Gegner uns so weit standhalten werden, als wir bisher gegangen sind. Mit Rücksicht darauf, dass Affen einen freieren Gebrauch von ihrer Stimme, im Sinne absichtlicher und ausdrucksfähiger Intonation, zu machen verstehen, wie alle andren Tiere; dass alle höheren Tiere Gebärdenzeichen anwenden; dass bezeichnende Worte, psychologisch betrachtet, nichts weiter sind, als Stimm-Gebärden; dass wenn es eine psychologische Kluft zwischen einfacher Gestikulation und bezeichnender Artikulation giebt, diese Kluft deutlich überbrückt ist, wie sprechende Vögel, Kinder und Idioten beweisen: mit Rücksicht auf alle diese Thatsachen ist es wohl einleuchtend, dass die Gegner der geistigen Entwicklungslehre ihren Standpunkt nicht bei dem Artikulationsvermögen, sondern bei dem Sprachvermögen zu nehmen haben. Sie müssen daran festhalten, dass die blosse Anwendung bezeichnender Worte keinen wirklichen Fortschritt bedeutet gegenüber der Fähigkeit zu bezeichnenden Gebärden; dass damit noch kein Beweis für die Möglichkeit oder gar Wahrscheinlichkeit geliefert ist, dass die Artikulation ihren Ursprung aus der Gestikulation herleitet; dass ihre Stellung nur angreifbar wäre, wenn man nachzuweisen vermöchte, wie eine Fähigkeit zur Zeichengebung, sei es durch Gestikulation oder durch Artikulation, sich zu der Befähigung, irgend etwas auszusagen, habe entwickeln können; dass, mit einem Worte, der feste Punkt in ihrer Beweisführung nicht in der beim Menschen vorkommenden Anwendung bezeichnender Worte bestehe, sondern in der Fähigkeit, aussagende Sätze aufzubauen. Diese Hauptstellung gilt es nun zunächst anzugreifen. Ehe wir jedoch dazu übergehen, will ich das gegenwärtige Kapitel mit einer genauen Definition derjenigen Ausdrücke schliessen, die ich im Verlauf der nachfolgenden Ausführungen gebrauchen möchte.

Unter der indikativen Stufe der Sprache bezw. des Zeichenmachens verstehe ich die früheste Stufe einer absichtlichen Zeichengebung. Diese Stufe entspricht den Abteilungen 4 und 6 meines oben (S. 91) gegebenen Schemas und ist, wie wir zur Genüge erfahren haben, Menschen und Tieren gemeinsam. Indikative Zeichen sind also absichtlich bezeichnend, sei es durch Gebärden, Töne oder Worte, denn der grösste Teil derselben drückt Gefühlszustände und einfache Wünsche aus. Wenn ein Kind seine Arme ausstreckt, um von seiner Mutter aufgenommen zu werden, oder auf Dinge hinweist, zu denen es hin will, so können wir nicht sagen, dass es etwas benenne; es ist aber klar, dass es indiziert, was es wünscht. Kinder schreien auch absichtlich, ein teilweise konventionelles Zeichen ihres körperlichen oder geistigen Missbehagens.*) Sie lernen auch schon in frühem Alter ganz konventionelle Zeichen, wodurch sie besondre Gefühle, Dinge, Eigenschaften und Handlungen indizieren, aber nicht benennen. Mein Sohn z. B. wurde gelehrt, den Kopf zu schütteln für „nein“, zu nicken für „ja“ und seine Hand hin und her zu bewegen für „tata“ oder Abschiednehmen; alle diese indikativen Gebärden führte er in guter und geeigneter Weise im Alter von $8^1/_2$ Monaten aus. Diese indikative Stufe der Sprache oder Zeichengebung wird ganz allgemein dargestellt von allen intelligenten Tieren, wenn auch nicht in so grosser Ausdehnung wie bei Kindern. Der Papagei, der den Kopf niederbeugt, um gekratzt zu werden, der Hund, der um seine Trinkschüssel bittet, die Katze, die einen am Kleide

---

*) Die von Tiedemann herrührende Bemerkung über die imperative Absicht der Thränen wird durch ähnliche Bemerkungen Darwins bestätigt. Im Alter von 11 Wochen bei einem seinen Kinder, bei einem andern etwas früher, wechselte ihr Schreien, je nachdem es durch Hunger oder Schmerz veranlasst war. Diese Art Mitteilung schien schon sehr früh in den Dienst des Willens zu treten. Das Kind schien gelernt zu haben, zu schreien, wenn es wollte, und seine Züge je nach der Gelegenheit zusammenzuziehen, um auf diese Weise bekannt zu machen, dass es etwas wünsche. Diese Entwicklung des Willens greift Platz gegen das Ende des dritten Monats. (Perez, *first three years of Childhood. Engl. transl. p.* 101).

zupft, um Hilfe für ihre Jungen zu holen, alle diese Tiere machen das, was ich indikative Zeichen nenne.

Die nächstfolgende Stufe der Sprache möchte ich die denotative nennen (Nr. 7 A in dem erwähnten Schema, S. 91). Sie findet sich ebenfalls bei Tieren und bei Kindern, wenn sie zu sprechen anfangen, sprechende Vögel lernen z. B. gewisse Namen als *notae* oder Zeichen für besondre Dinge, Eigenschaften und Handlungen aussprechen und richtig gebrauchen. Indessen sind solche durch spezielle Assoziation erlernte *notae*, seien sie verbal oder nicht, im eigentlichen Sinne keine Namen. Beim Gebrauch eines solchen Zeichens belegt der sprechende Vogel den besondren Gegenstand, die Eigenschaft oder Handlung nur mit einem Stimm-Zeichen und dehnt dasselbe nicht auf andre ähnliche Gegenstände, Eigenschaften oder Handlungen derselben Klasse aus. Er connotiert nicht bei der Benutzung jenes Zeichens irgend etwas von dem besondren Gegenstand, der Eigenschaft oder Handlung, die er denotiert.

Unter connotativen Zeichen verstehe ich solche, die bis zu einem gewissen Grade attributiv sind. Wenn wir einen Hund Mack rufen, so ist dies ein denotativer Name; er belegt den betreffenden Hund mit keinerlei Eigenschaft. Wenn wir das Tier aber „Mohr“ oder „Othello“ oder mit einem sonstigen, das Tier näher bezeichnenden Namen nennen, so gehen wir dabei, mit Rücksicht auf die betreffende Eigenschaft, connotativ vor. Connotative Namen unterscheiden sich also von denotativen dadurch, dass sie nicht bloss *notae* oder Zeichen der benannten Dinge sind, sondern auch irgend einen Charakter oder gewisse dem Dinge angehörende Eigenschaften einschliessen. Diese Eigenschaften aber bezeichnen eben durch die Thatsache des Eingeschlossenseins die benannten Dinge als eine Gruppe; daher sind diese Namen *con-notae* oder die Bezeichnung eines Dings in Verbindung mit einem andren, sie drücken also eine klassifizierende Handlung aus. Dies ist wohl zu beachten, da wie wir später finden werden, alle connotativen Ausdrücke aus der von uns empfundnen Notwendigkeit entstehen, unsre Wahrnehmung von Ähnlichkeit wörtlich zu klassifizieren. Noch beachtenswerter ist zudem, dass eine solche Klassifizierung stets erkennend (rezeptiv) oder begrifflich sein muss. Das erste Wort nach „Mama, Papa" u. dergl., welches eines meiner Kinder aussprechen lernte, war „Stern" (*stär*). Bald nach dieser Erwerbung dehnte es die Bezeichnung auf andre hellleuchtende Dinge, Kerzen, Gaslicht u. s. w., aus. Es bestand hier also eine Wahrnehmung von Ähnlichkeit, und die Bezeichnung „Stern", die anfangs denotativ war, begann damit connotativ zu werden. Diese connotative Ausdehnung des Ausdrucks war aber offenbar rezeptiv. Denn es ist nicht wohl anzunehmen, dass das Kind in einem so zarten Alter über den betreffenden Ausdruck *als solchen* nachdenken oder sich denselben als ein Objekt des Nachdenkens, im Gegensatz zu dem damit bezeichneten Objekt, vorstellen konnte. Wir können also nur vermuten, dass die Ausdehnung des ursprünglich denotativen Namens (womit er connotativ zu werden begann) der im vorigen Kapitel erwähnten Art der Ausdehnung gleicht, wodurch mein Papagei sein ursprünglich denotatives Zeichen für einen besondren Hund zu einem beginnenden connotativen Werte erhob, indem er jenes Zeichen auf alle andren Hunde anwandte. In beiden Fällen also, beim Vogel wie beim Kind, wurde die *Connotation* innerhalb jener bescheidnen Grenzen lediglich durch erkennende (rezeptive) Ideenbildung ermöglicht. Mit fortschreitendem Alter und sich entwickelnden Fähigkeiten gelangt jedoch der menschliche Geist zur begrifflichen Ideenbildung und befindet sich alsdann in der Lage, die benutzten Namen selbst *als Objekte des Denkens* zu behandeln. Infolgedessen braucht die Connotation nicht länger der lediglich spontane Ausdruck für *erkennend wahrgenommene* Ähnlichkeit bleiben, sondern kann zu einem absichtlichen Ausdruck für *begrifflich ausgedachte* Ähnlichkeit werden. Im Geiste eines Astronomen bildet das Wort „Stern" in seiner connotativen Bedeutung etwas sehr Verschiednes von dem Gebrauch des Kindes, welches das Wort von einem leuchtenden Punkt am Himmel bis zu einer leuchtenden Kerze ausdehnte. Die Ursache dieser grossen Verschiedenheit liegt aber darin, dass der begriffliche Gedanke des Astronomen, ausserdem dass er der Connotation noch vieles hinzufügte, dieselbe auch zugleich in hohem Grade vervollkommnete. Die einzige gemeinsame Eigenschaft, die der Name bei der Anwendung seitens des Kindes connotierte, war die des Leuchtens. Obwohl nun der Astronom für diese Ähnlichkeit zwischen dem Stern und einer Kerze nicht blind ist, so sieht er doch bei näherer Kenntnis darüber hinweg und wird den Ausdruck nicht einmal auf Dinge anwenden, die einem Stern noch weit ähnlicher sind, wie z. B. auf einen Kometen oder ein Meteor. Diese grössere Genauigkeit der Connotation, so wie auch den reicheren Inhalt derselben, erlangt aber der Astronom kraft seines begrifflichen Denkvermögens. Weil er über seinen Namen als Namen nachdenkt, ist er imstande ihre Bedeutung mit so grosser Genauigkeit festzustellen, d. h. seinen Connotationen in manchen Richtungen zu begrenzen, in andren auszudehnen.

Offenbar haben wir hier eine wichtige Unterscheidung vor uns, die schon an und für sich connotiert zu werden verdient. Es ist in der That nur eine besondre Seite der einen grossen Unterscheidung, die ich durch den ganzen Verlauf meiner Darstellung festhalte, nämlich die Unterscheidung zwischen erkennender und begrifflicher Ideenbildung. Nichtsdestoweniger ist es von Wichtigkeit, diese Seite durch deutliche Ausdrücke zu bestimmen und ich kann bei dieser Gelegenheit mein Erstaunen darüber nicht unterdrücken, dass dies von Seiten unsrer Logiker bisher noch nicht geschehen ist. Die Bezeichnungen, deren ich mich zu bedienen haben werde, sind darnach folgende:

Unter einer connotativen Benennung verstehe ich die connotative Ausdehnung eines denotativen Namens, mag diese Ausdehnung klein oder gross bezw. erkennend oder begrifflich sein. Nur für die ausschliesslich begriffliche Ausdehnung eines Namens will ich den passenden Ausdruck Denomination beibehalten, der bisher für synonym mit Connotation galt, weil die betreffenden Autoren es meist nur mit begrifflichen Connotationen zu thun hatten und eine Unterscheidung nicht für nötig hielten, die aber für unsre Zwecke begreiflicherweise unumgänglich ist. Ich glaube aber kaum, dass zwei passendere Worte für unsre Unterscheidung zu finden sind, als Connotation und Denomination. Denn nach ihrer Etymologie bedeutet ein connotatives Zeichen auch ein klassifikatorisches Zeichen im erkennenden oder begrifflichen Sinne, während ein denominatives Zeichen ein connotatives Zeichen mit einer wirklich begrifflichen Absicht ist d. h. mit einer introspektiven Würdigung seiner Funktion, was man also logisch unter Namen versteht.

Ich will diese verschiednen Definitionen hier noch einmal zusammenfassen:

Unter einem indikativen Zeichen verstehe ich einen bezeichnenden Ton oder eine ebensolche Gebärde, als absichtlichen Ausdruck für einen geistigen Zustand, aber noch in keinem Sinne des Wortes denominativ.

Unter einem denotativen Zeichen verstehe ich die erkennende (rezeptive) Bezeichnung von besondren Dingen, Eigenschaften, Handlungen u. s. w.

Unter einem connotativen Zeichen verstehe ich die klassifizierende Zuteilung von Eigenschaften an die durch das Zeichen benannten Dinge, mag eine solche Zuteilung auf erkennende oder begriffliche Thätigkeit des Geistes zurückzuführen sein.

Unter einem denominativen Zeichen verstehe ich ein connotatives und als solches bewusst verliehenes Zeichen mit dem vollen begrifflichen Verständnis seines Dienstes und Zweckes als Name.

Unter einem prädikativen Zeichen verstehe ich eine Behauptung oder die begriffliche Nebeneinanderstellung von zwei denominativen Ausdrücken, als Ausdruck für des Sprechers Absicht, etwas von dem einen mit Hilfe des andern zu connotieren.

Neuntes Kapitel.

Das Sprechen.

Wir kommen nun zum Hauptgegenstand unsrer Arbeit. Die vorhergehenden Kapitel waren im ganzen nur dazu bestimmt, dem nun Folgenden den Weg zu ebnen und zwar in einer Weise, über die meiner Meinung nach kein Streit entstehen kann. Dagegen haben wir es jetzt mit jenem besondren Zeichengebungsvermögen zu thun, das nicht nur offenbar allein dem Menschen zuzukommen scheint, sondern auch einen so ungeheuern Fortschritt über die bisher behandelten Entwicklungsabschnitte hinaus darstellt, dass hier der Punkt ist, von dem aus meine Gegner vorzugehen pflegen.

Wenn jemand behauptet, dass ein Unterschied der Art nach zwischen menschlicher und tierischer Intelligenz bestehe, so wird er unbedingt die Grenze anzugeben haben, von wo ab dieser Unterschied Geltung erlangt. Dass dies mit dem Auftreten der Sprache im Sinne von Zeichengebung geschähe, wäre offenbar zu viel behauptet, denn wie wir gesehen, kommt die Sprache im weiteren Sinne des Wortes auch den Tieren zu. Die Grenze wird daher nicht hier gezogen werden dürfen, sondern bei jener besondren Art von Zeichengebung, die wir unter dem Sprechen verstehen. Die unterscheidende Eigentümlichkeit derselben, die bei keiner andren Art der Zeichengebung auftritt, besteht im Aussagen, d. h. in dem Gebrauch von Zeichen als beweglicher Typen zur Bildung eines Satzes. Dabei kommt es gar nicht darauf an, ob diese Zeichen Worte sind oder nicht. Die Gebärden der Indianer und Taubstummen lassen sich ja gleichfalls zu einer Art Aussage benutzen, die zu allen Zwecken des praktischen Lebens fast ebenso wirksam ist, als die Wortsprache. Der Unterschied besteht also in der geistigen Kraft, nicht in den Symbolen derselben, sodass wenn ein Mensch denkt, es nicht darauf ankommt, durch welches Zeichensystem er seine Gedanken ausdrückt, sondern dass er einen Satz denkt. Diejenige Art geistiger Thätigkeit, wodurch ein Mensch einen Satz denkt, nennen die Psychologen ein Urteil. Eine Aussage oder die Bildung eines Satzes ist also nichts mehr oder weniger, als der Ausdruck eines Urteils und ein Urteil ist nichts mehr oder weniger als die Vorstellung eines in einem Satze zum Ausdruck kommenden Gedankens. Es gehört zum Wesen einer Aussage, dass sie ein Urteil einschliesst und es gehört zum Wesen eines Urteils, dass es in der Form eines Satzes aufgestellt werden kann.*)

---

*) Einige Schriftsteller gebrauchen das Wort „Urteil" in einer wohl kaum zu rechtfertigenden Weise. So steht es bei Lewes z. B. unterschiedslos für einen Wahrnehmungsakt und für eine Thätigkeit begrifflichen Denkens. Ich will deshalb gleich bemerken, dass ich den Ausdruck in meiner nachfolgenden Untersuchung nicht in diesem willkürlichen und missbräuchlichen Sinne, sondern lediglich nach den Anforderungen der Logik und Psychologie anzuwenden gedenke. Die eigentümliche Auffassung, die Huxley über denselben Gegenstand veröffentlichte, kann ich nur für ironisch nehmen. So z. B. wenn er sagt: „Das Schlussvermögen findet seine Auslösung in einer Aussage, und eine Aussage besteht darin, in irgend einer Weise das Dasein, das Nebeneinander, die Aufeinanderfolge, die Ähnlichkeit oder Unähnlichkeit von Dingen oder deren Vorstellungen zu bezeichnen. Wer dies thut, der urteilt, und ich habe keinen stichhaltigeren Anlass dazu, seine Urteilskraft zu leugnen, weil sie etwa unbewusst sei, als wenn ich M. Babbages Rechenmaschine aus demselben Grunde ihren Namen versagen wollte." (*Critiques and adresses p.* 281). Wenn man diese Behauptuug ernst nehmen wollte, so würde man natürlich darauf antworten, dass Babbages Rechenmaschine nur in bildlichem Sinne so genannt wird, da ihre Resultate sich in einer Weise entwickeln, die keinerlei Ähnlichkeit mit einem menschlichen Geiste haben. Es würde unstreitig absurd sein, zu sagen, dass eine Maschine urteile oder aussage,

Übrigens ist dies, wie gesagt, die einzige Stelle, wo meine Gegner Stand halten könnten. Wenn diese Kluft einmal überbrückt ist, wird uns keine weitere mehr aufhalten. Von dem ersten einfachsten Urteil bezw. der möglichst einfachen Behauptung aus zeigt die menschliche Intelligenz unbestritten einen gemeinsamen, ununterbrochnen Aufstieg zu allen Stufen ihrer nachmaligen Vervollkommnung. Hier und nur hier haben wir das vor uns, was Prof. Max Müller den Rubikon des Geistes nennt, der das Tier vom Menschen trennt und den, wie behauptet wird, die Macht der Wissenschaft niemals zu überschreiten hoffen darf.

Um die grosse, uns hier entgegenstehende Schwierigkeit in ihrem vollen Lichte zu zeigen, lasse ich den fähigsten meiner Gegner sprechen. Als Vorsitzender der britischen Gesellschaft im Jahre 1879 gab Mivart seinen Gedanken über diesen Gegenstand Ausdruck, wie folgt:

„Das einfachste Gedanken-Element scheint mir ein ‚Urteil' zu sein, in unmittelbarer Anschauung einer Thatsache, die als wirkliche oder vorgestellte Thatsache betrachtet wird. Dieses Urteil ist übrigens nicht etwa selbst eine modifizierte Vorstellung,

---

nur deshalb, weil sie „in irgend einer Weise das Dasein, das Nebeneinander, die Aufeinanderfolge, die Ähnlichkeit und Unähnlichkeit von Dingen bezeichnet." Ein steigendes Barometer oder ein Uhrwerk sagen so wenig etwas aus, als ein Stück Holz, das unter einer Säge knirscht, fühlt. Eine rein mechanische oder unbewusste Thätigkeit, selbst wenn sie in einem lebendigen Agens in vollkommen passender Weise vor sich geht, Urteil oder Aussage zu nennen, hiesse physische Erscheinungen mit psychischen vermengen; selbst wenn die letzteren nur *„Indices"* oder „Schatten" der ersteren wären, so würde doch, wie ich bereits in meinem früheren Werke gezeigt habe, schon die blosse Thatsache ihres Vorhandenseins anerkannt werden müssen; die in Frage stehenden Vorgänge haben es aber mit den letzteren zu thun, nicht mit ihren physischen Seitenstücken. Es ist daher ebenso ungenau zu sagen, dass eine Rechenmaschine rechne oder das Ergebnis ihrer Rechnungen aussage, wie wenn man sagen wollte, dass eine Spieldose ein Stück komponiere, weil sie ein Stück spielt, oder dass die Liebe von Romeo und Julie ein gleichschenkliges Dreieck sei, weil ihre gegenseitigen Gefühle, wie die Winkel an der Grundlinie jener Figur, einander gleich waren. Wie gesagt, ich glaube, dass Prof. Huxley hier in einem ironischen Sinne geschrieben hat und absichtlich seine Kritik ins Widersinnige zog.

weil die es verursachenden Vorstellungen unverändert im Geiste neben dem durch sie hervorgerufenen Urteil beharren. Nehmen wir z. B. die beiden Urteile: ‚Dies ist essbar‘ und ‚Nichts kann zu derselben Zeit und in demselben Sinne zugleich sein und nicht sein‘. Mit Bezug auf das erstere stellen wir uns in unbestimmter Weise ‚essbare Dinge‘ vor; dieselben müssen aber neben dem Urteil, nicht in ihm, vorhanden sein; sie können zurückgerufen, verglichen und als nebeneinander existierend angeschaut werden. Ebenso verhält es sich auch mit dem andern Urteil: der Geist ist mit gewissen abstrakten Ideen beschäftigt, obwohl in der Einbildungskraft gewisse verschwommene Vorstellungen von einem ‚seienden‘ und einem ‚nicht seienden‘, von einem ‚zur selben Zeit‘ und ‚in demselben Sinne‘ vorhanden sind; diese Vorstellungen machen aber nicht das Urteil selbst aus, so wenig wie unsre Glieder und Wasser das Schwimmen ausmachen, obwohl ohne diese notwendigen Bestandteile kein Schwimmen stattfinden könnte.*)

„Diese Unterscheidung ergiebt sich auch durch die Thatsache, dass ein und dieselbe Idee dem Geiste eingegeben und sich in ihm mit Hilfe der widersprechendsten Vorstellungen zu behaupten vermag, wie auch umgekehrt ganz verschiedne Ideen durch ein und dieselbe Vorstellung; dies ist z. B. der Fall bei solchen Ideen, wie ‚Zahl‘, ‚Zweck‘, Bewegung‘, ‚Identität‘ u. dergl. Der Unterschied zwischen ‚Denken‘ und ‚Vorstellung‘ wird aber vielleicht noch klarer, wenn wir bis zum Ende verfolgen, was geschieht, wenn wir ein beliebiges einfaches Urteil fällen, wie z. B. ‚Der Neger ist schwarz‘. Hierbei behaupten wir in erster Linie die Übereinstimmung zwischen einem äussern Ding ‚Neger‘ und der äussern Eigenschaft ‚schwarz‘, — der Neger ist im Besitz dieser

---

*) Die „Vorstellungen von einem seienden und nicht seienden Ding“, von einem „zur selben Zeit und in demselben Sinne“ müssen in der That sehr „verschwommen“ sein. Wie ist es zu begreifen, dass die „Einbildungskraft“ solche „Vorstellungen“ überhaupt, abgesehen von den „abstrakten Ideen des Geistes“ festhalten kann? Solche Ideen wie „ein nicht seiendes Ding“ oder „in demselben Sinne seiend“ etc. gehören in das Gebiet des begrifflichen Denkens und haben keine andre Existenz, ausser „als abstrakte Ideen des Geistes“.

Eigenschaft. Wir behaupten zweitens einschliesslich eine Übereinstimmung zwischen zwei äusseren Entitäten und zwei entsprechenden innern Begriffen. Drittens und letztens behaupten wir zugleich auch noch eine Übereinstimmung zwischen dem subjektiven Urteil und dem objektiven Sein."*) — Ich will den Gegenstand zunächst noch mit den Worten eines andren Gegners darstellen, den auch Mivart zustimmend anführt:

„Die Frage ist: Kann der Sinn etwas aussagen, überhaupt ein Urteil fällen? Vermag er die blosse Formel eines Urteils zu liefern: Das ‚ist' in A ist B? Das Gras des Schlachtfeldes war grün und der Sinn gab beides, das ‚Gras' und das ‚grün'; behauptete er aber, dass das ‚Gras grün ist'? Man könnte sagen, dass ‚Gras' und ‚grün' einen einzigen zusammengesetzten Gegenstand in Raum und Zeit, also auch für die Sinne, bilde. Dem steht aber entgegen, dass die Sinne einen zusammengesetzten Gegenstand wohl aufnehmen und sozusagen wiedergeben können, im vorliegenden Falle die Frage sich aber nicht um einen zusammengesetzten Gegenstand handelt, sondern um die Zusammengesetztheit des betr. Gegenstandes. Es sind offenbar zwei ganz verschiedne Dinge, grünes Gras sehen und die grüne Farbe des Grases zu behaupten. Der ganze Unterschied besteht darin, zwei vereinte Dinge zu sehen und sie als vereint zu sehen . . . Wenn ein Tier das ‚ist' zu denken vermöchte, würde Tier und Mensch eine Familie bilden. ‚Ist' als Bindeglied eines Urteils schliesst die geistige Trennung und Wiedervereinigung zweier Ausdrücke ein, die in der Natur nur vereint existieren und auf die Sinne stets nur als ein einziger Gegenstand gewirkt haben können.**) Das ‚ist' als ein selbständiges Zeitwort, wie z. B. in ‚dieser Mann ist', enthält zugleich die Anwendung der Kopula des Urteils auf die elementarste aller Abstraktionen: ‚Ding' oder ‚etwas'. Und

*) „*Nature*" 21. Aug. 1879.

**) Die in diesem Satze liegende Behauptung ist mir unverständlich und ich will deshalb auch nicht versuchen, sie zu kritisieren. Wörtlich verstanden, — und in einem andren Sinne vermag ich sie nicht zu nehmen — scheint der Autor anzunehmen, dass das „Grün" nur beim „Gras" vorkomme oder was dasselbe besagen will, dass nur das Gras grün sei.

doch, wenn ein Wesen ‚Ding' zu denken vermag, hat es auch die Macht, über Raum und Zeit hinaus das Einheitliche der Erscheinung zu trennen. Hier ist der Punkt, wo der Instinkt endet und die Vernunft beginnt."*)

Es würde nicht schwer fallen, noch andre Aussagen andrer Autoren über den nämlichen Gegenstand beizubringen. Die obigen genügen aber für den ersten Teil meiner Kritik, der von rein technischem Charakter ist. Ich behaupte, dass alle Autoren, die ihren Standpunkt bei der einzig menschlichen Fähigkeit des Aussagens nehmen, übel beraten sind. Mit andren Worten: Indem ich es vorläufig dahingestellt sein lasse, ob wir es hier mit einem Unterschied der Art oder dem Grade nach zu thun haben, behaupte ich, dass der fragliche Unterschied (zwischen tierischer und menschlicher Intelligenz) noch weiter zurück liegt, als bei dem Vermögen des Aussagens oder der Satzbildung. Der Unterschied tritt bei der Fähigkeit der Benennung, der Zuteilung eines Namens, erkannt als solcher, auf. „Das einfachste Gedanken-Element" ist nicht ein Urteil; das einfachste Gedanken-Element ist ein Begriff. Dass dies der Fall ist, kann auf verschiedne Weise leicht nachgewiesen werden.

In erster Linie ist es klar, dass es kein Urteil geben kann ohne Begriffe, sowenig wie es Sätze geben kann ohne Worte. Ein Urteil ist das Ergebnis einer Vergleichung von Begriffen, weshalb es denn auch nur in einem Satze ausgedrückt werden kann, der die Beziehung zwischen den Begriffen zum Vorschein bringt, indem er ihre entsprechenden Ausdrücke nebeneinander setzt. Urteile sind also gedankliche Zusammensetzungen: Die einzelnen Bestandteile sind Begriffe.

In zweiter Linie haben wir mit dem Begriffsvermögen wohl den Keim des Urteilens gewonnen, derselbe hat aber damit noch nicht die Blüte einer förmlichen Aussage erreicht. Sobald wir einen Namen zuerteilen, fällen wir zugleich das Urteil, dass der Gegenstand, den wir benennen, die dadurch connotierten Eigenschaften besitze und sagen diese Thatsache wirklich damit aus.

---

*) *Lessons from nature p.* 226.

Wenn ich z. B. einen Menschen einen „Neger“ nenne, so behauptet der Ausdruck an sich schon die schwarze Farbe als die unterscheidende Eigenschaft des Individuums, genau so wie der gleichartige Ausdruck „schwarzer Mann“ aus der Kinderstube. Die Äusserung des Namens „Neger“ oder „schwarzer Mann“ ist also mit der Bildung und der Aussprache von wenigstens zwei den individuellen Gegenstand der Sinneswahrnehmung betreffenden Urteilen verbunden, nämlich dass er ein Mensch, und dass er schwarz sei. Die auf diese Weise gebildeten und ausgesprochnen Urteile sind allerdings nicht so deutlich wie in dem Falle, wo Subjekt und Prädikat in einem vollständigen Satze verbunden sind, wie „der Neger ist schwarz“. In dem einzelnen Ausdruck „Neger“ oder „schwarzer Mann“ sind jedoch schon beide Bestandteile vorhanden und müssen es sein, wenn der Name überhaupt begrifflich, d. h. denominativ, im Gegensatz zu denotativ, sein soll. In dem Beispiel „Neger“ oder „schwarzer Mann“, trifft es sich zufällig, dass die Connotation des Namens schon unmittelbar durch die Etymologie desselben gegeben ist. Mag ein connotativer Name schon seiner Etymologie nach auf das gegebne Ding passen oder nicht, so erfordert doch jede derartige Anwendung dieselbe Art klassifizierenden Urteils. Wenn ich mit Blumenbach gewohnt bin, einen Neger Äthiopier zu nennen und diesen Namen auf einen Repräsentanten der Rasse anwende, so verrichte ich dieselbe geistige Thätigkeit, wie mein Nachbar, der ihn Neger, oder mein Kind, das ihn schwarzer Mann nennt. Wollte man mir entgegenhalten, dass in solchen Fällen der Akt des Namengebens bereits so eng mit der Ideenverbindung verbunden sei, dass das Urteilsvermögen gar nicht dabei in Anspruch genommen werde, so würde das ein gefährlicher Einwurf für meine Gegner sein, denn er würde ebensowohl den vollständigen Satz treffen: „Dieser Mann ist schwarz“. Überdies könnte derselbe Einwurf auch leicht auf auswählende Benennungen ausgedehnt werden, bei denen noch nicht ganz befestigte Ideenverbindungen im Spiele sind. Wenn ich z. B. in einem fremden Lande reise und inmitten der mich umgebenden unbekannten Flora plötzlich eine Pflanze bemerke, die ich zu kennen glaube, so werde ich, ehe ich sie meinem Freunde als jene Pflanze namhaft mache, dieselbe einer eingehenden Untersuchung unterwerfen, d. h. ihre Übereinstimmung mit der bekannten Art sorgfältig beurteilen. Kurz, alle connotativen Namen bezeichnen, wenn denominativ gebraucht, Urteile, die sich von der Aussage eines vollständigen Satzes nur durch die Form ihres Ausdrucks unterscheiden. Oder, wie Mill sehr richtig bemerkt: „Wo immer die Namen von Dingen irgend einen Aufschluss geben, d. h. sobald sie an und für sich eine Bedeutung haben, beruht ihre Bedeutung nicht in dem, was sie denotieren, sondern in dem, was sie connotieren.“ Und obwohl dasselbe in seiner Abhandlung über Namen und Sätze ausdrücklich vermeidet, in den uns hier beschäftigenden Punkt einzugehen, so liegt er doch in der obigen Anführung klar ausgesprochen. Die Hauptsache besteht darin, dass connotative Namen (oder denominative Ausdrücke)*) an sich häufig den Wert einer Aussage besitzen; dies ist auch in der obigen Anführung der Fall, weil „wo immer die Namen von Dingen irgend einen Aufschluss geben“, dieser Aufschluss in Wirklichkeit ausgesagt wird: Die durch den Namen connotierte „Bedeutung“ wird mit dem Akt der Zuteilung eines Namens, der auf diese Weise selbst einen verdichteten Satz darstellt, behauptet. „Es ist eine unleugbare Wahrheit der Psychologie, dass die Ausdrücke eines Satzes bei näherer Untersuchung sich als nichts andres, denn als abgekürzte Urteile ausweisen.“**)

Dies ist die einzige berechtigte Anschauung für die Psychologie; es ist auch die einzige, die von der Philologie, als Sprachforschung, festgehalten werden kann. Hierüber werde ich in einem nachfolgenden Kapitel zahlreiche Beweise beibringen, die darthun werden, dass, wie Prof. Max Müller sagt, „jeder Name ursprünglich ein Satz war.“ Vor der Hand haben wir es aber mit einer der elementarsten Fragen der rein psychologischen Untersuchung zu thun. Von welcher Seite wir dieselbe auch betrachten mögen, sei

*) Mill gebraucht, wie alle Männer von der Schule, die Ausdrücke Connotation und Denomination als Synonyme. Siehe dagegen meine Unterscheidung am Schluss des vor. Kapitels.

**) Sayce, *Introduction to the Science of language I. p.* 115.

es, dass man den Ausdruck „Urteil“ unterschiedslos auf einen Akt der Denomination oder auf eine Aussage oder sonstwie anwende, wir werden immer zu dem Schlusse kommen, dass er nicht als „das einfachste Gedanken-Element“ anzusehen ist. Somit werden wir wieder zu der in der Untersuchung über die „Logik der Begriffe“ gewonnenen Stellung zurückgeführt. Wir finden dort, dass Namen die Stufen einer geistigen Leiter bilden, über die wir zu immer höheren Regionen der Ideenbildung hinanklimmen, und obwohl unser Fortschritt von aussagenden Sätzen oder diskursivem Denken begleitet erscheint, so ist dies doch sozusagen nur eine Muskelenergie, die an sich, ohne die vorhergegangenen Übungen, auf denen sie beruht, nutzlos wäre; oder, um ein andres Bild zu gebrauchen, begriffliche Namen sind die Bestandteile, aus denen die Sätze aufgebaut werden, und um diesen Aufbau zu ermöglichen, müssen die Bestandteile jenes lebenskräftige Element bilden, welches die *vis formativa* ausmacht. Dieses lebenskräftige Element ist aber das in jedem denominativen Ausdruck sich geltend machende Element begrifflicher Ideenbildung.

Im Interesse der Klarheit, wie der Kürze will ich im Nachfolgenden von einer materiellen und einer formellen Aussage sprechen. Unter einer materiellen Aussage verstehe ich eine begriffliche Denomination, wobei wir, unter Zuteilung eines connotativen Ausdrucks, von dem so bezeichneten Ding irgend eine Handlung, Eigenschaft oder Beziehung aussagen, die der zuerteilte Name anzeigen soll. Unter einer formellen Aussage verstehe ich dagegen die Aneinanderreihung denominativer Ausdrücke, mit der Absicht, irgend eine zwischen diesen bestehende Beziehung als solche zum Ausdruck zu bringen. Wie schon bemerkt, halte ich diese Unterscheidung für gekünstelt. Psychologisch gesprochen, giebt es keine Scheidungslinie zwischen jenen beiden Arten von Aussagen. Ob ich sage „Narr“ oder „Du bist ein Narr“, in beiden Fällen verweise ich den Gegenstand meiner Bemerkung übereinstimmend in eine gewisse Klasse von Menschen; in gleicher Weise gebe ich meinem Urteil hinsichtlich der von einem gewissen Menschen gezeigten Eigenschaften Ausdruck. Der Unterschied zwischen einer materiellen und einer formellen Aussage ist also nur ein rhetorischer; vom Standpunkt der Psychologie ist hier überhaupt kein Unterschied vorhanden.

Wenn man alledem nun, an der Hand der oben angeführten psychologischen Lehre Mivarts, entgegenhalten möchte, dass ein in einem Satze verkörpertes Urteil sich von einem in einem Namen verkörperten Begriff bezüglich der Kopula unterscheide, so dass das erstere die Idee des Seins als Sein darstelle, so antworte ich vor allem, dass jeder Begriff notwendig, wenn auch *implicite*, diese Idee enthalten muss und ferner, dass, obwohl sie *explicite* als ein Urteil hingestellt werden kann, sie doch von keinem grössern begrifflichen Werte ist, als irgend eine andre dem Gegenstande angehörige Eigenschaft. Was den ersten Punkt anbelangt, so wird ein Ding (eine Eigenschaft, eine Handlung u. s. w.), wenn es benannt wird, dadurch als ein deutliches Erzeugnis des Denkens, getrennt von andern Dingen, abgesondert und dem Geiste als eine deutliche Entität vorgestellt (vgl. viertes Kapitel). Deshalb sagen wir mit dem Akt der Namengebung in der That das Dasein des Dinges aus; das Vermögen, „ist" zu denken, ist das mit der Bildung eines Begriffs verbundne Vermögen, nicht dasjenige, schon gebildete Begriffe aneinander zu reihen. Alles, was bei einem solchen Akt der Aneinanderreihung geschieht, besteht darin, zwei Ideen zweier schon als seiend erkannter Dinge zusammen zu bringen; wäre das nicht der Fall, so könnten ja auch „Undinge" verglichen werden.*)

Inbetreff unsres zweiten Punktes ist zu sagen, dass die Aussage vom Dasein nichts weniger als den wesentlichsten oder wichtigsten, sondern vielmehr den unwesentlichsten oder unwichtigsten

---

*) Diese Auffassung des Begriffs, als die Idee des Daseins bereits in sich schliessend, ist der von Mill im ganzen nicht entgegengesetzt, wenn er darauf hinweist, dass wenn wir das Wort „Sonne" aussprechen, wir nicht notwendig damit das Dasein der Sonne behaupten (*Logic I. p.* 20); denn wenn wir auch nicht gerade das Dasein dieses besondren Körpers behaupten, so müssen wir doch mindestens die Idee seiner Möglichkeit besitzen: Der Gebrauch des Wortes schliesst die Idee einer solchen Möglichkeit und damit die Idee des Daseins (aktuell oder potentiell) als bereits im Geiste des Sprechers vorhanden, in sich.

Grundzug einer formellen Behauptung darstellt. Denn das Dasein ist diejenige Kategorie, zu der jedes Ding gehören muss, wenn es überhaupt einem Urteil unterzogen werden kann. Das Urteil „*A* ist“ und „*B* ist“ ist demnach das einfachste oder unbedeutendste Urteil, welches mit Bezug auf *A* und *B* gebildet werden kann; wenn wir aber diese beiden Urteile (Begriffe) in den Satz „*A* ist *B*“ vereinigen, so hat dieses neue Urteil nichts mit dem Dasein von *A* oder *B*, noch überhaupt mit einem Dasein an sich zu thun. Das Dasein von *A* und *B* war bereits in den beiden Begriffen vorausgesetzt, und indem wir diese beiden existierenden Dinge aneinanderreihten, wurde damit kein drittes Dasein geschaffen. Die Kopula steht deshalb nicht als das Symbol eines Daseins, sondern als das Symbol einer Beziehung und könnte ebenso gut durch ein andres Zeichen (wie =) ersetzt oder auch ganz entbehrt werden. „Wie wir das Zeitwort ‚ist‘ gebrauchen, so gebrauchen die Lateiner ihr *est* und die Griechen ihr *ἐστὶ* durch alle Formen. Ob alle Völker der Welt in ihrer Sprache ein dem entsprechendes Wort besitzen oder nicht, kann ich nicht sagen, ich bin aber überzeugt, dass sie es nicht nötig haben, denn das Nebeneinanderstellen zweier Namen kann, wenn es sein muss, ebenso gut zur Bezeichnung der Aufeinanderfolge dienen, wie die Worte ‚ist, sein‘ u. s. w. Wenn es also eine Sprache ohne ein entsprechendes Wort für ‚ist‘ oder ‚sein‘ giebt, so würden die betreffenden Menschen um nichts weniger befähigt sein, zu folgern, zu schliessen und in jeder Weise zu urteilen, so gut wie Griechen und Lateiner.“ Diese scharfsinnige Analyse von Hobbes nennt Mill sehr richtig „die einzige Analyse einer Behauptung, die genau auf alle Behauptungen ohne Ausnahme passt;“ und Prof. Max Müller bemerkt dazu: „Hobbes, obwohl er von der historischen Vergangenheit der Sprache nichts wusste, kommt auf die merkwürdigste Weise mit uns überein“.*)

*) Um Missverständnissen vorzubeugen, will ich bemerken, dass die Kritik, welche Mill dieser Analyse von Hobbes angedeihen lässt (*Logic I. p.* 100) keinen Bezug auf den uns hier beschäftigenden Gegenstand — die Funktion der Kopula — nimmt. In Bezug auf diesen Punkt stimme ich mit beiden Mill vollständig überein. Wegen James Mill vergl. dessen *Analysis of human mind I. p.* 126 fgd. John Stuart Mill aber schreibt

Mögen wir sonach die einfachsten oder die verwickeltsten Erscheinungen ins Auge fassen, wir können ohne weiteres schliessen, dass es das Begriffsvermögen, nicht das Urteilen — die Fähigkeit der Denomination, nicht der Prädikation — ist, welches wir als „das einfachste Gedanken-Element" zu betrachten haben. Wenn man allerdings behaupten wollte, beide Fähigkeiten seien ihrer Art nach ein und dieselbe — dass um zu begreifen wir urteilen, und um zu benennen wir aussagen müssten — so wäre nichts Wesentliches dagegen einzuwenden. Was mir hier obliegt, ist, nachzuweisen, dass der Unterschied zwischen Mensch und Tier bezüglich des Logos an der Stelle zu suchen ist, wo derselbe zum erstenmal auftritt; diese Stelle ist aber dort, wo das Urteil mit dem Begriff verbunden wird, oder wo die Zuteilung eines Namens im vorerwähnten denominativen Sinne stattfindet. Die nachfolgend stattfindende Verwendung der Namen zu Behauptungen ist nur eine weitere Äusserung ein und derselben Fähigkeit. Es trifft ebensowohl für das in einer Denomination enthaltene, wie für das in eine Aussage gekleidete Urteil zu, das „es an sich keine modifizierte Vorstellung ist, weil die es verursachenden Vorstellungen unverändert im Geiste neben dem durch sie hervorgerufenen Urteil beharren." Denn wie wir gesehen haben, ist ein Akt der Denomination (zum Unterschied von Denotation) an und für sich keine

wie folgt: „Es ist wichtig, keine Undeutlichkeit in unsrer Auffassung von der Natur und der Funktion der Kopula zu lassen, denn verworrne Begriffe darüber gehören zu den Ursachen, die über das Feld der Logik schon viel Dunkelheit verbreitet und ihre Spekulationen in Wortstreitereien verkehrt haben. Man muss passenderweise annehmen, dass die Kopula etwas mehr ist als ein blosses aussagendes Zeichen, dass sie auch die Existenz bezeichnet. In dem Satze ‚Sokrates ist gerecht' scheint nicht nur eingeschlossen zu sein, dass die Eigenschaft ‚gerecht' von Sokrates behauptet wird, sondern auch dass Sokrates ist, d. h. existiert. Dies zeigt jedoch nur an, dass in dem Worte ‚ist' ein Doppelsinn besteht; ein Wort, welches nicht nur die Funktion der Kopula in einer Behauptung hat, sondern auch eine eigne Bedeutung besitzt, vermöge welcher es das Prädikat eines Satzes sein kann" (*Logic I. p.* 86). In meinen Kapiteln über Philologie werde ich noch näher auf die Analyse des Aussagens zurückkommen und zeigen, wie vollständig die vorstehende Anschauung durch die neuesten Fortschritte der linguistischen Forschung bestätigt wird.

Aussage. Wenn ein Naturforscher einer neuen Pflanzen- oder Tierspezies einen Namen zuerteilt, so hat er über eine Ähnlichkeit geurteilt und eine Thatsache ausgesagt, nämlich dass die bis dahin unbenannte Form zu einer gewissen Gattung oder Art gehöre. Dasselbe ist mit allen andern begrifflich zuerteilten Namen der Fall, weil solche Namen stets der Ausdruck begrifflicher Klassifizierung sind, das Zusammenstellen gleicher und die Trennung ungleicher Dinge. Kurzum, alle Namen von irgend welcher begrifflicher Bedeutung sind an sich verdichtete Behauptungen oder „materielle Aussagen"; nur als solche können sie später zu Ausdrücken werden, d. h. die wesentlichen Bestandteile einer ausgedehnteren Behauptung oder einer „formellen Aussage" bilden. Deshalb ist es die Fähigkeit des Namengebens, wodurch zum erstenmal jene grosse und unterscheidende Charakteristik des menschlichen Geistes erreicht wird, von der Mivart und seine Anhänger sprechen, und nur wenn wir uns für die Lehre des Realismus entscheiden wollten, der meines Wissens keiner unserer heutigen Psychologen anhängt, könnten wir leugnen, dass „das einfachste Gedankenelement" ein Begriff sei.

Ich hoffe, der Leser wird meine Ausführlichkeit entschuldigen, wenn er den Wunsch mit mir teilt, Missverständnissen vorzubeugen und die vorliegende Frage auf ihre nackte Wirklichkeit zurückzuführen. Die Frage selbst ist allerdings gar nicht dabei berührt worden. Ich stelle nicht in Abrede, dass ein ausserordentlicher, ungeheurer Unterschied besteht, und setze nicht voraus, dass Mivart oder sonst jemand einen Einwurf gegen diese vorausgeschickte Aufklärung erheben wird, die ich hauptsächlich deshalb für nötig hielt, weil meine Gegner sorglos genug waren, eine Behauptung als die einfachste Kundgebung des Logos auszugeben. Um so ernster haben wir jetzt die Unterscheidung selbst ins Auge zu fassen.

Worin mag der grosse Unterschied in Wirklichkeit wohl bestehen? Er besteht, wie unsere sämtlichen Gegner wohl zugeben werden, in der menschlichen Befähigung, Ideen zu objektivieren, einem geistigen Zustand einen andern vorzustellen und ihre gegenseitigen Beziehungen zu betrachten. Das Vermögen, „ist" zu denken oder, wie ich lieber sagen möchte, überhaupt zu denken, ist die Befähigung, welche durch introspektive Reflexion im Lichte des Selbstbewusstseins gegeben ist. Weil der Menschengeist fähig ist, so zu sprechen, sich selbst gegenüber zu stehen und so seine eignen Ideen zu einem Gegenstand seines eignen Nachdenkens zu machen, deshalb ist er imstande, in dem oben erwähnten technischen Sinne ein Urteil zu fällen, sei es in Gestalt eines Begriffs oder einer Aussage. So kommt es, dass die Ideen „neben dem Urteil, nicht in ihm“ sein können, ja, dass sie selbst zu Objekten seines Nachdenkens werden. Wir haben keinerlei Nachweis dafür, dass irgend ein Tier imstande wäre, auf diese Weise seine Ideen zu objektivieren; deshalb fehlt uns auch jeder Nachweis dafür, dass irgend ein Tier zu urteilen vermöchte. Ich gehe sogar noch weiter und behaupte, dass uns aus „ejektiver“ Quelle der stärkste Anhalt zur Seite steht, um behaupten zu dürfen, dass kein Tier diese Vervollkommnung subjektiven Lebens möglicherweise je erreichen kann. Dieser Anhalt wird sich später noch deutlicher zeigen; vorläufig wird es genügen, im allgemeinen zu sagen, dass er in einem zwingenden Beweis dafür besteht, dass Tiere der notwendigen Vorbedingungen ermangeln, um jene Vervollkommnung erreichen zu können. Daraus folgt, dass der grosse Unterschied zwischen Mensch und Tier in Wirklichkeit noch hinter dem Begriffsvermögen, sowie der Befähigung zu einer Aussage liegt; sie beruht in den notwendigen Vorbedingungen beider. Worin diese Vorbedingungen bestehen, werden wir später sehen. Inzwischen will ich zur Klärung dieser über alles wichtigen Unterscheidung dieselbe noch in andern Ausdrücken wiedergeben.

Was ist der Unterschied zwischen einer Erkenntnis und einem Begriff? Ich kann diese Frage nicht besser beantworten, als mit den Worten des schon oben erwähnten Autors in der „*Dublin Review*“: „Der ganze Unterschied besteht darin, zwei verbundne Dinge und zwei Dinge als verbunden zu sehen.“ Der ganze Unterschied besteht in der Wahrnehmung von Beziehungen und von Beziehungen als aufeinander bezogen, oder in der Erkennung einer Wahrheit und der Wiedererkennung dieser Wahrheit als wahr. Der tauchende Vogel, der, einen Felsen vermeidend, sich furchtlos in das Wasser stürzt, zeigt unfraglich eine erkennende

Wahrnehmung von gewissen „Dingen", „Beziehungen" und „Wahrheiten"; er kennt jedoch keine derselben als solche; obwohl er sie kennt, weiss er nicht, dass er sie kennt; so gut er sie auch kennt, so bedenkt er sie nicht, noch betrachtet er die Dinge, Beziehungen und Wahrheiten, die er wahrnimmt, selbst als Objekte der Wahrnehmung. Über diese lediglich erkennende Wahrnehmung hinaus begreift der Mensch, was so viel heisst, als dass er imstande ist, alles das zu thun, was der Vogel nicht kann; mit andern Worten, er vermag alle Erkenntnisse, die er mit dem Vogel gemein hat, sich in seinem Geiste vorzustellen, über dieselben als Erkenntnisse nachzudenken und durch diese Handlung selbst sie in Begriffe zu verwandeln. Begriffe unterscheiden sich also von Erkenntnissen dadurch, dass sie Erkenntnisse sind, die selbst zu Objekten der Erkenntnis werden, und die Vorbedingung zu der Gewinnung dieses wichtigen Charakters ist die Gegenwart des Selbstbewusstseins in dem wahrnehmenden Geiste.*)

Ich habe somit zweimal den Unterschied so klar gestellt als möglich; um ihm aber völlig gerecht zu werden, will ich es noch ein drittesmal mit den Worten Mivarts thun. Derselbe beginnt mit der durch Buffon gegebenen Fassung derselben Unterscheidung:

„Weit davon entfernt, den Tieren Gefühle abzusprechen, gestehe ich ihnen vielmehr alles zu, ausser dem Nachdenken und dem Erwägen ... Sie haben Sinnesempfindungen, aber ohne das Vermögen, dieselben miteinander zu vergleichen, d. h. sie besitzen nicht das Vermögen, Ideen hervorzubringen" — das will sagen, Ergebnisse der Reflexion. Nachdem er ferner Buffons Ansichten über den Unterschied zwischen „automatischem Gedächtnis" und „intellektuellem Gedächtnis" angeführt (einen Unterschied, den ich hinsichtlich des ersteren „Gedächtnis", hinsichtlich des letzteren „Rückerinnerung" nannte)**) fügt Mivart hinzu: „Dieser Unterschied

*) Allerdings können Begriffe noch mehr sein als blosse, als solche erkannte Erkenntnisse; sie können auch die Erkenntnis von andren Begriffen sein. Mit dieser höheren Stufe begrifflicher Ideenbildung haben wir es aber hier nicht zu thun.

**) „Geistige Entwicklung im Tierreich" S. 126.

ist einer der wahrnehmbarsten. Dass wir sowohl, wie die Tiere automatisches Gedächtnis besitzen, ist unverkennbar; das Vorhandensein eines intellektuellen Gedächtnisses wird aber ersichtlich, wenn wir sozusagen unsern Geist nach etwas durchforschen, dessen wir uns vorher vollkommen erinnerten, und uns so intellektuell erinnern, etwas gewusst zu haben, was wir jetzt nicht mehr zur Vorstellung bringen. Und wie mit dem Gedächtnis, so ist es auch mit andern geistigen Fähigkeiten, unter denen wir immer zwischen einer höhern und niedern unterscheiden können, und zwar zwischen unsern höhern, selbstbewussten, nachdenkenden Geistesthätigkeiten — den Thätigkeiten unsrer intellektuellen Fähigkeit — und denen unsers Empfindungsvermögens.. Diese Unterscheidung ist wohl eine der grundlegendsten in der ganzen Biologie, eine Unterscheidung, deren Kenntnis eine notwendige Vorbedingung zum erfolgreichen Studium der tierischen Psychologie bildet."*)

Ich könnte noch weitere Stellen aus des Verfassers früher angezogenem Werke anführen, wenn ich mich nicht schon genugsam über diese Unterscheidung ausgesprochen hätte. Es ist diese Unterscheidung aber nicht nur diejenige, auf welche Mivart seine ganze Beweisführung für die Abtrennung des in seiner Art einzig dastehenden Menschen vom übrigen Tierreich stützt, sondern es ist auch die einzige, welche seither von allen Philosophen seit Aristoteles festgehalten wurde. Auch ist es eine Unterscheidung, die ich, wie bereits bemerkt, vollständig anerkenne und für die wichtigste in der ganzen Psychologie halte. Der einzige Punkt, in dem meine Ansichten nicht nur von denen Mivarts, sondern aller meiner Gegner abweichen, betrifft die Frage, ob, die Psychologie im Lichte der Entwicklungslehre betrachtet, jener wichtige Unterschied als einer dem Grade oder der Art nach zu betrachten ist? Ich werde versuchen, die Gründe zu entwickeln, die mich von Mivart und der ganzen von ihm vertretenen Schule trennen.

Wir haben gesehen, dass der in Frage stehende Unterschied in dem Vorhandensein oder dem Mangel der Befähigung zu reflektivem Denken begründet ist und dass die einfachste Offenbarung

*) *Nature*, Aug. 21. 1879.

dieser Fähigkeit, wie meine Gegner behaupten, im „Urteilen" besteht. Wir haben aber auch gesehen, dass das Urteilsvermögen nicht zuerst als Aussage auftritt, wir müssten denn mit diesem Ausdruck sämtliche Akte der Denomination umfassen. Mit andern Worten, wir haben gefunden, dass das Urteil von Anfang an mit dem Begriff auftritt, und zwar notwendig, da eins ohne das andre unmöglich ist, und beide sich als unmittelbare Kundgebungen des Selbstbewusstseins oder reflektiven Denkens ergeben, denen sie immer zum unmittelbaren Ausdruck dienen. Ich werde also mit einer sorgfältigen Analyse des begrifflichen Urteils beginnen.

Wir müssen zuerst noch einmal auf den Schluss des vorigen Kapitels zurückgreifen, wo gezeigt wurde, ohne der Frage bezüglich der Unterscheidung zwischen Mensch und Tier vorzugreifen, dass wir es mit fünf verschiednen Stufen absichtlicher Zeichengebung zu thun haben, mit der indikativen, denotativen, connotativen, denominativen und prädikativen. Von allem, was dort über die im wesentlichen prädikative Natur aller begrifflichen Namen gesagt wurde, können wir hier das meiste übergehen und nur die denominative Phase der Sprache, als psychologisch identisch mit der prädikativen, betrachten. Ebenso können wir hier von der indikativen Phase absehen, die in keiner Beziehung zu der vorliegenden Frage steht. Wir haben also nur die Unterschiede zwischen den denotativen, connotativen und denominativen Phasen der Sprache zu berücksichtigen. Im allgemeinen ist dies bereits geschehen, wir müssen nunmehr aber ins einzelne eingehen und um keine Unklarheit zurückzulassen, selbst auf die Gefahr, weitläufig zu werden, die bereits erwähnten wichtigsten Unterscheidungen wiederholen.

Wenn ein Papagei einen Hund „Wauwau" ruft (wozu ein Papagei, so gut wie ein Kind, leicht angelernt werden kann) so kann man wohl sagen, dass der Papagei im gewissen Sinne des Wortes den Hund benennt. Damit wird aber nichts über irgend welche dem Hunde zukommenden Eigenschaften ausgesagt oder ein Urteil in betreff des Hundes abgegeben. Obwohl der Vogel niemals (oder doch nur höchst selten) den Namen des Hundes äussern wird, ohne dass er ihn sieht, ist diese Thatsache doch als ein Ausfluss der lediglich in der Erkenntnissphäre wirkenden

Assoziationsgesetze zu betrachten: sie liefert nicht den Schatten eines Grundes zu der Vermutung, dass der Vogel vom Hunde als Hund denkt oder den Begriff „Hund“ sich abgesondert vom Objekt im Geiste vorstellt. Meine Gegner werden demnach zugeben müssen, dass es im gewissen Sinne des Wortes Namen giebt ohne Begriffe, d. h. Zeichen für Dinge, sei es in Form von Gebärden oder Worten (Stimmgebärden), ohne dass diese Zeichen eine Spur von prädikativer Geltung enthielten. Namen dieser Art nannte ich denotativ; sie sind Kennzeichen, die den Dingen, Eigenschaften, Handlungen u. dgl. lediglich durch Verbindung von Erkenntnissen beigelegt werden.

Wenn nun ein denotativer Name gebildet und als Kennzeichen für einen gewissen Gegenstand gebraucht wurde, so kann er auch, wie wir gesehen, auf andre Dinge derselben Klasse oder Art ausgedehnt werden. Auf diese Weise werden denotative Namen zu connotativen. Die Grenze jener Ausdehnung hängt natürlich davon ab, bis zu welchem Grade die betreffende geistige Fähigkeit imstande ist, Analogieen und Übereinstimmungen zu erkennen. Diese Grade sind aber ebenso zahlreich, wie die Grade der Intelligenz selbst. Lange bevor das entscheidende Werkzeug des Begriffs dem Geiste zu Hilfe kam, waren Tier- und Menschenwesen bereits einen langen Weg gemeinsam gewandelt, währenddes sie Übereinstimmungen und Analogieen lediglich mittelst rezeptiver Ideenbildung zu unterscheiden wussten. Wenn aber eine solche Unterscheidung durch eine entsprechende Anwendung denotativer Namen zum Ausdruck gelangt, so hängt der Grad von Connotation, den solche Namen erreichen können, von dem Grade jener rezeptiven Unterscheidung ab. Auch mein Papagei war imstande, seinen denotativen Namen für einen besondern Hund auf jeden andern ihm in den Weg kommenden Hund auszudehnen, genau wie mein Kind, welches sein erstes denotatives Wort „Stern“ auf ein Licht ausdehnte. Connotation beginnt also schon in der rein erkennenden Sphäre der Ideenbildung und obwohl dieselbe sich beim Menschen später bis zur Sphäre des Begriffs erhebt, so ist es doch immerhin im Interesse unsrer Untersuchung erforderlich, eine deutliche Grenze zwischen erkennender (rezeptiver) und begrifflicher Connotation zu ziehen. Ich habe diese Grenze durch das Wort Denomination angedeutet, welches ich jeder wirklich begrifflichen Connotation beilegte, d. h. der bewussten Zuteilung von als solche erkannten Namen. Auch habe ich nachgewiesen, dass wenn Connotation auf diese Weise denominativ oder zum Begriffe wird, sie psychologisch identisch ist mit einer Aussage. Also nur im denominativen Sinne des Wortes, d. h. im Falle begrifflicher Ideenbildung, schliesst eine Benennung auch ein wirkliches Urteil in sich ein. Die ganze Frage besteht daher in einer Aufklärung der Beziehungen zwischen erkennender und begrifflicher Ideenbildung oder zwischen denominativer und nicht-denominativer Connotation. Ich will nun mit einem Beispiel von nicht-denominativer Connotation bei einem Kinde beginnen.

„Es ist dem Menschen eigentümlich, dass ein mit der Wahrnehmung eines besondern Individuums verbundner Laut, nicht nur angesichts ganz ähnlicher, sondern auch in Gegenwart durchaus verschiedner, aber zur selben Klasse gehörender Individuen zurückgerufen wird. Mit andern Worten, Analogieen, die Tiere unberührt lassen, fallen dem Menschen auf. Das Kind sagt anfänglich zum Haushund ‚Wauwau‘, und ebenso nach einer kurzen Weile zu allen Pinschern, Bullenbeissern und Neufundländern, die es sieht. Nicht lange nachher sagt es, was bei einem Tiere niemals geschieht, ‚Wauwau‘ zu einem Hund aus Pappe, der bellt, wenn man ihn drückt, dann zu einem ebensolchen, der nicht bellt, sondern auf Rädern läuft, dann zu dem schweigsamen, bewegungslosen Broncehund, der irgendwo ein Möbel ziert, bald darauf zu seinem kleinen Vetter, der auf allen Vieren im Zimmer herumkriecht und schliesslich zu einem gemalten Hunde im Bilderbuch.“ *)

In dieser kleinen, aber typischen Geschichte haben wir in einfachster Form eine klare Darstellung der Entwicklung eines connotativen Namens innerhalb der blossen Erkenntnissphäre vor uns. Anfänglich ist das Wort „Wauwau“ ein denotativer Name, das einem besondern Wahrnehmungsobjekt beigelegte Kennzeichen. Sobald aber das Kind von den Ähnlichkeiten zwischen dem Haus-

*) Taine, *Intelligence p.* 399.

hund, den Pinschern, Bullenbeissern und Neufundländern Notiz nimmt, drückt es diese Thatsache damit aus, dass es den Namen „Wauwau“ auf alle diese Hunde ausdehnt. Der Name wird somit generisch, Ähnlichkeiten anzeigend und deshalb connotativ; er dient nun zum Ausdruck gemeinsamer Eigenschaften. Darauf wird diese erkennende Connotation des Namens noch ferner erweitert, so dass sie die Ähnlichkeiten zwischen den Hunden und deren Nach- und Abbildungen einschliesst. Mit diesen verschiednen, aufeinanderfolgenden Akten connotativer Namengebung erreicht das Kind immer höhere Stufen erkennender Klassifizierung; trotzdem wäre es offenbar sehr falsch, wenn man sagen wollte, dass das Kind den Namen „Wauwau“ zum Werte eines Begriffs erhoben habe. Was das Kind thut, ist, dass es seine Erkenntnis der Ähnlichkeit durch Ausdehnung der generischen Gruppierung und damit der rezeptiven Connotation eines denotativen Namens erweiterte. Zu diesem Zwecke ist es nicht nötig, den Namen introspektiv als Namen zu betrachten, es ist kein Urteil, noch Definition oder Denomination dazu erforderlich. Die dabei stattfindende Klassifizierung wird nur innerhalb des Gebiets des erkennenden Bewusstseins bewirkt, wie wir aus den „praktischen Folgerungen“ der Tiere erkannt haben. Wenn der denotative, ursprünglich einem besondern Hunde beigelegte Name in der Folge als ein blosses Zeichen für jene besondre Erkenntnis diente, so darf man doch nicht annehmen, dass seine spätere Ausdehnung auf fernerweite generische Erkenntnisse eine Befähigung zur Begriffsbildung mit sich bringe oder bedingte, dass das Kind die Ausdehnung des Namens vom Haushund auf einen Pinscher nur durch vorherige Ausführung eines introspektiven Denkaktes bewirkte, was — wie wir später sehen werden — einem Kinde von diesem Alter vollständig unmöglich ist.

Nichtsdestoweniger hat das Kind schon Grösseres verrichtet als der Papagei. Ein Papagei wird niemals seinen denotativen Namen für einen besondern Hund auf ein Bild ausdehnen. Das Äusserste, was ein Papagei vermag, ist, den denotativen Namen von einem besondern Hund auf einen andern besondern Hund auszudehnen, der übrigens von dem erstern in Gestalt, Farbe und äusserem Ansehen beträchtlich abweichen kann. Trotzdem wird niemand behaupten wollen, dass damit der geringste Beweis für einen Unterschied der Art nach, zwischen der connotativen Befähigung des Vogels und der des Menschen gegeben sei. Alle diese Thatsachen zeigen uns vielmehr nur, dass, um mit Taines Worten zu reden, „Analogieen, die Tiere unberührt lassen, dem Menschen auffallen", oder, um bei meiner eignen Ausdrucksweise zu bleiben, dass das Erkenntnisvermögen eines Papageis dasjenige eines kleinen Kindes nicht übertrifft und folglich der denotative Name des Papageis nur den ersten Schritt in der Ausdehnung seiner Erkenntnis zurücklegt, nämlich vom Haushund zu einem Pinscher, einem Bullenbeisser, Neufundländer u. s. w. Wenn aber das Kind diese Stufe erreicht, setzt sich diese Ausdehnung auf Nachbildungen und Abbildungen von Hunden fort. Der Unterschied liegt also nur in einem Fortschritt des Erkenntnisvermögens. Um den Namen noch über die zweite und dritte Stufe hinauf zu bringen, werden noch keine Ansprüche an jene rein menschliche Befähigung zu begrifflichem Denken erhoben, so wenig wie der Papagei dieselbe braucht, um den Namen über die erste Stufe hinaus zu steigern.

Es geht also wiederum hieraus hervor, dass der schon früher erwähnte Unterschied zwischen denotativen und connotativen Namen nicht gleichbedeutend ist mit dem Unterschied zwischen rezeptiven und begrifflichen Ideen. Mit andern Worten: Namen können bis zu einem gewissen Grade connotativ sein, auch ohne Begleitung des Selbstbewusstseins. Wenn wir sagen, dass ein Kind Ähnlichkeiten connotiert, indem es den Namen „Wauwau" von einem besondern Hund auf die Hunde im allgemeinen ausdehnt, müssen wir jedenfalls das Gleiche auch vom Papagei behaupten, der eben so weit geht. Grade deswegen unterschied ich zwischen erkennender und begrifflicher Connotation, indem ich letztere Denomination nannte. Rezeptive Connotation stellt eine höhere Stufe von Ideenbildung dar, als blosse Denotation, aber eine niedrigere als Connotation oder Denomination. Rezeptive Connotation kann übrigens viele Grade durchlaufen, ehe sich der geringste Grund zu der Annahme bietet, dass sie die niederste Stufe des Begriffs erreicht habe. Da sämtliche Grade von Connotation auf Wahrnehmung von Übereinstimmungen oder Analogieen beruhen, so wird mit jeder höhern Stufe der Erkenntnis und erkennender Klassifizierung, diese letztere auch einen in höherm Grade connotativen Ausdruck erreichen. Deshalb wird das Kind den Papagei nicht nur in seiner rezeptiven Connotation von Hunden zu Abbildern von Hunden übertreffen, sondern, wie wir später sehen werden, noch viel weiter gehen, ehe es irgend ein Zeichen von begrifflicher Connotation oder wirklicher Denomination verrät. Zwischen der rudimentärsten rezeptiven Connotation, die ein kleines Kind mit dem Papagei teilt und der gänzlich begrifflichen Connotation, die es später erreicht, liegt noch ein grosses Zwischengebiet gesteigerten Erkenntnislebens, oder, um mich anders auszudrücken, zwischen der höchsten Stufe der Erkenntnis eines Tieres und der niedersten Stufe des begrifflichen Lebens eines Menschen dehnt sich noch eine weite Fläche aus, die von dem heranwachsenden Kinde eingenommen wird und zwar von dem Punkte an, wo seine Ideenbildung diejenige des Tieres hinter sich zurücklässt, bis zu demjenigen, wo es die Fähigkeit selbstbewussten Nachdenkens erreicht. Dieses Zwischengebiet der Ideenbildung nenne ich in gesteigertem Grade erkennend (rezeptiv) im Gegensatz zu der rezeptiven Ideenbildung niedern Grades, die das kleine Kind mit den Tieren gemein hat.

Diese Unterscheidung bitte ich den Leser sorgfältig festzuhalten, was bei einiger Aufmerksamkeit nicht allzu schwer fallen wird. Man wird sich erinnern, dass ich im vierten Kapitel zwischen höhern und niedern Begriffen unterschied, was sich methodisch nicht von der oben erwähnten Feststellung unterscheidet. Ein „niederer Begriff“ wurde als eine „benannte Erkenntnis“ definiert, während unter einem „höhern Begriff“ eine „Vereinigung andrer Begriffe“ oder das benannte Ergebnis einer Gruppierung von Begriffen verstanden wurde, wie wir z. B. vom „mechanischen Äquivalent der Wärme“ sprechen. — Ich will diese vier Stufen nach der Reihenfolge hersetzen:

1. Niedere Erkenntnisse umfassen das geistige Leben aller Tiere und schliessen einen Grad erkennender (rezeptiver) Connotation

ein, den das der frühesten Kindheit soeben entwachsene Kind mit einem Papagei gemein hat.

2. Gesteigerte Erkenntnisse umfassen das ganze ausgedehnte Gebiet der Ideenbildung, das vom Kinde eingenommen wird von dem Punkte an, wo es die erkennende Connotation eines Papageis hinter sich zurücklasst, bis zu dem Alter, da seine bloss denotative Connotation auch denominativ zu werden beginnt.

3. Niedere Begriffe umfassen das Gebiet der begrifflichen Ideenbildung, wo dieselbe sich zum erstenmal über die Stufe der gesteigerten Erkenntnisse erhebt, bis zu dem Punkte, wo die denominative Connotation nicht nur mit der Benennung von Erkenntnissen, sondern auch mit derjenigen vereinigter Begriffe verbunden ist.

4. Höhere Begriffe umfassen alle fernern Vervollkommnungen menschlichen Denkens.

Gesteigerte Erkenntnisse könnten wir hiernach auch passend „Vorbegriffe" nennnen; sie beanspruchen den Zwischenraum zwischen dem Erkenntnisleben des Tieres und dem erstmaligen Auftauchen begrifflichen Lebens beim Menschen. Ein Vorbegriff ist also diejenige Art gesteigerter Erkenntnis, der wir bei keinem Tiere begegnen, die aber beim Menschen auftritt, wenn er das Tier hinter sich zurückgelassen und Selbstbewusstsein noch nicht erlangt hat. Mit dieser Bezeichnung will ich meinen Gegnern nicht vorgreifen, sondern nur ein bestimmtes Gebiet der Ideenbildung abstecken, welches bis dahin noch jeder Bezeichnung entbehrte. Ist es doch meine Absicht, nachzuweisen, dass wie beim heranwachsenden Kinde aus Empfindungen Wahrnehmungen, aus Wahrnehmungen Erkenntnisse (auch bei den Tieren) entstehen, so auch aus Erkenntnissen Vorbegriffe, aus Vorbegriffen Begriffe, aus Begriffen Sätze und aus Sätzen Schlussfolgerungen sich entwickeln. Wenn ich aber auf diese Weise das Zwischenglied der Vorbegriffe, wie geschehen, ergänze, will ich unserm Ziel in keiner Weise vorgreifen, sondern nur den strittigen Boden abstecken. Meine Aufstellungen sind allzu selbstverständlich, als dass man sie in Frage stellen könnte. Wenn man daher meiner neuen Abteilung der „Vorbegriffe" Bedenken entgegensetzen wolle, so könnte dies nur in der Voraussetzung geschehen, dass ich damit den Geist des Kindes dem des Tieres näherrücken möchte, als man dies zulässig finden möchte. Was soll ich aber thun? Wenn ich jene Abteilung nicht aufgestellt hätte, würde ich der Frage in der That vorgegriffen haben. Entweder es besteht ein Unterschied zwischen der Namen gebenden Fähigkeit eines Papageis und der eines kleinen Kindes, oder nicht. Besteht kein solcher, um so besser für meine Beweisführung. Ich lasse aber, wie gesagt, einen solchen Unterschied zu und verlege ihn an die erste Stelle, wo der Verstand eines Kindes möglicherweise von dem eines Papageis auseinandergehen kann, also dort, wo die Fähigkeit der Namengebung seitens eines Kindes sichtlich die eines Papageis oder irgend eines andren Tieres übertrifft. Wenn diese Stelle vor dem Auftauchen des Begriffs liegt, so ist das nicht meine Schuld; auch beeinträchtige ich dadurch keineswegs die Stellung unsrer Gegner, welche darauf beharren, dass diese Fähigkeit ausschliesslich dem Menschen gebühre. Wenn ihre Stellung vorher irgend etwas wert war, so kann sie nicht dadurch erschüttert werden, wenn ich auf die Thatsache hinweise, dass ein Papagei, der seinen denotativen Namen für einen Hund von einem Terrier auf einen Setter ausdehnt, deswegen doch nicht einem Kinde bei seinem weiteren Fortschritt in erkennender Connotation zu folgen vermag.

Wenn ein Kind zu einem Setter „Wauwau“ sagt, nachdem es diesen Namen mit Bezug auf einen Terrier gelernt, urteilt es entweder über Ähnlichkeiten und sagt dabei eine Thatsache aus, oder es thut nichts von beiden. Sollten unsre Gegner geneigt sein zu sagen, es thue beides, so ist unser Streit so gut wie beendet, denn in diesem Falle müssen wir auch vom Papagei sagen, er urteile und sage aus. Wenn jene aber das Klügere vorziehen und meine Unterscheidung zwischen erkennenden und begrifflichen Namen annehmen wollen, so müssen sie auch das zwischen den Erkenntnissen eines Vogels und den Begriffen des Menschen liegende Grenzgebiet der Vorbegriffe anerkennen, nämlich dasjenige Gebiet, welches von der gesteigerten Erkenntnis des Kindes vor dessen Übergang zum Begriffsleben des erwachsenen Menschen eingenommen wird. Einen noch unumstösslicheren Beweis für das Vorhandensein dieses Grenzlandes werde ich aber noch später erbringen. Das

Gebiet der Ideenbildung, welches die höchstmöglichen Erkenntnisse eines Tieres, von den niedersten Begriffen des Menschen trennt, ist also eine einfache Thatsache der Beobachtung und mein Ausdruck „Vorbegriff“ hat nur den Zweck, dieses Zwischengebiet zu benennen.

Was aber für das Benennen gilt, gilt jedenfalls auch für das Urteilen; wenn es eine Stufe der Vor-Begriffe giebt, muss es auch eine Stufe der Vor-Urteile geben. Denn wie wir gefunden haben, gehört es zum Wesen eines Urteils, dass es mit Begriffen verbunden ist; wenn der Geist es lediglich mit Erkenntnissen zu thun hätte, würde niemals ein wirkliches Urteil gebildet worden sein. Wenn ein Kind zur Abbildung eines Hundes „Wauwau“ sagt, so wird man angesichts dieses Urteils über die Ähnlichkeit des Bildes mit dem Hunde annehmen müssen, dass zu diesem Akt erkennender Klassifizierung ein ausgesprochen menschliches Vermögen begrifflichen Denkens erforderlich ist. Nun kann sich aber keiner unsrer Gegner zur Annahme dieser Voraussetzung herbeilassen, weil hinter dem Kinde der Papagei steht. Allerdings geht der Papagei in seiner erkennenden Klassifizierung nicht weiter, als dass er seinen Namen für einen besondern Hund auf andre lebende Hunde ausdehnt. Wenn aber jemand imstande wäre, seinen ganzen Beweisgang auf eine so schwache Unterscheidung wie diese zuzuspitzen und zu behaupten, dass mit dem Punkt, wo die Connotation des Kindes diejenige eines Papageis hinter sich zurücklässt, der Beweis für einen psychologischen Unterschied der Art nach geliefert sei, aus dem einfachen Grunde, weil das Kind den Papagei hinter sich zurücklässt: so würde ich mich auf die Bemerkung beschränken, dass nicht jeder Papagei sein denotatives Zeichen von einem Hund auf einen andern von ganz verschiednem Aussehen ausdehnt. Verschiedne Vögel zeigen in dieser Beziehung verschiedne Grade von Intelligenz. Die Mehrzahl derselben sagen „Wauwau“, bellen, oder geben sonst ein angelerntes oder selbst-erfundnes denotatives Zeichen von sich, wenn sie mehr oder weniger ähnliche Hunde sehen, wie denjenigen, für den sie das denotative Zeichen ursprünglich gebrauchten; nicht jeder Papagei ist aber imstande das Zeichen von einem Pinscher auf einen Bullenbeisser oder einen Neufundländer auszudehnen. Wer daher behaupten wollte, der Unterschied zwischen einer Intelligenz, welche die Ähnlichkeit eines gezeichneten oder eines gemalten Hundes wahrzunehmen vermag, und einer solchen, welche dazu nicht imstande ist, sei ein Unterschied der Art nach, der wäre auch gehalten, einen gleichen Unterschied zwischen einer Intelligenz aufzustellen, welche die Ähnlichkeit eines Pinschers mit einem Neufundländer wahrnimmt, und derjenigen welche dies nicht vermag. In diesem Fall wäre aber auch die Intelligenz eines Papageis von einem andern der Art nach verschieden, so wie auch die Intelligenz des Kindes in einem gewissen Alter der Art nach verschieden wäre von derjenigen desselben Kindes, wenn letzteres einige Wochen älter geworden — was gleichermassen sinnlos erscheint. Die Wahrheit kann nur die sein, dass bis zu dem Punkte aufwärts, wo die Intelligenz des Kindes die des Vogels hinter sich zurücklässt, beide noch auf der receptiven Stufe der Zeichengebung stehen, und dass der einzige Grund, warum das Kind den Vogel hinter sich zurücklässt, in erster Linie nicht darin besteht, dass das Kind mit einemmale die Fähigkeit zu begrifflicher Ideenbildung erlangt, sondern weil es nach und nach eine höhere Stufe erkennender Ideenbildung gewinnt. Ein unmittelbarer Beweis dafür liegt schon in der Thatsache, dass intelligentere Tiere als Papageien nachgewiesenermassen imstande sind, plastische, ja sogar bildliche Darstellungen zu erkennen. Wenn somit sprechende Vögel eine ähnliche Stufe der Intelligenz erreicht hätten, oder wenn andre, noch intelligentere Tiere gleich den sprechenden Vögeln imstande gewesen wären, denotative Zeichen zu gebrauchen, so würde das Kind sich wahrscheinlich nicht schon auf einer so frühen Stufe erkennender Namengebung vom Tiere getrennt haben.*)

---

*) In betreff der Erkennung bildlicher Darstellungen seitens der Tiere, werden Fälle von Hunden und Affen namhaft gemacht. Isid. Geoffroy St. Hilaire erzählt von einem Midas (*Corinus*), dass er verschiedne Gegenstände auf einem Bild in Holzschnitt unterschied; Audouin zeigte ihm das Bild einer Katze und einer Wespe, bei deren Anblick er sehr erschrak, während er auf die Abbildung eines Heuschrecks und eines Käfers losstürzte, um die dargestellten Gegenstände zu ergreifen. (Bates, *Natural. on Amaz. p.* 60).

Was haben wir nun über die Urteilsfähigkeit mit Bezug auf jene drei Stufen der Ideenbildung — der Erkenntnis, des Vorbegriffs und des Begriffs — zu sagen? Nur soviel, dass wir eine parallele und konsequente Unterscheidung unter den Urteilen, als erkennend, vorbegrifflich und begrifflich aufzustellen haben.*) Wie

Das Alter, in dem junge Kinder Ähnlichkeiten im Bilde zum erstenmal erkennen, wechselt natürlich sehr je nach der Individualität. Ich habe keine Nachweisungen darüber in den betr. psychologischen Schriften gefunden. Das früheste Alter, in dem ich ein Anzeichen dieser Fähigkeit bei meinen eignen Kindern bemerkte, war, als mein 8 Monate alter Knabe lange Zeit mein eignes Porträt in einer Weise fest ins Auge fasste, dass ich nicht zweifeln konnte, dass er es als einem Menschen ähnlich erkannte. Wenn überdies später in demselben Zimmer gefragt wurde: „wo ist Papa?", sah er gewöhnlich auf und zeigte nach dem Porträt. Ein andres Kind, welches dasselbe Porträt nicht gesehen hatte, ehe es 16 Monate alt geworden, erkannte es sofort auf den ersten Blick, indem es darauf hinwies und „Papa" rief. Zwei Monate später bemerkte ich, dass es auch die Ähnlichkeiten bei abgebildeten Tieren erkannte, und noch viele Monate danach bestand sein Hauptvergnügen darin, ein Bilderbuch durchzusehen, um die darin abgebildeten Tiere oder Menschen nachzuweisen, indem es „Bäh" zu den Schafen, „Muh" zu den Kühen sagte, die Schweine angrunzte u. s. w. Laute, die es als Namen von der Wärterin gelernt hatte. Es irrte sich auch niemals in dieser Nomenklatur und nannte sofort alle bildlichen Darstellungen eines Mannes „Papa", einer Frau „Mama" und von Kindern „Ilda", ein Name, den es seinem jüngeren Bruder gegeben hatte. Wenn ihm ein Bilderbuch verkehrt in die Hand gegeben wurde, bemerkte es sofort den Irrtum und verbesserte ihn und wo es die bildliche Darstellung eines Tieres sah, auf einem Schirm oder einem Maueranschlag, pflegte es sofort darauf hinzuweisen und den Laut auszustossen, der sein Name für das betr. Tier war. Bei einem dritten Kinde, welches noch im Alter von 18 Monaten nicht sprechen konnte, machte ich den Versuch, eine Anzahl Photographieen vor ihm auszubreiten und zu fragen: „Welches ist Mama?" „Welches Papa?" Ohne Zögern deutete es stets richtig darauf hin.

*) Mit dem Ausdruck „Urteil" für alle drei Stufen, will ich in keiner Weise meinen Gegnern zuvorkommen. Die oben folgende Erklärung wird genügen, um zu zeigen, dass die berechtigten Ausdrücke „erkennend" und „vorbegrifflich" jedem Missbrauche vorbeugen, wie ja auch z. B. die Psychologen von ‚wahrnehmenden, unbewussten oder intuitiven Urteilen" in Verbindung mit ‚noch niederen Stufen geistiger Thätigkeit sprechen. Es scheint mir aber besser, einen schon bestehenden Ausdruck passend zu verwenden, als der schon so grossen Anzahl neu von mir eingeführten Bezeichnungen noch eine weitere hinzuzufügen.

schon wiederholt bemerkt, besteht der unterscheidende Grundzug eines Urteils in jedem Akt einer formellen Aussage darin, dass zwei Begriffe im selbstbewussten Denken zusammengebracht und die zwischen ihnen bestehenden Beziehungen als solche unterschieden werden. Wir können daher nicht sagen, dass ein Tier urteile, wenn es, ohne irgend welches selbstbewusste Denken, gewisse Erinnerungen an frühere Erfahrungen in der Form von Erkenntnissen zusammenbringt und uns die Ergebnisse seiner Ideenbildung in dem darbietet, was Mivart „praktische Folgerungen" nennt. Wenn also ein Tier, welches imstande ist, zwei Erkenntnisse, jedes für sich, mit einem besondern Namen zu benennen (wie es bei sprechenden Vögeln der Fall ist), diese beiden, durch einen Akt „praktischer Folgerung" verbundnen Erkenntnisse gemeinsam benennen würde, so dürften wir dies, obwohl der äussere Anschein einer Behauptung damit verbunden wäre, doch nicht mit vollem Recht eine Behauptung nennen. Es würde vielmehr die Feststellung einer wahrgenommenen Thatsache sein, nicht aber die Feststellung einer als thatsächlich wahrgenommenen Thatsache.

Wenn dies alles nun hinsichtlich der Tiere zugegeben werden muss, so wird es wohl auch für das heranwachsende Kind gelten müssen. Mit andern Worten, wenn es sich nachweisen lässt, dass ein Kind imstande ist, eine Thatsache festzustellen, ehe es die Thatsache als thatsächlich feststellen kann, so ist damit auch bewiesen, dass die psychologische Geschichte eines jeden Menschen es anfänglich nur mit einer unvollständigen Art von Urteil zu thun hat, die sich nicht über die einfache Erkenntnisstufe erhebt und nur wahrgenommene Thatsachen feststellt, später aber zum vollständigen Urteil übergeht, welches mit begrifflicher Erkenntnis verbunden und imstande ist, die wahrgenommenen Thatsachen als thatsächlich festzustellen. Die Vorbedingung dieses Aufstiegs von der sozusagen niedern Art von Urteil zu der höhern besteht in dem Hinzutreten des Selbstbewusstseins. Deshalb befindet sich der Punkt, wo die Feststellung einer Thatsache in die Aussage von einer Thatsache übergeht, dort, wo das Selbstbewusstsein zum ersten Male auftritt. Wo dieses stattfindet, werden wir sogleich zeigen. Inzwischen möchte ich noch darauf hinweisen, dass wenn unsre Gegner ihren Standpunkt nicht gänzlich aufgeben wollen, sie mindestens zugeben müssen, dass ein gewisser Unterschied zwischen der connotativen Befähigung eines Papageis und der eines Menschen immerhin besteht. In diesem Falle werden sie aber ferner zugeben müssen, dass zwischen dem Punkt, wo die connotative Fähigkeit eines Kindes diejenige eines Papageis hinter sich zurücklässt, und demjenigen, wo dieselbe völlig begrifflich wird, noch ein weites Gebiet der Ideenbildung liegt, das unmöglich ausser acht gelassen werden kann. Um aber unsrer Frage nicht vorzugreifen, beschränke ich mich auf den blossen Hinweis auf diesen überaus wichtigen und deutlichen Unterschied.

Da die Erklärung dieser Vorstufe schon einen grossen, fast allzu grossen Raum in Anspruch genommen hat, so halte ich es für besser, dieses Kapitel mit einer Übersicht über die hier von uns geforderten Unterscheidungen zu schliessen:

Unter einem erkennenden (rezeptiven) Urteil verstehe ich dieselbe Art Ideenbildung, die Mivart „praktische Folgerung bei Tieren" nennt. Beispiele dazu finden sich im dritten Kapitel.

Unter einem vorbegrifflichen Urteil verstehe ich jene Art wirklichen oder unvollständigen Urteils, die von Kindern infolge der „praktischen Folgerungen" abgegeben werden, welche sie mit den Tieren gemein haben, ehe das selbstbewusste Nachdenken hinzutritt. Diese vorbegrifflichen Urteile gelangen durch Gebärden oder durch connotative Klassifizierung oder durch die Vereinigung beider zum Ausdruck. Einige Beispiele hierzu habe ich bereits gegeben, andre folgen in den nächsten Kapiteln.

Unter einem begrifflichen Urteil verstehe ich ein vollständiges Urteil im gewöhnlichen Sinne des Wortes.

Ein erkennendes Urteil hat es also mit Erkenntnissen zu thun; ein vorbegriffliches Urteil mit Vorbegriffen und ein vollständiges Urteil mit Begriffen. Oder auch umgekehrt: Erkenntnisse führen zu einem erkennenden Urteil (wie z. B. ein Seevogel ins Wasser stürzt, während er sich vorsichtig auf festes Land niederlässt); vorbegriffliche Erkenntnisse führen zu einem erkennenden Urteil in der Feststellung eines solchen Erkenntnisses (wie z. B. ein Kind, das den Namen eines Hundes auf die Abbildung eines Hundes ausdehnt, die wahrgenommene Ähnlichkeit dadurch behauptet, aber nicht begreift); begriffliche Erkenntnisse führen zu einem begrifflichen oder wirklichen Urteil, das ein solches Erkenntnis erkennt und als solches behauptet (wie z. B. ein Mensch vermöge seiner Befähigung zum Nachdenken nicht nur eine Thatsache feststellt, sondern dieselbe auch als thatsächlich behauptet).

Wenn unsre Gegner einige dieser Unterscheidungen, wenn nicht alle, anfechten sollten, so würde ich sie sehr beklagen. Ihre Bedenken gegen die Entwicklungslehre errichten sie lediglich auf psychologischem Boden; nun komme ich ihnen auf diesem ihrem eignen Boden entgegen und erwarte, dass sie mir, als einzig zulässige Entgegnung, einen Irrtum in meiner psychologischen Analyse nachweisen. Ich lade sie in aller Form dazu ein, denn meine sämtlichen Unterscheidungen habe ich mit Rücksicht auf ihre Erfordernisse aufgestellt, und obwohl diese Unterscheidungen auffallend zahlreich erscheinen mögen, so glaube ich kaum, dass ein Psychologe sich darüber beklagen dürfte, dass sie allzu fein und scharf gezogen seien. Eine jede bezeichnet ein wichtiges Gebiet der Ideenbildung, das abgesondert von den übrigen behandelt werden muss, wenn wir den behaupteten Unterschied, welcher der Art nach zwischen ihnen bestehen soll, ernstlich ins Auge fassen wollen.

Wenn ich daher des Guten in dieser Richtung zu viel gethan habe, so geschah dies doch nur, um der andren Seite möglichst gerecht zu werden. Ich nehme daher das Verdienst für mich in Anspruch, nachgewiesen zu haben, dass wenn zwischen den aufgezeigten Stufen der Ideenbildung irgendwo von einem Unterschied der Art nach die Rede sein kann, dies nur für die letzte gelten mag, wo das Hinzutreten des Selbstbewusstseins den Geist instand setzt, nicht nur zu wissen, sondern auch zu wissen, dass er weiss, nicht nur zu erkennen, sondern auch zu begreifen, nicht nur zu connotieren, sondern auch zu denominieren, nicht nur eine Thatsache festzustellen, sondern auch eine Thatsache als thatsächlich festzustellen. Hieraus ergiebt sich nun für uns die Frage über die Natur dieses Selbstbewusstseins oder, genauer ausgedrückt, darüber, ob der ganz besondre und wichtige Unterschied, welcher mit jenem Attribut dem Menschen zugewiesen wird, ein Unterschied dem Grade oder der Art nach sei? Um diese Frage zu beantworten, müssen wir die Entstehung des Selbstbewusstseins beobachten, und zwar an der einzigen Stelle, wo sie der Beobachtung unterliegt, in der Physiognomie des Kindes.

Um jedes Missverständnis in betreff der zahlreichen Ausdrücke, die ich aufzustellen für notwendig fand, im folgenden auszuschliessen, will ich zum Schluss dieselben hier noch einmal zusammenstellen:

Niedere Erkenntnis = Automatische Gruppierung von Wahrnehmungen.

Gesteigerte Erkenntnis = Vorbegriff, oder ein Grad von erkennender Ideenbildung, der bei jedem Tiere vorkommt.

Niederer Begriff = benannte Erkenntnis, wobei die Benennung auf reflektivem Denken beruht.

Höherer Begriff = eine benannte Verbindung von Begriffen.

Analog diesen Bezeichnungen in Hinsicht auf Namengebung sind:

Erkennende (rezeptive) Namengebung = Denotation mit vorbegrifflicher Benennung.

Begriffliche Namengebung = Denomination.

Ebenso mit Hinsicht auf das Urteilen:

Erkennendes (rezeptives) Urteil = automatische, „praktische“ Folgerung ohne Nachdenken.

Vorbegriffliches Urteil = höhere, immer noch nicht mit Nachdenken verbundne Folgerung eines Kindes vor dem Entstehen des Selbstbewusstseins.

Begriffliches Urteil = wirkliches Urteil, in Form von Denomination, Prädikation oder irgend einem Folgerungsakt, mit dem selbstbewusstes Denken verbunden ist.

Zehntes Kapitel.

Das Selbstbewusstsein.

Mein Bestreben geht in diesem Kapitel auf folgendes hinaus: Nehmen wir das Protoplasma für Zeichengebung als so weit organisiert an, dass die denotative Stufe damit erreicht ist; nehmen wir ferner das Protoplasma des Urteilsvermögens als so weit organisiert an, dass es auf der Stufe steht, eine Wahrheit zu behaupten, ohne dass der Geist noch hinreichend entwickelt wäre, um seiner selbst als eines Objekts des Nachdenkens bewusst zu sein: so wird durch ein Zusammenfliessen dieser beiden protoplasmatischen Elemente ein Befruchtungsakt herbeigeführt, der die nachfolgenden geistigen Organisationsprozesse sofort nach sich zieht und alsbald die Differenzierungsstufe zwischen Subjekt und Objekt erreicht.

Zur Vermeidung von Missverständnissen will ich indessen von vornherein bemerken, dass ich bei alledem, was ich im nachfolgenden zu sagen habe, von der Philosophie dieser Veränderung gänzlich absehe und es nur mit ihrer Geschichte zu thun habe. Denn hinsichtlich der Philosophie kann niemand eine grössere Scheu vor dem Problem des Selbstbewusstseins haben, niemand mehr davon überzeugt sein, dass es auf diesem Wege gar keine Lösung zulässt, als ich. In dieser Richtung fühle ich mich sogar in vollem Einverständnis mit dem vorgeschrittensten Idealisten. Ich halte dafür, dass mit dem Selbstbewusstsein, das jeder von uns besitzt, nicht nur die äusserste und letzte Erkenntnis, nicht nur das gegeben ist, was einzig und allein wirklich für uns ist, sondern dass darin auch die Daseinsform enthalten ist, die der menschliche Geist allein als Dasein aufzufassen vermag, die *conditio sine qua non* der Möglichkeit einer äussern Welt. Mit dieser Seite der Frage haben wir es, wie gesagt, in keiner Weise zu thun. Wie die Aufgabe des Embryologen sich darauf beschränkt, die blosse Geschichte der im Laufe der Entwicklung vor sich gehenden Veränderungen der organischen Gebilde aufzuzeichnen, ohne irgend welches Licht über die tieferen Fragen des Wie und Warum des Lebens zu verbreiten, so suche auch ich nur die Schritte aufzuweisen, mittelst deren sich das Selbstbewusstsein von den niedern Stufen geistigen Lebens loslöste, ohne dass ich über die innere Natur dieser Entstehungsgeschichte Aufklärung zu geben vermöchte. Es ist noch heute ebenso wahr wie zu Zeiten Salomos: „Gleichwie Du nicht weisst den Weg des Windes und wie die Gebeine im Mutterleibe bereitet werden, also kannst Du auch Gottes Werk nicht wissen, das er thut überall." (Pred. 11, 5.)

Wenn wir nun annehmen, dass Selbstbewusstsein allein beim Menschen zu finden sei, so folgt daraus, dass wir auch nur beim Menschen nach Thatsachen bezüglich der Frage seiner Entwicklung forschen können. Und insofern ein normales menschliches Wesen nur während der ersten Jahre seiner Kindheit des Selbstbewusstseins entbehren wird, ergiebt sich daraus, dass uns nur die Psychologie des Kindes den gesuchten Aufschluss geben kann. Da ich ferner behauptete, dass das Selbstbewusstsein aus einem Zusammentreffen von urteilendem Protoplasma mit zeichengebendem Protoplasma (in dem für diese Ausdrücke oben gegebnen Sinne) entstehe, so habe ich dies jetzt auf Grund der Thatsachen, die sich aus der Erforschung der Psychologie des Kindes ergeben, darzulegen. Ehe ich indessen zu dem Kern der Frage übergehe, möchte ich noch einen Blick auf jene Geistesfähigkeiten werfen, die dem Kinde wie dem Tiere gemeinsam, beim erstern dem Auftreten des Selbstbewusstseins vorhergehen und diesem, meiner Ansicht nach, die Wege ebnen.

Man wird mir, denke ich, auf jeden Fall zugeben, dass das Selbstbewusstsein darin besteht, dass man den innern oder psychischen Vorgängen dieselbe Aufmerksamkeit schenkt, die im allgemeinen den äussern oder physischen Prozessen zugewendet wird, indem man den subjektiven Erscheinungen dasselbe Wahrnehmungsvermögen entgegenbringt, wie den objektiven. Der Höhegrad dieser Aufmerksamkeit wird in beiden Fällen natürlich verschieden sein, was aber in keiner Weise meine Definition des Selbstbewusstseins berührt.

Man wird mir ferner zugeben, dass im Geiste der Tiere wie der Kinder eine Welt von Vorstellungen enthalten ist, die als Zeichen für äussere Dinge stehen, und der einzige Grund, warum diese Vorstellungen unbeachtet bleiben — es sei denn, dass sie durch entsprechende Dinge bezw. durch die mit denselben verbundnen sinnlichen Assoziationen hervorgerufen werden — liegt darin, dass der Geist noch nicht imstande ist, den Boden einer solchen Assoziation zu verlassen und sich zu dem höhern und feinern Medium introspektiven Denkens aufzuschwingen (Vgl. auch Kap. II und IV). Nichtsdestoweniger lässt jene Welt von Vorstellungen eine innere Thätigkeit erraten, die nicht vollständig auf den von ausserhalb gelieferten sinnlichen Assoziationen beruht; das heisst, eine Vorstellung regt eine andre, diese wieder eine andre an und so fort, ohne dass dabei von aufeinanderfolgenden Akten einer innern Aufmerksamkeit oder einer selbstbewussten Betrachtung von als solchen erkannten Vorstellungen die Rede wäre. Dass aber ein innerliches, wenn auch unabsichtliches Spiel von Ideenbildung, ohne die Notwendigkeit unmittelbarer, auf der Gegenwart sinnlicher Gegenstände beruhender Assoziationen, im Geist der Tiere stattfindet, wird durch die Erscheinungen des Träumens, der Halluzinationen, des Heimwehs, des Trauerns um abwesende Freunde u. s. w. vollauf bewiesen.*) Ich halte es jedoch für sehr wichtig, dass ein solches innerliches Spiel von Ideenbildung ohne Selbstbewusstsein möglich ist, zumal eine ganze Anzahl Schriftsteller ohne jede Berechtigung behaupten, dass wo Vorstellungen nicht absichtlich als solche angeschaut werden, sie nur auf Assoziationen beruhten, die lediglich der Gegenwart sinnlicher

*) Vergl. dazu das Kapitel über „Einbildungskraft" in meinem mehrerwähnten frühern Werke.

Gegenstände zu danken seien. Ohne Zweifel ist eine geistige Kraft, die absichtlich eine Idee als Objekt einer andern gegenüber zu stellen vermag, auch imstande, in höherm Grade als das Tier eine Idee aus einer andern hervorgehen zu lassen, ganz abgesehen von irgend einem von aussen kommenden unmittelbaren Anreiz. Ich bleibe aber dabei stehen, dass die Ideenbildung bei Tieren nicht durchaus von einem solchen Anreiz abhängig ist, sondern innerhalb bescheidner Grenzen unabhängige Vorstellungsreihen aus eignem Vermögen herzustellen vermag.

Das nächste, was ich mit Bezug auf die Ideenbildung bei Tieren hervorheben möchte, ist, dass sie nicht gänzlich auf blosse Reproduktion, in Erinnerung an besondre Objekte sinnlicher Eindrücke, beschränkt ist, sondern, wie wir im dritten Kapitel gesehen, jenen Umfang geistiger Vervollkommnung erreicht, der mit den von mir sogenannten „Erkenntnissen" verbunden ist.

Ferner beruht die Grundlage des Selbstbewusstseins zum grossen Teil in der Thatsache, dass ein Organismus ein verbundnes Ganze darstellt, dessen sämtliche Teile innerhalb der Einheit der empfindenden Individualität in gegenseitiger Beziehung stehen. Jeder von aussen kommende Reiz, jede im Innern entstehende Bewegung trägt den Stempel der Zugehörigkeit zu dem, was fühlt und bewegt. Daher lernt sowohl ein Tier, wie auch das Kind seine eignen Glieder und seinen ganzen Körper von allen andren Dingen unterscheiden; es weiss Quellen von Schmerz und Unlust zu vermeiden und solche von Lust und Freude aufzusuchen; auch weiss es, dass besondre Bewegungen aus besondren Willensakten folgen, während es in Verbindung mit solchen Bewegungen fortwährend dieselben Muskel-Empfindungen erfährt. Ohne Zweifel gehört jenes Wissen und diese Erfahrung ganz und gar zur Klasse der Erkenntnisse, was aber nicht hindert, dass sie eine höchst wichtige Rolle bei der Grundlegung eines Individualbewusstseins spielen.*)

*) Nach der Meinung von Wundt ist die wichtigste Bedingung zur Entstehung des Selbstbewusstseins durch den Muskelsinn in freiwilligen Bewegungsakten gegeben („Vorlesungen über die Menschen- u. Tierseele" XVIII). Indem ich diese Bedingung gern als hochwichtig anerkenne, halte ich doch die oben bezeichneten mindestens von derselben Bedeutung.

Schliesslich, und ich möchte das für den wichtigsten Punkt in der vorliegenden Frage halten, bezieht sich eine grosse Anzahl der Erkenntnisse eines Tieres nicht auf Sinnesobjekte oder Muskelempfindungen, sondern auf geistige Zustände andrer Tiere. Die Logik der Erkenntnisse genügt, um es instand zu setzen, richtige Analogieen zwischen eignen Geisteszuständen (wenn dieselben auch noch nicht den Gegenstand besondrer Aufmerksamkeit d. h. subjektiver Erkenntnis bilden) und entsprechenden Zuständen andrer Tiere festzustellen. Ich brauche wohl nicht länger hierbei zu verweilen, da ich es für eine durch alltägliche Beobachtung leicht zu bestätigende Thatsache halte, dass Tiere gewohnheitsmässig und mit Sicherheit geistige Zustände andrer Tiere interpretieren und überdies sehr wohl wissen, dass jene auch die ihrigen gleicherweise auszulegen vermögen, wie aus vielgeübten Verheimlichungen, Heucheleien, Überlistungen u. s. w. hervorgeht. Es ergiebt sich daraus, dass intelligente Tiere eine Welt von Ejekten sowohl als auch von Objekten erkennen, indem sie geistige Existenzen ejektiv erfassen, obwohl sie niemals subjektiv darüber nachzudenken brauchen.*)

---

*) Eines der besten Beispiele von ejektiver Ideenbildung bei Tieren (vergl. darüber „Geistige Entwicklung im Tierreich“ S. 9 sowie S. 344 flgd.) scheint mir das folgende zu sein, welches ich nach Quatrefages (*l'espèce humaine p.* 20) anführe: „Ich möchte hier meine Kämpfe mit einer Bulldogge erwähnen, die von reiner Zucht und zu voller Grösse herangewachsen, doch noch etwas sehr Jugendliches in ihrem Charakter hatte. Wir waren gute Freunde und spielten öfter miteinander. Sobald ich eine Verteidigungsstellung dem Hunde gegenüber annahm, sprang er mit dem Anschein voller Wut auf mich zu und erfasste meinen Arm, den ich als Schutz und Schild gebrauchte. Zwar pressten sich seine Zähne beim ersten Anprall ziemlich tief in meinen Arm, jedoch niemals so, dass sie mir Schmerz verursachten. Oft ergriff ich seinen Unterkiefer mit meiner Hand, doch gebrauchte er dabei nie die Zähne zum beissen, und doch konnten dieselben Zähne im nächsten Augenblick sich tief in ein Stück Holz einbohren, welches ich ihm zu entreissen suchte. Das Tier wusste offenbar, was es that, wenn es eine Leidenschaft heuchelte, die seinem wirklichen Gefühl geradezu widersprach, und behielt selbst in der höchsten Aufregung des Spiels immer noch genügende Herrschaft über seine Bewegungen, um mich nicht zu verletzen. Es spielte also in der That eine schauspielerische Rolle, was wir uns bei unsern fernern Urteilen immer gegenwärtig halten müssen.“

Ferner ist zu bemerken, dass auf dieser Stufe der geistigen Entwicklung — bei Tieren, wie bei Kindern — das Individuum seine eigne Individualität insoweit bethätigt, um durch die Logik der Erkenntnisse darüber vergewissert zu sein, dass es eines seinesgleichen ist. Ich will damit nicht sagen, dass es seine eigne oder irgend eine andre Individualität als solche abschätze, sondern dass es die Thatsache erkennt, unter einer Anzahl ähnlicher Lebensformen eine besondre zu sein. Sei es im Streit, in Rivalität oder in dem Gefühl, einer Strafe oder der Rache ausgesetzt zu sein u. dgl., immer ist es dem Geiste des Tieres unverkennbar eingeprägt, dass es eine besondre Individualität ist, wenn man auch annimmt, dass das Tier niemals imstande sein mag, über sich als solches nachzudenken. So entsteht eine Art „äusserliches Selbstbewusstsein", welches sich von dem wahren, innern Selbstbewusstsein nur durch den Mangel einer auf innere geistige Zustände als solche gerichteten Aufmerksamkeit unterscheidet. Dieses äusserliche Selbstbewusstsein ist uns allen bekannt, insofern auch wir verhältnismässig selten in unsern alltäglichen Handlungen Halt machen, um die geistigen Vorgänge zu betrachten, zu deren Ausdruck eben jene Handlungen dienen.

Nach alledem entsteht für uns die Notwendigkeit, für unsre Analyse des Selbstbewusstseins dieselbe Unterscheidung geltend zu machen, die wir für die frühern Analysen aller übrigen geistigen Fähigkeiten aufstellten: dass es nämlich ein bloss erkennendes Selbstbewusstsein und ein begriffliches Selbstbewusstsein giebt. Allerdings passt der Ausdruck „Selbstbewusstsein" im strengern Sinne des Wortes nur auf die letztere Art, in derselben Weise, wie das Wort „Urteil" eigentlich nur auf die begriffliche Benennung oder Aussage passt. Indessen dürfen wir hier so wenig wie früher jenes wichtige, bis dahin so sehr vernachlässigte*) geistige Gebiet

*) Allerdings nicht ganz! Denn Chauncey Wright erkannte deutlich das Vorhandensein dessen, was ich „erkennendes Selbstbewusstsein" nenne; er gab ihm den oben erwähnten Namen „äusserliches Selbstbewusstsein" (*Evolution of Selfconsciousness*). — Auch Darwin scheint dieselbe Unterscheidung anerkannt zu haben, wie aus folgender Stelle seines Werkes über die „Abstammung des Menschen" I. S. 108 hervorgeht: „Man kann ganz gern zu-

übersehen. Das bloss erkennende oder äusserliche Selbstbewusstsein ist also die praktische Erkennung des Ichs als eines aktiven und empfindenden Agens; während begriffliches oder inneres Selbstbewusstsein sich darstellt als die introspektive Erkennung des Ichs als eines Objekts der Erkenntnis und deshalb als eines Subjekts. Die eine Form des Selbstbewusstseins unterscheidet sich also von der andern dadurch, dass sie nur objektiv und niemals subjektiv ist.*)

Somit halte ich es denn für feststehend, dass das wahre oder begriffliche Selbstbewusstsein darin besteht, dass dieselbe Art Aufmerksamkeit inneren psychischen Vorgängen geschenkt wird, wie man sie im allgemeinen äusseren physischen Vorgängen zuwendet; dass im Geiste von Tieren und Kindern eine Welt von Vorstellungen vorhanden ist, die als Zeichen für äussere Dinge stehen, obwohl man zugeben darf, dass sie zum grössten Teil nur durch Sinnesassoziationen hervorgerufen werden; dass auf dieser geistigen Entwicklungsstufe die Logik der Erkenntnisse sowohl eine ejektive,

geben, dass kein Tier Selbstbewusstsein habe, wenn mit diesem Begriff verstanden werden soll, dass es über solche Fragen, wie: woher es komme oder wohin es gehe, oder was das Leben und was der Tod sei u. s. f. nachdenke. Wie könnten wir aber behaupten, dass ein alter Hund mit einem ausgezeichneten Gedächtnis und etwas Einbildungskraft, wie sie sich durch seine Träume zu erkennen giebt, niemals über die Freuden und Leiden, welche er früher auf der Jagd hatte, Betrachtungen anstellte? Dies wäre aber auch eine Form des Selbstbewusstseins." Wahrscheinlich wird mancher Psychologe sich an den oben gebrauchten Ausdruck „Betrachtungen" stossen. Dass diese Art erkennender Betrachtung bei Hunden vorkommt, wird meiner Meinung nach unzweifelhaft durch die früher erwähnten Beispiele von Heimweh, oder Trauer um abwesende Freunde bewiesen.

*) Hierzu führe ich noch eine überaus treffende Stelle aus Wundts „Vorles. üb. Tier- u. Menschenseele" I. S. 287 an: „Wenn wir überall auf die Empfindung als Ausgangspunkt der ganzen Entwicklungsreihe hingewiesen werden, so müssen auch die Anfänge jener Unterscheidung des Ichs von den Gegenständen schon in den Empfindungen gelegen sein." Auf den Einwurf aber, dass es kein Denken ohne die Kenntnis des Denkens geben könne, antwortet er, dass vor einer Kenntnis des Denkens in gleicher Weise eine Denkart vorhanden gewesen sei, wie ein Wahrnehmen vor dem Hinzutritt des Selbstbewusstseins, und wie z. B. erkennende (rezeptive) Ideen vom Raum jeder begrifflichen Erkenntnis dieser Ideen als solcher vorhergehen mussten.

als auch eine objektive Welt in sich begreift; und dass wir es hier mit einer Erkennung der Individualität zu thun haben, soweit dieselbe auf einem sog. äusserlichen Selbstbewusstsein beruht, d. h. auf dem Bewusstsein des Ichs als eines empfindenden, aktiven Agens, aber ohne Bewusstsein des Ichs als eines Objekts des Denkens und demzufolge als eines Subjekts.

Nachdem wir hiermit die geistigen Vorbedingungen zur Entstehung des wahren Selbstbewusstseins dargelegt, wenden wir uns zunächst an das heranwachsende Kind, um einen Nachweis für die folgenden Entwicklungsstufen jener Fähigkeit zu finden. Sämtliche Beobachter stimmen darin überein, dass noch lange nachdem das Kind Worte als Ausdruck von Ideen gebraucht, keine Spur von wahrem Selbstbewusstsein vorhanden sei. Um unsern Überblick mit einer noch frühern Periode zu beginnen, so ist im Alter von etwa einem Jahr dem Kinde sein eigner Organismus als ein Teil seines Ichs oder, besser gesagt, als in irgend welcher Beziehung zu seinen Gefühlen stehend bekannt. Prof. Preyer beobachtete, dass sein über ein Jahr alter Knabe in seinen eignen Arm biss, als habe er einen fremden Gegenstand vor sich; sonach könnte man sagen, dass er weniger Bewusstsein von einem zu seinem Ich gehörenden Gliede hatte, als Buffons Papagei, der nach seiner eignen Klaue rief und sein Verlangen damit erfüllte, dass er sich die Klaue in den Schnabel steckte, ganz so, wie er sie irgend jemand anderm zu reichen pflegte, wenn man ihn in denselben Worten dazu aufforderte.

Später, wenn sich das erwähnte äusserliche Selbstbewusstsein entwickelt hat, finden wir, dass das Kind, wie auch das Tier, seinen eignen Organismus in Verbindung mit seinen eignen geistigen Zuständen setzen lernt, dass es also seinen Körper als zu seinem Ich gehörend erkennt, insoweit das Ich überhaupt durch die Logik der Erkenntnisse erkennbar ist. Dann beginnt das Kind zu sprechen und offenbart uns bei diesem erstmaligen Ausdruck der Logik der Erkenntnisse die nicht unerwartete Thatsache, dass noch kein inneres Selbstbewusstsein vorhanden ist, sondern nur ein äusserliches; dass es seinen eignen geistigen Zuständen keine grössere Aufmerksamkeit schenkt, als dass es fühlt, dass es sie fühlt. Dementsprechend finden wir, dass das Kind von sich als von einem Objekt spricht, d. h. mittelst seines Eigennamens oder in dritter Person. „Das Kind setzt sich noch nicht in Gegensatz zu allen äussern Dingen, einschliesslich aller andern Personen, sondern betrachtet sich als eines von vielen Dingen."*) Der Übergang in der Redeweise des Kindes, von sich als einem Objekt, bis dahin, von sich als einem Subjekt zu sprechen, findet nur höchst selten früher als im dritten Jahre statt. Ist dies aber erreicht, so ist damit ein deutlicher Beweis von wahrem Selbstbewusstsein, wenn auch noch in einem mangelhaften Grade, gegeben. Auch ist es zweifelhaft, ob jener Übergang schon in einem so frühen Alter stattfinde, wenn er nicht durch die „soziale Umgebung" gefördert würde; denn, wie Sully bemerkt, „die Beziehung des Ichs und des Nicht-Ichs, einschliesslich des Ich und Du, wird dem Kinde durch die Sprache der andern fortwährend eingeprägt."**) Nehmen wir aber diesen grossen Übergang für die angegebene Lebenszeit an und verfolgen wir die weitern Abschnitte seiner Entwicklung.

Man kann ohne weiteres zugeben, dass ein Kind bis zu dem Zeitpunkt, da es zu sprechen beginnt, nicht die Spur eines wirklichen oder introspektiven Bewusstseins von seinem Ich habe; eben-

---

*) Sully, a. a. O. p. 376. Vergl. auch Wundt, a. a. O. I. S. 289. Er zeigt dort, dass dieses Sprechen von sich in der dritten Person, nicht etwa auf „Nachahmung" beruht, sondern im Gegenteil: „Tausendmal hört das Kind, dass seine Eltern nicht auf diese Weise von sich selber sprechen." Das Kind hört aber, dass seine Eltern es in der dritten Person erwähnen und folgt ihnen darin. Eine solche Art Nachahmung zeigt aber nur, dass das Kind bis dahin noch nicht zwischen seinem Ich als Objekt und seinem Ich als Subjekt zu unterscheiden gelernt hat. Später, wenn diese Unterscheidung ihm aufzudämmern beginnt, geht die Nachahmung dazu über, für das Ich die erste Person zu gebrauchen, in der Weise, wie andere — nun als solche vom Kinde erkannte — Ichs das in seiner Gegenwart thun.

**) A. a. O. p. 377. — In bestimmterer Weise berichtet Fritz Schultze („Sprache des Kindes" S. 44), dass sein Kind im Alter von 19 Monaten zum erstenmal „Ich" in dem Satze „Ich Foff (Wurst) haben" gebrauchte. „Im nächsten Augenblick sagte es „Dita Foffa haben" (Gretchen will Wurst haben) und zeigte durch diesen Wechsel von Ich und Dita, dass es die Bedeutung des Ich, die Bezeichnung desselben auf seine Person, richtig erfasste."

Der Übersetzer.

sowenig wird man leugnen, dass wenn dieses Bewusstsein aufzutauchen beginnt, die Sprache dem Kinde eine wichtige Stütze zu allen fernern Fortschritten liefert. Wir haben aber bereits gefunden, dass ehe das Kind irgend welche Worte äussert, die von dem auftauchenden Bewusstsein seines Ichs Zeugnis geben, es im Gebrauch der Sprache schon bis zur Bildung von Sätzen vorgeschritten ist. Um aber jedem Verdacht der Voreingenommenheit meines Urteils zu begegnen, führe ich nochmals ein Zeugnis Sullys, als einer der höchsten Autoritäten in Fragen der reinen Psychologie an:

„Wenn ein Kind von achtzehn Monaten beim Anblick eines Hundes ‚Wauwau‘, oder beim Fallenlassen seines Spielzeugs ‚Fall‘ ruft, so kann man wohl sagen, dass es damit Urteile bildet, wie ‚dies ist ein Hund‘ oder ‚das Spielzeug ist gefallen‘. Die ersten Ausdrücke eines Urteils betreffen besondre Gegenstände. Das Kind bemerkt etwas Unerwartetes und Überraschendes und drückt das Resultat seiner Beobachtung in einem Urteil aus. So z. B. bildete der mehrfach erwähnte Knabe das erste deutlich bemerkbare Urteil im Alter von neunzehn Monaten, als er äusserte: ‚Dit sei‘ (die Schwester schreit). Die ersten Urteile haben es hauptsächlich mit der Nahrung oder sonstigen Dingen von höchster Wichtigkeit für das Kind zu thun. Unter den ersten Versuchen, Worte zu Sätzen zu verbinden, befanden sich bei obigem Knaben z. B.: ‚Ka in Milch‘ (etwas Schmutziges in der Milch), ‚noch Milch‘ u. s. f. Gegen das Ende des zweiten Jahres gab er schon eine ganze Anzahl Urteile von sich, die gewisse Besonderheiten von Dingen betrafen, welche ihn überraschten oder einen Eindruck auf ihn machten, wie z. B. eine veränderte Aufstellung derselben u. s. w. Hierzu gehören auch folgende: ‚Das Wauwau‘ (das ist ein grosser Hund), ‚Dit unartig‘. Mit dem Beobachtungsvermögen und dem Interesse an andern Dingen wächst auch die Zahl der Urteile. Und wenn sich einmal die Fähigkeit entwickelt, Beziehungen abzusondern, Worte zu äussern und zu verbinden, so versucht sich das Kind auch in ausgearbeiteteren Sätzen, wie ‚Mama unartig sagt das.‘“*)

---

*) A. a. O. p. 435.

Alles das könnte ich nötigenfalls aus meinen eignen Notizen über die Entwicklung der kindlichen Intelligenz bestätigen; aus den angegebenen Gründen ziehe ich es aber vor, ganz unparteiische Zeugen sprechen zu lassen, zumal diese Thatsachen von der höchsten Wichtigkeit für den vorliegenden Gegenstand sind, wie ich sogleich nachweisen werde.

Wir haben also ein unwiderlegliches Zeugnis vor uns, dass das heranwachsende Kind die Fähigkeit besitzt, vorbegriffliche Urteile nicht nur zu bilden, sondern auch zum Ausdruck zu bringen, lange bevor es auch nur den leisesten Anhalt dafür giebt, dass es die Anfänge eines innern, begrifflichen, wirklichen Selbstbewusstseins besässe. Mit andern Worten, man wird zugeben müssen, dass lange bevor der menschliche Geist genügend entwickelt ist, um Beziehungen als bezogen wahrzunehmen oder eine Thatsache als thatsächlich hinzustellen, er Beziehungen wahrzunehmen und Thatsachen hinzustellen vermag: die Logik der Erkenntnisse ist dabei mit jenen höhern erkennenden Urteilen verbunden, die ich „vorbegrifflich" nannte, und vermag solche Urteile in Wortzeichen, ohne Hinzutreten eines wahren, introspektiven Selbstbewusstseins zum Ausdruck zu bringen. Man wird sich erinnern, dass ich jene unterscheidenden Ausdrücke vorgeschlagen habe, um dem möglichen Einwurf zu begegnen, dass wirkliche Urteile ohne ein wirkliches Selbstbewusstsein nicht vorkommen könnten. Ich lege übrigens kein grosses Gewicht darauf, welche Bezeichnungen man für die verschiednen aufeinander folgenden Entwicklungsphasen anwenden will, die ich hier darzulegen versuche. Was ich klar zu machen wünsche, ist, dass wir es hier mit einem Wachstum oder einem ununterbrochnen Fortschritt dem Grade nach, im Gegensatz zu einem solchen der Art nach, zu thun haben.

Es ist denn auch nicht zu verkennen, dass wir in diesen unvollkommnen Urteilen schon einen beträchtlichen Fortschritt im Vergleich zu denen vor uns haben, die uns bei den Tieren begegneten. Denn bei Kindern im Alter von zwei bis drei Jahren finden sich nicht nur die vermöge der Logik der Erkenntnisse gebildeten, sondern auch die durch die Logik der Vorbegriffe zum Ausdruck gelangenden Urteile, die sich von einer Aussage nur durch das Fehlen des Selbstbewusstseins unterscheiden. „Dit unartig“ ist ein Satz in jeder Beziehung, abgesehen von der fehlenden Kopula, die jedoch, wie ich schon früher zeigte, von keiner psychologischen Bedeutung ist. Das Kind nimmt hier eine gewisse Thatsache wahr und stellt sie in Worten fest, um die Thatsache andern mitzuteilen, ganz wie ein Tier unter ähnlichen Umständen eine Gebärde oder ein Lautzeichen gebraucht. Das Kind ist aber wohl ebensowenig wie das Tier imstande, mit Absicht seinem eignen Geiste die Behauptung vorzustellen, die es einem andern vorstellt. Da aber das Kind ein bei weitem wirksameres Zeichensystem zu seiner Verfügung hat, als das Tier, und überdies sich des doppelten Vorzuges erfreut, eine starke Neigung zur Mitteilung von Wahrnehmungen durch Zeichen ererbt zu haben und sich vom Medium der Sprache umgeben zu finden, so können wir uns kaum darüber wundern, dass seine, obwohl noch nicht von Selbstbewusstsein begleiteten, thatsächlichen Urteile häufiger durch Zeichen ausgedrückt werden, als dies bei Tieren der Fall ist. Auch darf es uns, aus demselben Grunde, nicht überraschen, dass die von einem Kinde jenes Alters gebrauchten prädikativen Redensarten, ähnlichen Redensarten beim Papagei gegenüber, den grossen Fortschritt zeigen, dass Subjekt und Prädikat nicht mehr in besondern Redensarten miteinander verbunden oder, um ein schon früher gebrauchtes Bild zu gebrauchen, in solchen Redensarten stereotypiert sind, sondern als bewegliche Typen benutzt werden können, um je nach ihrer verschiednen Zusammensetzung eine Menge verschiedner Redensarten daraus zu bilden. Bei einem sprechenden Vogel ist eine Redensart von keinerlei grösserer Bedeutung, als ein einzelnes Wort, während sie bei einem Kinde auf der bezeichneten Stufe weit mehr bedeutet; ihm ist sie das zu dem besondern Zweck gebildete Werkzeug zur Mitteilung einer besondern Meinung, die möglicherweise noch niemals dadurch oder durch irgend eine andre Redensart mitgeteilt wurde. Während wir aber einem so grossen Fortschritt in der Befähigung zum Aussagen die verdiente Bedeutung beimessen, dürfen wir doch nicht vergessen, erstens, dass dies noch nicht das wahre Aussagen im Sinne eines wirklichen oder begrifflichen Urteils bedeutet, und zweitens, dass die Fähigkeit, Worte wie bewegliche Typen zu gebrauchen, unsern frühern Betrachtungen gegenüber kaum als ein so wunderbarer oder unerklärlicher Fortschritt in der Zeichengebung zu erachten ist. Der bedeutsamste Punkt besteht darin, dass, obwohl ein grosser Fortschritt in der Richtung des wahren Aussagevermögens geschehen ist, dieses Vermögen damit noch nicht gewonnen ist: die Sätze werden noch ohne Hilfe des Selbstbewusstseins gebildet; sie sind nicht begrifflich, sondern vorbegrifflich.

Was folgt daraus? Ich wiederhole, dass ich nicht daran denke, das Problem hinsichtlich der innern Natur des Selbstbewusstseins oder die Frage, wie ein solches Ding möglich sei, zu lösen. Ich acceptiere einfach seine Existenz als eine Thatsache und auf Grund dieser Thatsache werde ich nun nachzuweisen versuchen, wie nach meiner Meinung auf der soeben von uns erreichten Stufe der geistigen Entwicklung das Selbstbewusstsein erfolgen konnte.

Dem Kinde, wie auch dem Tiere, liefert die Logik der Erkenntnisse eine Welt von Vorstellungen, die als Zeichen für äussere Dinge stehen; ferner eine ejektive Kenntnis andrer Geister und schliesslich jene Art Erkenntnis seines Ichs als eines aktiven oder leidenden Agens, die ich nach dem Vorgang Chauncey Wrights „äusserliches Selbstbewusstsein“ genannt habe. Über das Tier hinaus hat aber das Kind, wie wir gesehen, noch ein vollkommneres Zeichensystem zu seiner Verfügung, das ihm ermöglicht, andern ejektiv erkannten Geistern den Inhalt seiner Erkenntnisse mitzuteilen. Zu diesem Inhalt gehört des Kindes Wahrnehmung von geistigen Zuständen andrer, die in deren Gebärden, Tönen und Worten zum Ausdruck gelangen. Diese alle erhalten ihren besondern Namen und werden so zu klaren und deutlichen, ejektiven Vorstellungen der entsprechenden Zustände, die das Kind an sich selbst erfährt. „Mama liebt Dodo“ würde im Munde des Kindes keine Bedeutung haben, wenn es nicht aus seinen eignen Gefühlen den geistigen Zustand kennte, den es ejektiv einem andern zuschreibt. Deshalb wird es uns nicht überraschen, wenn wir finden, dass das Kind auf derselben Entwicklungsstufe auch sagt: „Dodo liebt Mama“. Offenbar berühren wir hier aber bereits die Grenze des wahren Selbstbewusstseins. „Dodo“ spricht allerdings noch immer von sich in der objektiven Redeweise; er ist aber in der Auslegung seiner eignen Geisteszustände schon so weit vorgeschritten, dass er sie nicht weniger klar bezeichnet als die äussern Objekte seiner Sinneswahrnehmung. Somit ist er in den Stand gesetzt, diese Zustände seiner geistigen Anschauung als Dinge gegenüber zu stellen, die durch Wortzeichen denotiert werden können, ohne dass er jedoch imstande wäre, sie zu denominieren.

Der Fortschritt Dodos, sich nicht nur als Objekt, sondern auch als Subjekt geistiger Veränderungen zu erkennen, ist kein sehr grosser. Die einfache Handlung, Wortzeichen auf innere geistige Zustände anzuwenden, hat zur Folge, die Aufmerksamkeit auf diese Zustände zu konzentrieren, und wenn dies zur Gewohnheit geworden, so ist damit die einzige fernere Vorbedingung erfüllt, die den Geist befähigt, vermöge seiner Erinnerung an frühere Zustände die Vergangenheit mit der Gegenwart zu vergleichen und so jene Wahrnehmung des Zusammenhangs seiner eignen Zustände zu erlangen, worin eben das völlig introspektive Bewusstsein des eignen Selbst besteht.

In demselben Sinne bemerkt Chauncey Wright: „Das Gedächtnis oder ein willkürliches Erinnern wird besonders unterstützt durch die Sprache. Es ist ein versuchsweiser Vorgang, ganz ähnlich dem der Aufsuchung eines verlornen oder vermissten äussern Gegenstandes. Es finden dabei Versuche statt, eine vermisste geistige Vorstellung oder eine Reihe von Vorstellungen mit Hilfe von Wörtern wieder zu beleben, oder auch einen verloren gegangnen Namen mit Hilfe von geistigen Vorstellungen oder andern Worten zurückzurufen. Es ist nicht sicher, ob dieses Vermögen ein ausschliesslich menschliches sei, wie man allgemein annimmt, abgesehen natürlich von höhern Graden seiner beim Menschen erreichten Vervollkommnung. Es scheint nicht unmöglich, dass ein intelligenter Hund, vermöge seiner auf gewisse Bedürfnisse absichtlich hingelenkten Aufmerksamkeit, eine ihm entfallene Thatsache, wie z. B. die Stelle eines versteckten Knochens, sich wohl zurückrufen kann."

Mag man nun ein Wiedererinnerungsvermögen, insofern wir dasselbe vom Gedächtnis unterscheiden wollen, bei Tieren annehmen oder nicht, so kann doch mindestens kein Zweifel darüber walten, dass der Gebrauch von Wörtern als Zeichen notwendig zu einer Ausbildung jener Fähigkeit führt und damit zu der klaren Wahrnehmung eines Zusammenhangs der innern oder geistigen Zustände, aus denen das Bewusstsein eines beharrenden Ichs besteht.

Die Erwerbung der Sprache ist ferner in grossem Masse dazu angethan, den Begriff des Ichs zu fördern, als den eines leidenden oder empfindenden Agens, sowie einer wirkenden Ursache, da die Gefühle wie auch die Handlungen des Ichs vermittelst denotativer Benennungen und sogar durch vorbegriffliche Sätze dem Geiste klar vorgestellt werden. Unzweifelhaft wird die Erkenntnis des Ichs bei all diesen Fähigkeiten auch in umfassender Weise durch die Gemütsbewegungen unterstützt. Die Ausdrücke der Liebe, der Sympathie, des Lobes und Tadels u. s. w. von Seiten Andrer und die Gefühle des Wetteifers, des Stolzes, des Triumphs, der Enttäuschung u. s. w. von Seiten des Ichs müssen alle dazu wirken, dem heranwachsenden Kind eine Idee von seiner Persönlichkeit einzuprägen. „Wenn die Aufmerksamkeit des Kindes nach innen zu einem Akt der Reflexion über seine eignen Handlungen, als ein Ausfluss guter oder schlechter Motive, gesteigert wird, erwacht es zu einem vollern Bewusstsein seiner selbst.“ *)

Das vereinigte Zusammenwirken aller dieser Faktoren führt zu der gradweisen Erlangung des Selbstbewusstseins. Ich sage „gradweise“, weil der Vorgang durchaus nach Art eines allmählichen Wachstums stattfindet. Nichtsdestoweniger ist Grund zu der Annahme vorhanden, dass wenn dieses Wachstum einen gewissen Punkt erreicht hat, es sozusagen einen plötzlichen Sprung nach vorwärts macht, der allem Anschein nach in demselben Verhältnis zur Entwicklung des Geistes steht, wie der Akt der Geburt zu der des Körpers. In keinem von beiden Fällen ist die Entwicklung annähernd vollendet. Zwischen den langsam fortschreitenden Phasen *in utero* und den sich allmählich weiter entfaltenden Wachstumsphasen tritt beim menschlichen Körper eine grosse und plötzliche Veränderung ein in dem Augenblick, da er zuerst von dem

---

*) Sully, a. a. O. p. 377.

seiner Mutter getrennt wird. Ähnlich scheint es auch mit dem menschlichen Geiste der Fall zu sein. Zwischen der gradweisen Entwicklung der bloss erkennenden und der nicht minder abgestuften Entwicklung der begrifflichen Ideenbildung scheint ein kritischer Moment einzutreten, wenn die Seele zum erstenmal von dem Nährboden der elterlichen Wahrnehmungen losgelöst wird und in der neuen Welt eines persönlich bewussten Daseins aufwacht. „Die Schlussprozesse, durch welche jene Trennung des Ichs von der Aussenwelt vor sich geht, geschehen allmählich. Es ist eine langsame Arbeit, durch die sich die Scheidung bewerkstelligt. Doch diese Scheidung selbst ist stets eine plötzliche That: es ist ein bestimmter Moment, in welchem das Ich mit einem Male mit voller Klarheit in der Seele aufblitzt und es ist derselbe Moment, in welchem das bewusste Gedächtnis beginnt. Sehr häufig ist es daher, dass gerade dieses erste blitzähnliche Auftauchen des Selbstbewusstseins bis in späte Jahre noch als deutliche Erinnerung zurückbleibt."*)

Der Beweis über diesen Punkt wird allerdings immer mehr oder weniger ungenügend ausfallen, erstens weil die Befähigung zur introspektiven Analyse zur Zeit ihres ersten Auftretens ganz unvermögend ist, etwas über die Umstände ihrer Entstehung auszusagen, und dann weil wir wissen, wie unsicher es ist, in späteren Jahren auf Erinnerungen aus kindlicher Erfahrung zu bauen. Ich führe diesen Beweis also mit dem Zugeständnis an, dass er für unsren vorliegenden Gegenstand von nur geringer Wichtigkeit ist. Mag es im Leben des Menschen, im Alter von zwei oder drei Jahren, einen besondren Moment, wo der sich entwickelnde Geist seiner eignen Personalität bewusst wird, geben oder nicht, die Resultate unsrer Forschung können dadurch in keiner Weise be-

---

*) Wundt, a. a. O. S. 289. Derselbe führt dabei Fälle an, wo eine bestimmte Erinnerung an diesen Moment zurückgeblieben und stellt an andrer Stelle fest, dass dasselbe auch bei ihm der Fall gewesen. Der mit der plötzlichen Entstehung des Selbstbewusstseins verbundne Umstand bestand in letzterem Falle darin, dass er die Treppe hinab in einen Keller fiel — ein Vorkommnis, welches allerdings ganz dazu geeignet war, einem kindlichen Bewusstsein einzuprägen, dass es selbst es sei und niemand andres.

rührt werden. Denn wenn es auch unabänderlich so eintreffen sollte, so könnte dieses Bewusstwerden doch nur in einem höchst niedern und schwachen Grade, angemessen der kindischen Beschaffenheit aller andern geistigen Fähigkeiten, vor sich gehen. Auch wird sich dieses Bewusstwerden ohne Zweifel zu jenem stufenweisen Prozess rezeptiver Entwicklung zurückführen lassen, den ich früher darlegte und den wir in Anlehnung an unsre vorhergehenden Analogieen dem vorgeburtlichen Leben eines Embryos vergleichen dürfen. Andrerseits ist auch nicht abzuweisen, dass jenes neu entdeckte Bewusstsein seiner selbst in der Folge durch einen andren Verlauf geistiger Entwicklung in der Begriffs-Sphäre unterstützt wird, und zwar ehe noch die vervollkommnete Befähigung zu introspektivem Denken erreicht ist, die dazu dient, den Geist eines erwachsnen Menschen ebenso weit aus dem eines kleinen Kindes zu entwickeln, als in demselben Zeitabschnitt der Körper eines Neugebornen zu dem auf der Höhe seines Wachstums Stehenden ausgebildet wird.

In dieser kurzen Untersuchung der Prinzipien hinsichtlich der wahrscheinlichen Entwicklung des Selbstbewusstseins möchte ich noch besondren Nachdruck auf einen Punkt legen, der bisher nicht genügend gewürdigt wurde, ich meine den ejektiven*) Ursprung des subjektiven Erkennens. Die Logik der Erkenntnisse stattet Kind und Tier mit einem ungemein wirksamen Vorrat ejektiver Kenntnisse aus, die zudem wahrscheinlich in grossem Umfange vererbt werden, wie z. B. das Lächeln des Kindes in Erwiedrung auf einen zärtlichen Ton, sein Schreien als Antwort auf einen scheltenden u. s. w.; abgesehen von den noch weit bemerkenswertern Fällen bei Tieren, wie z. B. neu ausgebrütete Küchlein die verschiednen Laute der Henne verstehen, bei der Stimme des Habichts aber entsetzt sind, neugeborne Säugetiere die Stimme der Mutter kennen u. s. f.**) Wir finden ferner, dass ein Kind, lange nachdem es angefangen, Worte zu benutzen, einen starken Hang verrät, alle möglichen beseelten oder nicht beseelten Gegen-

---

*) Vergl. hierzu den frühern Band S. 9.

**) Vergl. den frühern Band S. 171 u. flgd.

stände als „Ejekte“ zu betrachten. Zu dieser allgemein und überall zu beobachtenden Thatsache brauche ich wohl keine besondern Beispiele beizubringen. Ich will deshalb nur bemerken, dass dieser Hang, selbst nach der Erlangung der Sprache und der damit Hand in Hand gehenden Unterscheidung zwischen Belebtem und Nicht-Belebtem, nie völlig verschwindet.

Demselben Hang begegnen wir beim unzivilisierten Menschen. Ganze Seiten könnte man mit Beispielen füllen, wonach Wilde in allen Ländern der Welt unbeseelte Gegenstände und Naturkräfte ausdrücklich personifizieren und mit psychischen Eigenschaften begaben, während die Sprache selbst in ihren höchst entwickelten Formen noch den Eindruck einer ursprünglich ejektiven Terminologie bewahrt. Wenn Prof. Max Müller recht hat, indem er behauptet, dass das persönliche Fürwort „ich“ in allen Sprachen auf eine Wurzel mit der Bedeutung „er“ in Verbindung mit einer deutenden Gebärde zurückzuführen sei*), so hätten wir damit noch einen weitern Beweis für den ursprünglich ejektiven Charakter der Idee des Ichs. Auch ist es wohl nicht zuviel gesagt, dass selbst der Kulturmensch noch unter dem Einfluss jenes angebornen Hanges steht, äussern Dingen Gefühl und Willen zuzuschreiben, deren er sich selbst bewusst ist.**)

Offenbar entspringt in allen Fällen jener Hang des Menschen, auf allen Stufen der geistigen Entwicklung äussere Erscheinungen ejektiv zu betrachten, aus der anschauenden Erkenntnis von seiner zwiefachen, geistigen und körperlichen, Existenz. Dies führt ihn schon frühe dazu, sein Ich als ein Ejekt zu betrachten, ähnlich den andern seiner Art, von denen er sich umgeben sieht. Sobald die Fähigkeit der vorbegrifflichen Aussage erreicht ist, findet sich das Kind im Besitz eines psychologischen Werkzeugs, mittelst

*) Zur Bezeichnung der 1. Pers. Präs. verdoppelte man dann die oben gedachte Wortwurzel *dha* unter Beisetzung der Silbe *ma: dha dha ma* — woraus in der Folge skr. *dádhâmi,* griech. τίθημι entstand. (Vgl. hierzu auch Jäger, üb. den Ursprung der Sprache. („Aus Natur- u. Menschenleben“ I.) Leipzig, 1893. Der Übers.

**) Vergl. hierzu besonders du Prel, Dr. C., Psychologie der Lyrik, Leipzig, Ernst Günthers Verlag. Der Übers.

dessen es seine eignen geistigen Zustände beobachten kann, und sobald es die Aufmerksamkeit auf dieselben gerichtet hat, entsteht das, was mit jedem Akt der Aufmerksamkeit verbunden ist, das Bewusstsein seiner selbst als eines Subjekts und eines Objekts der Erkenntnis.

Diese Analyse ist der Schlussfolgerung Wundts nicht so entgegengesetzt, als es auf den ersten Anblick scheinen möchte, wenn er sagt: „Erst nachdem das Kind durch bestimmte Charaktere sein eignes Wesen von dem andrer unterschieden hat, macht es den weiteren Fortschritt in der Wahrnehmung, dass jene andren gleichfalls Wesen an und für sich sind.“*) Mit andren Worten, die Zuteilung der Personalität an das Ich geht der gleichen Zuteilung an andere vorher. Ich will dies übrigens hier unerörtert lassen, obwohl nach meiner Meinung in den beiden Begriffen von einem Vorher oder Nachher kaum die Rede sein kann. Der Punkt, worauf ich hinweisen möchte, ist vielmehr der, dass vor jenen beiden Begriffen zwei entsprechende Erkenntnisse vorhanden sind, erstens die erkennende Wahrnehmung des Ichs als eines Agens, und zweitens das Ejekt dieser erkennenden Wahrnehmung, wodurch „die andren“ gleichfalls als Agentien erkannt werden. Aus diesen beiden Erkenntnissen entwickeln sich in der Folge die entsprechenden Begriffe der Personalität. Die Entwicklungsreihe ist also diese:

A. Erkennendes Subjekt	a. Erkennendes Ejekt
B. Begriffliches Subjekt	b. Begriffliches Ejekt.

Im Ganzen scheint es mir vollkommen erwiesen, dass die Sprache ebensowohl das dem Selbstbewusstsein Vorhergehende, wie auch das ihm Nachfolgende ist. Wir haben gesehen, dass anfänglich, ehe das Kind imstande ist, eine Thatsache als thatsächlich hinzustellen, das, was ich eine unvollkommne oder vorbegriffliche Aussage nannte, sich nur auf ein objektives oder ejektives Sein bezieht: Alle von Kindern in den ersten zwei Lebensjahren gebildeten Sätze beziehen sich auf Sinnesobjekte, Gefühlszustände u. dergl., niemals auf ihr Ich als Ich und demzufolge

*) „Vorlesungen“ I. S. 289.

auch niemals auf Thatsachen als thatsächlich. Sobald aber das Protoplasma einer Aussage oder einer Zeichengebung von gleicher Entwicklungsstufe sich mit dem Protoplasma eines Urteils oder der Logik der Erkenntnisse von gleicher Entwicklungsstufe vermischt, beginnt eine innere Bewegung von Aktion und Reaktion; die Urteile werden klarer und ausdrucksvoller, unter Annahme einer wenn auch noch unvollkommnen Satzform, während die Sätze selbst wieder durch das wachsende Urteilsvermögen vervollkommnet werden. Wenn diese organisch fortschreitende Befähigung aber eine Ausdehnung erlangt hat, die den Geist über seine eignen Zustände aussagen lässt, so kann man behaupten, dass der geistige Organismus sich zum erstenmal von dem lebendigen, wahren Selbstbewusstsein beseelt zeige.*)

---

*) In dem obigen Abriss der Entwicklung des Selbstbewusstseins beschränkte ich mich lediglich auf die psychologische Seite desselben und auch hier nur soweit es zu meinen Zwecken erforderlich war. Diejenigen, welche sich eingehender darüber unterrichten wollen, verweise ich auf die im Text mehrfach angezognen Werke von Wundt, u. s. w. — Hier begegnen wir auch der Schule von Hegel und der Neu-Kantianer in der Leugnung des Ursprungs und der Entwicklung des Selbstbewusstseins in der Zeit. So z. B. sagt Green (*Prolegomena to Ethics p.* 119) ausdrücklich: „Sollte die Frage entstehen: Wenn das Selbstbewusstsein nicht aus der Natur stammt, was ist denn sein Ursprung? — so antworte ich, es hat keinen Ursprung. Es hat nie einen Anfang gehabt, weil es niemals nicht war. Es ist die Bedingung zu einem Etwas, was beginnt und endet. Was beginnt oder endet, geschieht für es oder in Beziehung auf es.“ — Hierauf kann ich nur antworten, dass ich für meinen Teil von der Thatsache überzeugt bin, dass mein Selbstbewusstsein einen Anfang in der Zeit hatte und nachmals das Subjekt einer gradweisen Entwicklung war. „Das Ich ist ein Entwicklungsprodukt, wie der ganze Mensch ein Entwicklungsprodukt ist.“ (Wundt.) — Ferner vergl.: Herzen, A., „Grundlinien einer allgemeinen Psychophysiologie“; Schultze, Fritz, „vergleichende Seelenkunde“ (Leipzig). Von der metaphysischen Seite des Gegenstandes schrieb du Prel eine „monistische Seelenlehre“.

Elftes Kapitel.

Der Übergang in das Individuum.

Wir sind nun wohl im Besitz von genügendem Material, um eine Beantwortung der uns vorgelegten Frage: „Ist es denkbar, dass der menschliche Geist auf natürlichem Wege aus dem Geist der höhern Vierhänder entstanden sei“? — in Angriff zu nehmen. Ich behaupte, dass das uns vorliegende Material genügt, um zu beweisen, dass dies nicht nur denkbar, sondern unvermeidlich ist.

In erster Linie werden wir uns erinnern, dass wir mit den Tieren nicht nur die Wahrnehmung, sondern auch das, was ich „Erkenntnisse“ nenne, gemein haben. Insoweit kann also, von einem Unterschied der Art nach keine Rede sein. Der Unterschied, sei es der Art oder dem Grade nach, betrifft also nur jene hinzutretenden psychologischen Elemente, die dem Menschen eigentümlich sind und die ich in Übereinstimmung mit andren Psychologen „Begriffe“ nenne. Ich sage ausdrücklich „Elemente“, weil niemand in Abrede stellen wird, dass alle Unterschiede des Begriffslebens Unterschiede dem Grade nach sind, dass also von der Ideenbildung eines Wilden bis zu der eines Shakespeare oder Göthe unzweifelhaft nur eine ununterbrochene Stufenleiter besteht. Die eigentliche Frage beschränkt sich also nur auf die Beziehung zwischen der höchstmöglichen Erkenntnis eines Tieres und dem niedersten Begriff eines Menschen.

In dieser Hinsicht müssen wir nun in erster Linie berücksichtigen, bis zu welcher ausserordentlich hohen Stufe angepasster

Ideenbildung jene lebendige Erkenntnis die Tiere hinaufzuheben imstande ist. Wenn wir die Ideenbildung meines Affen (*Cebus*, vergl. S. 63) — der daş mechanische Prinzip einer Schraube erforschte und die ehrlich erworbne Kenntnis dann auf alle übrigen Schrauben anwandte, — mit der eines paläolithischen Menschen vergleichen, der ungezählte Jahrtausende hindurch nicht über das Spalten von Feuersteinen hinauskam, so können wir in Abmessung der praktischen Wirksamkeit oder Anpassung kaum behaupten, dass der eine dem andern so weit voraus wäre. Und wenn wir ferner daran denken, dass diese selben Menschen niemals auf den einfachen Ausweg verfielen, einen gespaltnen Feuerstein mit einem Handgriff zu versehen, um ein Beil daraus zu machen*), so kann man kaum sagen, dass in Hinsicht auf mechanische Erfindung das frühe Begriffsleben einen sonderlichen Vorsprung vor dem höhern Erkenntnisleben meines *Cebus* aufgezeigt hätte. Nichtsdestoweniger gebe ich zu und bleibe dabei stehen, dass, wie vollkommen das Gebilde dieser Erkenntnis auch sei und wie wunderbar die dadurch ermöglichten angepassten Handlungen auch erscheinen mögen, eine „praktische Folgerung“ oder ein „erkennendes Urteil“ von einer begrifflichen Folgerung oder einem wirklichen Urteil immerhin durch den ungeheuren Unterschied getrennt ist, dass es nicht selbst ein Objekt der Erkenntnis ist. Es ist gewiss eine merkwürdige Thatsache, dass ein Affe lediglich vermöge seiner Erkenntnis das mechanische Prinzip einer Schraube errät und seine Entdeckung dann auf alle Schrauben anwendet. Aber auch darin liegt nichts, was uns andeutete, dass der Affe jemals über das Prinzip als solches nachgedacht hätte. Im Gegenteil, wir dürfen uns wohl von der Unmöglichkeit dessen um so mehr überzeugt halten, da er nicht im Besitze des geistigen Werkzeugs bezw. der nötigen Vorbedingungen dazu sein konnte. Alles was der Affe vollbrachte, war, dass er durch seine „Erkenntnis“ gewisse Ähnlichkeiten wahrnahm; er begriff sie aber nicht bezw.

---

*) „Von allen neolithischen Werkzeugen war das Beil das wichtigste. Durch das Beil vollendete der Mensch seinen grössten Sieg über die Natur.“ (Boyd Dawkins, *Early Man in Britain p.* 278.)

machte sie nicht zum Gegenstand seines Nachdenkens als Ähnlichkeiten. Er war also nicht imstande eine Aussage über die gemachte Entdeckung zu geben oder die gewonnene Kenntnis seinem Geiste als Kenntnis vorzustellen.

Nehmen wir ein andres Beispiel: Der Vogel, der drei Menschen in eine Hütte treten sieht und daraus, dass zwei wieder herauskamen, schliesst, dass einer zurückgeblieben sein musste, zieht diese Folgerung lediglich vermöge seiner „Erkenntnis"; seine Daten wurden ihm durch die verschiednen Sinneswahrnehmungen geliefert. Obwohl diese Thatsachen genügten, um eine „praktische Folgerung" daraus zu ziehen und ihn wissen zu lassen, dass noch ein Mensch zurückblieb, so konnten sie ihn doch offenbar nicht die zahlmässigen Beziehungen als solche erkennen oder ihn in irgend welcher Weise aussagen lassen, dass $3-2=1$ sei. Um dies zu thun, hätte der Vogel von dem Gebiet der blossen Erkenntnisse sich zu dem der Begriffe erheben müssen; er hätte in irgend einer Weise Symbole an die Stelle von Ideen setzen müssen. Unsre Unterscheidung wird auch nicht weiter berührt, wenn wir vernehmen, dass z. B. im Verkehr mit manchen Wilden „jedes Schaf einzeln bezahlt werden muss, sodass bei einem Preis von zwei Stangen Tabak für jedes Schaf ein Dammara in grosse Verwirrung geraten würde, wenn man ihm zwei Schafe nähme und ihm dafür vier Stangen reichte."*)

Aus solchen Thatsachen geht nur hervor, dass in vieler Be-

---

*) Galton, *tropical South Africa p.* 213. Der Verfasser fügt hinzu: „Eines Tages, als ich einen Dammara mit einer Berechnung in hoffnungslosen Kampf verwickelt sah, bemerkte ich, dass Dina, eine Hühnerhündin, mir zur Seite in einer ähnlichen Verlegenheit sich befand. Sie überblickte nämlich ein halbes Dutzend ihrer Jungen, die ihr zwei- oder dreimal genommen worden waren, und ihre Angst war gross, während sie herauszufinden suchte, ob sie alle vorhanden seien oder eins etwa noch fehle. Sie rannte ganz verwirrt um sie herum, konnte aber nicht ins Reine kommen. Offenbar hatte sie eine unbestimmte Vorstellung des Zählens, die Summe war aber zu gross für ihr Hirn. Indem ich die beiden, wie sie dastanden, den Hund und den Dammara, so betrachtete, fiel der Vergleich nicht eben zu grosser Ehre des Menschen aus." Ich erinnere hierbei an den Schimpansen, den ich gelehrt hatte, 1, 2, 3 u. s. w. bis 10 Strohhalme auf Anfordern zu überreichen.

ziehung die Ideenbildung im gesteigerten Erkenntnisleben der Tiere nahezu die Stufe des menschlichen Begriffslebens erreicht. Obwohl die Bedenken, welche man von andrer Seite der Annahme eines genetischen Zusammenhangs beider Erscheinungen entgegensetzt, dadurch wesentlich erschüttert erscheinen, so ist damit doch noch nichts über den psychologischen Unterschied zwischen einer blossen Erkenntnis und einem Begriffe gesagt.

Dieser Unterschied besteht aber, wie wir nun schon oft erfahren haben, darin, dass eine solche Erkenntnis nicht selbst Gegenstand des Erkennens wird, während ein Begriff, vermöge seines Benanntwerdens durch ein selbstbewusstes Agens, eine Idee ist, die dem Geiste jenes Agens als Idee oder als ein Geisteszustand vorgestellt werden kann, der introspektiv als solcher betrachtet werden kann. Obwohl ich mit meinen Gegnern darin übereinstimme, dass wir hier die grösste und einzige Unterscheidung der ganzen Psychologie vor uns haben, kann ich doch die Art und Weise, wie sie ihre Untersuchung darüber anstellen, nicht billigen. Denn sie nehmen den Begriff in seiner höchstvollendeten Form und stellen ihn dann in Gegensatz zu der einfachen Erkenntnis eines Tieres; ja sie gehen sogar noch über den Begriff hinaus, indem sie bekanntlich behaupten, dass „das einfachste Gedanken-Element" ein in einem Satze verkörpertes Urteil sei, also zwei Begriffe *plus* der Aussage von einer Beziehung zwischen beiden! In der That könnten wir ebensogut behaupten, dass das einfachste Element der Materie H_2SO_4 oder das einfachste Lautelement ein Takt aus der C-moll Symphonie sei. Als eine selbstverständliche Anforderung an die einfachste psychologische Analyse müssen wir, gegenüber der Behauptung, dass das einfachste Gedanken-Element ein Urteil sei, die Bedeutung dieses Wortes von dem damit verbundnen geistigen Akt einer vollständigen Aussage auf die mit dem einfachsten Begriff verbundne geistige Thätigkeit ausdehnen. Aber nicht allein das. Nicht nur dass man den leichtfertigen Irrtum beging, ein prädikatives Urteil als das einfachste Gedanken-Element hinzustellen, hat man es auch ganz übersehen, dass selbst ein Begriff mit Rücksicht auf seine Vorgänge analysiert werden muss, ehe man dieses wirklich einfachste Gedanken-Element als Beweis für eine psychologische Unterscheidung der Art nach — in dem einzigen bekannten Sinne dieser Beziehung — ausgeben kann. Nun haben aber meine Untersuchungen über den Begriff ergeben, dass ihm das vorhergeht, was ich Vorbegriffe nenne, die ihrerseits mit im Entstehen begriffnen, unvollkommnen oder vorbegrifflichen Urteilen verbunden sein können. Mit andren Worten, wir haben gefunden, dass die menschliche Erkenntnis eine höhere Entwicklungsstufe erreicht, als die Erkenntnis bei Tieren, und zwar schon ehe sie in die rein begriffliche Phase übergeht, die durch das Auftreten der selbstbewussten Reflexion bezeichnet wird. Zur Abgrenzung dieses höhern Erkenntnislebens eines Menschen von der niedern Erkenntnis eines Tieres habe ich aber eben die obigen Ausdrücke festgestellt.

So viel über die zum Überfluss wiederholten Stufen der Ideenbildung. Was nun ihre verschiedne Ausdrucksweise bezw. deren Übertragung auf ihre mannigfaltigen gleichwertigen Zeichensysteme betrifft, so haben wir gesehen, dass viele Tiere ihre Erkenntnisse durch Gebärden, die für Dinge, Eigenschaften, Handlungen, Wünsche u. s. w. bezeichnend sind, mitzuteilen vermögen. Man könnte deshalb in gewissem Sinne sagen, dass jene Tiere Namen gebrauchen. Um aber diese Art Namengebung nicht mit derjenigen zu vermischen, die dem begrifflichen Denken zukommt, so bediente ich mich der scholastischen Terminologie und nannte die erstere Art einen Akt der Denotation, zum Unterschied von Denomination; da nun die denotative Sprache, wie oben bemerkt, imstande ist, Eigenschaften und Handlungen so gut wie Dinge zu bezeichnen, so folgt daraus, dass auf den gesteigerten Erkenntnis- oder vorbegrifflichen Stufen der Ideenbildung die denotative Sprache sogenannte vorbegriffliche Sätze zu bilden vermag. Dieselben unterscheiden sich von wirklichen, begrifflichen Sätzen durch das Fehlen des wahren Selbstbewusstseins auf Seiten des Sprechers, der deshalb wohl Erkenntnisse mitteilen und Thatsachen zu behaupten vermag, aber nicht seine Erkenntnisse als erkannt und die Thatsachen als thatsächlich festzustellen imstande ist. Allem Anscheine nach lässt sich in keiner andern Beziehung ein Unterschied zwischen einem vorbegrifflichen Satz und einem begrifflichen feststellen, dagegen spricht alle Wahrscheinlichkeit dafür, dass das eine allmählich, mit dem Auftreten des Selbstbewusstseins beim heranwachsenden Kinde, in das andre übergeht. Ist dem so, dann dürfen wir auch behaupten, dass die Forschung einen ununterbrochnen Übergang von der Denotation des Tieres zur Prädikation des Menschen aufzeigt. Die blosse Thatsache, dass nur die erstere Phase bei den Tieren vorkommt, während beim Menschen — nachdem er einen parallelen Entwicklungsgang durchgemacht — diese Phase in die andre übergeht, kann doch nicht als Beweis dafür angeführt werden, dass ein ähnlicher Übergang in der Geschichte der Psychologie unsrer Rasse niemals stattgefunden habe, man müsste denn nachweisen, dass wenn der Übergang in der psychologischen Geschichte des Individuums platzgreift, dies in so plötzlicher und auffallender Weise geschehe, dass schon dadurch angezeigt wird, der Intellekt des Individuums habe dann eine Veränderung der Art nach erlitten.

Ich will nun dazu übergehen, diese Umrisse meines Beweisganges im einzelnen auszufüllen, und die verschiednen Stufen der Ideenbildung, die erkennende (rezeptive), die vorbegriffliche und die begriffliche, nach ihrer historischen Reihenfolge vornehmen. Da ich damit den innersten Kern der Frage erreicht habe, so will ich mit einigen Beispielen rezeptiver und vorbegrifflicher Ideenbildung beginnen, die bei einem Kinde, welches ich zu diesem Zwecke sorgfältig beobachtete, durch denotative und connotative Zeichen zum Ausdruck gelangten.

Im Alter von 18 Monaten fand meine Tochter, die ziemlich spät zu sprechen anfing, ein grosses Vergnügen darin, Bilderbücher anzusehen und, wie schon früher erwähnt, den darin dargestellten Tieren Namen zu geben, indem sie das Schaf „Bäh", die Kuh „Muh" nannte, beim Anblick des Schweines grunzte, und ihren Kopf mit einem entsprechenden Laut auf- und abwiegte, wenn sie ein Pferd oder einen Esel sah. Diese verschiednen Laute und Gebärden waren ihr als „Hauptwörter" von ihrer Wärterin gelehrt worden und wurden stets richtig angewandt, mochte ihr nun das Bilderbuch bekannt oder unbekannt sein. Auch benannte sie in gleicher Weise alle Tiere auf Maueranschlägen, Teppichen, in fremden Häusern und wo immer sie mit Darstellungen von solchen Gegenständen zusammenkam. Es unterliegt somit wohl keinem Zweifel, dass das Kind, lange bevor es einen Satz zu bilden oder im eigentlichen Sinne des Wortes zu sprechen vermochte, Dinge mittelst Sprache oder Gebärden denotierte. Zu derselben Zeit gebrauchte es auch ganz richtig eine beschränkte Anzahl denotativer Worte für Handlungen d. h. aktive Zeitwörter. Einige Wochen später zeigte das Kind plötzlich die Fähigkeit, ein Eigenschaftswort auszudrücken. Seinen jüngeren Bruder hatte es „Ilda" genannt und dehnte bald darauf den Namen auf alle kleinen Kinder aus.*) Noch später, als es beim Durchblättern seines Bilderbuchs auf die Abbildung eines Mutterschafs mit Lämmchen stiess, deutete es auf das Schaf mit den Worten „Mama-Bäh", während es die Lämmchen „Ilda-Bäh" nannte. Ähnlich erging es mit Henne und Küchlein und mit allen Tieren, deren Namen es gelernt hatte. Es ist einleuchtend, dass „Ilda" hier dazu diente, die generische Idee von „jung" auszudrücken und so wurde der Name, der ursprünglich ein denotativer war, zu einem adjektiven oder connotativen. Obwohl er aber eine Eigenschaft ausdrückte, war diese doch von so sinnnlicher Art, dass sie den Wert eines Hauptwortes annahm, insofern ein Abstraktionsvermögen damit verbunden war; der Ausdruck wurde gleichbedeutend mit dem Worte „Kind", als er durch connotative Ausdehnung zu einer Eigenschaft wurde in der Bezeichnung „Kind-Bäh" für ein Lämmchen u. s. w. Fast gleichzeitig mit der Erwerbung von Eigenschaftswörtern

---

*) Der Name des Knaben war Ernst und so wurde er von allen Bewohnern des Hauses gerufen. Da ich keinerlei nachahmende Quelle für den so unähnlichen Namen herausfinden kann, den seine Schwester ihm gab, so muss ich diesen für ein Beispiel unwillkürlicher Namens-Erfindung bei kleinen Kindern halten, die ich schon am Schluss des VII. Kap. erwähnte. — Mit Bezug auf den Gebrauch von Eigenschaftswörtern bei kleinen Kindern, führe ich folgende Bemerkung von Prof. Preyer an: „Ein ganz allgemeiner Irrtum besteht in der Annahme, dass alle Kinder anfänglich nur Hauptwörter gebrauchten und erst später zu Eigenschaftswörtern übergingen. Dies ist sicherlich nicht der Fall." Der Verf. giebt dann einige Beispiele aus den täglichen Beobachtungen an seinem eignen Kind, wie z. B. den Gebrauch des Wortes „heiss" im 23. Monat. —

lernte das Kind einige passive Zeitwörter, sowie Ausdrücke für gewisse Gefühlszustände benutzen; auch legte es seinem Wortschatz einige Präpositionen mit Bezug auf den Raum zu, wie „auf", „unter" u. s. w. Hand in Hand mit diesen Fortschritten machte sich auch eine allgemeine Zunahme in dem Vermögen der Zeichengebung und noch auffälliger in einer andern Richtung geltend. Obwohl nämlich das Sprechen, im Sinne formellen Aussagens, noch nicht angefangen hatte, fand doch eine entsprechende Vervollkommnung auf dem Gebiete der Gebärde statt. Das Kind war damals (im Alter von 2 Jahren) imstande, eine grosse Anzahl einfacher Ideen durch Verbindung von Gebärden- und Lautzeichen mit einer in connotativem Sinne ausgedehnten Verwendung seiner Wörter auszudrücken. Indessen waren die Gebärden von der einfachsten Erkenntnisart, wie z. B. am Kleide zupfen, um die Thure öffnen zu lassen, nach einem Glase deuten, in der Absicht Wasser zu trinken u. s. w. Die indikative Stufe der Sprache fiel also in weitem Umfang zusammen mit den frühesten Phasen der denotativen und rezeptiv-connotativen. Ich habe schon darauf aufmerksam gemacht, dass diese indikative Stufe der Sprache das früheste Anzeichen für das Zeichengebungsvermögen bildete, das ich bei meinen Kindern beobachtete, und zwar zu einer Zeit, da ihr einziger Wunsch darin bestand, zu dem bezeichneten Gegenstand hingebracht zu werden. So weit ich nachkommen kann, trifft dies für alle Kinder zu. Es handelt sich nun darum, dass wenn die Logik der Erkenntnisse vollkommen geworden, die durch Hindeutungen ausgedrückten Wünsche von immer mannigfaltigerer Art werden, bis, im Alter von $2^1/_2$ Jahren (d. h. nachdem die bedeutungsvolle Artikulation und der Gebrauch von wirklichen Worten schon eingetreten ist), die indikative Stufe der Sprache sich zur regelrechten Pantomime entwickelt hat, wie das nachfolgende Beispiel zeigen wird. Als das Kind nach einem ersten Seebad nach Hause kam, lief es auf mich zu, um mir seine neueste Erfahrung mitzuteilen. Es begann damit, dass es nach der Küste wies, dann that, als ob es sich auszöge, um in die See zu gehen und niederzutauchen; darauf, indem es mit den Händen über den Körper nach dem Kopfe zu fuhr, deutete es an, dass ihm das

Wasser bis zum Haar gereicht habe, welches, wie es mir zeigte, noch ganz nass war. Die ganze Geschichte erzählte es, ohne den Gebrauch eines einzigen artikulierten Tones.

Aus diesen Beispielen, deren wir noch eine ganze Anzahl beibringen könnten, haben wir wohl die Lehre zu ziehen, dass der früheste Abschnitt der Kindessprache die sogenannte indikative Phase bildet, d. h. Ton und Gebärde sind bezeichnend für Gefühle, Dinge, Eigenschaften und Handlungen. Diese indikative Phase der Sprache oder Zeichengebung währt bei einigen Kindern länger als bei andern (besonders bei denen, die spät zu sprechen anfangen) und je länger sie dauert, desto ausdrucksvoller wird sie in ihrer fortschreitenden Ideenbildung. Indessen ist dabei stets zweierlei zu bemerken. Erstens, dass dieser Abschnitt auf den frühesten Stufen und noch weiterhin, einen beträchtlichen Teil seiner Geschichte hindurch, durchaus identisch ist mit dem entsprechenden Abschnitt indikativer Zeichengebung bei Tieren. So z. B. bemerkt Prof. Preyer, dass sein Kind im Alter von 16 Monaten, welches damals noch kein Wort sprechen konnte, eine bezeichnende „Bittbewegung" mit der Hand machte, wenn es ein Verlangen nach etwas ausdrücken wollte. Es ist dies jedenfalls ein Beispiel von einer bereits hochentwickelten Stufe indikativer Zeichengebung, obwohl es genau dem eines intelligenten Hundes entspricht, der vor einem Wassernapf „bittet", wenn er zu trinken wünscht u. dergl.*) Dasselbe ist auch der Fall mit Kindern, die jemanden am Kleide nach einer geschlossnen Thüre hinziehen, wenn sie hinauszugehen wünschen, oder in bezeichnender Weise schreien, wenn sie etwas haben wollen u. s. w.; die Kinder thun hier ganz dasselbe, was Katzen und Hunde unter gleichen Umständen auch zu thun pflegen.**) Wenn auch manche Gebärden bei Kindern von dem oben angegebnen Alter (von 18 Monaten)

---

*) Ich sah eines Tages meinen Terrier, der dieselbe Bittgebärde (ähnlich Preyers Kind) anwandte, wenn er etwas zu haben wünschte, emsig, aber fruchtlos vor einer widerstrebenden Hündin „bitten".

**) Viele Hunde bitten in ganz bezeichnender Weise, und Katzen miauen ebenso, wenn sie etwas haben oder erreichen wollen. In Bezug auf schreiende Kinder siehe auch S. 158.

nicht ganz parallel denen der Tiere gehen, so beziehen sich doch die vorhandnen Unterschiede nur auf die andersartigen Umstände der äussern Gestalt, der gesellschaftlichen Bedingungen u. dergl., sie beruhen aber nicht auf einer Verschiedenheit der Ideenbildung. Dass die Art der Ideenbildung, die durch die Gebärden kleiner Kinder zum Ausdrucke gelangt, im wesentlichen dieselbe ist, wie die analogen Gebärden bei Tieren, geht auch aus der Thatsache hervor, dass ehe das Kind artikulierte Worte äussern kann, es gleich dem Tiere viele in seiner Gegenwart gesprochne Worte versteht und diese durch passende Gebärden beantwortet. So fand Preyer, dass sein bis dahin sprachloses Kind gewisse Farben, die er ihm nannte, deutlich aufzeigen konnte, und obwohl meines Wissens noch niemand versucht hat, das Gleiche einem Tiere zu lehren, so wissen wir doch, dass dressierte Hunde oft ein noch vollkommneres Verständnis für Worte durch passende Gebärden an den Tag legen.*)

Der zweite Punkt, auf den ich in dieser Beziehung aufmerksam machen wollte, ist der, dass früher oder später jene ersten Stufen der indikativen Zeichengebung bei Kindern die frühesten Stufen artikulierter Zeichen oder sprachlicher Denotation übertreffen. Mit andern Worten, denotative Zeichengebung tritt nicht eher auf, bis die indikative Zeichengebung schon beträchtliche Fortschritte gemacht hat; wenn dann die denotative Zeichengebung beginnt, so schreitet sie parallel mit der indikativen weiter vor, d. h. beide Arten von Zeichengebung entwickeln sich dann gleichmässig weiter. Sobald aber der Wortschatz der Denotation hinlänglich bereichert ist, um es dem Kinde zu ermöglichen, sich des weniger wirksamen Materials der Indikation zu begeben, werden die indikativen Zeichen allmählich durch denotative ersetzt, und Worte treten an die Stelle von Gebärden.

---

*) Vergl. hierzu auch das Beispiel des Affen S. 126. Als meine Tochter 7 Jahre alt war, nahm ich sie einmal mit, um Zeuge des Verständnisses des Affen zu sein. Auf dem Rückwege machte ich die Bemerkung, dass mir der Affe gerade so verständig zu sein schiene wie Jack (ihr 18 Monate alter Bruder). Sie bedachte sich eine Weile und erwiderte dann: „Ich glaube, er ist noch verständiger“, und ich meine, dass das Kind Recht hatte.

Mit Bezug auf die frühesten oder indikativen Abschnitte der Sprache kann also nicht einmal von einem gradweisen Unterschied zwischen Tier und Mensch gesprochen werden. Ebensowenig kann von einem Unterschied die Rede sein in den frühesten Darstellungen der nächstfolgenden Phasen, der denotativen und rezeptiv connotativen, da die einzigen Tiere, welche artikulierte Laute nachahmen, dieselben, wie wir gesehen, mit richtiger denotativer Bezeichnung anwenden. Ja, wir haben sogar erfahren, dass die Tiere, innerhalb beschränkter Grenzen, diese denotativen Bezeichnungen auf andre Dinge ausdehnen, die sie als zu derselben Klasse oder Art gehörig erkannten, und auf diese Weise das ursprünglich denotative Zeichen zu einem angehend connotativen erheben. Obwohl nun diese rezeptiv connotative Befähigung eines Papageis durch diejenige eines Kindes bald übertroffen wird, so wissen wir doch, dass letzteres dies nur dem raschen gradweisen Fortschritt in der Erkenntnissphäre zu danken hat, dass also, wenn der Papagei insoweit dem Hunde ähnelte, dass er die Übereinstimmung zwischen Dingen und deren Abbildungen erkannte und noch um so mehr die Bedeutung von Worten verstände, der connotative Gebrauch seiner Namen auch eine grössere Ausdehnung gewinnen und damit die Parallele zwischen Papagei und Kind noch weiter geführt werden könnte. Der einzige Grund, warum ein Kind den Papagei in Hinsicht der Connotation gradweise übertrifft, ist also der, dass die Erkenntnis des Kindes sich allmählich zu der eines Hundes erhebt, wie daraus hervorgeht, dass die indikativen oder Gebärdenzeichen eines Kindes, das einen Papagei in dem gedachten Sinne überholt hat, psychologisch identisch mit denen eines Hundes sind. Wo überdies die Denotation spät beginnt und sich langsam weiter entwickelt, wie z. B. bei meiner eignen Tochter, gelangen die indikativen Zeichen gewöhnlich zu einer höhern Vollkommenheit, so dass ein Kind von zwei Jahren unter solchen Umständen eine kleine Pantomime aufführt, wenn es seine Erfahrungen erzählen will. Diese Thatsache überhebt mich der weitern Ausführung des imaginären Vergleichs mit sprechenden Hunden oder einem intelligenteren Papagei, denn sie liefert uns den umgekehrten Fall eines Kindes, welches in dem gewöhnlichen Alter nicht sprechen kann.

Es wird wohl niemand auf die Vermutung kommen, dass ein solches Kind der Art nach sich von andern zweijährigen Kindern unterscheide, die an Stelle ihres früher erlangten Sprachvermögens weniger geschickt in der Anwendung von Gebärden sind.*) Ein in der Sprache zurückgebliebenes Kind kann dagegen als ein psychologisches Beispiel für die Entwicklung der menschlichen Ideenbildung in der Klasse der sog. Erkenntnisse angesehen werden, die zufällig eine nähere Vergleichung mit der der höhern Säugetiere gestattet, als es bei einem Kinde möglich ist, welches in dem gewöhnlichen Alter zu sprechen anfängt.

Wie wir gesehen, sind die Gebärden bei den ersterwähnten Kindern anfänglich viel weniger ausdrucksvoll, als diejenigen eines Hundes, vervollkommnen sich dann nach und nach, bis sie psychologisch gleichwertig werden, worauf sie auf derselben Linie mit jenen allmählich fortschreiten. Wenn sonach keinerlei Unterschied der Art nach aufgezeigt werden kann, bis das gewöhnliche Alter der Sprache erreicht ist, so kann auch von keinem derartigen Unterschied die Rede sein, nachdem dieses Alter erreicht ist, selbst wenn es in manchen Fällen vorzeitig eintreten sollte. Oder, um das obige Beispiel zu gebrauchen, wenn ein Hund gleich dem Papagei Wortzeichen gebrauchen könnte, oder wenn ein Papagei an Intelligenz dem Hunde gleichkäme, so würde die connotative Befähigung eines Kindes in seiner psychologischen Entwicklung noch eine längere Strecke mit der des Tieres parallel gehen, als es jetzt der Fall ist.

Wenn wir nun bedenken, dass Tiere auf einer so niedren

*) Wenn wider Erwarten eine solche Vermutung irgendwo aufgestellt werden könnte, so würde dies einer Übergabe der gegnerischen Position gleichkommen. Denn der feste Punkt in der letzteren ist doch bekanntlich das Begriffsvermögen, oder die ausschliesslich menschliche Befähigung, Ideen als Objekte zu behandeln. Es wird aber von allen Seiten vorausgesetzt, dass dieses Vermögen ohne Selbstbewusstsein nicht bestehen kann. Will man denn nun behaupten, dass meine Tochter das Selbstbewusstsein und die introspektive Betrachtung ihrer eignen Ideen vor dem Sprachvermögen, und damit der unerlässlichen Vorbedingung zur Benennung ihrer Ideen, erreicht habe? Daraus würde aber folgen, dass es Begriffe ohne Namen geben könne, womit die ganze Festung des Gegners zusammenstürzen würde.

psychologischen Stufe, wie sprechende Vögel, dahin gelangen, Dinge, Eigenschaften u. s. w. zu denotieren; und wenn wir damit zusammenhalten, dass alle Kinder, ehe sie zu sprechen anfangen, sprechende Vögel hinsichtlich ihrer Zeichensprache und Gebärde weit übertreffen, während manche Kinder (d. h. diejenigen, die im Sprechen zurück bleiben) jene Form der Sprache zur Höhe der Pantomime steigern und damit beweisen, dass die rezeptive Ideenbildung der Kinder kurz vor Erlangung der Sprache unabänderlich über derjenigen sprechender Vögel und oft weit über der eines jeden Tieres steht: dann würde es doch höchst unbegreiflich sein, wenn Kinder bald nach Erlangung der Sprache nicht einen grossen Fortschritt vor sprechenden Vögeln hinsichtlich des Gebrauchs denotativer Zeichen, sowie in der Ausdehnung solcher Zeichen in Form von connotativen Wörtern an den Tag legen sollten. Man wird gewiss zugeben müssen, dass ehe ein Kind solche Zeichen gebraucht, es sich in der blossen Erkenntnissphäre der Ideenbildung bewegt, dass diese Sphäre aber (im Laufe der ersten zwei Lebensjahre) weit über derjenigen eines Papageis steht. Und doch besteht eine der ersten Anwendungen jener Zeichen, ganz wie beim Papagei, in der Denotation einzelner Dinge u. s. w. Ferner dehnt es, gleich den intelligenteren Papageien, die Bedeutung seiner denotativen Namen auf Dinge aus, die den zuerst damit bezeichneten Dingen ganz ähnlich sehen. Von diesem Punkte aufwärts schreitet es aber in seiner Befähigung für connotative Klassifizierung rasch weiter. Kann man denn nun, angesichts aller dieser Betrachtungen ernstlich behaupten, dass der rasche Fortschritt einen Unterschied der Art nach zwischen der Ideenbildung des Kindes und der des Tieres enthalte? Wenn unsre Gegner zugeben (und sie werden es zugeben müssen, wenn sie keinen Selbstmord begehen wollen), dass bevor das Kind sprechen kann, es auf die Erkenntnissphäre der Ideenbildung beschränkt ist und dass innerhalb dieser Sphäre seine Ideenbildung schon diejenige eines Vogels überragt, so geben sie damit auch zu, dass dem Kinde Ähnlichkeiten auffallen müssen, die dem Vogel noch verborgen sind. Während also der Vogel seinen denotativen Namen nur von einer Art Hund auf eine andre überträgt, geht das Kind noch darüber hinaus, indem es den Namen auf eine Nachbildung und schliesslich auf eine Abbildung des Hundes ausdehnt Es wäre thöricht, zu behaupten, dass hier beim ersten Auftauchen artikulierter Zeichengebung irgend ein Anhalt für die generische Unterscheidung zwischen dem menschlichen Geist und dem eines so armseligen Vertreters der tierischen Psychologie, wie es ein Papagei ist, gegeben sei. Wenn aber ein solcher Unterschied hier nicht nachgewiesen werden kann, so ist er auch nirgendwo anders nachzuweisen, bis wir zu jener Höhe menschlicher Ideenbildung gelangen, wo der Geist imstande ist, diese Ideenbildung als solche zu betrachten. Hinsichtlich der bisher behandelten Stufen — der denotativen und rezeptiv connotativen, halte ich also meinen Beweisgang für überzeugend. Damit ist aber auch das Wichtigste erledigt; denn dadurch, dass die bisher behandelten Stufen fast von allen Schriftstellern, die für einen Unterschied der Art nach zwischen Tier und Mensch eintraten, unberücksichtigt gelassen wurden, verlor man auch die wichtigsten, weil ursprünglichsten, Übergangsstufen aus den Augen und stellte nur die völlig entwickelten Fähigkeiten des menschlichen Gedankens ihren niedrigen Anfängen in der tierischen Schöpfung gegenüber, ohne auf die wahrscheinliche Geschichte ihrer Entwicklung im mindesten Rücksicht zu nehmen. Kein Psychologe hat meines Wissens bisher auch nur die einfache Frage aufgestellt, ob das Namengebungsvermögen stets und notwendig gleichbedeutend sei mit dem des Ausdenkens der Namen; deshalb hat man beide Fähigkeiten für ein und dieselbe gehalten. Wie ich aber schon in einem früheren Kapitel nachgewiesen, gebrauchen wir selbst in den höchsten Formen der menschlichen Ideenbildung gewohnheitsmässig Namen, ohne vorher über dieselben als Namen nachzudenken; hieraus ergiebt sich aber, dass auch in den höchsten Regionen der Ideenbildung beide Fähigkeiten nicht notwendig zusammenfallen.*) Ferner habe ich

---

*) S. S. 84 fgd., wo gezeigt wird, dass sogar in Fällen, wo begriffliches Denken zur ursprünglichen Bildung eines Namens gefordert wird, der Name später ohne eine solche Denkkraft gebraucht wird, in derselben Weise wie Handlungen, die ursprünglich auf Nachdenken beruhen, durch häufige Wiederholung automatisch werden. Am Schlusse des gegenwärtigen Kapitels werde

gezeigt, dass, mögen wir nun das Tier oder den Menschen in Betracht ziehen, beide genannten Fähigkeiten anfangs gänzlich unabhängig von einander sind, dass es connotative Namen giebt, ehe denominatives Denken vorhanden ist, und dass diese connotativen Namen, wenn sie zum erstenmal beim Tier oder beim Kind auftreten, von keiner grössern Befähigung Zeugnis ablegen, als jene Stufen der Gebärdensprache, die sie überall überragen. Die mit Namen belegten Erkenntnisse eines Papageis können doch ebensowenig für wahre Begriffe gehalten werden, wie man die indikativen Gebärden eines Kindes als der Art nach verschieden von denen eines Hundes ausgeben darf.

Ich halte also dafür, dass weder hinsichtlich der indikativen, noch der denotativen, noch der connotativen Stufe der Zeichengebung ein Unterschied der Art nach zwischen tierischer und menschlicher Intelligenz möglicherweise aufgestellt werden kann, solange sie beiderseits sich innerhalb der sog. Erkenntnissphäre, ohne Hinzutritt des Selbstbewusstseins, bewegen. Wenden wir uns nun zu der von mir sogenannten vorbegrifflichen Stufe der Ideenbildung, jenem gesteigerten Erkenntnisleben eines Kindes, welches das niedere Erkenntnisleben eines Tieres übertrifft, jedoch noch nicht zum wahren menschlichen Begriffsleben hindurchgedrungen ist.

Nach dem, was wir seither erfahren haben, müssen wir zugeben, dass an dem Punkt, wo das Erkenntnisleben des Kindes dasjenige der Tiere hinter sich zurücklässt, kein psychologischer Unterschied der Art nach nachzuweisen ist. Versuchen wir nun jenem vorbegrifflichen Leben auf einer merklich höheren Stufe zu begegnen und die dort von ihm bekundete Art von Ideenbildung zu analysieren; nehmen wir hierzu ein Kind von etwa zwei Jahren, welches imstande ist, einen so unvollkommnen, mitteilbaren, vorbegrifflichen Satz zu bilden, wie „Dit sei“ (die Schwester schreit). Wie schon früher gezeigt, ist in diesem Alter von einem Bewusstsein des Ichs, als eines denkenden Agens, und demzufolge von einer Befähigung, eine Thatsache als thatsächlich hinzustellen, nicht

---

ich nachweisen, dass dasselbe der Fall ist hinsichtlich der vollkommnen oder formellen Aussage.

die Rede. „Dit“ ist der denotative Name einer Erkenntnis, „sei“ der denotative Name einer andern. Das Objekt und die Handlung, welche jene beiden Erkenntnisse darstellen, kommen in der Wahrnehmung des Kindes zusammen, das Kind denotiert sie beide gleichzeitig d. h. es setzt sie nebeneinander. Es thut dies infolge der früher hergestellten Verbindungen zwischen der Erkenntnis eines bekannten Gegenstandes mit seinem denotativen Namen „Dit“ und der Erkenntnis einer gewohnten Handlung mit ihrem denotativen Namen „sei“. Die Nebeneinanderstellung dieser beiden Erkenntnisse im Bewusstsein, mit ihren entsprechenden Denotationen wird für das Kind bewirkt durch etwas, was man die „Logik der Ereignisse“ nennen könnte; sie wird aber nicht durch das Kind bewirkt, etwa mittelst einer absichtlichen oder selbstbewussten Ideen-Gruppierung, aus der, wie wir kennen lernten, das unterscheidende Merkmal der „Logik der Begriffe“ besteht.

Hiernach erlaube ich mir unsre Gegner vor das nachfolgende Dilemma zu stellen: Entweder haben wir hier ein Urteil vor uns oder nicht. Hält man dafür, dass dies ein Urteil sei, so muss man auch zugeben, dass Tiere urteilen; denn ich habe wohl zur Genüge bewiesen, dass, von jedem Standpunkt der Beurteilung aus, der einzige Punkt, der eine Unterscheidung im Urteilsvermögen bei Tier und Mensch zulässt, in dem Vorhandensein oder Nichtvorhandensein des Selbstbewusstseins besteht. Hält man aber dafür, dass wir es hier mit keinem Urteil zu thun haben, insofern kein Selbstbewusstsein vorhanden sei, so frage ich, auf welcher Stufe der nachfolgenden Entwicklung kindlicher Intelligenz das Urteil entstehen soll? Antwortet man nun, dass das Urteil erst mit dem Selbstbewusstsein entstehe, so bitte ich zu bemerken, dass die Entstehung des Selbstbewusstseins selbst ein stufenweiser Vorgang ist, so dass nach der gegenwärtigen Begrenzung des Ausdrucks „Urteil“ es unmöglich wird zu sagen, wann diese Fähigkeit entsteht. In der That entsteht sie allmählich, *pari passu* mit dem Wachsen des Selbstbewusstseins. Ist dem so, dann muss auch der Übergang jener Fähigkeit, eine wahrgenommene Thatsache hinzustellen, und die höhere Befähigung, eine Thatsache als thatsächlich hinzustellen, aus einer ununterbrochnen Reihe von Abstufungen bestehen, welche die eine Fähigkeit mit der andern verbindet. Bis hinauf zu dem Punkt, wo diese Reihe beginnt, gehen, wie wir gefunden, der tierische und der menschliche Geist parallel, ohne irgend einen psychologischen Unterschied zu bieten. Wird man denn nun etwa behaupten, dass bis zu diesem Punkte aufwärts beide Formen psychischen Daseins der Art nach identisch seien, wogegen ihr fernerer Aufstieg durch alle Stufen des menschlichen Geistes hindurch sich irgendwie der Art nach verschieden gestaltete, nicht nur vom Geist der Tiere, sondern auch von dem seines eignen früheren Ichs? In diesem Falle müsste ich den Gegner sich selbst überlassen, denn er endete in einem Widerspruch. Wenn A und B dem Ursprung oder der Art nach gleich sind, und B zu C heranwachsen und sich von A und B dann nur dem Grade nach unterscheiden soll, so ist es ein Widerspruch zu sagen, dass C sich von A der Art nach unterscheide. Ich halte deshalb daran fest, dass, soweit es die vorbegriffliche Stufe der Ideenbildung betrifft, es unmöglich ist, irgend einen Unterschied der Art nach zwischen Mensch und Tier nachzuweisen.

Ich glaube also für diese Stufe der Ideenbildung nachgewiesen zu haben, dass in derselben Weise, wie es eine Art vorbegrifflicher Namengebung giebt, wobei ursprünglich denotative Worte fortschreitend über viele Stufen connotativer Bedeutung erweitert werden, es auch eine Art vorbegrifflicher Aussage giebt, wobei denotative und connotative Worte ohne irgend eine begriffliche Kenntnis von der zwischen ihnen geltend gemachten Beziehung zusammengestellt werden. Wie ich schon im vorigen Kapitel nachgewiesen, gelangt das Kind erst in seinem dritten Lebensjahre zum wirklichen, begrifflichen Selbstbewusstsein und gewinnt damit die Vorbedingung der Befähigung zu einer wahren oder begrifflichen Aussage. Aber schon lange vorher bildet das Kind, wie wir gesehen, unvollkommene, vorbegriffliche, nicht überdachte Sätze. Solche Sätze sind zu praktischen Mitteilungszwecken gemachte Feststellungen von Thatsachen; sie sind aber keine als thatsächlich hingestellte Thatsachen und deshalb auch überhaupt keine Sätze im strengen Sinne des Wortes; sie sind Bekundungen der Logik der Erkenntnisse, nicht der Logik der Begriffe. Denn weder die dadurch festgestellte Thatsache, noch die dadurch bekundete Idee kommt jemals dabei dem Geist selbst als Objekt des Denkens zur Vorstellung. Um auf diese Weise zur Vorstellung zu kommen, müsste der Geist imstande gewesen sein, dieses sein Erzeugnis von dem Rest seines Gebildes zu trennen oder, wie Mivart sagt, neben dem Urteil zu existieren, nicht in ihm. Um dies zu thun, muss der Geist Selbstbewusstsein erlangt haben. Wie gesagt, kann hiervon bei einem Kind in jenem Alter noch nicht die Rede sein, deshalb sind wir genötigt zu schliessen, dass ehe Urteil oder Aussage in der psychologischen Bedeutung (begrifflich) vorhanden ist, es ein Urteil oder eine Aussage von niederer Ordnung (vorbegrifflich) giebt, wobei Thatsachen behufs Mitteilung einfacher Ideen hingestellt werden, während die zu ihrer Mitteilung dienenden Sätze nicht selbst Objekte des Denkens sind. Was ferner nicht zu übersehen: Aussagen dieser unvollständigen, vorbegrifflichen Art werden durch blosse Nebeneinanderstellung denotativer Zeichen und in Übereinstimmung mit den allgemeinen Grundsätzen der Ideenverbindung ausgeführt. Wenn A der denotative Name eines Gegenstandes a, B der denotative Name einer Eigenschaft oder Handlung b ist und a und b in der Natur zusammentreten, so wird die Beziehung zwischen ihnen vorbegrifflich durch den einfachen Akt einer Nebeneinanderstellung der entsprechenden Denotationen A und B festgestellt, ein Akt, den die Grundgesetze der psychologischen Assoziationen gar nicht vermeiden lassen.*)

*) In Verbindung damit ist das Fehlen der Kopula von Interesse. Trotz der starken Neigung des kindlichen Geistes zur Nachahmung und trotzdem dass unsre Kinder die Kopula in fast jedem Satze hören, sehen ihre eignen Sätze, in der vorbegrifflichen Phase, gänzlich davon ab (vergl. oben S. 205). Indem das Kind sich also auf die Nebeneinanderstellung beschränkt, ohne irgend eine Beziehung auszudrücken, überträgt es die mit der Aussage verbundne geistige Thätigkeit unmittelbar in die gesprochne Sprache. Wie schon früher bemerkt, begegnen wir derselben Thatsache in der natürlichen Gebärdensprache, selbst nachdem diese sich schon zu den vollkommen begrifflichen Systemen der Indianer und Taubstummen hindurchgearbeitet. In einem folgenden Kapitel werden wir finden, dass dasselbe von allen ursprünglicheren Sprachformen der existierenden wilden Stämme, gesagt werden kann, sodass wir

So bleibt uns denn nur noch die letzte der drei Stufen der Ideenbildung zu untersuchen, die begriffliche. Ob nun ein Unterschied der Art nach zwischen einer Ideenbildung, die imstande ist, sich selbst als ein Objekt des Denkens zu betrachten, und einer solchen, die nicht dazu imstande ist, bestehe oder nicht, das ist eine Frage, die nur beantwortet werden kann, wenn wir die gegenseitigen Beziehungen beider Fälle beim heranwachsenden Kinde zu erforschen suchen. Wir werden dabei finden, dass diese Beziehungen einen ununterbrochnen, stufenweisen Übergang von der einen Art Ideenbildung zur andren bilden, und zwar derart, dass es selbst bei der genauesten Untersuchung unmöglich ist, innerhalb weiter Grenzen zu entscheiden, wo die eine beginnt und die andre aufhört. Ich brauche auf diesen Punkt nicht mehr zurückzukommen; da ich bereits gezeigt habe, dass die einzige Vorbedingung begrifflicher Ideenbildung, nämlich das Selbstbewusstsein, beim heranwachsenden Kinde sich allmählich entwickelt, so ist es überflüssig, nochmals des längeren nachzuweisen, dass die Entwicklung der begrifflichen Ideenbildung aus der vorbegrifflichen derselben Abstufung unterliegt. Diese Thatsache an sich genügt vollständig, um die Behauptung, dass die sog. erkennende Ideenbildung sich von der begrifflichen ihrem Ursprung als der Art nach unterscheide, zurückzuweisen. Nur wenn nachgewiesen werden könnte, entweder dass die rezeptive Ideenbildung eines Kindes der Art nach von der eines Tieres verschieden sei, oder dass die vorbegriffliche Ideenbildung eines Kindes sich ebenso von der vorhergehenden rezeptiven Ideenbildung desselben Kindes unterschiede, oder endlich, dass jene vorbegriffliche Ideenbildung von der darauffolgenden begrifflichen verschieden sei: nur wenn die eine oder andre dieser Alternativen bewiesen werden könnte, würden unsre Gegner bei jener Behauptung stehen bleiben dürfen. Auch würde der Beweis einer der letzten beiden Alternativen logisch die vollständige Rechtfertigung ihrer ganzen Beweisführung mit sich bringen. Denn vorläufig geht ihre Annahme darauf hinaus,

---

damit einen weitern Beweis dafür haben, dass die Kopula keineswegs als ein wesentlicher Satzbestandteil anzusehen ist.

dass durch alle Entwicklungsphasen hindurch der menschliche Geist seiner Art nach einzig sei, und dass er von einer Art seines Daseins zur andern nirgends einer grundsätzlichen Veränderung unterliege. Sollte mir aber jemand einwerfen, dass, obwohl ich die erste der obigen Alternative als unhaltbar nachgewiesen und gezeigt habe, dass zwischen dem Geist eines Kindes und dem eines Tieres nicht einmal ein Unterschied dem Grade nach besteht, ich doch die Möglichkeit ausser acht gelassen hätte, dass mit der folgenden Entwicklung eines jeden menschlichen Wesens ein besondres Wunder geschehen könne, welches diesen Geist erneuerte, ihm einen frischen Ursprung verliehe und ihn so der Art nach umänderte: dann will ich die letzten beiden Alternativen für logisch möglich halten. Aber auch in diesem Falle liefert das Studium der kindlichen Intelligenz in seinem Fortschreiten die verschiednen Abschnitte seiner Entwicklung hindurch nicht den Schatten eines Beweises zu Gunsten einer jener Alternativen. Im Gegenteil, es offenbart uns in deutlichster Weise, dass der Übergang von einer Stufe der Ideenbildung zu der nächst höheren von so allmählicher, ununterbrochner Natur ist, dass es praktisch unmöglich ist, irgendwo eine wirkliche Grenzlinie zwischen ihnen zu ziehen. Dies besagt genug, um von der letzterwähnten Annahme meiner Gegner absehen zu können, die nicht nur ganz willkürlich, sondern auch allen durch das Studium der Thatsachen gelieferten Beweisen geradezu entgegengesetzt ist. Halten wir uns aber immer streng auf psychologischem Boden, so bleiben noch zwei wichtige und allgemeine Betrachtungen von unabhängiger oder ergänzender Art, die stark für meinen Beweisgang sprechen. Es sind folgende:

Erstens: Obwohl der Fortschritt von niederen Graden geistiger Entwicklung zum Selbstbewusstsein gewiss von grosser Bedeutung ist, ist er doch im Vergleich mit dem, wozu jene Entwicklung nachmals bestimmt ist, nicht so gross und wichtig, um uns fühlen zu lassen, dass er eine Unterscheidung *sui generis* oder gar den Hauptunterschied zwischen Mensch und Tier bilde. Denn einerseits, wenn das Protoplasma des Urteils und der Aussage gegeben ist, wie solches bei kleinen Kindern vorkommt (oder auch bei unsren halbmenschlichen Vorfahren vermutet werden kann), so muss Selbstbewusstsein notwendig entstehen; andrerseits spricht alles dafür, dass wenn Selbstbewusstsein entsteht und sogar schon ziemlich weit entwickelt ist, die Befähigung des menschlichen Geistes noch von recht kindlicher Beschaffenheit bleibt. So z. B. beobachtete ich bei meinen eignen Kindern, dass während sie vor ihrem dritten Lebensjahre stets passend und richtig die Ausdrücke „ich“, „mein“, „selbst“ benutzten, ihr Schlussvermögen zu dieser Zeit so spärlich entwickelt war, dass es kaum dasjenige eines intelligenten Tieres übertraf. Um nur ein Beispiel zu geben: Mein kleines Mädchen von $4^1/_2$ Jahren — fast zwei Jahre nachdem es schon Ausdrücke benutzte, die von wirklichem Selbstbewusstsein zeugten — wünschte zu wissen, was für ein Zimmer unter dem Schlafzimmer des Hauses läge, in dem es seit seiner Geburt lebte. Als es mich darnach fragte, forderte ich es auf, die Lösung des Rätsels selbst zu versuchen. Es riet zuerst auf das Badezimmer, welches nicht nur über dem Schlafzimmer, sondern auch auf der andern Seite des Hauses lag; dann gab es das Esszimmer an, welches, obwohl unter dem Schlafzimmer, gleichfalls auf der andern Seite des Hauses lag u. s. w. Das Kind war offenbar unfähig, ein so einfaches Problem, wie das von ihm aufgestellte zu lösen. Hieraus (wie aus vielen andern in dieser Beziehung notierten Beispielen) schliesse ich, dass das Entstehen des Selbstbewusstseins eine verhältnismässig niedrige Entwicklungsstufe des menschlichen Geistes bezeichnet, wie es auch nicht anders zu erwarten ist, wenn seine Entstehung auf den in den vorigen Kapiteln klar auseinandergesetzten Bedingungen beruht. Folgt denn aber nicht aus alledem, dass so gross die Bedeutung des Selbstbewusstseins sich später, als eine Vorbedingung zur höheren Entwicklung der Ideenbildung, erweisen mag, es an und für sich oder in seinen ersten Anfängen kaum einen recht wahrnehmbaren Fortschritt über jene vorbegriffliche Ideenbildung hinaus bezeichnet, die ihm unmittelbar vorhergeht? Mit andern Worten, es ist weniger Grund vorhanden, das Auftreten des Selbstbewusstseins als den Markstein eines psychologischen Unterschieds der Art nach zu betrachten, als wenn dies gegenüber dem Auftreten jener höheren Befähigung zu begrifflicher Ideenbildung geschähe, die später, allerdings ebenso allmählich, zwischen früher Kindheit und reiferer Jugend erfolgt. Bei alledem ist noch niemand auf die Vermutung gekommen, dass die Intelligenz eines Kindes und die der erwachsenen Jugend einen Unterschied der Art nach bekunde. Man könnte auch sagen, der psychologische Zwischenraum zwischen meinem *Cebus* und meinem Kind (als der erstere erfolgreich das mechanische Prinzip der Schraube mittelst seiner hochentwickelten Erkenntnis entdeckte, während das letztere ohne Erfolg eine sehr einfache topographische Aufgabe mittelst seines spärlich entwickelten Begriffsvermögens zu lösen versuchte) war gewiss weit geringer, als derjenige, der später die Intelligenz meines Kindes von der Stufe seines eignen früheren Ichs trennte. Daher schliesse ich aus rein psychologischen Gründen, dass bessere, oder weniger untaugliche Gründe für die Behauptung vorliegen, dass ein merkbarer Unterschied der Art nach zwischen den niedersten und höchsten Stufen begrifflicher Ideenbildung bestehe, als dass ein solcher Unterschied zwischen der niedersten Stufe begrifflicher und der höchsten Stufe rezeptiver Ideenbildung vorhanden sei. „Die grösste aller biologischen Unterscheidungen" ist, wenn sie zuerst auftritt, mehr ihrer Möglichkeit, als ihrem Ursprung nach begründet. Selbstbewusstsein ist allerdings die Vorbedingung zu einer unermesslichen Veränderung in dem damit begabten Geiste; um es aber zu werden, muss dieser selbst bedingt sein; er muss selbst eine lange und stufenweise Vervollkommnung unter den leitenden Prinzipien der natürlichen Entwicklung durchmachen.

Die zweite und letzte ergänzende Betrachtung, die ich anzuführen habe, ist diese: dass selbst im Falle einer vollkommen entwickelten selbstbewussten Intelligenz, sowohl die bloss erkennende, als auch die vorbegriffliche Ideenbildung fortfahren, eine wichtige Rolle zu spielen. Das will sagen, dass selbst auf der höchsten Stufe der menschlichen Intelligenz die von mir bezeichneten dreierlei Arten von Ideenbildung so beständig und innig untereinander vermischt auftreten, dass die Analyse des erwachsnen Geistes nur die schon durch die Analyse des kindlichen Geistes gewonnene Thatsache bestätigt, dass die drei Unterscheidungen — welche ich im Interesse der Prüfung und Widerlegung der gegnerischen Behauptungen aufzustellen genötigt war — dem Wesen und der Wahrheit nach künstlich sind. Meine Anschauung ist die, dass der Geist überall einheitlich und zusammenhängend ist, und wenn wir zu Zwecken der Analyse oder Klassifikation Abgrenzungslinien zwischen niederen und höheren Fähigkeiten zu ziehen haben, so behaupte ich, dass wir dies nur in dem Sinne thun können, wie ein Anhänger der Entwicklungslehre seine Tier- oder Pflanzenarten klassifiziert: höher oder niedriger bezeichnet keinen Unterschied des Ursprungs, sondern der Entwicklung. Und so wie Naturforscher eine allgemeine Unterstützung für diese Anschauung in der Thatsache findet, dass gewisse Charaktere des Baues oder der Funktion sich von niederen Formen weiter aufwärts zu höheren übertragen und dort alle zusammen zu der Kette organischer Entwicklung verbinden lassen, so wird auch der Psychologe finden, dass die höchsten Formen der menschlichen Intelligenz unverkennbar die wesentlichen Charaktere der niederen Formen an sich tragen und damit das Zeugnis ihres eignen Zusammenhangs mit dem einheitlichen System geistiger Entwicklung liefern.

Wenden wir uns nun zu den Beziehungen, die im Geiste des erwachsenen Menschen zwischen dem hohen begrifflichen Urteilsvermögen und den niederen nichtbegrifflichen Fähigkeiten bestehen. Obwohl ich mit meinen Gegnern darin übereinstimme, dass eine Aussage, im strengen Sinne des Wortes, von innerer Betrachtung abhängig ist, und auch dafür halte, dass nicht jede Aufstellung eines erwachsenen Menschen eine Aussage ist: so wird, sage ich, die grosse Mehrzahl unsrer Sätze doch nur zu praktischen Zwecken der Mitteilung gemacht, ohne dass der Geist etwa halt machte, um die Sätze als solche im Lichte des Selbstbewusstseins zu betrachten. Wenn ich sage: „der Neger ist schwarz“, so brauche ich nicht die ungeheure Reihe der Dinge zu überdenken, die Mivart dabei voraussetzt,*) und wenn ich einen Akt innerer, bewusster Betrachtung ausführe, so bedarf es nicht immer eines geistigen Aussage-Aktes. Ohne Zweifel lässt sich in vielen Fällen

*) Vergl. oben S. 166.

oder doch dort, wo eine in hohem Grade abstrakte Ideenbildung damit verbunden ist, die gegenseitige Unabhängigkeit der beiden Fähigkeiten darauf zurückführen, dass jede von ihnen eine so grosse Vervollkommnung durch die andre erfahren hat, dass beide sich nun sozusagen im Besitz eines umfangreichen organisierten Materials befinden, mit dem sie operieren können, ohne dass sie dabei nötig hätten, den Aufbau und das Material *ab initio* zu besorgen. Wenn ich z. B. sage: „Die Wärme ist eine Art Bewegung", so gebrauche ich dabei ein blosses, zum Ausdruck einer äussern Thatsache dienendes Wortzeichen; ich brauche nicht erst meine Ideen über diesen abstrakten Ausdruck in der abstrakten Beziehung des betreffenden Satzes zu erforschen. Zur ursprünglichen Erreichung dieser Ideen aber hatte ich viele verwickelte Anstrengungen begrifflichen Denkens auszuführen, ohne deren Erledigung ich niemals imstande gewesen wäre, jenes Wortzeichen mit dem vollen Verständnis seiner Tragweite zu gebrauchen. Auf ähnliche Weise müssen alle Aussagen, so gewöhnlich und mechanisch sie auch geworden sein mögen, zu irgend einer Zeit den Geist in Anspruch genommen haben, um die sie bekundenden Ideen zu prüfen. Dasselbe ist der Fall bei allen Bethätigungen geistiger Forschungen bezw. innerer Betrachtung. So überflüssig sie uns gegenwärtig erscheinen mögen, wenn ihr bekanntes Ergebnis zu ferneren Bethätigungen geistiger Forschung benutzt wird: ursprünglich mussten sie den Geist genötigt haben, vor ihnen halt zu machen und sich selbst eine bestimmte Aussage über ihre Bedeutung zu bilden.*)

Während ich das Vorstehende für die richtige Erklärung der

*) Insofern ist die Aussage, wie ich bemerken will, ganz analog der Denomination in meiner Fussnote zu S. 227. Ganz wie Instinkte durch „entfallende Intelligenz" entstehen, so werden auch ursprünglich begriffliche Namen und selbst ursprünglich begriffliche Sätze durch häufigen Gebrauch herabgesetzt, bis sie in die Klasse der vorbegrifflichen Ideenbildung fallen. Die folgenden Abschnitte im Text haben dagegen Bezug auf ein ganz verschiednes Prinzip, nämlich insofern es auch Sätze giebt, die streng begrifflich nach ihrer Form, doch niemals begrifflich zu sein brauchen hinsichtlich des Denkens.

anscheinenden Unabhängigkeit von Aussage und introspektiver Betrachtung, in allen Fällen höheren abstrakten Denkens, halte, bin ich zugleich fest davon überzeugt, dass überall, wo es sich um jene niedere Art vorbegrifflicher Ideenbildung handelt, die erwähnte Unabhängigkeit nicht nur scheinbar, sondern wirklich ist. Wie bereits nachgewiesen, muss dies der Fall sein bezüglich der vorbegrifflichen Sätze eines kleinen Kindes, die ja in Abwesenheit des Selbstbewusstseins vorgebracht werden. Der Hauptpunkt besteht eben darin, dass auch beim ausgebildeten menschlichen Geiste nichtbegriffliche Aussagen gewöhnlich sind, und in Fällen von bloss rezeptiver Ideenbildung eine derartige Aussage niemals begrifflich zu sein braucht. Denn, wie Mill richtig sagt, „man wird zugeben, dass wir bei der Aufstellung der Behauptung eine Mitteilung von der in Rede stehenden Thatsache (nämlich, dass der Gipfel des Schimborasso weiss sei) zu machen wünschen und nicht weiter an die Namen denken, als es das Bedürfnis jener Mitteilung mit sich bringt. Der Sinn der Behauptung besteht aber darin, dass das durch das Subjekt denotierte besondre Ding die durch das Prädikat connotierte Eigenschaft besitzt.“*)

Wenn es nun wahr ist, dass wir bei einer gewöhnlichen Aussage nicht in begrifflichem Sinne Kenntnis von dem Ausgesagten zu nehmen brauchen, insofern wir es dabei nur mit der Nebeneinanderstellung von unmittelbar durch Ideenverbindung eingegebnen Namen zu thun haben, so steht die damit verbundne Ideenbildung doch in so enger Verwandtschaft zu derjenigen, die ihren Ausdruck auf den niederen Stufen der Zeichengebung findet, dass wenn auch das verbindende Glied nicht in dem heranwachsenden Kind gegeben wäre, niemand berechtigt sein würde, aus rein psychologischen Gründen irgend einen Unterschied der Art nach zwischen der einen und der andern Stufe aufzustellen.

Der Zweck jeder Art Zeichengebung geht in erster Linie auf Mitteilung hinaus und wie wir aus unsrem Studium der Tiere wissen, hat es die Mitteilung ausschliesslich mit sogenannten Erkenntnissen zu thun, während wir aus unsrem Studium des heran-

---

*) *Logic*, vol. I. p. 108.

wachsenden Kindes gelernt haben, dass es die in der Mitteilung der Erkenntnisse gegebnen Zeichen sind, die uns zuerst zur Bildung der Begriffe führten. Denn Begriffe sind vor allem benannte und — als solche erkannte Erkenntnisse, und nach unsren bisherigen Untersuchungen wird diese Art der Erkenntnis — der Namen als Namen — durch innere Betrachtung ermöglicht, welche letztere hinwiederum durch Benennung des eignen Ichs als eines Agens erreicht wird. Aber selbst nachdem diese Befähigung zu innerer Betrachtung vermöge der Begriffe vollständig erreicht ist, wird sie durchaus nicht immer bei der Mitteilung einfacher Erkenntnisse in Anspruch genommen; deshalb braucht auch nicht jede Behauptung vorher introspektiv als solche betrachtet zu werden. Nehmen wir einerseits das Vermögen zu denotativer Benennung und anderseits die bescheidenste Fähigkeit connotativer Benennung als gegeben, so sind alle Bedingungen zur Bildung nichtbegrifflicher Sätze (die sich von wirklichen Sätzen nur dadurch unterscheiden, dass sie nicht selbst zu Gegenständen des Denkens werden) erfüllt. Der einzige Unterschied, der zwischen einem solchen Satz von Seiten eines kleinen Kindes und dem eines Erwachsenen besteht, ist der, dass er im ersteren Falle nicht einmal potentiell zum Gegenstand des Nachdenkens werden kann.

Hiermit schliesst die psychologische Untersuchung des Standpunkts unsrer Gegner ab. Ich glaube als Endergebnis dargelegt zu haben, dass, von welcher Seite wir auch die ausschliesslich menschliche Befähigung zu begrifflicher Aussage betrachten mögen, sie nur die höhere Entwicklung jenes auf einfacher Erkenntnis beruhenden Mitteilungsvermögens darstellt, dessen aufsteigende Stufen durch das ganze Tierreich hindurch bis zum etwa zweijährigen Kinde hinauf zu verfolgen sind, wonach sie ununterbrochen durch das gesteigerte Erkenntnisleben des Kindes weiter aufsteigen, bis sie unmerklich in das beginnende Begriffsleben des menschlichen Geistes übergehen, welches bei alledem nicht annähernd so weit von der Intelligenz der niederen Tiere entfernt ist, als von derjenigen, die es in seiner ferneren Entwicklung noch zu erreichen bestimmt ist.

Zwölftes Kapitel.

Vergleichende Sprachforschung.

Wie wir aus dem Bisherigen gesehen, giebt es nur einen Anhalt für die Annahme, dass der sonst überall einheitliche und allgemeine — geistige wie körperliche — Entwicklungsprozess bei seinem letzten Abschnitt eine Unterbrechung erfahren habe, und zwar stützt sich dieser Anhalt auf psychologische Gründe. Wir haben aber auch gesehen, dass diese auf ihrem eignen Gebiete einer noch gründlicheren Widerlegung begegnet sind. Zu diesem Zwecke hatte ich auch meine Beweisführung bisher absichtlich innerhalb psychologischer Grenzen gehalten. Nunmehr eröffnet sich aber ein neuer Gesichtspunkt. Unsre Gegner verschanzen sich nämlich auf dem Gebiet der Sprache. Folgen wir ihnen dorthin.

Schon in früheren Kapiteln habe ich wiederholt bemerkt, dass die Wissenschaft der geschichtlichen Psychologie sich nicht auf ausgegrabene Reste stützen kann; im Gegensatz zu vorhistorischen Gebilden lassen vorhistorische Ideen keinerlei Spur ihres Daseins zurück. Indessen erleidet dieser allgemeine Satz doch eine teilweise Ausnahme; denn die noch neue Wissenschaft der vergleichenden Sprachforschung hat die bedeutsame Thatsache enthüllt, dass wenn einerseits die Sprache Ideen zum Ausdruck verhilft, sie anderseits auch Eindrücke von denselben erhält und diese Eindrücke von überraschender Dauer sind. Die Folge davon ist, dass wir in der Sprachforschung dieselbe Art unbewusster Nachrichten über das Wachstum und den Verfall von Ideen besitzen, wie in der Paläontologie über das Wachstum und den Verfall der Arten. (Von diesem Standpunkt aus betrachtet, erscheint die Sprache als eine geschichtete Ablagerung von Gedanken, die nur der Ausbeute seitens der Männer der Wissenschaft harren.)

Indem ich mich nun diesem wichtigen Zweige meines Gegenstandes zuwende, bemerke ich *in limine*, dass der Ausbau der Sprachforschung, wie bei allen andern Wissenschaften der Fall, denen obliegt, die sich ihr ganz speziell widmen. Meine Aufgabe wird sich daher darauf beschränken müssen, die Hauptergebnisse jener Forschung, soweit sie sich auf den „Ursprung der menschlichen Befähigung" beziehen, einfach zusammenzustellen. Da ich somit in der Lage bin, mich selbst auf eine Autorität stützen zu müssen, will ich dort, wo ich Autoritäten im Streit miteinander finde, was, wie ich kaum zu sagen brauche, ziemlich häufig der Fall ist, entweder dem Zwiespalt aus dem Wege gehen, oder aber feststellen, was über die betreffende Frage beiderseits gesagt wird. Wo ich dagegen die Autoritäten in voller Übereinstimmung finde, werde ich meine Darstellung natürlich nicht mit tautologischen Anführungen belasten.

Unter den früheren Sprachforschern war es eine beliebte Streitfrage, ob die in Rede stehende Fähigkeit ihren Ursprung göttlicher Eingebung oder menschlicher Erfindung zu danken habe. So lange die Frage über den Ursprung der Sprache auf diese Alternative beschränkt blieb, schienen die Anhänger der speziellen Schöpfungstheorie das beste Argument auf ihrer Seite zu haben, und zwar aus folgenden Gründen: Ihre Gegner waren zum grössten Teil schon vorweg geschlagen durch die allgemeine Annahme von der speziellen Schöpfung hinsichtlich des Ursprungs des Menschen und ebenso durch den herrschenden Glauben an die Sprachverwirrung beim Turmbau zu Babel. Da die Entwicklungslehre noch nicht formuliert war, hatte die Voraussetzung des göttlichen Ursprungs der Sprache alles für sich, zumal es ganz unmöglich schien, dass Adam und Eva mit allen Fähigkeiten der Vernunft, aber ohne die Möglichkeit zu gegenseitiger Mitteilung ihrer Ideen geschaffen worden seien. Und selbst wo die Erforscher der Wissenschaft nicht ausdrücklich durch die Autorität der biblischen Kosmologie beherrscht waren, wurden sie doch vielfach dadurch beeinflusst, so dass ihnen die Annahme nahe lag, dass die Sprache, wenn nicht die Folge unmittelbarer Eingebung, so doch das Ergebnis überlegter Erfindung sein müsse. Dieser letztern Annahme gegenüber fiel den rechtgläubigen Gegnern die Erwiderung nicht schwer: „Tägliche Erfahrung belehrt uns, dass Menschen, die nicht in ihrer Kindheit zu artikulieren lernten, in späterer Zeit das Sprachvermögen nur durch solche Hilfsmittel erreichen können, die Wilden nicht zugängig sind. Wenn die Sprache also überhaupt erfunden worden wäre, so müsste dies entweder von Kindern geschehen sein, die unfähig waren zu erfinden, oder durch Menschen, die unfähig waren zu sprechen. Tausende und Millionen von Kindern könnten niemals eine Sprache erfinden, denn solange die Organe noch biegsam sind, ist nicht Verständnis genug vorhanden, die Vorstellung einer Sprache zu bilden, und wenn das Verständnis vorhanden ist, sind die Organe für diese Aufgabe zu steif geworden; deshalb, sagen die Anwälte für den göttlichen Ursprung der Sprache, weisen die Vernunft sowohl, als auch die Geschichte übereinstimmend darauf hin, dass die Menschen aller Zeiten sprechende Wesen gewesen sein müssen, indem die Jungen durch Nachahmung jene Kunst stets von den Alten erwarben; daher können wir mit vollem Recht schliessen, dass unsre ersten Voreltern die Sprache durch unmittelbare Inspiration empfangen haben."*)

Es blieb aber noch die Alternative, dass die Sprache weder die Folge göttlicher Eingebung, noch das Ergebnis menschlicher Erfindung, sondern auf natürlichem Wege emporgewachsen sei. Obwohl diese Alternative von einigen älteren Sprachforschern klar erkannt wurde, konnte sie doch ihre volle Bedeutung erst mit Hilfe der allgemeinen Entwicklungslehre erlangen.**) Es ist von

*) *Encyclopaedia Britannica* 1857: „*Language*".

**) Allerdings begegnete die letztere Alternative in klassischen Zeiten, wo sie mit keinen theologischen Vorurteilen gegen die Theorie der Entwicklung zu kämpfen hatte, einer rückhaltloseren Anerkennung, wie z. B. seitens der lateinischen Autoren Horaz, Lucrez und Cicero. Schon vor dieser Zeit hatten sich griechische Philosophen viel mit der Frage beschäftigt, ob die

Interesse, dass letztere seitens einer kleinen Anzahl Spezialforscher aus dem Studium der Sprache gefolgert und auf diese angewandt wurde, ehe sie bei den Naturforschern zum klaren Ausdruck gekommen war. So z. B. schrieb Dr. Latham 1857 bei Gelegenheit einer Kritik der oben angeführten Stelle: „Auf dem heutigen Sprachgebiet sind die Grenzlinien weniger genau gezogen, als in dem erwähnten Abriss; hauptsächlich sind es aber die Erscheinungen des Wachstums, die sich uns aufdrängen. Den bestehenden deutlichen Abgrenzungslinien gegenüber müssen wir aber noch auf eine andre Erscheinung aufmerksam machen, nämlich auf die Ausbreitung des einen Dialekts auf Kosten des andern, eine Thatsache, die Übergangsformen ausmerzt und entgegengesetzte geographisch nebeneinander rückt.“ *)

Heutigen Tages, und zwar infolge der in der Biologie zum Durchbruch gekommnen Evolutionstheorie, mehr aber noch dank den auf dem Gebiet der Philologie selbst gewonnenen Thatsachen, sind die Sprachforscher ziemlich einstimmig in der Annahme der Entwicklungslehre. Auch Prof. Max Müller behauptet, dass „ein Sprachforscher gar nichts andres sein könne, als ein Anhänger der Entwicklungslehre, denn wohin er auch blicke, er sähe nichts

---

Sprache eine instinktive Begabung (Analogisten) oder ein Produkt menschlicher Erfindung (Anomalisten) sei. Noch früher begegnet man erstaunlichen Fortschritten in der Richtung einer echt wissenschaftlichen Analyse der Sprache als Wachstum bei den indischen Grammatikern. Oben spreche ich jedoch nur von neueren Zeiten und da unterliegt es keinem Zweifel, dass bis zur Mitte dieses Jahrhunderts die Möglichkeit nicht eingesehen wurde, dass die Sprache das Ergebnis eines natürlichen Wachstums sein könne. Unter den Einsichtigeren verdienen indessen Herder, Monboddo, Sir W. Jones, Schlegel Bopp, Humboldt, Grimm und Pott die meiste Beachtung. Dasselbe Jahr aber, welches Zeuge der Herausgabe der „Entstehung der Arten“ war (1859), schenkte unsrer Wissenschaft auch Steinthals „Zeitschrift für Völkerpsychologie und Sprachwissenschaft“. Von da an datiert die entscheidende Anwendung der Entwicklungslehre auf die Sprachwissenschaft.

*) *Encyclop. Brit.* Da dieser Artikel zwei Jahre vor Erscheinen der „Entstehung der Arten“ geschrieben wurde, so schien mir der hier klar zum Ausdruck kommende Kampf ums Dasein auf dem Gebiete der Sprachforschung um so erwähnenswerter.

als Entwicklung rings um sich herum;"*) Schleicher geht noch weiter, indem er sagt, dass „die Entwicklung neuer Formen aus früheren noch leichter und in grösserem Umfange auf dem Gebiet der Sprache, als auf dem der Pflanzen und Tiere nachzuweisen sei."**)

Indessen haben wir hierbei immer zwischen Sprache und Sprechen zu unterscheiden. Ein Philologe kann fest davon überzeugt sein, dass sich alle Sprachen auf dem Wege natürlichen Wachstums aus jenen einfachsten Grundbestandteilen, den „Wurzeln", deren Betrachtung wir uns gleich zuwenden werden, entwickelt haben, und doch Bedenken tragen, mit einiger Gewissheit daraus zu folgern, dass jene Grundbestandteile aus noch einfacheren Elementen des Zeichengebungsvermögens entstanden und sonach nicht nur sämtliche Sprachen im besondren, sondern auch das Sprachvermögen im allgemeinen das Ergebnis natürlicher Entwicklung sei.

So befinden wir uns denn hier angesichts derselben Unterscheidung bezüglich des Ursprungs der Sprache, wie am Beginn dieser Untersuchungen hinsichtlich des Ursprungs des Menschen. Dort finden wir wohl die zwingendsten historischen Beweise dafür, dass der Fortschritt der Civilisation durch die Entwicklungsprinzipien beherrscht wurde, wogegen jeder unmittelbare Nachweis der Abstammung des Menschen von tierischen Vorfahren fehlte. Ebenso erfahren wir hier, dass, soweit die Leuchte der Geschichte uns leitet, kein Zweifel darüber bestehen kann, dass die Entwicklungsgrundsätze die allmähliche Vervollkommnung der Sprachen genau in derselben Weise beherrschten, wie die wachsende Verfeinerung und Kompliziertheit der gesellschaftlichen Organisation. Mit Bezug auf letztern Fall aber hat, wie wir wissen, die nachgewiesne stufenweise Höherentwicklung es unabweislich nahegelegt, dass dieselbe Methode auch nach rückwärts, über die geschichtlichen Zeiten hinaus, Geltung behalten muss und dass die die ganze geschichtliche Zeit einheitlich durchdringende Entwicklung an und für sich selbst eine starke Annahme dafür liefert, dass diese Periode

---

*) *Science of thought.* Vorrede.

**) Die Darwinistische Theorie und die Sprachwissenschaft. 1873.

selbst nur vermöge einer ähnlichen Entwicklung der menschlichen Befähigung erreicht werden konnte. Ebenso verhält es sich aber auch in Hinsicht der Sprache. Wenn es der Sprachforschung gelingt, für alle bekannten Sprachen eine thatsächliche Entwicklung nachzuweisen bis auf die Wurzeln zurück, aus denen sie herangewachsen sind, so ist die Annahme nicht von der Hand zu weisen, dass diese einfachsten und frühesten Bestandteile, gleich ihren späteren, komplizierteren Produkten, das Resultat natürlichen Wachstums sind.

Nichsdestoweniger haben wir so scharf als möglich zwischen nachgewiesnen Thatsachen und spekulativen Folgerungen zu unterscheiden; deshalb will ich damit beginnen, in aller Kürze die Entwicklungsstufen aufzuweisen, welche die Sprachen nach dem allgemeinen Anerkenntnis der Sprachforscher durchgemacht haben, ohne dabei die schwierigere Frage bezüglich des Ursprungs der Wurzeln ins Auge zu fassen.

Nehmen wir z. B. das Wort „unausstehlich". Offenbar haben wir es hier mit drei abgeleiteten Anhängseln, Präfixen, Infixen, Suffixen, oder wie wir sonst die einzelnen Silben nennen wollen, zu thun, die der Sprecher an die Wurzelwörter zu hängen gewöhnt ist, je nach der Bedeutung, die er damit zu verbinden wünscht. Diese Silben haben alle eine Geschichte, die man noch häufig aufzudecken vermag. So z. B. wissen wir, dass in dem obigen Beispiel die Silbe „lich" eine Abkürzung des Eigenschaftswortes „gleich" ist (verwandt mit mhd. lîch, Leib, Leiche); „um" und „aus" datieren im wesentlichen unverändert weiter zurück, während die Wurzel in der Silbe „steh" steckt, die sich bis auf eine alte arische Wurzel „dha" mit der Bedeutung „stehen" verfolgen lässt. Die modifizierenden Anhängesilben beschränken sich aber nicht nur auf die Affixe der Wurzeln, sie können auch als besondre Wörter für sich auftreten und bei Bildung der Sätze als Fürwörter, Umstands- oder Verhältniswörter zur Anwendung gelangen. Auch kommen sie in einigen Sprachen als sog. Hilfszeitwörter vor, während sie in andren zur grammatikalischen Flexion der Worte dienen. So lassen sich also, je nach dem „Genius" einer Sprache, deren Wurzeln in verschiedner Weise und nach verschiednen

Methoden behandeln; überall sind sie aber gegenwärtig und bilden sozusagen das Rückgrat der Sprache, während die sinnbegrenzenden Silben, in welcher Form sie auch auftreten mögen, nur die modifizierenden Elemente darstellen.

Hieraus lässt sich entnehmen, dass in allen Sprachen die Wurzeln die ältesten Bestandteile sind, während jene Elemente, die nur dazu dienen, die Bedeutung der Wurzeln in besondren Fällen näher zu bezeichnen, sich später entwickelt haben. In der That ist dies auch die allgemein gültige Regel. Wenn wir den Stammbaum irgend einer Sprachenfamilie zurück verfolgen, so finden wir auf allen Zweigen wohl verschiedne, zur näheren Bezeichnung dienende Elemente, aber die Zweige selbst spriessen sämtlich aus denselben Wurzeln hervor. Allerdings unterliegen die letzteren in verschiedner Weise der Abänderung, je nach dem Laut oder der Wortgruppierung, die sie auf den verschiednen Zweigen entstehen liessen; diese abweichende Entwicklung dient aber nur dazu, den Beweis für die gemeinsame Abstammung aller betreffenden Zweige zu verstärken.*)

Wie schon bemerkt, stimmen heute alle Sprachforscher in der Anwendung der Entwicklungslehre auf die Sprachen im allgemeinen überein; ein ähnliches Einverständnis herrscht aber nicht bezüglich der genauen Methode oder der Entwicklungsgeschichte besondren Sprachen gegenüber. Ich werde deshalb zuerst eine kurze Über-

---

*) Bezüglich der Ausdehnung, bis zu welcher jene abändernden Silben selbst ursprünglich Wurzeln seien, gehen die Meinungen der Philologen auseinander. Nach Ludwig hatten sich die demonstrativen Elemente niemals einer unabhängigen Existenz als Worte erfreut; dennoch müssen sie irgend eine Unabhängigkeit besessen haben, da es sonst nicht zu erklären wäre, wie sie die verschiednen Wurzeln stets in derselben Weise abzuändern vermöchten. Überdies bemerkt Max Müller: „Die Annahme, dass *Khana, Khain, Khanana, Khaintra, Khatra* u. s. w. alle fix und fertig ohne einen synthetischen Zweck vom Himmel herabgefallen seien, und dass ihre Verschiedenheit nur auf einem unkontrollierten Spiel der Sprachorgane beruhe, scheint mir doch zu unsinnig zu sein . . . Zuzugeben ist allenfalls, dass viele Affixe und Endungen von Bopp und seiner Schule falsch analysiert worden sind, und dass wir uns damit begnügen müssen, die meisten von Anfang an als blosse Demonstrative zu betrachten." (A. a. O. S. 224.)

sicht über den Bau der Sprache geben und sodann die Ansichten mitteilen, die über die Frage hinsichtlich der Entwicklung der Sprache herrschen. Wir werden es also, um mich anders auszudrücken, zuerst mit der Morphologie der verschiednen Abteilungen des Sprachenreichs zu thun haben und sodann zu der Frage ihrer Phylogenie übergehen.

Es existieren gegenwärtig über tausend „lebende" Sprachen, von denen keine den Angehörigen der andren verständlich ist. Diese getrennten Sprachen lassen sich aber deutlich in Familien einteilen, deren Glieder mehr oder weniger nahe miteinander verwandt sind, während Glieder verschiedner Familien eine solche genetische Verwandtschaft nicht zeigen. Der Beweis für die Verwandtschaft besteht in der Ähnlichkeit im Bau, Grammatik und Wurzeln. Alle jene lebenden Sprachen wurden von Prof. Friedr. Müller in etwa hundert Familien eingereiht.*) Um uns wiederum biologischer Ausdrücke zu bedienen, können wir also sagen, dass etwa tausend existierende „Arten" der Sprache unter etwa hundert „Gattungen" fallen, deren zugehörige Arten unzweifelhaft genetisch untereinander verwandt sind. Ausser diesen Arten und Gattungen giebt es aber noch „Ordnungen", d. h. grössere Abteilungen, die mehrere Gattungen in sich begreifen. Philologen nennen diese Ordnungen gewöhnlich „Gruppen"; ob irgend eine genetische Beziehung zwischen ihnen besteht oder nicht, ist vielfach noch eine offne Frage. Von den frühesten Tagen der linguistischen Forschung an waren stets drei dieser Gruppen bekannt und benannt als die isolierende, die agglutinierende und die flektierende. Ich werde zuerst die Bedeutung dieser Ausdrücke klar machen.

Bei den isolierenden Sprachen steht jedes Wort für sich, ohne durch Flexion oder Zuhilfenahme sinnbegrenzender Vor- oder Nachsilben grammatische Verhältnisse ausdrücken zu können. Diese Art Sprachen werden auch oft „einsilbige" genannt, weil die isolierten Worte meist in einsilbiger Form (wie im Chinesischen) auf-

---

*) „Grundriss der Sprachwissenschaft" I. S. 77. Diese Schätzung wird auch von Prof. Sayce (*Introduction to the Science of Language II. p.* 32) angenommen.

treten. Im Ganzen ist die Sprache, die in unsern Kinderstuben gesprochen wird, am besten imstande, eine Idee von einer isolierenden Sprache zu geben, da unsre Kinder, wenn sie zu sprechen anfangen und sich ihrer Natur gemäss ausdrücken, einsilbige, isolierte Worte gebrauchen, welche den in Rede stehenden Sprachen noch darin gleichen, dass sie nicht klar unter den sogenannten Redeteilen zu unterscheiden wissen. Denn in isolierenden Sprachen lassen sich grammatische Verhältnisse und Bedeutungen nur durch Unterschiede in der Betonung oder durch veränderte Stellung der Wörter im Satz ausdrücken. Allerdings kommen diese Hilfsmittel mehr oder weniger auch in den beiden andern Sprachengruppen zur Geltung; in der isolierenden Gruppe gelangten sie aber zu einer weit grössern Feinheit und Mannigfaltigkeit, so dass sie einen ziemlich guten Ersatz für unsre Flexion nebst den sinnbegrenzenden Silben bieten. Übrigens fehlen solche modifizierende Elemente in Form von Hilfswörtern auch hier nicht gänzlich. Im Chinesischen giebt es z. B., was die eingeborenen Grammatiker „volle Wörter“ und „leere Wörter“ nennen. Die vollen Wörter sind die einsilbigen Wurzeln, die alleinstehend Bedeutungen von unbestimmtem Umfang einschliessen, wie z. B. „ein Ball, rund, rund machen, in einem Kreise,“ d. h. das volle Wort gehört, wenn alleinstehend, zu einem besondern Redeteil nicht mehr wie zum andern. Ja, ein solches Wort kann unter Umständen ganz verschiedne Bedeutung haben, wie: „sein, wirklich, er, der Buchstabe, so.“ Um nun die wahre Bedeutung auszudrücken, die ein volles Wort haben soll, werden die leeren Wörter als Ergänzung zur Betonung der Syntax hinzugefügt. Wahrscheinlich waren diese leeren Wörter einstmals selbst volle Wörter, deren Bedeutung nach und nach verdunkelt wurde, bis sie nur noch zu einer ganz willkürlichen Verwendung, behufs näherer Bestimmung andrer Wörter, gelangten, ähnlich wie unser Wort „gleich“ in seiner herabgekommenen Form „lich“ den Eigenschaftswörtern immer noch den Begriff der Ähnlichkeit verleiht, obwohl dabei der Unterschied besteht, dass in isolierenden Sprachen das leere oder bestimmende Wort nicht mit dem vollen zusammenschmilzt, sondern selbst isoliert bleibt. Nach der Meinung vieler Sprachforscher leitet aber grade der Gebrauch von Hilfswörtern, die den Hauptwörtern grössere Genauigkeit erteilen sollen, von der einsilbigen zur agglutinierenden Stufe.

Die agglutinierenden Sprachen bilden die zweite Gruppe. Hier werden die Wörter, welche die sinnbegrenzenden Elemente bilden oder die Beziehungen andeuten, mit den näher zu bestimmenden Wörtern verschmolzen, so dass sie besondre, wenn auch mehrsilbige Zusammensetzungen bilden, wie in dem Beispiel „unausstehlich". Es wurde schon oben bemerkt, dass viele dieser sinnbegrenzenden Silben ihre ursprüngliche Bedeutung als selbstständige Wörter so vollständig verloren haben, dass sie jeder philologischen Forschung spotten.

Wenn unsre Wörter alle nach dem angezognen Beispiel gebildet worden wären, wäre das Deutsche eine agglutinierende Sprache geworden. Dagegen hat unsre Sprachengruppe den Kunstgriff der Flexion in grossem Umfange angenommen, oder vielmehr von einigen ihrer Vorgänger ererbt, und gehört infolgedessen zur dritten Gruppe, der flektierenden. Die hierher gehörigen Sprachen lassen auch im gewissen Grade eine Umstellung der Wörter zu, ohne dass der bezügliche Satz dadurch in seiner Bedeutung geändert würde, d. h. die gegenseitigen Beziehungen der Wörter werden weit weniger durch die Anordnung, als durch individuelle Veränderung der Wörter hergestellt. Das agglutinierende Prinzip erscheint hier so weit vervollkommnet, dass die ursprüngliche Zusammensetzung häufig ganz verdeckt ist und die daraus entstandenen Wörter selbst sich wieder in eine Menge bezeichnender Formen und Bedeutungen durch Deklination, Konjugation u. s. w. abändern lassen. Um mit den Worten einiger Philologen zu reden, haben sich bei agglutinierenden Sprachen die zusammengeschmolzenen Elemente nicht innig genug vereinigt, um eine Flexion derselben zuzulassen; sie stehen in einem noch zu losen, unabhängigen Verhältnis untereinander. Wenn aber die Vereinigung inniger geworden ist, so lässt der Bau eine mehr künstlerische Behandlung zu; die „Amalgamierung" der Elemente wird vollständig und die resultierende Legierung lässt sich nun in der verschiedensten Weise ohne jede Schmälerung behandeln und handhaben. Auch kann das Prinzip der Flexion auf die Wurzel selbst ausgedehnt werden.

sodass nicht nur die Affixe, sondern auch das durch sie bestimmte Wort Änderungen durch Flexion erleiden kann. Am besten dürften nachfolgende Formeln dazu dienen, von den verschiednen Typen der Sprache eine allgemeine Idee zu geben.*)

In der isolierenden Sprache besteht die Formel eines Wortes nur aus einem einfachen W (Wurzel), die eines Satzes aus W + W + W etc. Wenn wir nun durch w jene Wurzeln ausdrücken wollen, deren Sinn verdunkelt wurde, sodass sie nur noch als Affixe die Beziehungen zwischen andern Wörtern andeuten, so haben wir eine agglutinierende Formel: Ww, Www, wW, wWw u. s. w. Endlich besteht das Wesen einer flektierenden Sprache in der Befähigung ihrer Wurzeln, durch Abänderung ihrer eignen Form, Beziehungen zu andern Wurzeln zum Ausdruck zu bringen. Es ist nicht damit gesagt, dass die Wurzeln sämtlicher Wörter notwendig geändert werden müssten; vielmehr bleibt sie häufig, wie in agglutinierenden Sprachen unverändert, sie können aber modifiziert werden, und „Sprachen, in denen Bezeichnungen sich auf diese Weise, d. h. nicht nur durch Affixe, sondern auch durch Formveränderung ihrer Wurzeln ausdrücken lassen, sind flektierende Sprachen.“ Wenn wir nun dieses Vermögen der Wurzel, Änderungen durch Flexion einzugehen, mit x bezeichnen, so wird die (agglutinierende) Formel Ww zu W^xw. Zudem können auch die sinnbegrenzenden Elemente noch flektiert werden, wonach solche Wörter folgende Formeln begründen: Ww^x, Www^x u. s. w.

Dies sind die drei Hauptgruppen der Ordnungen der Sprache. Hierzu kommen aber noch drei andre, die sich ziemlich klar von jenen trennen lassen. Es sind das die polysynthetische, die inkorporierende und die analytische Gruppe.

Zur polysynthetischen Ordnung, eigentlich einer Unterabteilung der agglutinierenden Gruppe, gehören besonders die amerikanischen Sprachen des Kontinents, und zwar in mehr oder minder deutlichem Typus von Grönland bis nach Chile.

*) Diese Darstellungsmethode wurde von Schleicher entworfen, der sie noch weiter ausgeführt hat (Jahrbücher der Akademie von St. Petersburg I. N. 7. 1859).

Die Besonderheit dieser Sprachen besteht darin, dass sie alle abhängigen oder minder wichtigen Satzglieder in verkürzter Form an die Hauptwurzel anhängen. Z. B. das Grönländische *aulisariartorasuarpok*: „er eilte sich zum Fischen zu kommen", ist zusammengesetzt aus *aulisar*, „fischen", *peartor*, „mit etwas beschäftigt sein", *pinnesuarpok*, „er eilt sich"; ebenso das Odschibwä-Wort *totoccabo*, „Wein", gebildet aus *toto*, „Milch", und *chominabo*, „eine Weintraube". Die Polysynthesis besteht also in der Vereinigung unter Verkürzung, indem einige der zusammentretenden Wörter ihre ersten, andre ihre letzten Silben verlieren.

Die inkorporierende Ordnung ist gleichfalls nur eine Unterabteilung der agglutinierenden, insofern sie eine frühere Stufe derselben darstellt, wo der Sprecher noch nicht dazu gelangt war, den Satz in seine einzelnen Bestandteile aufzulösen, wie z. B. „Haus-ich-es-baue", „Sie-haben-ihre-Bücher" u. dgl.

Die analytische Ordnung ist dagegen als eine Unterabteilung der flektierenden Sprache, und zwar als eine spätere Stufe derselben, zu betrachten. „Nach einander wurden dabei die in einer flektierenden Verbindung bestehenden grammatischen Beziehungen zu voller Geltung gebracht und mit speziellen Formen zu ihrem Ausdruck versehen." Sonach klassifizieren wir das Sprachenreich wie folgt:

I. Ordnung: Isolierende Sprachen.

II. Ordnung: Agglutinierende Sprachen mit den Unterabteilungen der polysynthetischen und inkorporierenden Sprachen.

III. Ordnung: Flektierende Sprachen mit der Unterordnung der analytischen.

Wenden wir uns jetzt zu ihrer Phylogenie, so steht wohl vor allem fest, dass die Unterordnung der inkorporierenden Sprachen genetisch mit der agglutinierenden Ordnung in ähnlicher Weise, wie die analytische Unterordnung mit der flektierenden Ordnung verbunden ist. In der That sind diese Unterordnungen nur Zweige der beiden betreffenden Stämme. Die Frage beschränkt sich demnach auf die Beziehungen der drei Ordnungen *inter se*, sowie zwischen dem polysynthetischen Typus und der II. Ordnung. Ich will beide Fälle getrennt behandeln. Einerseits steht fest, dass der isolierende, einsilbige (Kinder-) Typus der ursprünglichste und in der That das dauernde „Überlebsel“ jener embryonalen Entwicklungsstufe darstellt, aus der alles nachfolgende Wachstum entstanden ist. Ebenso ist es Thatsache, dass die agglutinierende Ordnung einen langen Entwicklungsverlauf aufzeigt, wobei früher isolierte Wörter in Verbindungen zusammenfliessen und damit jene höhere Differenzierung des Sprachenwachstums sichern, die wir als Satzteile kennen. Endlich wird die flektierende Stufe als eine weitere Vervollkommnung der agglutinierenden angesehen, in der Weise, wie wir dies oben erläutert haben, während die Verwendung der Hilfswörter in den analytischen Sprachen als die höchste Vollendung des Sprachenwachstums zu betrachten ist. Die in obigem skizzierte Theorie wird von den meisten Sprachforschern festgehalten und in der That ist sie ja auch weniger eine Theorie, als eine nachweisliche Thatsache. So ist es offenbar unmöglich, Erscheinungen der Agglutinierung aufzeigen zu wollen, ehe die zu agglutinierenden Elemente vorhanden sind; diese Elemente müssen dem Prozess der Verschmelzung, worin der „Genius“ der agglutinierenden Sprache besteht, vorhergehen. Natürlich muss auch der Flexion bereits agglutinierter Worte die Agglutinierung vorhergegangen sein, während der Gebrauch von Hilfswörtern der Flexion, wie nachgewiesen, historisch folgt. Nichtsdestoweniger glaubten einige Philologen Grund zu haben, unser Recht, diese Thatsachen als ein Beweis für die allgemeingültige Theorie des Sprachenwachstums zu betrachten, und zwar in dem Sinne, dass alle Sprachen eines Typus durch die niedere Phase hindurchgegangen sein müssen, ehe sie die höhere erreichen konnten, in Frage zu stellen. Das neueste Argument für diese Anschauung der Sache liefert Prof. Sayce in folgender Ausführung*):

„Wir sind zu der Annahme berechtigt, dass flektierende Sprachen weiter vorgeschritten sind als agglutinierende und diese weiter als isolierende, die isolierenden Sprachen also die nie-

---

*) Sayce, *Introduction etc. I. p.* 374 flgd.

derste Stufe von allen dreien bilden, während an deren Spitze die Flexion steht. Was wir aber darunter verstehen, wenn wir sagen, dass eine Sprache vorgeschrittener sei, als eine andere, ist, dass sie sich besser zum Ausdruck von Gedanken eignet und dass der auszudrückende Gedanke selbst besser ist. Nun ist es eine grosse Frage, ob von diesem Standpunkt aus die drei Klassen in der That einander gegenübergestellt werden können." Der Verfasser geht dann zu dem Nachweis über, dass isolierende Sprachen vor allen andern Formen den Vorzug der „Lebendigkeit und Glätte" besitzen, dass „die agglutinierenden Sprachen der flektierenden in einem wichtigen Punkte voraus sind, nämlich in der Zerlegung der Sätze in ihre Bestandteile und in der Unterscheidung der gegenseitigen grammatischen Beziehungen . . . In der That, wenn wir das der Flexion zu Grunde liegende Prinzip näher betrachten, so werden wir finden, dass es eine geringere logische Fähigkeit enthält als das agglutinierende." Anderswo sagt er: „Was die ursprüngliche Wurzelsprache betrifft, so fehlt uns jeder Beweis dafür, dass sie jemals existiert habe, und sie mit einer neueren isolierenden zusammenzuwerfen, ist einfach irrig. Ebenso unerwiesen ist die Annahme, dass isolierende Sprachen sich zu agglutinierenden und diese zu flektierenden entwickelten. Die fortdauernde Existenz isolierender Sprachen, wie z. B. des Chinesischen, oder agglutinierender, wie des Magyarischen und Türkischen, zeigt auf alle Fälle, dass jene Entwicklung wenigstens nicht notwendig ist."

Ich könnte noch andre ähnliche Stellen anführen; das Bisherige wird aber schon genügen, um uns darauf aufmerksam zu machen, dass wir die oben skizzierte Lehre nicht ohne alles Bedenken annehmen dürfen. Es besteht allerdings kein Zweifel hinsichtlich des Wachstums der einzelnen Sprachen: die Frage betrifft nur die Entwicklung des einen Typus aus dem andren. Dazu erlaube ich mir folgendes zu bemerken: Wenn uns gesagt wird, dass „die fortdauernde Existenz isolierender Sprachen, wie z. B. des Chinesischen, oder agglutinierender, wie des Magyarischen und Türkischen, zeigt, dass jene Entwicklung nicht notwendig sei", so können wir dies ohne weiteres zugeben. Die Thatsache ist aber ohne jede Bedeutung für die vorliegende Frage. Die fortdauernde

Existenz der Protozoen beweist unfraglich, dass ihre Entwicklung in Metazoen nicht notwendig ist; diese Thatsache regt aber keinerlei Bedenken gegen die Lehre an, dass alle Metazoen sich aus Protozoen entwickelt haben. Dasselbe ist der Fall, wenn uns entgegengehalten wird, dass „was wir darunter verstehen, wenn wir sagen, dass eine Sprache vorgeschrittener sei, als eine andere, bedeute, dass sie sich besser zum Ausdruck für Gedanken eigne und dass der auszudrückende Gedanke selbst besser sei.“ Wir werden dadurch einfach von der Frage abgelenkt, die darin besteht, ob der eine Sprachentypus sich aus dem andern entwickelte, nicht ob der etwa entwickelte in dem Sinne ,,vorgeschrittener“ sei, dass er „sich besser zum Ausdruck von Gedanken eigne.“ Es kann dies sein und nicht sein; in jedem Falle steht die Frage von der Wirksamkeit einer Sprache nicht notwendig in Verbindung mit der Frage ihrer Entwicklung. Denn es kann sehr wohl der Fall sein, dass zwei oder mehrere Entwicklungslinien von einem und demselben Ursprung aus sich nach verschiedenen Richtungen abzweigen. Es ist unzweifelhaft richtig, dass, wie Prof. Sayce sagt, das moderne Chinesisch ein höheres Entwicklungsprodukt in der Richtung isolierender Verdichtung ist, als das alte Chinesisch; es ist dies aber kein Beweis dafür, dass die agglutinierenden Sprachen nicht aus einem isolierenden Typus ihren Ursprung nahmen und dennoch in einer verschiednen Richtung sich entwickelten, je nach ihrem verschiednen „Genius“ oder der Weise ihres Wachstums. Für Naturforscher unterliegt es keinem Bedenken, dass zwei verschiedne Typen von morphologischem Bau, b und β, gleicherweise von einer gemeinsamen Stammform B ausgehen, auch wenn b in der einen Richtung „vorgeschritten“ ist und β in einer andern, so dass beide vom morphologischen Gesichtspunkt aus gleich wirksam erscheinen. Wie kommen denn nun die Philologen dazu, die genetischen Beziehungen in einem ganz analogen Falle in Abrede zu stellen, aus dem einzigen Grunde, weil b in ihren Augen eine nicht weniger psychologisch wirksame Sprache ist als β?

Wie schon angedeutet, scheint es mir in letzter Linie ganz unverkennbar, dass jede agglutinierende Sprache nach dem Mass und Verhältnis ihrer Agglutinierung aus einer weniger agglutinierenden und deshalb mehr isolierenden Form abzuleiten ist. Ebenso flektiert jede flektierende Sprache ihre agglutinierten Worte nachweislich in dem Masse, als sie von einer weniger flektierenden Sprache abstammt bezw. von einer Sprache, deren Agglutinierung einer flektierenden Abänderung noch weniger ausgesetzt war. Da andrerseits kein zwingender Grund vorliegt, dass eine isolierende Sprache sich zu einer agglutinierenden, oder eine agglutinierende zu einer flektierenden entwickeln müsse, so kann es sehr wohl zutreffen, dass die höhere Entwicklung isolierender Sprachen parallel mit der agglutinierenden fortgeschritten ist, wie die höher entwickelte agglutinierende mit der flektierenden fortschreiten kann. Ist dies der Fall, so haben beide Philologenschulen gleichermassen Recht und Unrecht, denn beide vertreten nur eine verschiedne Seite ein und derselben Wahrheit.

Meiner Meinung nach können wir demnach, so weit es die Zwecke unsrer gegenwärtigen Untersuchung betrifft, die Frage bezüglich der Phylogenesis unter den drei Ordnungen der Sprache ruhen lassen. Denn so lange man allerseits zugiebt, dass die Entwicklungsprinzipien bei der Entstehung jeder Sprache beteiligt sind, macht es meiner Beweisführung gegenüber keinen Unterschied, ob diese Prinzipien nur in einer oder mehreren Entwicklungsrichtungen herrschen. Es kann ja keinem Zweifel unterliegen, dass die drei Ordnungen in mehr oder minderem Grade miteinander in Verbindung stehen; die genauere Bestimmung dieses Grades ist gewiss eine Frage von grosser Wichtigkeit für die wissenschaftliche Sprachforschung; sie hat aber kaum irgend eine Bedeutung für die uns vorliegende Aufgabe. Von grösserem Werte ist uns dagegen die Beziehung zwischen dem polysynthetischen Typus und den andren Sprachformen, insofern damit die Frage entsteht, ob wir es hier mit dem ursprünglichsten Sprachtypus zu thun haben oder nicht. Nach der Meinung einiger Philologen „sind diese polysynthetischen Sprachen ein interessantes Überbleibsel früherer Sprachbeschaffenheit überhaupt und ein neuer Beweis dafür, dass Amerika in Wahrheit die ‚Neue Welt‘ ist: ursprüngliche Sprachformen, die anderwärts schon längst untergegangen sind, finden sich hier noch lebend vor, gleich dem Armadill Zeugnis ablegend von einer längst vergangnen Vorzeit."*) Andrerseits wird mit gleicher Sicherheit behauptet, dass „die Polysynthesis keine ursprüngliche Form, sondern eine Erweiterung oder, wenn man lieber will, eine zweite Phase der Agglutinierung sei."**) Wenn ich in diese Streitfrage eingehe, so kann ich das nur mit dem Vorbehalt wagen, dass ich in Sachen der Sprachforschung auf Autorität keinerlei Anspruch mache. Die Punkte, die ich berühren will, haben aber soviel Bezug auf allgemein gültige Prinzipien, dass die Ansicht eines Laien wohl in die Wagschale fallen kann. Überdies sind die Philologen selbst heutzutage noch so wenig über die polysynthetischen Sprachen unterrichtet, dass hier weniger als sonstwo eine Anmassung dazu gehört, als Unbeteiligter seine Meinung über jene streitige Frage abzugeben.***) Dagegen stehe ich davon ab, die Thatsachen zu wiederholen, auf die sich, nach Einsichtnahme der wichtigeren Schriften über diesen Gegenstand, mein Urteil stützt.

In erster Linie scheinen mir diejenigen Sachverständigen das meiste für sich zu haben, die dafür auftreten, dass die polysynthetischen Sprachen einen höchst ursprünglichen Sprachtypus darstellen. Sie halten den letzteren in der That, mit mir, für so unausgebildet, dass man wohl schliessen darf, dass er uns dem „Ursprung der Sprache" näher bringt, als irgend ein andrer noch vorhandner Typus. Wenn wir ferner den starken Gegensatz zwischen

---

*) Sayce, a. a. O. I. p. 125.

**) Hovelacque, a. a. O. p. 130.

***) „Wir dürfen in der That unsre eng begrenzte Kenntnis dieses Gegenstandes nicht vergessen. Selbst bei den benachbarten Familien der Algonkin, Irokesen und Dakota, deren übereinstimmender (polysynthetischer) Baustil, in Verbindung mit dem gleichförmigen Typus der betr. Rassen, sie kaum als sehr von einander unterschieden ansehen lässt, ist keinerlei Übereinstimmung in Worten und Bedeutung aufzufinden; auch giebt es in Amerika alle Arten von Polysynthesis bis zu der niedrigst stehenden, und sogar bis zu ihrem vollständigen Verschwinden. Dem gegenüber ist es wohl einleuchtend, dass alle Versuche, die amerikanischen Sprachen als Ganzes mit den Sprachen der alten Welt in Verbindung zu setzen, fruchtlos sind; in der That ist jede Diskussion über diesen Gegenstand heutzutage ganz unwissenschaftlich." (Whitney, in *Encycl. Brit.: „Philology"* 1885.)

ihm und den isolierenden Sprachen ins Auge fassen, so scheint es fast unmöglich, dass beide Formen genetisch miteinander verbunden sein könnten. Meiner Meinung nach haben die Sachverständigen von der andren Seite nicht weniger überzeugend nachgewiesen, dass auch die isolierenden Sprachen eine stark ursprüngliche Form darstellen; welchen Grad der Entwicklung und nachfolgenden Degeneration das Chinesische z. B. auch nachweislich erfahren haben möge, so bezeuge das nur, dass es durchweg dem isolierenden Prinzip treu geblieben sei, — wie die Protozoen ihre ganze lange Entwicklungsgeschichte hindurch ihrem „isolierenden" Prinzip treu blieben, wenn auch einige ihrer Zweige schon seit lange die „agglutinierenden" Metazoen aus sich entstehen liessen. Mit andern Worten, es kommt mir vor, dass es den Sachverständigen von dieser Seite gelang, dem isolierenden Sprachtypus eine ebenso niedere Entwicklungsstufe zuzuweisen — bezw. eine ebenso hohe Stufe des Altertums —, wie sie die Sachverständigen der andren Seite für den polysynthetischen Typus in Anspruch nehmen.

Wenn diese Meinung begründet ist, so folgt daraus, dass mindestens zwei Punkte vorhanden waren, aus denen alle bestehenden Sprachen ihren Ursprung nahmen, oder, besser gesagt, mindestens zwei Typen, nach denen das früheste Sprachmaterial geformt wurde. Denn selbst die stärksten Fürsprecher des polysynthetischen Ursprungs werden die ursprüngliche Natur des einsilbigen Typus nicht anzweifeln. Sagt doch Prof. Sayce, der hauptsächliche Vertreter der Polysynthesis, dass die isolierenden Formen des Chinesischen „ein ausgezeichnetes Zeugnis der frühesten Sprachenzeit liefern", und führt sie als „Beispiele aus dem fernen Osten an, die uns den Weg zeigen, auf dem unsre Worte zum erstenmale ns Dasein traten."*) Wenn dies aber der Wortführer der polysynthetischen Annahme zugiebt, so begreife ich um so weniger, wie der eine Typus sich so vollständig in den andern umgestalten konnte, ohne in dem isolierenden Typus eine Spur seines polysynthetischen Ursprungs zu hinterlassen. Denn angesichts der obigen Zugeständnisse dürfen wir schliessen, dass die Umgestaltung schon

*) *Introduction I. p.* 120.

bald nach der Geburt der Sprache in irgend welcher Form stattgefunden habe, wenn auch Prof. Sayce bei derselben Gelegenheit behauptet, dass „der Begriff des Satzes, der dem polysynthetischen Dialekte zu Grunde liegt, das gerade Gegenteil dessen ist, auf dem der isolierende oder agglutinierende Typus aufgebaut ist“.

Diesen Aussagen gegenüber halte ich es für unnötig, weiter in die Begründung meiner ausgesprochenen Meinung einzugehen, dass wir nämlich zwei Typen anzunehmen haben, nach denen das früheste Sprachenmaterial geformt wurde. Es ist wahrscheinlich genug, dass beide Typen auf verschiednen Teilen der Erdoberfläche zu verschiednen Zeiten unabhängig von einander entstanden, und es ist möglich, dass noch andre Typen entstanden sein können, die inzwischen entweder vertilgt wurden oder mit spätern Entwicklungen der beiden Überlebenden verschmolzen. Sei dem, wie es wolle, mir scheint, dass beide Philologenschulen die Berechtigung ihres Standpunkts erwiesen, dass sie aber beide in der Annahme irrten, dass einer den andern ausschlösse.

Man wird daraus erkennen, dass ich auf Seite der polyphyletischen Theorie der Sprachentwicklung stehe. Auch ohne die angezognen rein philologischen Bedenken möchte ich es schon aus allgemeinen Vernunftgründen für wahrscheinlich halten, dass ein so nützliches soziologisches Instrument, wie die artikulierte Zeichengebung, sich aus der Ton- und Gebärdensprache entwickelt habe, wo immer das psychologische Vermögen des Menschen weit genug vorgeschritten war, um eine Entwicklung zuzulassen. Darnach wird es aber mehr als wahrscheinlich, dass gewisse geographisch getrennte ursprüngliche Rassen allmählich und unabhängig voneinander ihre ursprünglichen Äusserungsformen vervollkommneten, zumal die Menschen wohl noch in sprachlosem Zustande zerstreut wurden, worüber ich mich später noch näher auslassen werde. Zugleich halte ich es für höchst unwahrscheinlich, dass unabhängig von einander entstandne und entwickelte Sprachen sämtlich entweder aus dem monosyllabischen oder dem polysynthetischen oder irgend einem andern Typus ausschliesslich hervorgegangen seien. Dass die bestehenden Sprachen der Erde sich auf mehr als ein Ursprungszentrum zurückführen lassen, ist zudem die Annahme der grossen Mehrzahl unsrer heutigen Sachverständigen. Nur allzuviele derselben stehen aber noch unter dem Banne jener ganz willkürlichen und höchst unwahrscheinlichen Annahme, dass, obwohl die Sprachen zum Teil aus verschiednen Centren ihren Ursprung nahmen, ihnen allen doch hinsichtlich des Typus oder „Genius“ eine gemeinsame Familien-Ähnlichkeit angeboren sein müsse. Es besteht auch nicht der geringste Anhalt für diese Annahme, weder in der Physiologie, noch in der Psychologie des Menschen. Im Gegenteil, wenn wir das zunächstliegende Analogon ins Auge fassen, nämlich das heranwachsende Kind, so finden wir eine grosse Anzahl Beweise dafür, dass die frühesten Versuche zu artikulierten Äusserungen in den verschiedensten Formen auftreten können, wie uns in einem frühern Kapitel von Dr. Hale deutlich gezeigt wurde. In Verbindung damit will ich, zum Schluss des gegenwärtigen Kapitels, die interessante und scharfsinnige Hypothese anführen, die Dr. Hale in Bezug auf die uns vorliegende Frage aufstellte.

Um den Wert dieses Versuchs in das verdiente Licht zu rücken, muss ich den Leser daran erinnern, dass die heute von den eingebornen Stämmen des amerikanischen Festlandes gesprochnen Sprachen so viele und grundsätzliche Verschiedenheiten untereinander zeigen, dass die betreffenden Forscher gar nicht imstande sind, hinsichtlich vieler derselben eine philologische Klassifikation vorzuschlagen. So sagt Prof. Whitney, dass mit Bezug auf das Ausdrucksmaterial, wie allgemein zugestanden wird, eine unvereinbare Verschiedenheit unter ihnen herrscht. Es giebt eine grosse Anzahl von Gruppen, unter deren bedeutsamen Zeichen

---

*) „Die Anzahl der besondren heutigen Sprachenfamilien, die nicht miteinander in Verbindung gebracht werden können, beträgt mindestens 57, und wenn wir einmal Grammatiken und Wörterbücher der zahlreichen noch unbekannten Sprachen und Dialekte kennen werden, wird diese Anzahl ohne Zweifel noch wachsen. Wenn wir hierzu noch die unzähligen Sprachformen nehmen, die erloschen sind, ohne solche Trümmer zu hinterlassen, wie das Baskische in den Pyrenäen oder das Etruskische des alten Italiens, so wird man eine Idee von der unbegrenzten Anzahl ursprünglicher Centren oder Gemeinschaften bekommen, in denen die Sprache ihren Ursprung nahm.“ (Sayce, *Introduction etc. II. p.* 323.)

anscheinend keine grössere Übereinstimmung besteht, als zwischen Englisch, Ungarisch und Malayisch, nämlich keine, die nicht rein zufällig wäre.“*) Und, was sehr merkwürdig ist, diese ungeheuren Verschiedenheiten herrschen zwischen benachbarten Stämmen, die allem Anschein nach ethnologisch identisch sind, wie z. B. die Algonkin, Irokesen und Dakota-Gruppen. Zudem erstreckt sich die Verschiedenheit des Sprachenbaus in manchen Fällen bis auf die frühesten Wurzeln. „Der polysynthetische Bau gehört nicht in demselben Masse allen amerikanischen Sprachen an; im Gegenteil scheint er bei manchen gänzlich ausgelöscht oder von Anfang an nicht vorhanden gewesen zu sein.“**) Ja, sogar der isolierende Typus hat mancherorts Fuss gefasst, und zwar in seiner eignen einsilbigen, flexionslosen Form.

Diesem Verhältnis der Dinge auf dem amerikanischen Kontinent (und in gewisser Beziehung auch in Südafrika) gegenüber stellt Dr. Hale die nachfolgende Erklärung auf. Mir erscheint dieselbe sehr annehmbar und insofern sie geeignet ist, uns einen Schlüssel für das noch ungelöste Rätsel der Sprachentwicklung in der Neuen Welt zu liefern, wird sie auch zur genügenden Erklärung der sonstwo erscheinenden grundsätzlichen Verschiedenheiten in dieser Richtung dienen können.

Von den am Schluss unsres siebenten Kapitels angeführten Thatsachen ausgehend, meint Dr. Hale, wenn Kinder auf die dort geschilderte Weise, umgeben von der gesprochnen Kultursprache ihrer Angehörigen, willkürlich eine Sprache ersinnen könnten, um wie viel mehr würden Kinder dies thun, die zufällig von der menschlichen Gesellschaft getrennt und in isoliertem Zustande auf ihre eignen Hilfsmittel angewiesen wären:

„Wenn unter solchen Umständen Krankheiten oder andre Zufälligkeiten des Jägerlebens ihre Eltern wegrafften, würden die überlebenden Kinder in der Hauptsache offenbar von der Natur des Klimas und der Leichtigkeit, zu allen Jahreszeiten Nahrung zu gewinnen, abhängig sein. Ob je in Europa, nach Befestigung der gegenwärtigen klimatischen Bedingungen, eine Gruppe von Kindern unter 10 Jahren sich einen einzigen Winter hindurch hätten erhalten können, ist sehr zweifelhaft. Es kann uns daher nicht überraschen,

---

*) *Life and Growth of language* p. 259. — **) Ebds. p. 262.

dass wir hier nur vier oder fünf Sprachstämme finden und dass sämtliche, mit Ausnahme des Baskischen, aus gutem Grunde auf eine verhältnismässig späte Einführung schliessen lassen. Ja, sogar das Baskische wird von einigen, mit grosser Wahrscheinlichkeit, auf eine Quelle in Nordafrika zurückgeführt. Ähnliches gilt für Nordamerika, östlich der Rocky Mountains. Klima und Nahrungsmangel im Winter lassen die Vermutung nicht aufkommen, dass eine Anzahl verwaister Kinder, etwa abgesehen von besonders glücklichen Umständen in irgend einer günstigen Ecke am mexikanischen Golf, wo Muscheln, Beeren und essbare Wurzeln in Fülle vorhanden, hätten überleben können.

„Indessen ist eine Gegend vorhanden, wo die Natur sich als willige Amme und gütige Stiefmutter den Schwachen und Unbeschützten herleihen könnte. Von allen Ländern der Erdkugel giebt es wenigstens keines, das einer Herde kleiner Kinder die Mittel zur Erhaltung bereitwilliger zur Verfügung stellte, als Kalifornien. In seinem Buche über den ‚natürlichen Reichtum von Kalifornien' erzählt uns Cronise, dass der mittlere Thermometerstand im Dezember, dem kältesten Monat in Kalifornien, 8° R., und im September, dem wärmsten Monate, 13° R. sei, und fügt hinzu: ‚Obwohl dieser Staat nördlich bis zum 42. Breitengrad reicht, ist das Klima auf dem ganzen langen Landstrich so mild wie in den Gegenden in der Nähe der Tropen. Die Hälfte der Monate sind regenlos. Schnee und Eis sind beinahe unbekannt, ausser in den höchsten Lagen. In jedem Jahre giebt es fast volle zweihundert wolkenlose Tage. Die Rosen blühen zu allen Jahreszeiten im Freien. Nicht weniger bemerkenswert als das ausgezeichnete Klima ist die überraschende Mannigfaltigkeit der Nahrung, die sich zum Teil selbst schwachen Kinderhänden darbietet. Viele Arten Beerenfrüchte, Erdbeeren, Brombeeren, Johannisbeeren, Himbeeren u. s. w. sind einheimisch und im Überfluss vorhanden. Grössere Früchte und essbare Nüsse hängen, um in Milton's Worten zu sprechen, von niedrigen Zweigen ‚lieblich herab'. Cronise zählt unter andern die wilde Kirsche und Pflaume auf, die ‚auf Büschen wachsen', die Berberitze (*Berberis herbosa*), ‚ein niedriger Strauch' mit essbaren Früchten, sowie die kalifornische Rosskastanie (*Aesculus Californica*), ‚ein niedriger, sich weit ausbreitender Baum oder Strauch, selten über 15 Fuss hoch, dessen reiche Früchte von den Indianern gesucht sind'. Sodann giebt es mancherlei nahrhafte, zu allen Jahreszeiten reifende Wurzeln. Fische beleben die Flüsse und sind auf die einfachste Weise zu fangen. Im Frühling erfüllt, nach Powers, ‚der Weissfisch die Buchten in solchen Massen, dass die Indianer ihn buchstäblich ausschöpfen, indem sie durch einen kleinen Busch die Tiere in ihrer Bewegung aufhalten. Schaltiere kommen in Überfluss vor und werden von den Eingebornen gern gegessen. Erdwürmer, die sich überall und zu jeder Jahreszeit finden, sind ein beliebter Leckerbissen. Hinsichtlich der Kleidung berichtet uns dieselbe Quelle, dass ‚in der Ebene die männlichen Erwachsnen und alle Kinder aufwärts bis zu 10—12 Jahren vollständig nackt gehen, während die Weiber nur einen schmalen Streifen Tierfell um den Gürtel tragen.' Ist es zu verwundern, dass in einer solchen milden und fruchtbaren Gegend eine grosse Anzahl verschiedene Idianersippen leben, deren Sprachen eine sorgfältige Erforschung auf neunzehn verschiedne Sprachstämme zurückgeführt hat?

„Das Klima der Küste von Oregon, ist, obwohl kälter als dasjenige von Kalifornien, doch noch immer weit milder und gleichmässiger, als auf derselben geographischen Breite im Osten; auch ist die Menge der essbaren Früchte, Wurzeln, Flussfische und andrer leicht erreichbaren Nahrung ausserordentlich gross. Eine Anzahl kleiner Kinder könnte, wenn eins von ihnen alt genug wäre, um für die übrigen zu sorgen, in einem geschützten Winkel dieser freundlichen und fruchtbaren Gegend leicht bis zur Reife aufzuziehen sein. Es kann uns daher nicht überraschen, wenn wir hören, dass die Zahl der Sprachstämme in diesem engen Bezirk, wenn auch nicht so gross wie in Kalifornien, doch mehr als zweimal so gross ist wie in ganz Europa, und dass der grössere Teil derselben in der Nähe der kalifornischen Grenze angehäuft ist . . .

„Einige Erinnerungen an die elterliche Sprache würden wahrscheinlich bei den älteren Kindern zurückbleiben und mit dem Heranwachsen ihrer Fähigkeiten neu belebt und befestigt werden. So können wir uns denn die allen Forschern aufgefallene Thatsache erklären, dass gewisse unerwartete und zerstreute Ähnlichkeiten in Grammatik und Wortschatz, welche man kaum für rein zufällig halten kann, bisweilen unter den sonst unähnlichsten Sprachen auftauchen . . .

„Ein Blick auf andre Sprachprovinzen zeigt, wie gut sich diese Erklärung des Ursprungs verschiedner Sprachstämme allerwärts anpasst. Das tropische Brasilien ist eine Gegend, welche einen immerwährenden Sommer mit einer hinter Kalifornien nicht zurückstehenden Überfülle an essbaren Früchten und andren Nahrungsarten verbindet. Hier also dürften wir, wenn irgendwo, eine grosse Anzahl verschiedner Sprachen erwarten. Von der berufensten Seite, nämlich aus dem kürzlich erschienenen Werke über die Ketschua-Sprache des Barons J. J. v. Tschudi, erfahren wir, dass dies in der That der Fall ist. Er sagt: ‚Ich besitze eine, von dem wohlbekannten Naturforscher J. Natterer, während seines vieljähren Aufenthalts in Brasilien zusammengebrachte Sammlung von mehr als hundert Sprachen, alle lexikalisch vollständig verschieden, aus dem Innern von Brasilien‘ und fügt hinzu: ‚Die Zahl der sogenannten isolierten Sprachen, d. h. solcher die nach unsrer bisherigen Kenntnis keine Verwandtschaft mit andren haben und daher deutlich unterschiedne Stämme von grösserer oder geringerer Ausdehnung bilden, ist in Südamerika sehr gross und muss, nach ungefährer Schätzung mehrere hundert betragen. Es wird vielleicht noch möglich sein, mit der Zeit viele derselben in grössere Familien zusammenzufassen, es wird aber immer noch eine beträchtliche Anzahl übrig bleiben, hinsichtlich deren das nicht möglich sein wird.‘“

Ich habe diese Hypothese, wie schon bemerkt, deshalb angeführt, weil sie mir in philologischer Hinsicht grosses Interesse zu verdienen scheint. Was aber auch Fachgelehrte darüber denken mögen, so bleibt doch das vom amerikanischen Kontinent gelieferte Beispiel eines polygenetischen und polytypischen Ursprungs seiner einheimischen Sprachen davon unberührt. Wenn wir nun guten Grund dafür haben, uns hinsichtlich der Sprachen auf jenem Kontinent zu Gunsten des polygenetischen Ursprungs der verschiednen Typen zu entscheiden, so ist damit die Wahrscheinlichkeit gegeben, dass gewisse radikale Unterschiede im Bau der Sprachen unsrer alten Welt ihre Erklärung darin finden, dass sie aus ähnlichen voneinander unabhängigen Quellen abzuleiten sind.*)

*) Ich kann hinzufügen, dass die obige Hypothese noch von andren, ihrem Verfasser wie es scheint unbekannten Seiten ihre Unterstützung findet: Archidiakon Farrar schrieb im Jahre 1865: „Die vernachlässigten Kinder einiger kanadischer und indianischer Dörfer, die dort tagelang allein gelassen werden, pflegen selbst eine Art *lingua franca* zu erfinden, die teilweise oder gänzlich allen unverständlich ist, ausser für sie selbst.“ Dasselbe führt auch R. Moffat als „Beweis für eine ähnliche Erscheinung in südafrikanischen Dörfern an (*Mission travels*)“. Auch erwähnt er die Thatsache, dass „Taubstumme eine instinktive Fähigkeit zeigen, für sich selbst eine Zeichensprache zu erfinden“, die, wie wir in einem frühern Kapitel gesehen haben, den Gebrauch willkürlicher Artikulation umfasst, obschon in diesem Falle die Sprecher ihre eignen hervorgebrachten Laute nicht hören können. Während des Druckes des vorliegenden Bandes erschien ein neues Buch von Dr. Hale, *the development of language*, das noch weitere Beweise für seine Hypothese liefert.

Dreizehntes Kapitel.

Sprachwurzeln.

Im vorigen Kapitel wird meine Darstellung von der Klassifikation und der Phylogenie der Sprachen dem Leser nahegeführt haben, dass in dem Kreise der Philologen aussergewöhnliche Meinungsverschiedenheiten hinsichtlich der Grundprinzipien ihrer Wissenschaften zu Tage treten. Infolgedessen hatte ich es bisher auch mehr mit Unterschieden als mit Übereinstimmungen zu thun. Wenn man aber die Fortschritte der philologischen Wissenschaft, — d. h. seit der Zeit, dass diese, nicht viel früher als seit unsrer Generation, eine Wissenschaft geworden ist, — überschaut, so muss man füglich mehr über den Umfang des zuverlässig Gesicherten erstaunt sein, als über den noch verbleibenden ungewissen Rest. Zudem verdanken wir den letztern eben mehr dem zurückgebliebenen Studium als den Meinungsverschiedenheiten bezüglich der Auslegung, und wenn wir noch etwas mehr über den Bau und die gegenseitigen Verhältnisse der polysynthetischen Sprachen unterrichtet sein werden, so wird jedenfalls damit auch eine grössere Übereinstimmung hinsichtlich der Beziehungen dieses Typus, einerseits zu den isolierenden, andrerseits zu den agglutinierenden Sprachen erzielt sein.

So wichtig aber die noch ungelösten Fragen von rein philologischem Standpunkt auch sein mögen, so sind sie doch, wie bereits angedeutet, für unsre Zwecke von geringem Belang. Denn so lange allerseits zugestanden wird, dass sämtliche Sprachengruppen

Ergebnisse einer gradweisen Entwicklung sind, ist es, vergleichsweise gesprochen, unerheblich, ob alle Gruppen im Verhältnis einer einzigen Abstammungsreihe auf einander folgen, oder ob einige etwa nur im Verhältnis einer Seitenverwandtschaft zu andern stehen. Mit andern Worten, vom Standpunkt der Entwicklungslehre aus ist man keineswegs gebunden, sich entweder für die monotypische oder für die polytypische Theorie bezügl. des Sprachursprungs zu entscheiden. Es macht somit, gegenüber den nachfolgenden Ausführungen, keinen Unterschied, ob der Leser sich geneigt fühlt, der Lehre zu folgen, dass alle Sprachen aus einsilbigen Isolierungen hervorgehen, wie wir sie noch heute im Chinesischen finden, oder ob sie aus solchen Einkapselungen ihren Ursprung herleiten, wie sie in den zahllosen Dialekten der amerikanischen Indianer bestehen, oder aber — was mir am wahrscheinlichsten dünkt — dass diese und vielleicht noch manche andre Sprachformen gleicherweise primitiven Ursprungs sind. Meine Darstellung wird durch solche Ungewissheiten nicht verdunkelt werden, zumal sich letztere ja lediglich auf die Entstehung der heutigen Sprachtypen beziehen, die Gewissheit ihrer nachfolgenden Entwicklung aber keineswegs in Frage gestellt wird. Mögen die Philologen bezüglich der gegenseitigen Beziehungen der verschiednen Sprachformen noch so weit auseinandergehen, so stimmen doch alle darin überein, dass „von der ersten Entstehung der Sprachwurzeln an bis zur Bildung der vollkommnen Flexionssprachen, wie des Sanskrit, des Griechischen oder Deutschen, alles in der Entwicklung der Sprache verständlich ist . . . Sobald nur die Wurzeln, als die fertigen Bausteine der Sprache, einmal da sind, lässt sich Schritt für Schritt das Wachstum des Sprachgebäudes verfolgen.“ *)

Nachdem wir nun alles Nötige über die Sprachtypen gesagt, wollen wir zur Untersuchung dessen übergehen, was wir von den Sprachwurzeln wissen. Fassen wir zuerst die Anzahl der Wurzeln, aus denen sich eine Sprache entwickelt, ins Auge, oder besser gesagt, die Anzahl der Grundbestandteile, auf welche, nach den

*) Wundt, Vorlesungen II. S. 380.

Untersuchungen der Sprachforscher die näher bekannten Sprachen zurückzuführen sind. Alle Wahrscheinlichkeit spricht dafür, ja es ist sogar gewiss, dass die wirkliche Anzahl der Wurzeln in allen Fällen weit geringer ist, als die Philologen heute nachzuweisen vermögen.

Das Chinesische setzt sich aus etwa fünfhundert besondern Worten zusammen. Im täglichen Gebrauch werden diese fünfhundert Wurzelwörter durch eine bedeutsame Mannigfaltigkeit der Betonung auf mehr als fünfzehnhundert vermehrt. Nach der Meinung der meisten Philologen haben wir hier das überlebende Beispiel von einer sprachlichen Wurzelstufe vor uns, während wir es nach andern mit den Resten einer Abbröcklung, einem „phonetischen Zerfall" zu thun haben.*) Diese Meinungsverschiedenheit ist für uns von keinem Belang, weshalb ich auch nicht weiter darauf Rücksicht nehmen will, als dass ich mich für Beispiele aus einer „Wurzelsprache" nur insoweit auf das Chinesische beziehen werde, als mich die Übereinstimmung der Philologen aller Schulen dazu berechtigt.**)

Das Hebräische hat man auf etwa dieselbe Anzahl Wurzeln zurückgeführt, wie das Chinesische; Renan giebt sie in runder Zahl auf fünfhundert an.***) Ohne Zweifel wird sich diese Zahl noch beträchtlich vereinfachen lassen, wenn die Forschungen sich noch weiter über die gesamte semitische Familie ausgedehnt haben wird. Eine Vorgängerin unsrer arischen Sprachen, das Sanskrit, wurde auf 850 Wurzeln abgeschätzt, oder, nach Benfey, auf das Doppelte dieser Anzahl, während andrerseits Max Müller nach den neuesten Forschungen die Gesamtzahl der Sanskritwurzeln auf 121 reduziert.†)

---

*) Sayce, *Introduction to Science of language II. p.* 13.

**) Die erwähnte Meinungsverschiedenheit scheint von einem besondren Vorurteil auszugehen, und zwar hinsichtlich der Frage, ob die Urwurzeln aller Sprachen mehrsilbig gewesen seien oder nicht. Was mich betrifft, so kann ich, wie bereits angeführt, keinen Grund dafür finden, dass die Ursprachen sämtlich den „polysynthetischen Genius" zeigen müssten.

***) *Histoire des langues semitiques p.* 138.

†) Max Müller, *Science of Thought p.* 332, 404. — Prof. Skeat zufolge ist das Englische auf 461 arische (indo-europ.) Wurzeln, in Verbindung

Diese Beispiele genügen vollständig, um zu zeigen, dass die Gesamtsumme der Wurzeln, welche auch den Anforderungen der reichsten Sprache entsprechen, in einer dreistelligen Zahl ausgedrückt werden kann. Dies reicht aber, wie wir sogleich sehen werden, vollständig zur Begründung unsrer weiteren Ausführungen hin.

Gehen wir nun von der Zahl der Wurzeln zu deren Charakter über, so entsteht die Frage: Was sind die Wurzeln? Sind sie die ursprünglichen Wörter vorhistorischer Sprachen oder sind sie, nach Prof. Max Müllers Ausspruch, „phonetische Typen"? Hierbei begegnen wir wiederum einer Meinungsverschiedenheit unter den Philologen. So z. B. behauptet Prof. Whitney, dass die indoeuropäischen Sprachen alle aus einem ursprünglich einsilbigen Typus entstanden seien, und deshalb „unsre Voreltern miteinander in einfachen Silben verkehrten, die wohl Ideen von allererster Wichtigkeit anzeigten, dagegen jeder Andeutung von Beziehungen ermangelten."*) Dieser Ansicht hält man von andrer Seite das Bedenken entgegen, dass „eine solche Sprache die reine Unmöglichkeit" und dass der Versuch zur „gegenseitigen Verständigung in einer auf solche alleinstehende und allgemeine Ausdrücke beschränkten Sprache ganz hoffnungslos sei."**) Darnach werden „die Wurzeln als phonetische und bezeichnende Typen" darge-

---

mit etwa 20 sinnbegrenzenden Silben, aufgebaut (*Etymolog. Dictionary p.* 746). — Die Zahl der Wörter und Wurzeln, welche bisher nur in den nordeuropäischen Sprachen nachgewiesen sind, beläuft sich auf 143. Der slawolettische Wortschatz enthält viermal so viel arische (hier s. v. w. indische und eranische) Bestandteile wie der deutsche (61 : 15), und zehnmal so viel deutsche Bestandteile wie der arische (143 : 15); d. h. er ist das organische Mittelglied zwischen dem Deutschen und Arischen, ersterem naturgemäs näherstehend wegen des langdauernden Einwirkens des Deutschtums auf Slawen und Litauer. Mit dieser Stellung des Slawolettischen zerfällt aber nicht nur die Annahme einer nordeuropäischen Grundsprache, sondern auch die einer europäischen Grundsprache. Das Slawolettische ist weder eine arische, noch eine europäische Sprache. Wie Europa-Asien geographisch keine Grenze haben, so schwindet auch die bisher gezogne scharfe Demarkationslinie zwischen den arischen und europäischen Sprachen. (Schmidt, J., Verwandtschaftsverhältnisse der indogermanischen Sprachen S. 18. Der Übers.

*) „*Language and the Study of language*" *p.* 256.

**) Geiger, „Ursprung der Sprache" S. 16.

stellt, „die durch die Analyse des vergleichenden Sprachforschers als eine Gruppe zusammengehöriger Wörter gemeinsam entdeckt wurden;"*) dass „eine Wurzel der Kern einer Gruppe mit einander in Verbindung stehender Wörter sei,"**) „der nackte Kern einer Wortfamilie".***) Um einen früher schon von uns angezognen Vergleich zu gebrauchen, können wir auch sagen, dass eine Wurzel, nach der Auffassung der neuern Sprachforschung, das zusammengesetzte Phonogramm einer Anzahl Wörter bilde, die zu ein und derselben vorhistorischen Sprache gehören und in ihrer Bedeutung eng untereinander zusammenhängen.

Die in obiger Definition zu Tage tretende Meinungsverschiedenheit ist für uns von keiner Bedeutung; auch ist, wie wir in der Folge sehen werden, diese Verschiedenheit in der That nicht so gross, wie sie auf den ersten Blick erscheinen mag. Denn auch die phonetische Theorie stellt nicht in Abrede, dass alle ursprünglichen und unbekannten Wörter, aus deren Zusammenhang man heute eine Wurzel erschliesst, genetisch untereinander verbunden sind und ihre nahe Verwandtschaft durch eine starke Laut-Ähnlichkeit an den Tag legen. Es macht also in Wirklichkeit keinen Unterschied, ob wir eine Wurzel selbst als ein ursprüngliches Wort betrachten, das in derselben Weise gebraucht wurde, wie der Chinese seine einsilbigen Ausdrücke gebraucht, oder ob wir sie für einen verallgemeinerten Ausdruck einer Gruppe verwandter Wörter halten, die in ihrer Bedeutung alle zusammenhängen. Bestätigt dies doch sogar ein so starker Anhänger der phonetischen Theorie, wie Prof. Max Müller, wenn er sagt, dass „obwohl der Wurzel, als solcher, die Bedeutung eines Wortes abgesprochen werden kann, sie doch zu einem Worte wird, sobald sie, äusserlich geändert oder nicht, zu einer Aussage dient."†) Wir können also diese für uns unwichtige Meinungsverschiedenheit unter den Philologen künftig unbeachtet lassen; dagegen will ich, sowohl der Kürze wie der Deutlichkeit wegen, von den Wurzeln als von archaistischen

---

*) Sayce, a. a. O. II. p. 4. — **) Wedgwood, *Etymol. Dict. p. III.*
***) Farrar, *Origin of language p.* 53.
†) „*Science of Thought*" *p.* 439.

Wörtern reden, ohne dabei mehr von ihnen behaupten zu wollen, als dass sie phonetische Typen oder die nächstmögliche Annäherung an diejenigen Wörter darstellen, aus denen sie entstanden sind.

Was nun die Bedeutungen der Wurzeln anbelangt, so waren wir früher zu manchen unzutreffenden Voraussetzungen in dieser Beziehung geneigt, wie z. B. dass sie Naturlaute nachahmten oder ein Ausdruck für konkrete Ideen sein müssten u. s. w. Man hat dagegen gefunden, dass sie nicht oder doch nur ganz willkürlich, ein Ausdruck für natürliche Laute sind; auch dienten sie nicht zum Ausdruck von besondern, konkreten, sondern stets von allgemeinen, abstrakten Ideen. Hier haben wir zwei wichtige Thatsachen vor uns, Thatsachen, die auf den ersten Blick die Ansicht zu begünstigen scheinen, dass die vergleichende Sprachforschung uns den natürlichen Ursprung der Sprache nicht zu zeigen vermag. Wir wollen die Sache aber noch etwas näher ins Auge fassen; zu diesem Zwecke will ich die 121 Wurzeln anführen, die nach Prof. Max Müller dem Sanskrit zu Grunde liegen. Es ist dies diejenige Sprache, die in dieser Beziehung am sorgfältigsten studiert wurde, und von allen ihren Erforschern ist Prof. Max Müller wohl derjenige, der am wenigsten im Verdachte steht, als „Darwinist" zu sprechen. Die Liste seiner sogenannten „121 ursprünglichen Begriffe" ist folgende:

1. graben
2. flechten, weben, nähen, binden
3. quetschen, stossen, zerstören, verwüsten, reiben, glätten
4. schärfen
5. schmieren, färben, kneten, härten
6. kratzen
7. beissen, essen
8. teilen, essen
9. schneiden
10. sammeln, beobachten
11. dehnen, ausbreiten
12. mischen
13. streuen
14. besprengen, tröpfeln, netzen
15a. zittern, beben, flackern
15b. zittern (geistig) zornig, niedergeschlagen, furchtsam sein
16. niederwerfen, fallen
17. in Stücken fallen
18. schiessen, nach etwas werfen
19. durchbohren, spalten
20. verbinden, streiten, hemmen
21. zerreissen
22. zerbrechen, zerschmettern
23. messen
24. blasen
25. anzünden
26. melken, liefern
27. giessen, fliessen, laufen
28. trennen, befreien, verlassen, Mangel leiden
29. (aus-)lesen
30. wählen
31. kochen, rösten
32. reinigen
33. waschen
34. biegen
35. drehen, rollen

36. pressen, befestigen
37. drücken
38. treiben, drängen
39. stossen, bewegen, leben
40. bersten, strömen, lachen, strahlen
41. anziehen
42. schmücken
43. ausziehen, wegschaffen
44. stehlen
45. aufhalten
46. füllen, gedeihen, anschwellen, stark werden
47. kreuzen
48. versüssen
49. verkürzen
50. verdünnen, leiden
51. mästen, stecken, lieben
52. lecken
53. saugen, ernähren
54. drücken, anschwellen
55. schlucken, schlürfen
56. erbrechen
57. kauen, essen
58. öffnen, ausdehnen
59. erreichen, streben, regieren, haben
60. erobern, durch Gewalt nehmen, kämpfen
61. verrichten, gelingen
62. angreifen, verletzen
63. verbergen, treiben
64. bedecken, umfassen
65. tragen
66. können, stark sein
67. zeigen
68. berühren
69. schlagen
70. fragen
71. bewahren, beobachten
72. führen
73. setzen
74. halten, handhaben
75. geben, verschaffen
76. husten
77. dursten, trocknen
78. hungern
79. gähnen
80. spucken
81. fliegen
82. schlafen
83. sträuben, wagen
84. böse, barsch sein
85. atmen
86. sprechen
87. suchen
88. hören
89. riechen, schnüffeln
90. schwitzen
91. sieden, kochen
92. tanzen
93. laufen
94. kriechen
95. stolpern
96. stecken bleiben
97. verbrennen
98. wohnen
99. stehen
100. sinken, liegen, fehlen
101. schweben
102. niederhangen, anlehnen
103. sich erheben, aufstehen, wachsen
104. sitzen
105. arbeiten
106. ermüden, schwächen, nachlassen
107. sich freuen, gefallen
108. begehren, lieben
109. erwachen
110. fürchten
111. kühlen, erfrischen
112. stinken
113. hassen
114. wissen
115. denken
116. scheinen
117. laufen
118. bewegen, gehen

119a. Geräusch (unartikul.)

119b. Geräusch (musikal.)

120. thun
121. sein.

„Diese 121 Begriffe bilden den Vorrat, aus dem, wie ich behaupte, jeder Gedanke, der jemals durch den Geist eines Indiers ging, soweit unsre Kenntnis ihrer Litteratur reicht, seinen Ausdruck erhielt. Man könnte die Zahl mit Leichtigkeit noch weiter beschränken, denn es finden sich viele Ausdrücke darunter, die sich unter allgemeinern Begriffen zusammenfassen lassen. Ich überlasse diese Aufgabe jedoch andern und begnüge mich mit dem ersten Versuch eines Nachweises, eine wie kleine Menge Saatkörner dazu hinreicht und hingereicht hat, die ungeheure Geistesvegetation hervorzubringen, die den indischen Boden seit der entlegensten Vorzeit bis auf den heutigen Tag einnimmt." *)

Was uns nun in dem obigen Verzeichnis in erster Linie auffällt, ist, dass es die daraus gezogene Folgerung seines Urhebers in vollem Masse rechtfertigt: „Wenn nämlich die Sprachwissenschaft irgend etwas bewiesen hat, so ist es das, dass jeder auf eine besondre Idee oder einen Gegenstand (abgesehen von einem Eigennamen) angewandte Ausdruck bereits ein allgemeiner Ausdruck ist."

Was uns ferner unmittelbar ins Auge fällt, ist wohl, dass, so kurz das Verzeichnis auch ist, es doch noch viel zu lang ist, um — im vernünftigen Sinne des Wortes — als das Inventar der „ursprünglichen Begriffe" gelten zu können, es sei denn, dass man unter „ursprünglich" nur die letzten Resultate der philologischen Analyse versteht. Dass aber alle diese Begriffe nicht „ursprünglich" im Sinne der Ideenbildung eines wirklichen Urmenschen sind, wird durch zwei Thatsachen im Überfluss bewiesen.

Die eine besteht darin, dass ein gutes Drittel der Gesamtzahl gestrichen werden könnte, ohne im Sinne des Verkehrs oder der Reflexion eine merkliche Lücke in den beschränkten Hilfsmitteln der Liste zu hinterlassen. Gähnen, speien, erbrechen, schwitzen und dergl. sind keine Thätigkeiten von so wichtigem Interesse für die Bedürfnisse einer ursprünglichen Gemeinschaft, dass sie einen Vorrang in der Namengebung seitens eines sprachebildenden Urvolks zu beanspruchen hätten. Zudem bemerkt Prof. Max Müller selbst: „Diese 121 Begriffe liessen sich nach Bedarf auf eine weit geringre Anzahl beschränken. Wer sie sorgfältig prüft, wird finden, wie leicht man z. B. graben mit schneiden oder stossen, beissen mit schneiden oder quetschen, melken mit drücken, sammeln mit auslesen, stehlen mit wegschaffen u. s. w. ausdrücken könnte . . . Wenn wir sehen, zu wie vielen Zwecken eine einzige Wurzel dient, wie z. B. gehen, so scheint der Gedanke, dass ein Dutzend Wurzeln unsern ganzen Wortschatz ausmachen könnten, nicht so lächerlich, wie man voraussetzen möchte." **)

---

*) *Science of Thought* p. 549. — **) Ebds. p. 551.

Sodann hat eine verhältnismässig grosse Anzahl der Wörter Bezug auf einen weit vorgeschrittneren Kulturgrad, als ihn die meisten heutigen wilden Völker einnehmen. „Viele Begriffe, wie kochen, rösten, messen, anziehen, schmücken, gehören offenbar einem späteren Abschnitt des Kulturlebens an.“*) Man könnte noch hinzufügen, dass auch solche „Begriffe“, wie graben, flechten, einen Zustand des Hirtenlebens bezeichnen, der, wie wir wissen, schon eine verhältnismässig hohe Stufe sozialer Entwicklung bekundet.**) Wenn aber „viele“ dieser Begriffe sich unverkennbar auf ein halbcivilisiertes Leben (zum Unterschied von einem wilden) beziehen, welche Garantie haben wir denn dafür, dass der Rest „ursprünglich“ sei? Offenbar gar keine; im Gegenteil, alles spricht dafür, dass er einer mehr oder weniger hohen, vom Urmenschen weit entfernten Kulturstufe angehört. Mit andern Worten, wir müssen annehmen, dass jene 121 Begriffe nur in dem Sinne „ursprünglich“ sind, dass sie keine weitere Analyse seitens der ver-

---

*) *Science of Thought p.* 552.

**) „Die arischen Sprachen sind die Sprachen von civilisierten Rassen; die Stammsprache auf welche wir sie zurückführen können, wurde von Menschen gesprochen, die auf einer verhältnismässig hohen Kulturstufe standen.“ (Sayce, a. a. O. I. p. 56). „Der Urstamm, welcher die Muttersprache der indo-europäischen Familie sprach, bestand nicht aus blossen Nomaden, sondern war ansässig, bewohnte Städte und befestigte Plätze, und widmete sich zum Teil der Aufzucht von Vieh, zum Teil der Bebauung des Bodens. Er besass unsre hauptsächlichsten Haustiere, das Pferd, den Ochsen, die Ziege, den Hund; der Bär und der Wolf waren seine Feinde, die seine Herde überfielen. Die Maus und die Fliege waren schon eine häusliche Plage . . . Gerste und vielleicht auch schon Weizen wurden gebaut und zu Mehl verwandelt. Aus Honig bereiteten sie Meth zu einem erfreuenden und berauschenden Getränk. Der Gebrauch gewisser Metalle war bekannt; ob Eisen dazu gehörte, ist noch eine ungelöste Frage. Sie übten die Kunst des Webens, Wolle und Hanf, möglicherweise auch Flachs, lieferten das erforderliche Material . . . Die Angriffs- und Verteidigungswaffen waren die unter Urvölkern gebräuchlichen, Schwert, Speer, Bogen und Schild. Sie fertigten Boote und Ruder. Die Kunst des Zählens, mindestens bis zu hundert, wurde gelehrt; dagegen giebt es kein allgemeines indo-europäisches Wort für „tausend“. Einige Sterne waren benannt, der Mond war der hauptsächlichste Zeitmesser. Die Religion war polytheistisch, eine Verehrung der personifizierten Naturkräfte.“ (Whitney, *Language p.* 207).

gleichenden Sprachforschung zulassen; sie sind aber nicht ursprünglich in dem Sinne, dass sie uns in eine absehbare Nähe des ersten Anfangs der artikulierten Sprachen brächten.*)

Indessen sind sie nicht ohne grosse Bedeutung, insofern sie uns zu einer Periode von anscheinend so beschränkter Ideenbildung zurückführen, dass wenn wir die ungeheure Vervollkommnung, welche verschiedne Zweige jenes indo-europäischen Stammes seitdem erfahren haben, zum Vergleich heranziehen, das Sprachenwachstum wohl als der beste Ausdruck für jene Vervollkommnung angesehen werden kann. Auch sind sie insofern von Wichtigkeit, dass sie uns zeigen, in wie verhältnismässig kurzer Zeit ein so unermessliches und nach verschiednen Richtungen auseinandergehendes Wachstum aus einem einfachen, keimartigen Zustand des Denkens hervorzugehen vermag.**) Endlich dienen sie auch dazu, uns in höchst bezeichnender Weise darauf aufmerksam zu machen, dass die darin bekundeten Ideen, obwohl durchweg von allgemeinem Charakter, doch auf der niedrigsten Stufe der Allgemeinheit stehen. Kaum irgend eine derselben zeigt uns eine Spur reflektiven Denkens, im Unterschied zu einer blossen Benennung der durch die Sinne wahrgenommenen Dinge oder solchen Thätigkeitsformen, die unmittelbar als solche zu erkennen sind.***) Das will sagen, dass nur wenige dieser „ursprünglichen Begriffe“ auf einer viel höheren

*) „Unsre Wurzeln sind die Urwurzeln nicht; wir haben vielleicht von keiner einzigen die erste, ursprüngliche Lautform mehr vor uns, ebensowenig wohl die Urbedeutung.“ (Geiger, „Ursprung der Sprache“ S. 65.) So weit mir bekannt, wird diese Meinung von allen Sprachforschern als selbstverständlich geteilt.

**) „Es ist unmöglich, die Zeit, da die arischen Stämme noch zusammen in ihren Heimstätten sassen und dieselbe Sprache sprachen, viel später anzusetzen, als um das dritte Jahrtausend vor der christlichen Zeitrechnung.“ (Sayce, a. a. O. II. p. 320).

***) Diese Thatsache allein bezeugt schon an und für sich die Haltlosigkeit der Lehre, dass „die Gedankenbildung der erste und natürliche Zweck der Sprache, der der Mitteilung aber nur ein zufälliger sei“. (*Science of thought*, *p.* 40). Ein solcher „Zweck“ würde ja den „Gedanken“ als schon gebildet voraussetzen und die Annahme fordern, dass ein Zweck den Bedingungen seiner eignen Möglichkeit voranginge.

Stufe der Ideenbildung stehen, als derjenigen der „benannten Erkenntnisse“ oder „Vorbegriffe“. Ein Tier oder ein Kind ist imstande, die Mehrzahl der in dem obigen Verzeichnis enthaltnen Handlungen vermöge seiner „Erkenntnis“ zu verstehen; so ist es denn nicht zu verwundern, ja, es war nicht zu vermeiden, dass eine menschliche Gesellschaft, die sich im Besitz der Sprache befand, d. h. ihre Erkenntnisse zu benennen vermochte, diese betreffenden Erkenntnisse auch „denotierte“.

Einen auffallenden Zug bietet die Liste auch darin, dass sie ausschliesslich aus Zeitwörtern besteht.*) Auf diese Eigentümlichkeit aller bekannten Sprachwurzeln, welche sich darnach als Ausdrücke für Handlungen und Zustände, nicht von Dingen und Eigenschaften ergeben, legt Prof. Max Müller grosses Gewicht. Indessen ist seine daraus gezogne Schlussfolgerung offenbar nicht haltbar. Dieselbe besteht nämlich darin, dass „jede Wurzel das Bewusstsein wiederholter Handlungen, wie kratzen, graben, schlagen u. s. w. ausdrücke“, weswegen das Benennen von Handlungen (zum Unterschied von Dingen) „als der erste Schritt zur Begriffsbildung betrachtet werden müsse“. In der weiteren Ausführung dieser Schlussfolgerung, die sich, so viel ich mich erinnere, durch sein ganzes Werk zieht, übersieht Prof. Max Müller zwei höchst wichtige Punkte. Erstens, dass, wie schon bemerkt, die fraglichen Wurzeln nachweislich sehr weit davon entfernt sind, das ursprüngliche Sprachmaterial des Urmenschen zu sein; und zweitens dass, wie und was auch dieses ursprüngliche Material gewesen sein mag, von Anfang an ein Kampf ums Dasein unter den wirklichen Urwurzeln bestanden haben muss, bei dem nur diejenigen überlebten, die sich als die geeignetsten Stammwurzeln für die nachfolgenden Wortbildungen erwiesen. Nun ist es wohl ganz unverkennbar, dass archaistische, obwohl nicht notwendig ursprüngliche Worte, die Handlungen ausdrückten, eine bessere Aus-

*) Ich gebrauche den Ausdruck „Zeitwort“ nur der Kürze und Klarheit wegen. Natürlich konnten keine Zeitwörter im strengen Sinne des Wortes vorkommen, so lange es keine Satzteile irgend welcher Art gab. Die genauere Definition wird unmittelbar nachher gegeben und zeigt, was ich unter dem abgekürzten Ausdruck „Zeitwort“ verstanden wissen will.

sicht hatten, als Wurzeln zu überleben, als jene, die einen Ausdruck für Dinge bildeten, und zwar sowohl weil sie häufiger zur Anwendung kamen, als auch deshalb, weil viele von ihnen sich leichter zu bildlicher Verwendung hergaben, besonders einer animistischen Anschauungsweise gegenüber.*) Unter dieser Voraussetzung hat es nichts Überraschendes, dass nur Worte, die Handlungen bezeichneten, als Wurzeln überlebten.**)

Die Erwägung, dass nur diejenigen Wurzeln im Kampf ums Dasein erfolgreich sein konnten, welche die Stammhalter der nachfolgenden Sprache und damit die einzigen Worte bildeten, die uns als Wurzeln überliefert wurden, gewinnt noch eine weitere Bedeutung durch eine andre, von Prof. Max Müller aufgestellte Verallgemeinerung. Aus der Thatsache, dass alle 121 Sanskritwurzeln „allgemeine" Ideen ausdrücken (welcher Ausdruck auch

---

*) „Man darf nicht vergessen, dass der Urmensch nicht zwischen Erscheinung und Willen unterschied, sondern alles unter dem Kapitel Handlungen zusammenfasste, und zwar nicht nur die unwillkürlichen Thätigkeiten des Menschen, wie atmen u. s. w., sondern auch die Bewegungen unbeseelter Dinge, wie das Auf- und Untergehen der Sonne, den Wind, das fliessende Wasser, ja sogar ganz unbeseelte Erscheinungen, wie Feuer, Elektrizität u. s. w.; kurz alle der Änderung unterworfne Eigenschaften der Dinge wurden von ihm als freiwillige Handlungen aufgefasst." (Sweet, *Words, logic and Grammar p.* 486).

**) Es ist Thatsache und durch eine Menge philologischer Nachweise festgestellt, dass Zeitwörter in Wirklichkeit ein weit späteres Produkt linguistischer Entwicklung sind, als Haupt- und Fürwörter. Es geht dies auch schon aus ihrem geringen Vorkommen in vielen der weniger entwickelten Sprachen von heute (sie werden durch Beisetzung von Fürwörtern u. s. w. ersetzt), sowie aus dem neuern Ursprung vieler von ihnen, im Vergleich zu andren Satzteilen, hervor. Später werde ich noch zeigen, dass auf den wirklich ursprünglichen Stufen des Sprachenwachstums überhaupt kein erkennbarer Unterschied zwischen Satzteilen besteht. Archidiakon Farrar bemerkt ganz richtig: „Die Erfindung eines Zeitworts erfordert eine grössere Anstrengung von Abstraktion als die eines Hauptworts . . . Wir halten es nicht einmal für möglich, dass aus Wurzeln mit der Bedeutung „scheinen", „glänzen" Namen wie „Sonne, Mond, Sterne" u. s. w. gebildet wurden . . . An einigen Stellen scheint Prof. Müller allerdings die richtige Anschauung zu vertreten, dass anfangs die Wurzeln für jedweden Sprachteil stehen, wie es bei den einsilbigen Ausdrücken der Kinder der Fall ist." (*Chapters on language p.* 196).

alle von mir sog. „generischen“ Ideen einschliesst) folgert derselbe, dass die Sprache von Anbeginn an solche Ideen zum Ausdruck brachte, d. h. nicht damit anfangen konnte, Besonderheiten zu benennen: „von Anbeginn musste sie demnach mit der Benennung von ‚Begriffen‘ verbunden gewesen sein.“ Wenn nun irgend eine Spur eines Beweises dafür angeführt werden könnte, dass dies wirklich der Fall „gewesen sein müsste“, würde ich mir den grössten Teil der früheren Kapitel haben ersparen können, denn der ganze Inhalt dieser Kapitel bestand darin, zu zeigen, dass es aus psychologischen Gründen durchaus verständlich ist, wie die Begriffsstufe der Ideenbildung sich nach und nach aus der blossen Erkenntnisstufe, d. h. die Fähigkeit zur Bildung von wirklich begrifflichen Ideen aus der Fähigkeit zur Bildung besondrer und generischer Ideen, entwickeln konnte. Wenn aber nachgewiesen oder nur in einem gewissen Grade annehmbar gemacht werden könnte, dass die ausschliesslich menschliche Fähigkeit zur Bildung wirklich allgemeiner Ideen *de novo* mit dem ersten Auftreten artikulierten Sprechens entstanden sei, so würde sicherlich meine ganze Untersuchung in Nichts zerfallen: der menschliche Geist würde sich als eine seinem Ursprung und deshalb der Art nach von allen niederen Geistesordnungen verschiedne Qualität herausstellen; das Gesetz der Einheitlichkeit würde unterbrochen sein, eine unüberschreitbare Kluft würde sich zwischen Tier und Mensch aufthun. Thatsächlich ist aber kein Schatten eines solchen Nachweises oder eines Anhalts für eine derartige Vermutung vorhanden. Wie wir in den nachfolgenden Kapiteln sehen werden, ist dagegen ein übereinstimmender und überwältigender Beweis für die gerade entgegengesetzte Lehre vorhanden, ein so überzeugender Beweis, dass er schon längst sämtliche andere Sprachforscher dazu geführt hat, unsre Lehre als eine der Axiome ihrer eignen Wissenschaft anzunehmen. Indem ich mir vorbehalte, diesen Beweis an gehöriger Stelle beizubringen, will ich hier noch auf die Unzulänglichkeit des Zeugnisses hinweisen, auf das sich Prof. Max Müller stützt.

Dieses Zeugnis soll ihm die blosse Thatsache liefern, dass die in den Wurzeln der arischen Sprache verkörperten „121 ursprünglichen Begriffe“ allgemeine Ideen ausdrückten. Diese Bemerkung verdiente eine nähere Beachtung, wenn damit der geringste Grund für die Annahme gegeben wäre, dass wir in diesen Wurzeln die Urbestandteile der erstmals vom Menschen gesprochnen Sprache vor uns hätten. Da dies aber, wie wir genau wissen, nicht im entferntesten der Fall ist, so fällt der ganze Beweisgang zusammen. Die blosse Thatsache, dass viele überlebenden Wortwurzeln Wörter sind, die allgemeine Ideen ausdrücken, hat an sich gar nichts Unerwartetes. Wenn wir wissen, dass ein als Wurzel überlebendes Wort eine günstige Aussicht besitzt, wenn es sich als ein fruchtbarer Stamm für andre Wörter erweist, so haben offenbar diejenigen Wörter, welche Ideen von einer gewissen Allgemeinheit ausdrücken, die grösste Aussicht bis auf uns zu kommen. Natürlich würde, wie gesagt, der Fall ganz anders liegen, wenn man auch nur die logische Möglichkeit zugeben könnte, dass die Kulturstufe der „121 ursprünglichen Begriffe" jene des Urmenschen darstellte, als er zum erstenmal artikuliert zu sprechen begann. Eine solche Möglichkeit steht aber ganz ausser Frage. Die 121 Begriffe selbst zeigen unwiderleglich, dass sie einer vom sprachlosen Vorfahren des *Homo sapiens* unermesslich weit abgelegnen Zeit angehören, und dass in dieser ungeheuren Zwischenzeit viele aufeinanderfolgende Generationen von Wörtern unzweifelhaft geblüht haben und vergangen sind.*)

Diese Bemerkungen richten sich gegen die verhältnismässig wenigen Beispiele von allgemeinen Ideen, welche die Liste der „121 Begriffe" enthält. Wie schon bemerkt, bekundet die grosse Mehrzahl dieser „Begriffe" keinen höheren Grad von „Allgemeinheit" als zu einem sogenannten „Vorbegriff" gehört, d. h. eine

---

*) Standst du dabei, als sich der Brust der noch stummen Urmenschen der erste Sprachlaut entrang? und verstandst du ihn? Oder hat man dir die Urwurzeln jener ersten Menschen vor hunderttausend Jahren überliefert? Sind das, was du als Wurzeln hinstellst und was wirklich Wurzeln sein mögen, auch Wurzeln der Urzeit, unveränderte Reflexlaute? Sind jene deine Wurzeln älter als sechstausend, als zehntausend Jahre? und wie viel mögen sie sich in den früheren Jahrzehntausenden verändert haben? Wie mag sich ihre Bedeutung verändert haben? (Steinthal, „Ztschr. f. Völkerpsychologie" etc. 1867. S. 76.)

„benannte Erkenntnis". Dieselben Bedenken treffen für beide zu. Denn selbst wenn wir annehmen wollten, dass eine benannte Erkenntnis ursprünglich nur ein zur Bezeichnung einer besondren Idee dienendes Wort gewesen wäre, so würde es doch nur geringe Aussicht gehabt haben, als Wurzel zu überleben, wenn es nicht zuvor einen hinreichenden Grad von Erweiterung erfahren hätte, um das zu werden, was ich „rezeptiv connotativ" nenne. Ein Eigenname würde z. B. als solcher keine Wurzel geworden sein. Nur wenn er auch auf andre Personen und Dinge aus der gleichen Klasse ausgedehnt worden wäre, hätte sich ihm die Aussicht eröffnen können, im Kampf ums Dasein als Wurzel zu überleben. Ich halte es sogar für höchst wahrscheinlich — nicht nur von einem allgemeinern Gesichtspunkt aus, sondern auch auf Grund eines speziellen Studiums der aus der „Kindersprache" unwillkürlich hervorgegangnen Namen, dass die Ursprache zugleich mit der Benennung von besondren und von generischen Ideen, d. h. mit individuellen Wahrnehmungen und Erkenntnissen verbunden war. Da ich mich im dritten Kapitel schon des Näheren darüber ausliess, so kann ich mich hier auf die Schlussfolgerung beschränken, die sich aus meiner Untersuchung ergiebt. Es heisst dort (S. 71): „Eine generische Idee ist generisch, weil die besondren Ideen, aus denen sie zusammengesetzt ist, solche offenbare Punkte der Ähnlichkeit bieten, dass sie im Bewusstsein unwillkürlich mit einander verschmelzen. Eine allgemeine Idee aber ist allgemein aus genau dem entgegengesetzten Grunde — weil die von ihr erfassten Punkte der Übereinstimmung für die unmittelbare Wahrnehmung verborgen sind und deshalb niemals im Bewusstsein mit einander verschmelzen können, ohne Hilfe einer absichtlichen Abstraktion oder einer geistigen Befähigung, die ihre eignen Ideen als solche vollständig zu erkennen und über sie zu verfügen vermag. Mit andern Worten, die Art der Klassifizierung, mit der es die Erkenntnisse zu thun haben, liegt derjenigen Art von Klassifizierung am nächsten, mit der alle Vorgänge sogenannter „intuitiver Schlussfolgerung" zusammenhängen, wie z. B. eine Kugel missverständlich für einen Kreis nehmen. Die Art der Klassifizierung aber, die es mit Begriffen zu thun hat, liegt der rein automatischen Gruppierung von Wahrnehmungen am fernsten. Klassifizierung ist ohne Zweifel in beiden Fällen vorhanden; nur beruht die eine Klasse auf der nahen Ähnlichkeit in einem Wahrnehmungsakt, während sie bei der andern Klasse mit dem Ausdruck des Entferntseins von bloss wahrnehmbaren Assoziationen verbunden ist.“ Es ist selbstverständlich, dass diese „nahe Ähnlichkeit in einem Wahrnehmungsakt“ entweder auf Ähnlichkeiten der Sinneswahrnehmungen selbst beruht (wie z. B. die Farbe eines Rubins dem Taubenblut ähnlich gefunden wird), oder auf der Häufigkeit ihrer Verbindungen (wie z. B. ein Seevogel die verschiedenen Empfindungen, die seine Wahrnehmung des Wassers ausmachen, mit seiner generischen Klassifizierung von Wasser, als einem Medium, in das man sich unbekümmert stürzen kann, in eine Erkenntnis zusammenfasst). Wenn wir uns all das ins Gedächtnis zurückrufen, kann es uns dann wohl Wunder nehmen, dass die Paläontologie der Sprache schon in früher Zeit Wurzeln aufzeigt, die hauptsächlich generische (im Unterschied einerseits von allgemeinen, andrerseits von besondren) Ideen ausdrückten? Durch Verkennung dieser wirklichen Unterscheidung zwischen rezeptiver und begrifflicher, d. h. einer unmittelbar im Wahrnehmungsakt gegebnen, und einer vermöge introspektiven Denkens absichtlich vervollkommneten, Klassifizierung findet sich die ganze Beweisführung von Prof. Max Müller in eine andre unwahre Unterscheidung verwickelt. Er betrachtet nämlich überall die Zuteilung eines Namens schon an und für sich als einen hinreichenden Beweis begrifflichen Denkens und findet darin die Fähigkeit der Denotation zugleich mit derjenigen der Denomination, des eigentlichen Kennzeichens eines selbstbewussten Geistes. Wie wir wiederholt gesehen, ist dies aber durchaus nicht der Fall. So gewöhnliche, der unmittelbaren Wahrnehmung sich darbietende Handlungen und Vorgänge, wie diejenigen, die mit der grossen Mehrzahl jener „121 Begriffe“ verbunden sind, bezeichnen keine höhere Ordnung von Ideenbildung, als die vorbegriffliche, vermöge deren ein kleines Kind imstande ist, seinem gesteigerten Erkenntnisleben, vor dem Auftreten des Selbstbewusstseins, Ausdruck zu geben. Oder, wie Geiger treffend sagt: „In einzelnen Fällen ist die Entstehung von Gattungsbegriffen aus Mangel an Unterscheidung gleichwohl kaum zu bezweifeln.“ *)

Wenn wir sodann die noch stärkere Analogie bei Wilden hinzunehmen, so finden wir noch weitere Unterstützung für unsre Ansicht. So bemerkt Prof. Sayce, dass „in allen wilden und barbarischen Dialekten für einzelne Sinnesgegenstände ein Überfluss von Namen vorhanden ist, während allgemeine Ausdrücke vergleichsweise selten sind.“ Er führt dazu eine Anzahl bemerkenswerter Beispiele an.**) Dem gegenüber ist es nur zu verwundern, dass die 121 Wurzelwörter kein besseres Zeugnis für begriffliches Denken bieten. Ich habe schon die Gründe angeführt, warum die Annahme, dass wir es hier mit Bildnern der Ursprache zu thun hätten, nicht haltbar ist. Angesichts der verhältnismässig hohen Kulturstufe, die das in Frage stehende Volk erreicht haben muss, ist es sehr auffallend, dass die Wurzelwörter ihrer Sprache sich nur in so wenigen Beispielen über die Stufe vorbegrifflicher Äusserung sollten erhoben haben.***) Es zeigt dies jedoch nur, wie wenig selbst-

*) „Ursprung der Sprache“ S. 74. — Von psychologischer Seite aus stimmt Wundt damit überein, wenn er sagt: „Oft hat man deshalb in der Sprache einen Übergang vom Abstrakten zum Konkreten zu finden geglaubt, weil dieselbe thatsächlich zunächst umfassendere, dann individuellere Vorstellungen bezeichnet und erst zuletzt wieder die Namen individueller Objekte zu Gemeinnamen stempelt. Aber was am Anfang dieser Reihe liegt, ist etwas ganz andres, als was den Schluss derselben bildet: Gemeinnamen sind wirkliche Zeichen für Allgemeinvorstellungen und Begriffe. Jene ersten Vorstellungen, welche das Bewusstsein bildet und die Sprache ausdrückt, sind nicht Allgemeinvorstellungen, sondern umfassende Vorstellungen, beides ist wesentlich auseinander zu halten.“ („Vorlesungen“ II. S. 382.) Er geht dann in eine weitere Diskussion über die Psychologie dieses Gegenstandes ein.

**) A. a. O. II. p. 5.

***) Selbst mit Rücksicht auf die Minderzahl (wie „sein“, „denken“, „thun“ u. s. w.) müssen wir auf eine bedeutsame Erwägung Geigers verweisen. Kurz zusammengefasst besteht dieselbe darin, dass die Nachkommen von Worten im Laufe der Zeit erweislich ihre Bedeutung in verschiedner Richtung änderten. Wenn wir dieses allgemeine Gesetz auf die Wurzeln anwenden, so folgt daraus, dass die älteste Bedeutung, welche die Philologie einer Wurzel entnehmen kann, durchaus nicht diejenige zu sein braucht, die der Bedeutung ihrer früheren Vorfahren näher liegt; letztere können vielmehr weit weniger „begrifflich“ gewesen sein.

bewusstes Denken im praktischen Leben des unkultivierten Menschen gefordert wird; dagegen liefert es durchaus keinen Anhalt zu der Vermutung, dass es dem betreffenden Volke in auffallender Weise an eigentlicher menschlicher Befähigung gemangelt habe. Farrar teilt uns mit, dass nach seiner Beobachtung der gesamte zur Unterhaltung dienende Wortschatz gewisser englischer Arbeiter hundert Worte nicht überschreite, und eine eingehendere Untersuchung würde erweisen, dass die grosse Mehrzahl derselben ohne begriffliche Bedeutung angewandt wird. Wenn deshalb jene Arbeiter ihre eignen Worte hätten erfinden müssen, so würde ihre Sprache wahrscheinlich gänzlich derjenigen Ausdrücke entbehrt haben, die eine mehr als vorbegriffliche Art von Ideenbildung bezeichnen, trotzdem sie, wenn auch zu einem unvollkommnen Grade, wahrer begrifflicher Ideenbildung waren. Dies beweist, wie unrecht es sein würde, aus der Abwesenheit von rein begrifflichen Ausdrücken auf die Armut des Begriffsvermögens bei einem Volke zu schliessen, dessen Wurzelwörter bis zu uns gekommen sind, obwohl wir in jenem Falle dem Ursprung jenes Vermögens immerhin ziemlich nahe gekommen sein mögen.

Der Punkt, um den es sich handelt, ist aber der, dass wirklich ursprüngliche und deshalb rein denotative Namen unzweifelhaft sowohl auf die Gattung, als auch auf Besonderheiten Bezug nehmen mussten; sie mussten Namen von Erkenntnissen sowohl, wie von Wahrnehmungen, sowohl von Handlungen, als auch von Dingen und Eigenschaften gewesen sein. Es ist ausserdem nicht minder gewiss, dass unter dieser Urgemeinschaft von denotativen Namen nur die Gattungsnamen eine grössere Aussicht haben konnten, als Wurzeln zu überleben. Mit andren Worten, kein Urwort konnte als Wurzel überleben, ehe es nicht einen mehr oder weniger hohen Grad rezeptiven und deshalb connotativen Wertes erreicht hatte. Daher liefert die doppelte Thatsache, dass das letzte Ergebnis philologischen Studiums in dem Zurückführen der Sprache auf eine gewisse beschränkte Zahl von Wurzeln besteht, und alle diese Wurzeln allgemeine und generische Ideen ausdrücken, an sich noch keinen Beweis für die Lehre, dass diese Wurzeln selbst die Urbestandteile der Sprache seien oder, *a fortiori*, dass die Urbestandteile der Sprache allgemeine Ideen ausdrückten.*) Diese Schlussfolgerung zieht aber noch eine von kaum minderer Wichtigkeit nach sich. Es hat sich schon ein grosser Streit über die Frage erhoben, ob oder inwieweit die Ursprache auf dem onomatopoetischen Prinzip oder der artikulierten Nachahmung von Lauten beruhe, die für die damit benannten Dinge oder Handlungen deutlich bezeichnend sind. Mit Rücksicht auf die Grundsätze der Entwicklungslehre sollten wir offenbar zu der Annahme neigen, dass die Ursprache während ihrer Ausbildung durch solche absichtliche Nachahmungen natürlicher Laute stark beeinflusst gewesen sei, zumal wir sehen, dass vor allen andern Ausdrucksformen sie am leichtesten eine Idee des benannten Gegenstandes oder

---

*) Prof. Max Müller sagt an einer Stelle: „Die Sprachforschung hat bei ihren Untersuchungen über den Ursprung der allgemeinen Ausdrücke zwei Thatsachen von der grössten Wichtigkeit festgestellt, nämlich erstens, dass alle Ausdrücke ursprünglich eine Allgemeinheit ausdrückten, und zweitens dass sie gar nichts anders als allgemein sein konnten" (*Science of thought p.* 456). An andrer Stelle sagt er: „Obwohl während all der Zeit, da das Wachstum der Sprache historisch und unsrer Beobachtung zugänglich wurde, die Tendenz von der Allgemeinheit zur Besonderheit geht, so bin ich doch überzeugt, dass es vor dieser Zeit eine vorhistorische Periode gab, während welcher die Sprache den entgegengesetzten Weg verfolgte. Während dieser Periode wurden Wurzeln mit anfänglich besondrer Bedeutung immer mehr verallgemeinert und nur dann, wenn diese Stufe erreicht war, geschah es, dass sie sich wieder in besondre Kanäle verzweigte." (Ebds. 383.) In seinem früheren Werke (*Science of language I. p.* 425 flgd.) spricht er wieder davon, dass die Ausdrücke ursprünglich allgemeine Bedeutung besessen hätten. Er bleibt sich in dieser Beziehung also nicht ganz konsequent. Mit Bezug auf die zuerst angeführte Stelle bemerkt Geiger passend, dass eine solche Schlussfolgerung mit der Bemerkung *ad absurdum* geführt werde, dass wenn eine Sprache ausschliesslich aus allgemeinen Ausdrücken bestände, sie ihren eignen Sprechern *ipso facto* unverständlich sein würde; denn wie könnte ein gegenseitiges Verständnis zu erhoffen sein, wenn eine Sprache nur Worte enthielte, wie „binden", „lauten" u. s. w.? („Ursprung der Sprache" S. 16.) Offenbar sind Prof. Müllers Bedenken über diesen Gegenstand sehr überflüssig und würden verschwinden, wenn er die natürliche Alternative festhalten wollte, dass kein Grund zu der Annahme vorhanden ist, Urworte müssten ausschliesslich entweder einen besondren oder aber einen allgemeinen d. h. generischen Charakter tragen.

der Handlungen zu ermitteln imstande sind. Dasselbe gilt auch für das sogenannte Element der Ausrufungen oder die Verwertung von Lauten, die der Ausdruck für gewisse menschliche Gefühlszustände sind. Andrerseits wurde diese Theorie, als angemessenste Erklärung für die ersten Anfänge artikulierten Sprechens, aus dem Grunde zurückgewiesen, weil sie weder von der Geschichte, noch von den Ergebnissen philogenetischer Untersuchung unterstützt werde.*) Von dieser Seite wird jedoch vergessen, dass Namen onomatopoetischen Ursprungs in erster Linie stets besondre Bedeutung haben; dass solange sie diesen besondren Charakter besitzen, wie z. B. in dem Worte „Kuckuck", sie keine grosse Aussicht haben, als Wurzeln zu überleben, dass aber in dem Verhältnis, als ihre Aussicht des Überlebens durch Annahme einer allgemeineren Bedeutung wächst, sie auch konventioneller werden müssen, und dass deshalb die grosse Mehrzahl der Wurzeln, selbst wenn sie ursprünglich onomatopoetischen Ursprungs waren, notwendig diesen Ursprung verdunkeln bezw. abschleifen mussten.

Zur Illustrierung aller dieser allgemeinen Betrachtungen wollen wir das Beispiel der Kindersprache heranziehen. Der Umstand, dass diese Sprache einen so grossen onomatopoetischen Bestandteil aufzeigt, unterstützt in hohem Grade die Vermutung, dass was ein so wichtiges Prinzip in der Kindheit des Individuums, trotz der ererbten Neigung zum Sprechen, bildet, zum mindesten auch ein ebenso wichtiges Prinzip in der Kindheit der Rasse ausgemacht haben müsste. Die Hauptsache ist aber nun die, dass wenn wir die connotative Erweiterung aller jener Worte aus Kindesmund ins Auge fassen, wir finden werden, dass in demselben Verhältnis, als ein solches Wort allgemein wird, sein onomatopoetischer Ursprung auch schwindet. Hierzu teilte mir eines Tages Darwin folgendes über sein Enkelkind mit, das mit ihm in demselben Hause wohnte:

„Das Kind, welches gerade zu sprechen anfing, nannte eine

---

*) Vergl. Bunsen, „Philosophie der Geschichte" II. S. 131, und Prof. Max Müller in seinen sämtlichen Werken. Es ist indessen bemerkenswert, dass seine Gegnerschaft gegen die von ihm sog. „Wauwau- oder Muhmuh-Theorie" in seinen früheren Veröffentlichungen stärker auftritt wie in seinen späteren.

Ente ‚quak', und vermöge spezieller Assoziation nannte es auch das Wasser ‚quak'. Durch Erkennung der Ähnlichkeit der Eigenschaften erweiterte es dann den Ausdruck ‚quak', indem es einerseits alle Vögel und Insekten, andrerseits alle fliessenden Substanzen so denotierte. Schliesslich, infolge einer noch feineren Auffassung von Ähnlichkeit, nannte das Kind auch alle Münzen ‚quak', weil es einmal auf der Kehrseite eines französischen Sou die Darstellung eines Adlers gesehen hatte. Daher gewann das Zeichen ‚quak' für das Kind, von seiner ursprünglich ganz besondren Bedeutung ausgehend, eine immer grössere Ausdehnung in seiner Bedeutung, bis es nunmehr zur Bezeichnung so anscheinend ganz verschiedner Dinge diente, wie ‚Fliege', ‚Wein' und ‚Münze'."

Wenn ein solcher Erweiterungs- oder Verallgemeinerungsprozess ursprünglich onomatopoetischer Ausdrücke unter den Urbildnern der menschlichen Sprache vor sich gegangen wäre, wie hoffnungslos würde dann die Bemühung des Sprachforschers sein, die onomatopoetische Wurzel herauszufinden! Wie oben bemerkt, können wir uns aber nicht nur fest überzeugt halten, dass solche Erweiterungen ursprünglich onomatopoetischer Ausdrücke stattgefunden haben, wenn es überhaupt, was nicht zu bezweifeln, solche Ausdrücke überhaupt gegeben hat, sondern dass es für das Überleben eines onomatopoetischen Ausdrucks als Wurzel eine nahezu notwendige Vorbedingung war, dass eine solche Erweiterung seiner Bedeutung Platz griff. Wir können also mit guten Grunde schliessen, dass in der Regel nur solche Fälle von ursprünglicher Onomatopöie als Wurzeln überleben konnten, deren onomatopoetischer Ursprung seit langem hoffnungslos verdunkelt war. Wenn irgendwo, gilt also hier der Grundsatz aller philologischen Forschung, dass, wie Göthe sich ausdrückt, „die ursprüngliche Bedeutung von Worten allmählich verschwindet gleich dem Bildnis und der Umschrift einer Münze."*)

*) Es ist wohl überflüssig, auf die zahllosen Beispiele hinzuweissen, welche für den metaphorischen Wechsel in der Bedeutung der Wörter, auch der heute lebenden Sprachen, sprechen. So sagt Richter, dass alle Sprachen nur Wörterbücher vergessner Metaphern seien. Nehmen wir nur das eine hebräische aus drei Buchstaben bestehende Wort, welches gleichermassen für nachfolgende Bedeutungen stehen kann: mischen, wechseln, vertreten, verpfänden,

Solchen Betrachtungen gegenüber ist es zu verwundern, dass dieser Ursprung noch so häufig aufzudecken ist, selbst bis in jene verhältnismässig noch neue Zeit hinein, da ein Hirtenvolk die Ausdrücke feststellte, die später die Wurzeln des Sanskrit ausmachten: *Kas*, husten, *kshu*, niesen, *proth*, schnauben, *ma*, blöcken und noch manche andere führt sogar Prof. Max Müller auf einen unverkennbar nachahmenden Ursprung zurück: In Verbindung damit, ist es übrigens nicht uninteressant zu beobachten, wie jene Autorität solchen Fällen gegenüber vorgeht. Er sagt: „Nicht ein einziger dieser Ausdrücke hat auch nur so viel Bedeutung, um uns mit wirklichen Sanskrit-Wörtern bekannt zu machen. Ihre Geschichte zeigt uns klar, wie weit der Einfluss der Onomatopöie gehen kann, und wenn wir einmal deren berechtigten Wirkungskreis kennen, werden wir durchaus nicht wünschen denselben über seine Grenzen hinaus zu erweitern.*)

Aus alledem ist ersichtlich, warum man jene Sanskrit-Wurzeln, deren onomatopoetischer Ursprung noch klar erkannt werden konnte, mit Unfruchtbarkeit belegte: gerade weil sie sich nicht erweitern liessen, blieb ihre nachahmende Quelle stets klar und offen zu Tage liegen.**) Nehmen wir aber zum Beispiel an, dass eine

---

vermitteln, vertraut sein, verschwinden, setzen, abends etwas thun, süss sein, eine Fliege oder ein Käfer, ein Araber, ein Fremder, Gewebe eines Kleides, der Abend, eine Weide und ein Rabe (Farrar, *Chapters on language p.* 229). Der Verf. fügt hinzu: „Angenommen, dass alle diese Bezeichnungen sich schliesslich von ein und derselben Wurzel ableiten liessen, springt doch sofort die Erweiterung, in der sich die Metapher hier geltend gemacht, in die Augen.“ (Vergl. a. a. O. p. 234, 251, 252.)

*) *Science of thought p.* 317.

**) Oder, wie Heyse sich ausdrückt, viele onomatopoetischen Ausdrücke sind keine alten fruchtbaren Sprachwurzeln, sondern neue Erfindungen, die isoliert in der Sprache zurückbleiben und unfähig sind, eine Wortfamilie aus sich entstehen zu lassen, weil ihre Bedeutung zu begrenzt und speziell ist, um eine mannigfaltigere Anwendung zuzulassen. („System“ S. 92.) Farrar, der dieselbe Stelle anführt, zeigt (a. a. O. p. 152), dass onomatopoetische Worte nicht immer unfruchtbar sind. Wenn ein derartiger Ursprung noch nicht soweit ab liegt, um durch eine starke connotative Erweiterung verdunkelt zu sein, so bleibt noch immer die Möglichkeit, dass er seine Nachkommenschaft auf ein begrenzteres Gebiet ausdehnt.

derselben eine Erweiterung erfahren hätte, was würde die Folge gewesen sein? Wenn *ma*, blöken, bildlich auf ein schreiendes Kind Anwendung gefunden hätte und in dieser neuen Bezeichnung immer gebräuchlicher geworden, die ursprüngliche Bedeutung aber immer mehr geschwunden wäre, so würde das Wort die Stelle von irgend einer andren Wurzel eingenommen haben, wie z. B. *bhi* fürchten, *ish* lieben und dergl. und in der ganzen Folge von Wörtern, die es dann in seinem konventionellen Gebrauch hätte aus sich entstehen lassen, würde sich keine Spur eines nachahmenden Ursprungs haben entdecken lassen, sowenig als ein solcher Ursprung in dem Laute „*quak*" zu entdecken ist, wenn er von dem oben erwähnten Kinde zur Bezeichnung einer Münze angewendet wurde.

Ich könnte noch verschiedne Betrachtungen zu demselben Zwecke hier anziehen, beschränke mich aber nur auf die wichtigsten. So weist Steinthal darauf hin, dass nachahmende Äusserungen schon unter den lebenden Menschenrassen sehr verschieden sind, so dass die onomatopoetischen Worte einer Rasse keine nachahmende Andeutung für eine andre enthalten.*)

Ähnlich behauptet Prof. Sayçe: „Es ist nicht nötig, dass die Nachahmung natürlicher Laute eine genaue sei; ja sie kann niemals so sein; alles was verlangt wird, ist, dass die Nachahmung von denen erkannt wird, für die sie bestimmt ist. Derselbe natürliche Laut kann folglich das Ohr verschiedner Personen ganz verschieden treffen und in der artikulierten Sprache in ganz verschiedner Weise zur Darstellung kommen."**) — Ein andres gutes Beispiel über den-

---

*) „Nichtsdestoweniger bleibt es eine wichtige psychologische Thatsache, dass die Laute einen onomatopoetischen Wert haben und wir diesen Wert noch heute fühlen. Nur ist dieses Gefühl nicht sicher genug, um als wissenschaftlicher Beweis zu gelten, wie es denn auch bei den verschiednen Rassen verschieden ist. Die Sprachen der mongolischen Rasse haben zur Bezeichnung von Naturereignissen viele Onomatopöien, welche wir nicht mitfühlen. Und das ist weder zu verwundern, noch ist es ein Beweis gegen die geistige Einheit des Menschengeschlechts. Das Gefühl wird ja vielfach durch Assoziationen der Vorstellungen bestimmt. Andre Assoziationen aber walten im Kaukasier, andre im Mongolen." (Zeitschr. f. Völkerpsychologie u. s. w. 1867. S. 76.)

**) *Introduction etc. I. p.* 108. Er fügt hinzu, dass „*bilbit, glut-glut,* und *puls* Versuche zur Darstellung des nämlichen Lautes sind.

selben Gegenstand ist in dem Namen für „Heuschreck" in den verschiedenen Sprachen zu finden. — Nachdem er eine Anzahl ähnlicher Fälle aufgeführt, bemerkt Farrar, dass sie offenbar sämtlich nachahmend seien; „aber wie ungemein verschieden gestaltet durch die nachahmende Phantasie! Wie ist das zu erklären? Einfach durch die Thatsache, zu der man so oft seine Zuflucht nimmt, dass Wörter nicht nur blosse Nachahmungen, sondern subjektive Echos oder Wiederstösse sind, die je nachdem organisch und ideal modifiziert werden, und sich überdies im Laufe der Zeit ungemein verwischen und zerfallen." *) Das beste Beispiel in dieser Beziehung ist aber das in verschiednen Sprachen bestehende Wort für „Donner". Zwei von einander unabhängige Abhandlungen sind darüber geschrieben worden, eine von Grimm**), und eine von Pott***). Während dabei in fast allen Sprachen das Nachahmungsprinzip mehr oder weniger durchleuchtet, kommen doch die grössten Unterschiede in den resultierenden Lauten zum Vorschein.†) In seinem mehrerwähnten Werke weist Prof Sayce ferner nach, dass, als die Artikulation zuerst auftrat, die artikulierten Laute zum grossen Teil von der Bedeutung der Gebärden abhingen, in deren Begleitung sie auftraten. Ursprüngliche Wurzelwörter würden folglich, selbst wenn man annehmen wollte, dass sie sich bis auf uns erhielten und ihr Ursprung nachahmend gewesen, insofern ihr nachahmender Wert zum grossen Teil von passend begleitenden Gebärden abhing, ihre nachahmende Quelle schon längst verleugnet haben.

Dem gegenüber ist der einfachen Ableugnung des onomato-

---

*) *Chapters on languagae p.* 154.

**) „Über Namen des Donners" 1855.

***) Steinthals „Zeitschrift" etc.

†) Prof. Max Müller weist nach, dass in den indo-europäischen Sprachen die anscheinend onomatopoetischen Wörter für „Donner" aus der Wurzel *tan*, strecken, abzuleiten und deshalb von keinem nachahmenden Ursprung seien. Farrar tritt dem jedoch überzeugend entgegen, indem er zeigt, dass selbst wenn diese Worte nicht ursprünglich onomatopoetisch gewesen, sie es doch „nachträglich geworden seien, aus dem Gefühl der Notwendigkeit heraus." (*Origin of language p.* 82.) Vergl. auch Heyse, „System" S. 93 und Wundt, „Vorlesungen" II. S. 396.

poetischen Ursprungs der Sprache keinerlei Wert beizumessen. Selbst wenn man vermuten dürfte, dass die philologische Untersuchung sich im Besitz des wirklichen Uranfangs der gesprochnen Sprache befände, so wären wir doch noch nicht berechtigt, gegen deren nachahmenden Ursprung aufzutreten und zwar aus dem einfachen Grunde, weil wir unter den heutigen veränderten Lebens- und Geisteszuständen die Nachahmungen nicht mehr aufzuspüren vermögen.

Indessen sind die über diese Frage vorhandnen Nachweise keineswegs alle negativer Art. Im Gegenteil ist eine grosse Anzahl von wirklichen und unfraglichen Beweisen für den nachahmenden Ursprung sehr vieler Wörter in sämtlichen Sprachen vorhanden, namentlich aber in solchen, die von Wilden gesprochen werden und dabei, ihrem ganzen Bau nach, sich noch in einem ziemlich unentwickelten Zustande befinden. Für zahlreiche Beispiele kann ich nur auf die mehrerwähnten Werke des Archidiakonus Farrar verweisen.*) Die im Vorhergehenden von mir aufgestellten Bedenken dagegen sollen nur zeigen, dass das Element der Onomatopöie in weit grösserem Umfang in die Zusammensetzung der Ursprache eingedrungen ist, als es die Philologen nachzuweisen vermögen, wenn sie auch zugeben, dass es einen wichtigen Faktor in diesem Sinne bildete. Es ist nur zu verwundern, dass gegenüber den mancherlei Ursachen, die eine Verdunkelung und Ausmerzung der ursprünglich nachahmenden Bedeutung von Wörtern herbeiführten, letztere doch noch in allen, selbst den höchstcivilisierten Sprachen, in grossem Umfang aufgezeigt werden kann.

Die von Prof. Max Müller der onomatopoetischen Theorie der Sprachentstehung entgegengebrachte Feindschaft ist um so auffallender, als er in seinem neuesten Werk eine Abzweigung dieser Lehre lebhaft begrüsst, auf die zuvor Noiré aufmerksam gemacht hatte. Sie besteht in der Annahme, dass artikulierte Zeichengebung ihren Ursprung in Lauten hat, die von Menschen ausgehen, welche bei einer gemeinsamen körperlichen Arbeit be-

---

*) Vergl. auch Nodier, *Dictionaire des Onomatopées,* und Wedgwood, *Dictionary of English Entomology.*

schäftigt sind. Wenn Matrosen rudern, Soldaten marschieren, Maurer gemeinschaftlich ziehen oder heben und dergl., so sei immer die Neigung damit verbunden, geeignete Laute von sich zu geben, welche die Arbeit selbst in einen gewissen Rhythmus versetzen. „Diese Äusserungen, Geräusche, Schreie oder Gesänge bilden eine Art natürlicher Reaktion gegen die innere, durch die Muskelanstrengung verursachte Störung. Sie sind die fast unwillkürlichen Erzitterungen der Stimme, die in Übereinstimmung mit den mehr oder weniger regelmässigen Bewegungen unsres Körpers stehen.“ Die Hypothese besteht also darin, dass Laute dieser Art auf natürliche Weise entstehen, je nach den verschiednen Beschäftigungen verschieden sind und früher oder später als konventionelle Worte für jene Beschäftigungen gebraucht werden. Bei diesem alltäglichen Gebrauch werden sie thatsächlich zu Worten, insofern sie nicht nur seitens der andern ein unmittelbares Verständnis finden, sondern, was noch wichtiger ist, durch jene konventionelle Anwendung aus dem Ausdruck eines blossen „Erkenntnisses“ zu einer „vorbegrifflichen“ Bezeichnung werden.

Mag man über die Wahrscheinlichkeit dieser Hypothese denken wie man will, so betrifft sie doch nur einen besondren Zweig der Onomatopöie. Wenn Namen ursprünglich natürliche Laute absichtlich nachahmen, kommt es nicht darauf an, ob jene Laute von den Dingen selbst herrühren oder vom Menschen dargestellt werden; auch wird die Theorie selbst nicht dadurch berührt, ob die durch den Menschen wiedergegebnen natürlichen Laute „Ausrufungen“ oder „Mitwirkungen“ oder bald das eine, bald das andre sind. Wenn ich nach dem Beispiel von Prof. Max Müller die von Noiré vertretne Seite der onomatopoetischen Theorie die Hoho-Theorie nennen darf, so scheint es mir ganz unmöglich, irgendwelchen wesentlichen oder besondren Unterschied zwischen ihr und der andren Seite derselben Theorie herauszufinden, die Max Müller die Wauwau- oder Muh-Theorie nennt. Dennoch ist er ein ebenso eifriger Vertreter der einen Seite geworden, wie er ein heftiger Gegner der andren blieb.*) Ich halte es für höchst wahrscheinlich,

*) Wahrscheinlich ist die Erklärung für diese Inkonsequenz darin zu

dass irgend ein richtiges Element in der Hoho-Theorie steckt, obwohl ich es für unmöglich halte, dass nachahmende Laute dieser Art die einzige Quelle der Ursprache gewesen seien. Dieser Zweig der Onomatopöie scheint mir also höchstens einen verhältnismässig kleinen Teil des ursprünglichen Sprachenwachstums zu decken. Wie schon bemerkt, bezweifle ich gar nicht, dass das Prinzip der Onomatopöie in all seinen Abzweigungen das wichtigste von allen Prinzipien darstellt, die bei dem ersten Ursprung der Sprache beteiligt waren; ich komme darin nur mit der fast einstimmigen Ansicht aller philologischen Autoritäten überein, die Prof. Whitney so passend zum Ausdruck bringt, wie folgt:

„Es steht ausser aller Frage, dass es eine lange Periode rein nachahmender Zeichen gab, und eine noch längere mit einer Mischung von nachahmenden und hergebrachten Zeichen, von denen die letzteren nach und nach die Oberhand über die andren gewannen, ehe der gegenwärtige Zustand der Dinge erreicht war,

---

finden, dass die Noirésche Auffassung der onomatopoetischen Theorie so ziemlich auf eine von Max Müller selbst vorgebrachte Hypothese hinausläuft. Diese ursprünglich auf Heyse („System der Sprachwissenschaft") zurückzuführende Hypothese besteht darin, dass, wie jede unorganische Substanz in der Natur einen besondren Ton von sich giebt, Metall einen andren, wie Holz oder Stein u. s. w., so hätten auch die Tiere eine ererbte Neigung („Instinkt") zu verschiednen Lauten. Beim Urmenschen hätte sich diese Neigung zu Gunsten der artikulierten Sprache kundgegeben. Was mich betrifft, so kann ich nicht finden, dass diese Theorie irgend etwas erklärt; deshalb stimme ich Geiger bei, welcher sagt: „Die Annahme eines jetzt erloschnen Vermögens der Sprachforschung und die damit zusammenhängende von einem unvollkommnen Urzustande des Menschen ist eine Zuflucht zum Unbegreiflichen und nicht weit von dem Eingeständnis entfernt, dass es uns, der Natur der Dinge nach, für immer unmöglich sei, den wahren Sinn der Urwurzeln zu erkennen, und den Vorgang eines Sprachursprungs zu erklären. Wir würden mit einer solchen Annahme auf einen mystischen Standpunkt zurückgeführt sein, da doch schon Herder das ‚Gespenst vom Wort Fähigkeit' bekämpft und gesagt hat: ‚Ich gebe den Menschen nicht gleich plötzlich neue Kräfte, keine sprachschaffende Fähigkeit, wie eine willkürliche *qualitas occulta*'" (Ursprung der Sprache S. 24). Auch Sayce bemerkt zu jener Hypothese: „Sie beruht auf einer *a priori*-Vorstellung vom Sprachursprung, die weder durch linguistische Thatsachen gestützt, noch sonst verständlich ist. Eine solche Sprachentheorie ist einfach mystisch." (*Introduction I. p.* 66.)

wo die Schöpfung neuer Zeichen mittelst Nachahmung nur hin und wieder und höchst selten auftritt, alle andren Sprachenzeichen aber traditionell sind, indem ihre Zunahme in jeder Gemeinschaft nur durch Abänderungen und Verbindungen, sowie durch Anleihen bei andren Gemeinschaften verursacht wird." *)

Indem ich bisher so deutlich wie möglich meine Zustimmung zur onomatopoetischen Theorie ausgedrückt, muss ich mich nun doch gegen viele ihrer eifrigsten Fürsprecher wenden, die sie als die unbedingt einzige Theorie darstellen. Das will sagen, ich kann dem Dogma nicht zustimmen, dass die artikulierte Sprache keine andre Quelle oder Quellen gehabt habe, als die der Nachahmung durch die Stimme. Ich kann wie gesagt keinen Grund dafür finden, warum man die willkürliche Erfindung willkürlich ausschliessen müsse. Wenn sogar civilisierte Kinder, die nicht unter der Leitung der „Mutter der Erfindung" stehen, eigens eine Sprache schaffen, in der das onomatopoetische Element kaum nachweisbar ist***), so sehe ich nicht ein, warum es früher unmöglich gewesen sein sollte, dass der Urmensch andre Mittel zur Wortbildung hätte finden können, als Nachahmung. Während ich also Prof. Wundt darin vollkommen beistimme, dass die vorliegende Frage in grösserem Masse die Psychologie als die Philologie angeht (insofern die Sprache die ihre Geburt begleitenden Umstände nicht selbst berichten kann und so manche Ursachen zur Verwischung der ursprünglichen Onomatopöie beitrugen), kann ich ihm doch nicht darin folgen, dass aus psychologischen Gründen kein Raum für eine andre Folgerung bliebe, als die, dass das Prinzip der Onomatopöie im weitesten Sinne den einzigen Ursprung bezeichnender Artikulation bilde.†)

Wie wir gesehen, erfinden selbst die vorzugsweise auf spezielle Nachahmung angewiesnen Tiere, sprechende Vögel, ganz willkürliche Laute als denotative Namen; es ist aber psychologisch undenkbar, dass sie mehr vermöchten als der Urmensch, der Mittel

*) *Encyclop. Brit. Art. Philology XVIII. p.* 769.

**) Vergl. z. B. Farrar, *Chapters on language p.* 184.

***) Vergl. hierzu Kap. VII.

†) Vorlesungen II. S. 394.

und Wege fand, seine Zeichen zum sprachlichen Ausdruck zu bringen. Die eigentümlichen Laute der Hottentotten und Buschmänner, was auch ihr Ursprung sein mag, sind sicher nicht auf Nachahmung zurückzuführen; nichtsdestoweniger sind sie, wie Prof. Sayce bemerkt, noch vorhanden, um uns zu zeigen, auf welche Weise die Äusserungen der sprachlosen Urmenschen dazu gelangten, Ideen zu verkörpern und mitzuteilen. Endlich ist es, mit Rücksicht auf den allgemeinen Grundsatz, dass die Entwicklung des Individuums uns auch Aufschluss über die Entwicklung der Rasse giebt, in hohem Grade bezeichnend, dass das bis dahin sprachlose Kind von selbst willkürliche Laute (artikulierte und andere) gebraucht, um seine alltäglichen Erkenntnisse zu denotieren. Ja, nachdem es schon den Gebrauch wirklicher Worte zu lernen begonnen, macht es noch häufig willkürliche Zusätze zu seinem Sprachschatz, welche jeder Erklärung durch Onomatopöie widersprechen, und nicht nur dort, wo die Kinder, wie in dem früher erwähnten Fall, sich selbst überlassen sind, sondern auch dann, wenn sie sich in nächster Berührung mit der Sprache ihrer Eltern befinden. Wo aber ihre willkürlichen Bemühungen nicht durch fortwährende Verbindung mit den Eltern überwacht, sondern durch den Umgang mit Kindern von etwa dem gleichen Alter begünstigt werden, tritt das ein, was wir oben erfahren haben: eine neu erfundne Sprache, die nur zum kleinen Teil onomatopoetisch und infolgedessen für alle, ausser den Erfindern, unverständlich ist.

Hiermit sind die hauptsächlichen Thatsachen und Bedenken für und gegen die Onomatopöie erschöpft. Ich möchte nun die einfache Folgerung daraus ziehen, dass der Gegenstand die Entwicklungslehre überhaupt nicht näher berührt. Für die Sprachforscher ist ja die Frage, wie weit das onomatopoetische Element bei der Bildung der Ursprache beteiligt war, gewiss sehr wichtig; wie denn Geiger sagt: „Dies ist die gemeinsame Frage, und die Antwort wird auf der einen Seite von einem innern Zusammenhang zwischen je einem Laut und dem entsprechenden Begriffe, auf der andern aus Willkür und Übereinkunft hergeleitet."*) Für uns ist aber die Frage wie gesagt nur von geringer Bedeutung. Ob die Worte ursprünglich sämtlich auf einer innern Verbindung von „je einem Laut und dem entsprechenden Begriff" beruhten, oder ob sie alle willkürlich erfunden wurden, in jedem Falle ist daraus zu entnehmen, dass sie gleicherweise als das natürliche Ergebnis natürlicher Psychogenesis ins Dasein traten. Und *a fortiori* brauchen wir, als Anhänger der Entwicklungslehre, uns um nichts weiter zu kümmern, als darum, inwieweit Nachahmung und Erfindung bei der Zusammensetzung der Ursprache in gewissem Grade beteiligt waren.

*) Ursprung d. Sprache S. 31. Seine eigne Antwort auf jene Frage lautet wie folgt: „Sind die Wörter Produkte der Natur oder der Willkür? Beides und beides nicht. Kein Wort hat naturnotwendig seine bestimmte Bedeutung; insofern sind sie alle willkürlich; aber keines ist zu seiner Bedeutung durch menschliche Willensthätigkeit gekommen." (Ebds. S. 113.)

Vierzehntes Kapitel.

Das Zeugnis der Sprachforschung.

Wir sind nun in der Lage, gewisse Dinge, die für den Hauptgegenstand unsrer Untersuchung von hoher Bedeutung sind, näher zu betrachten. In früheren Kapiteln hatte ich bereits Gelegenheit nachzuweisen, dass der Hauptnachdruck der psychologischen Unterscheidung zwischen Mensch und Tier von unsren Gegnern, wie nicht anders zu erwarten war, auf das den Menschen auszeichnende Urteilsvermögen gelegt wurde. Dieses Vermögen haben wir dann als identisch mit dem der Aussage gefunden, insofern jeder nach der strengen Bedeutung des Wortes urteilsfähige Geist auch auszusagen vermag, und umgekehrt. Sodann glaube ich nachgewiesen zu haben, dass einige Schriftsteller sich bezüglich der letztgenannten Fähigkeit in einem auffallenden Irrtum befanden, was mich jedoch nicht der Pflicht enthob, die Entstehung jener Fähigkeit zu erklären. Ich suchte infolgedessen zu zeigen, dass der Keim einer Aussage gegeben ist, sobald die denotative Stufe der Zeichengebung in die connotative übergegangen und damit die Vorbedingung dazu geliefert ist, die Namen der Dinge, sowie der Eigenschaften und Handlungen miteinander in Berührung zu bringen, bezw. sie nebeneinander zu stellen.

Soweit blieb also der Streit über diesen wichtigen Gegenstand nur auf den Boden der psychologischen Analyse beschränkt. Nun ist aber der Augenblick gekommen, um ihn auch vom Standpunkt der Sprachforschung aus zu beleuchten. Während wir bisher lediglich erwogen, wie die Entstehung der Aussage wohl vor sich gegangen sein musste, vorausgesetzt, dass es eine Entstehung gab, haben wir uns jetzt zu versichern, ob wir diese Deduktion auf induktivem Wege mit Hilfe der Sprachforschung unterstützen können, die uns Beweise dafür zu liefern hätte, wie die Entstehung in Wirklichkeit vor sich ging.

Ich kann nun von vornherein bemerken, dass die Ergebnisse der Sprachwissenschaft uns zu einem ursprünglicheren Stand der Dinge zurückführen, als irgend einer, denen wir bisher unsrer Betrachtung unterzogen. So lange wir nämlich auf die psychologische Untersuchung verwiesen waren, war ich genötigt, unsren Gegnern zu folgen, welche die Sprache so nehmen, wie sie sich heute darstellt. Ich hatte zu berücksichtigen, was sie von diesem Standpunkt aus über die Philosophie der Aussage zu sagen hatten und musste mir die von ihnen stets übersehenen Ergebnisse der philologischen Forschung zu einer eingehenderen Untersuchung vorbehalten. Nun ist aber wie gesagt, die Zeit gekommen, da wir von weiteren psychologischen Analysen absehen und unsren Standpunkt auf dem um so viel sichereren Boden nehmen können, den uns die in den geschichteten Ablagerungen der Sprache niedergelegten paläontologischen Berichte über die Entwicklung des menschlichen Geistes liefern. Wir werden dabei finden, dass wir den Ursprung der begrifflichen aus der erkennenden (rezeptiven) Ideenbildung aus guten Gründen noch viel weiter zurück verlegen können, als wir es bisher versuchten. Wie gesagt, habe ich unsre Gegner bisher bei ihren eignen Voraussetzungen gepackt, von denen die eine darin bestand, dass die Sprache stets so gewesen sein müsse, wie wir sie heute vorfinden, d. h. zum mindesten im Besitz von Wörtern, mit Hilfe deren der Sprecher seine Absichten in Sätzen auszudrücken vermochte. Diese Annahme ist jedoch von der Sprachforschung als falsch erkannt. Thatsächlich begann die Sprache ohne jede unsrer heutigen Unterscheidungen in Haupt-, Zeit-, Eigenschafts- und Fürwörtern; sie begann als undifferenziertes Sprachen-Protoplasma, aus dem alle jene späteren „Sprachteile“ im Laufe einer langen allmählichen Vervollkommnung sich mit der Zeit entwickelten. „Die Sprache ist nicht stückweis oder atomistisch; sie ist gleich in allen ihren Teilen als Ganzes und demnach organisch entstanden.“*)

Diese hochwichtige Thatsache wurde meines Wissens zuerst von dem berühmten Anthropologen Waitz aufgestellt: dass nämlich „die Einheit in der Sprache nicht das Wort, sondern der Satz bilde,“**) und dass historisch der Satz dem Worte vorhergehe. Um es anders und noch klarer auszudrücken: jedes Wort war ursprünglich selbst ein Satz in dem Sinne, dass es an und für sich schon einen Satz bezw. eine Behauptung vermittelt. Je mehr dabei ein einzelnes Wort das leistete, was heute auf mehrere in einen Satz gefügte Wörter verteilt ist, desto verallgemeinerter bezw. weniger genau musste seine Bedeutung sein. Unser Satz von heute stellt das dar, was man eine psychologische Arbeitsteilung der betreffenden Bestandteile nennen kann: Dingwörter, Eigenschaftswörter, Zeit, Raum, Wirkung, Mittel und dergl. anzeigende Wörter sind heute ebensoviele verschiedne Sprachorgane, die zur Verrichtung ebensovieler Sprachfunktionen eingesetzt sind. Das Leben der Sprache unter ihrer heutigen vollkommen entwickelten Gestalt ist deshalb weit komplizierter und von einer ganz andren Wirksamkeit, als in dem noch ganz undifferenzierten Zustand, den wir nun betrachten wollen.

Um eine klarere Vorstellung von dieser protoplasmatischen Beschaffenheit der Sprache zu gewinnen, nehmen wir am besten ein Beispiel aus unsrer alltäglichen Beobachtung beim Kinde, welches eben zu sprechen beginnt. So sagt z. B. Prof. Max Müller: „Wenn ein Kind ‚auf‘ sagt, so bedeutet dieses Wort für es Hauptwort, Zeitwort, Eigenschaftswort, alles zusammen; und wenn ein Kind ‚da‘ sagt, so ist dies sowohl ein Hauptwort (‚Dank‘), als auch ein Zeitwort (‚ich danke‘). Ja, selbst wenn ein Kind grammatikalisch zu sprechen beginnt, so denkt es noch nicht grammatikalisch; es scheint das elterliche Gewand zu tragen, obwohl es noch nicht in dasselbe hineingewachsen ist.“***) — Ähnlich sagt

*) Schelling, „Einleitung in die Philos. d. Mythologie“ S. 51.

**) „Anthropol. d. Naturvölker“ I. S. 272. — Vergl. auch Fr. Müller, „Sprachwissenschaft“ I. S. 49.

***) *Science of language II. p.* 91.

Prof. Fr. Müller: „Das Kinderwort ‚Baba‘, schlafen, bedeutet nicht nur schlafen, als eine besondre Art von Ausruhen, sondern auch alle die Umstände, welche zum Schlafen gehören, wie Bett, Kissen, Nachtkleider und dergl.“*) Es steht auch unterschiedslos für schlafend, schläfrig, Schläfer u. s. w., sowie für eine ganze Anzahl von Sätzen, wie z. B. „ich bin schläfrig“, „ich möchte schlafen gehen“, „er schläft“ u. s. f.

Natürlich könnte noch eine ganze Anzahl ähnlicher Beispiele angezogen werden; obige dürften aber genügen, um zu zeigen, was ich unter einem „Satz-Wort“ verstehe. Was wir zunächst ins Auge zu fassen haben, ist die Art und Weise, in der ein kleines Kind die Bedeutungen seiner „Satzwörter“ erörtert, um ihre in hohem Grade generische Bezeichnung *per se* zu begrenzen und sie in ihrer beabsichtigten besondren Bedeutung mitzuteilen. Kurz gesagt, ist das eine und einzige Mittel, welches dem Kind zu diesem Zwecke zu Gebote steht, die Anwendung von Ton und Gebärde. Die Übereinstimmung von Wort und Handlung ist eine notwendige Bedingung zu jeder Zeichensprache; die ursprünglicheren Formen der Zeichengebung sind die notwendigen Anfänge der höheren Formen, und nicht nur das, sie sind auch zum grossen Teil die Urheber dieser höheren Formen. Durch Hindeutung (d. h. indem es in die früheste oder „indikative Stufe“ der Sprache zurückverfällt) ist ein Kind imstande, die Stelle, die Thätigkeit, das Werkzeug etc. zu bezeichnen, auf das es ein Satzwort anzuwenden wünscht, und damit gewinnen wir die erste Andeutung von der wichtigen Thatsache, dass die frühesten grammatischen Anzeichen in dem gemeinsamen Gebrauch von Satzwörtern und Gebärden bestehen.

Ich habe nun nachzuweisen, dass in der Geschichte unsrer Rasse die gesprochne Sprache in Form von Satzwörtern anfing, und eine Aussage nur in der ausgewachsnen Form desselben Zeichengebungsvermögens besteht, das wir in seiner Kindheit als Hindeutung kennen lernten. Da ich mir des Mangels jeder philologischen Autorität bewusst bin, so beziehe ich mich nur auf die Übereinstimmung anerkannter Führer in dieser Wissenschaft.

---

*) A. a. O. I. S. 43.

Bunsen war, wenn ich nicht irre, der erste, der darauf aufmerksam machte, dass es bei den alten Ägyptern keinen Unterschied zwischen Hauptwort, Eigenschaftswort und Zeitwort gab. Ein Wort, wie *anh*, bedeutete z. B. gleicherweise Leben, leben, lebendig, lebhaft u. s. w.*) Auch im Chinesischen „kann das Wort noch heute unterschiedslos als Hauptwort, Zeitwort oder Umstandswort oder auch als Zeichen für einen bestimmten Fall angewendet werden; seine Stelle im Satz allein bestimmt, in welchem Sinne es auszulegen ist. Es ist dies ein treffendes Beispiel für die ersten Zeiten der Sprache, als die Satzwörter in sich selbst sämtliche Redeteile zusammen umschlossen, d. h. alles was zu einem vollständigen Satz erforderlich war; nur indem man sie in Berührung oder in Gegensatz brachte, d. h. in Apposition mit andern Satzwörtern, begrenzte man ihre Bedeutung in ihrem Gebrauch und machte sie zu blossen ‚Wörtern'."**)

Später werde ich noch weitere Beweise für einen ähnlichen Zustand der Dinge bei andern lebenden Sprachen von niederer Entwicklungsstufe, besonders bei Wilden, beibringen. Vielleicht ist es aber noch von grösserer Wichtigkeit nachzuweisen, dass selbst die höchstentwickelten Sprachen, nämlich die indo-europäische Gruppe, noch unverkennbare Zeichen der so weit hinter ihr liegenden ursprünglichen Phase an sich trägt. Ich könnte dies durch eine ganze Anzahl Anführungen unterstützen, beschränke mich aber auf das Zeugnis von Prof. Max Müller, der ja in dieser Beziehung eher als unser Gegner zu betrachten ist. Er sagt:

„Nichts in der That kann in der Sprache bestehen, was nicht ein Satz ist d. h. eine Bedeutung vermittelt; aus diesem Grunde hätte man bemerken müssen, dass jedes Wort ursprünglich ein Satz gewesen ist. Die einfache Wurzel, als Wurzel, kann nicht ein Satz genannt werden und in diesem Sinne ist einer blossen Wurzel jede Bedeutung eines Wortes abzusprechen. Sobald eine Wurzel aber als Aussage benutzt wird, wird sie zu einem Wort, mag sie äusserlich geändert sein oder nicht. Was im Chinesischen die Stellung oder die Betonung bewirkt, nämlich die Anpassung einer Wurzel an die Erfordernisse von Wörtern, wird in den arischen Sprachen mittelst Suffixe und Endungen, oft aber auch durch Änderung des Tons herbeigeführt. Wir sahen,

---

*) Ägypten I. S. 324.

**) Sayce, *Introduction I. p.* 119.

dass auf früheren Stufen auch die arischen Sprachen eine Wurzel, ohne Zuhilfenahme von Suffixen, zu einem Worte erheben konnten und dass z. B. *yudh,* fechten, in fünffachem Sinne gebraucht werden konnte; für die Thätigkeit des Fechtens, für das Mittel zum Fechten, den Ort zum Fechten und das Resultat des Fechtens. Sobald sich aber das Bedürfnis geltend zu machen begann, führte die arische Sprache zum Zwecke der Unterscheidung abgeleitete Bestandteile, meist demonstrativer oder pronominaler Form ein . . . Die befehlende Form kann in der That die ursprünglichste genannt werden, und es ist wichtig zu bemerken, wie wenig sie in vielen Sprachen von derjenigen Form abweicht, die man als die wirkliche Wurzel feststellen konnte . . . *va,* weben, kann als befehlende Form mit demselben Recht ein Satz genannt werden, wie unser ‚arbeiten'! im Sinne von ‚lasst uns arbeiten' . . . Vom Gebrauch einer Wurzel in der befehlenden Form oder in der Form einer allgemeinen Behauptung, ist nur ein leichter Übergang zu ihrer Anwendung zu andern Zwecken oder in anderm Sinne . . . Ein Herr, der seine Sklaven zur Arbeit anhält und ihnen ihr Essen zum Abend verspricht, braucht nicht mehr zu sagen als ‚graben — essen', was jenen gerade so verständlich sein wird, wie wenn er sagte: ‚Wenn Ihr grabt, sollt Ihr auch Essen haben'." *)

So können wir es denn als einen allgemeinen, wohlbegründeten Lehrsatz der philologischen Forschung hinstellen, dass „die Sprache mit Sätzen beginnt, nicht mit einzelnen Wörtern" oder dass ursprünglich jedes Wort an und für sich eine Bedeutung mit sich bringt, nach Art frühester Äusserungen kleiner Kinder. „Der Satz ist die einzige Einheit, welche die Sprache anerkennen kann und der letzte Ausgangspunkt aller unsrer linguistischen Forschungen. . . . Wenn der Satz die Einheit der bezeichnenden Sprache ist, so müssen offenbar alle einzelnen Wörter einmal Sätze gewesen sein, d. h. beim erstmaligen Gebrauch muss ein jedes einen Satz eingeschlossen oder dargestellt haben . . . Die Schöpfung von Wörtern, im Unterschied von Sätzen, war ein langwieriger und mühsamer Prozess und es giebt viele Sprachen, wie z. B. die amerikanischen, bei denen dieser Prozess kaum begonnen hat. Ein Wörterbuch ist das Ergebnis der Reflexion und Jahrtausende müssen vergehen, ehe eine Sprache die Stufe der Reflexion zu erreichen vermag." **)

Ich füge nur noch eine Bemerkung von Prof. Max Müller hinzu, in der er sagt: „Es ist schwierig für uns, in chinesischer

*) *Science of thought p.* 423. flgd.

**) Sayce, *Introduction I. p.* 111.

oder einer sonstigen Wurzelsprache zu denken, ohne unsre Kategorien des Denkens mit hineinzutragen. Wenn wir aber ein kleines Kind beobachten, das in seiner Sprache thatsächlich ‚chinesisch‘ spricht, so sehen wir, dass wir es hier mit einer Form des Denkens und der Sprache zu thun haben, die ganz vernünftig und verständlich für diejenigen ist, die sie studierten, in der aber nichtsdestoweniger die Unterschiede zwischen Hauptwort und Zeitwort, ja sogar zwischen Subjekt und Prädikat noch nicht vorhanden sind.“*)

Sehen wir nun zunächst zu, wie sich, von dieser undifferenzierten Beschaffenheit der Sprache ausgehend, die „Redeteile“ nach und nach entwickelt haben.

Es scheint mir unzweifelhaft, dass als einer der frühesten Redeteile das Fürwort differenziert wurde. Alle Fürwörter („pronominalen Elemente“) waren nach ihrer ursprünglichen Differenzierung nicht unterscheidbar von dem, was wir heute „Umstandswörter“ nennen; sie sind alle verbunden mit denotierenden Raumbezeichnungen. Von dieser allgemeinen Regel giebt es keine Ausnahmen, selbst nicht mit Bezug auf die persönlichen Fürwörter. *Hic, iste, ille* sind bekanntlich eine Art Korrelative zu *ego, tu, sui,* die, wenn es der Sprachgebrauch zugelassen hätte, überall für jene gesetzt werden könnten.“**) Aller Wahrscheinlichkeit nach sind aber diese pronominalen Adverbien oder adverbiale Pronomina an erster Stelle sozusagen artikulierte Übertragungen von Gebärden d. h. einer Hindeutung auf Raumbeziehung. „Ich“ als Äquivalent für „dieser“, „er“, „sie“ oder „es“ für „jener“ lassen sich offenbar leicht durch die hindeutenden Gebärden ergänzen, aus denen die denotativen Ausdrücke entstanden, und obwohl wir noch nicht so weit sind, die phonetische Quelle dieser uralten „pronominalen oder demonstrativen Elemente“ aufzudecken, so können wir uns doch leicht vorstellen, dass sie in derselben anscheinend unwillkürlichen Weise entstanden, wie heute kleine Kinder Laute erfinden, die sowohl zu Eigennamen, als auch zu Ortsadverbien dienen. Dass wir nicht irre gehen, wenn wir die geistige Entwicklungsstufe der ersten

---

*) *Science of thought* p. 242.

**) Garnett, *Philol. Essays* p. 87, 77.

Sprachbildner mit der unsrer kleinen Kinder vergleichen, dürfte sich schon aus der sehr interessanten Thatsache ergeben, dass ganz wie ein kleines Kind von seinem Ich in der dritten Person zu sprechen beginnt, so auch der Urmensch seine persönlichen Fürwörter gebrauchte. „Der Mensch betrachtete sich selbst als ein Objekt, ehe er sich als Subjekt kennen lernte; deswegen sind die objektiven Fälle der persönlichen, wie auch der andren Fürwörter stets älter, als die subjektiven, und das Sanskrit *mâm, ma* (griech. *με*, lat. *me*) früher als *aham* (*ἐγώ* bezw. *ego*).“ *)

Damit man aber nicht meint, ich gehe in der Annahme bezüglich des Ursprungs der pronominalen Elemente zu weit, berufe ich mich wieder auf Prof. Max Müller, der von allen Sprachforschern wohl am wenigsten dem Verdachte unterliegt, in dieser Frage auf meiner Seite zu stehen. Indem er von jenen demonstrativen Bestandteilen spricht, „die auf einen Gegenstand in Raum und Zeit hinweisen und das ausdrücken, was wir mit dann, dieser, das, nahe, fern, oben, unten u. s. w. bezeichnen,“ sagt er: „In ihrer ursprünglichen Form und Absicht richten sie sich eher an

*) Farrar, *Origin of language p.* 99. Der Verf. fährt an obiger Stelle weiter fort: „Wir hätten dies schon aus der Thatsache vermuten können, dass Kinder von sich in der dritten Person zu sprechen lernen, d. h. sich als Objekte betrachten, lange ehe sie die Fähigkeit erwarben, ihr materielles Selbst als das Werkzeug einer abstrakten Entität anzusehen.“ Ich könnte noch andre Autoritäten zu diesem Zweck heranziehen, will mich aber noch auf folgende Anführung beschränken, um zu zeigen, wie die Eigentümlichkeit der alten Fürwörter noch in heute lebenden Sprachen zu fördern ist. Das Malayische *ulun*, ich, bedeutet in Lampong noch immer „ein Mensch“, wie das Kawi *ngwang*, ich, von *nwang*, ein Mensch, nicht zu trennen ist. (Sayce, *Introduction II. p.* 26.) Schliesslich hat auch Wundt darauf aufmerksam gemacht, dass die unpersönliche Sprachform nicht allein für frühe pronominale Elemente, sondern auch für die frühen Formen der Aussage eigentümlich ist, wie denn „die ersten Urteile, die in das Bewusstsein hereinbrechen, subjektlose Urteile sind und die Prädikate derselben stets eine sinnliche Vorstellung ausdrücken. Es leuchtet, es glänzt, es tönt — solcher Art sind die Urteile, die der Mensch zuerst denkt und zuerst ausspricht. Jenes Prädikat, das sogleich bei der Wahrnehmung eines Gegenstandes sich aufdrängt, wird zur Bezeichnung des Gegenstandes selber. Das Leuchtende, Glänzende, Tönende — solcher Art sind die Wörter, die ursprünglich in der Sprache gebildet werden.“ (a. a. O. II. S. 344.)

die Sinne, als an den Intellekt, sie sind sinnlich, nicht begrifflich.“ An andrer Stelle fügt er hinzu: „Ich sehe keinen Grund, warum wir sie nicht als wirkliche Überlebsel einer Periode der Sprache ansehen sollten, während deren Pantomimen, Gebärden, Deuten mit der Hand nach wirklichen Dingen noch unentbehrliche Bestandteile jeder Unterhaltung waren. . . . Ein charakteristischer Zug des Sanskrit und der andren arischen Sprachen besteht darin, dass sie die verschiednen Anwendungen einer Wurzel durch die sogenannten demonstrativen Wurzeln oder Elemente zu unterscheiden suchen. Wenn sie ihre Matte als das Produkt ihrer Handarbeit von der Handarbeit selbst unterscheiden wollen, so sagen sie: ‚Flechten — hier‘; wenn sie aber zur Arbeit auffordern wollen, würden sie sagen: ‚Flechten — sie, du oder wir‘. Wir fanden, dass was wir demonstrative Wurzeln oder Elemente nennen, als die Überbleibsel der frühesten und fast pantomimischen Phase der Sprache zu betrachten sind, in der aber die Sprache noch nicht das war, was wir darunter verstehen, nämlich der „Logos“, etwas Zusammenfassendes aber nur Andeutendes.“*)

Nach der Meinung einiger Sprachforscher waren jene demonstrativen Elemente aber wahrscheinlich „einst vollgültige prädikative Worte, so dass wenn wir bis auf eine noch frühere Stufe der Sprachentwicklung vordringen könnten, wir den ursprünglichen Formen begegnen würden, deren verstümmelte oder verwischte Vertreter sie darstellen.“**) Da aber auch diese Forscher nicht

---

*) *Science of thought p.* 221, 241, 554.

**) Sayce, *Introduction II. p.* 25. Vergl. auch Bleek, „Ursprung d. Sprache“ S. 70 flgd., Fr. Müller, „Grundriss d. Sprachwissenschaft“ I. S. 40, Noiré, „Logos“ S. 186. Der Hauptgrund dieses Skeptizismus ist die Schwierigkeit zu begreifen, wie ein Wort jemals Fuss fassen konnte, ohne von vornherein irgend eine unabhängige prädikative Bedeutung zu besitzen. Dieser Einwurf verliert aber, wie mir scheint, sein Gewicht, wenn wir an die Laute denken, die von kleinen Kindern und unerzognen Taubstummen willkürlich erfunden werden, nicht zu gedenken der unartikulierten Laute der Buschmänner. Übrigens liegt nichts der pronominalen Theorie Feindliches in der Annahme, dass pronominale Elemente, wenn auch von ursprünglichster Art, Überlebsel von noch ursprünglicheren Satzwörtern sind, eine Annahme, welche die obige Schwierigkeit gewiss beseitigen dürfte. Wie gesagt, würde aber diese Schwierig-

daran zweifeln, dass sich der prädikative Wert aller urspünglich „prädikativen Wörter“ durch die Gebärde bestimmen liesse, „wenn wir nur bis auf eine genügend frühe Stufe der Sprachentwicklung vorzudringen vermöchten, so ist die Frage, ob solche bis auf uns gekommne demonstrativen Elemente von ursprünglich prädikativem Werte seien oder nicht, ohne besondre Bedeutung für unsren Zweck; steht es doch ein für allemal fest, dass wirklich ursprüngliche pronominale Elemente von begleitenden Gebärden, die zur Mitteilung ihrer prädikativen Bedeutung dienten, abhingen. Obwohl es sich nun für die einzelnen Fälle natürlicherweise nicht nachweisen lässt, ob diese Elemente in einer wirklich ursprünglichen Form von uns übernommen wurden, oder ob sie die verwischten Überbleibsel unabhängiger, prädikativer Wörter sind, werden doch die uns leitenden allgemeinen Grundsätze durch solche philologische Unsicherheiten in einzelnen Fragen nicht berührt. Denn selbst die oben angeführte Autorität, welche es in Zweifel zog, dass hinreichender Anhalt für die Annahme vorläge, dass die auf uns überkommnen demonstrativen Elemente niemals selbst prädikative Wörter gewesen seien, sagt anderswo von frühen prädikativen Äusserungen ganz im allgemeinen: „Es ist sicher, dass es in der Geschichte der Sprache eine Zeit gab, da die vom Urmenschen geäusserten artikulierten oder halbartikulierten Laute durch die sie begleitenden Gebärden zu bezeichnenden Darstellungen seines Gedankens wurden; diese Verbindung von Ton und Gebärde, eine Verbindung, in der wohl verstanden der Ton getrennt von der Gebärde keinerlei Bedeutung besass, bildete den frühesten Satz.“ Nachdem er einige Beispiele aus den Sprachen Vorderindiens gegeben, fügt er hinzu: „Eine flektierende Sprache lässt uns den Prozess der Wortschöpfung nicht so klar erkennen, wie jene wilden Dialekte, in denen ein paar Laute, wie z. B. das Grebo *ni ne* entweder ‚ich thue es‘ oder ‚ihr thut es nicht‘ bedeutet, je nach der Absicht und den Gebärden des Sprechers. Ganz allmählich, mit dem Heranwachsen des Bewusstseins und der Analyse des Denkens, wurde die äusser-

---

keit, selbst wenn sie bestehen bliebe, für meine Ausführungen von keiner grossen Wichtigkeit sein.

liche Gebärde durch eine Anzahl geäusserter Laute ersetzt, die für eine Menge verschiedenster Fälle dieselben waren; auf diese Weise traten die Worte, durch welche die grammatischen Beziehungen ausgedrückt werden, ins Dasein. Ein ähnlicher Vorgang fand bei der Bildung jener analogen Endungen statt, wodurch unsre indoeuropäischen Sprachen ein Wort einer neuen grammatischen Bezeichnung anzupassen suchen.“ *)

Ohne uns mit weiteren Anführungen beschweren zu dürfen, können wir es also für einen feststehenden Satz der heutigen Sprachforschung halten, dass, nach dem Ausspruch derselben vorsichtigen Autorität, „die Grammatik aus der Gebärde und der Gestikulation herausgewachsen ist“. **) Ich werde noch später zeigen, in welcher interessanten Weise frühe Formen artikulierter Äusserung in ihrem Bau der schon in Kap. VIII abgehandelten Gebärdensprache folgt. Um diese Übereinstimmung recht deutlich zu machen, widmete ich dort der Syntax der Gebärdensprache eine so grosse Ausführlichkeit und kann mich deshalb hier darauf beschränken, die Familienähnlichkeit zwischen der ursprünglichen Äusserungsweise und den vorhergegangnen Gebärden, die ihren Bau auf jene unmittelbar vererbten, nachzuweisen. Zu diesem Zwecke haben wir aber zuvor die Philologie der prädikativen Wörter zu betrachten.

Die ursprünglich mit einer Aussage verbundnen Redeteile, die wir deshalb *par excellence* prädikative Wörter nennen können, sind Hauptwörter und Eigenschaftswörter oder Objekt- und Qualitätswörter. Auch ist dies ziemlich selbstverständlich, da wir wissen, dass selbst in vollständig entwickelten Sprachformen ein und dasselbe Wort je nach seinem Zusammenhang als Hauptwort oder als Eigenschaftswort stehen kann. „Kanone“ in „Kanonenkugel“, „Tasche“ in „Taschenbuch“ u. s. w. sind Eigenschaftswörter durch ihre Stellung, d. h. durch die Zusammenstellung mit Hauptwörtern, zu deren näheren Bestimmung sie dienen.

---

*) Sayce, *Introduction I. p.* 117.

**) Ebds. II. p. 301. Oder, wie Wundt sich ausdrückt: „Die demonstrative Wurzel ist daher eine demonstrierende Pantomime in einen Laut übersetzt.“ („Vorlesungen“ II. p. 392.)

Ähnlich verhält es sich mit dem Genitivfall. Auch er ist von attributiver Eigenschaft und hatte deshalb, gleich dem heute unabhängigen Eigenschaftswort, ursprünglich keine selbständige Stellung. Wenn der Genitiv ausgedrückt werden sollte, bediente man sich ebenfalls des durch die Nebeneinanderstellung gebotnen Auswegs. Schliesslich kam derselbe Kunstgriff auch zum Zweck einer Aussage zur Verwendung. Prof. Sayce drückt sich über diese wichtigen Thatsachen aus, wie folgt: „Auch der Genitivfall, so notwendig er uns heute erscheinen mag, existierte einst so wenig, wie noch heute in manchen Sprachengruppen, z. B. im Malayischen. Statt des Genitivs finden wir hier zwei Hauptwörter in Nebeneinanderstellung, zwei benachbarte Individuen sozusagen, über deren gegenseitige Beziehungen nichts weiter bestimmt wird, als dass das eine dem andern vorhergeht und deshalb zuerst gedacht wird . . . Diese Nebeneinanderstellung von zwei Hauptwörtern, welche noch immer in vielen Sprachen statt des Genitivs dient, lässt sich nur als attributiv oder als prädikativ auffassen. In letzterem Falle bilden die beiden sich gegenüberstehenden Hauptwörter einen vollständigen Satz: ‚Becher Gold‘ z. B. bedeutet soviel als ‚der Becher ist von Gold‘; im attributiven Sinne vertreten die beiden Hauptwörter Adjektive: ‚Gold Becher‘ soll nichts andres sein als ‚ein goldner Becher‘.“*) Nachdem der Verfasser dann aus verschiednen Sprachen noch mehrere Beispiele dafür angeführt, wie auf die geschilderte Weise im Laufe der Zeit die drei grammatischen Differenzierungen entstanden (nämlich durch konventionelle Änderung in der Stellung der beigeordneten Wörter, wie z. B. A B für die Aussage, B A für die Bezeichnung einer Eigenschaft oder eines Besitzes, in manchen Sprachen auch umgekehrt) fährt er fort: „Diese ursprünglichen Kunstgriffe zur Unterscheidung zwischen Prädikat, Attribut und Genitiv, nachdem diese drei Ideen im Laufe der Jahrhunderte sich im Geiste der Redenden entwickelt hatten, liessen nach und nach die spätere verfeinerte Einrichtung der Affixe, Hilfswörter und dergl. entstehen.“ Um diesen Punkt über jedes

*) Sayce, a. a. O. I. p. 415. Vergl. auch Fr. Müller, a. a. O. I. S. 2.

Bedenken hinaus sicher zu stellen, will ich noch eine andre unabhängige Autorität sprechen lassen:

„Es ist eine von allen Grammatikern und Logikern bisher übersehene Thatsache, dass die Definition eines Hauptworts, streng genommen, nur dem Nominativ zukommt. Die abhängigen Fälle sind eigentlich Eigenschaftswörter und die Flexion ist in Wirklichkeit nichts andres als ein Kunstgriff, um ein Hauptwort in ein Eigenschafts- oder Umstandswort umzuändern. Mit Bezug auf den Genitiv ist dies ganz klar; wir haben den historischen Beweis dafür, dass der Genitiv in arischen Sprachen ursprünglich identisch mit einer Adjektiv-Endung war: ‚des Menschen Leben‘ ist nichts weiter als ‚das menschliche Leben‘. Nicht weniger klar ist, dass ‚*noctem*‘ in *flet noctem* nur ein Umstandswort der Zeit ist. Weniger durchsichtig ist, dass der Akkusativ in Sätzen wie ‚er schlägt den Knaben‘ ebenfalls eine Art von Umstandswort ist, weil die Verbindung von Zeitwort und Objekt so eng ist, dass sie fast eine einfache Idee, wie in einem zusammengesetzten Hauptwort bildet. Wenn aber ‚Knabe‘ in einer Zusammensetzung von ‚Knabenschlag‘ ein Attribut ist, kann dies ebenso gut der Fall sein, wenn ‚schlag‘, ohne eine Änderung in der Bedeutung zu erleiden, in die verbale Form umgewandelt wird.“ *) Endlich drückt sich Prof. Max Müller bei einer Auslassung über arische Eigenschaftswörter folgendermassen aus: „Dieselben wurden anfangs nicht gebraucht, wenn das Volk sagte: ‚die Sonne ist glänzend‘, sondern wenn sie die Eigenschaft des Glanzes oder die Thätigkeit des Ausstrahlens aussagten: ‚Glanz-hier‘. Eigenschaftswörter wurden, ebenso wie Hauptwörter, gleich anfangs gebildet und viele von ihnen in beiderlei Sinn benutzt. Es giebt noch Sprachen, in denen Eigenschaftswörter nicht von Hauptwörtern unterschieden sind. Obwohl äusserlich gleich, werden sie in demselben Augenblick als verschieden von Hauptwörtern aufgefasst, wenn sie in einem Satze zum Zwecke einer Aussage oder zur näheren Bestimmung eines Hauptwortes gebraucht werden.“ **) So viel, was Haupt- und Eigenschaftswörter

---

*) Sweet, *Words, logic and grammar* in *Trans. Phil. Soc.* 1867 *p.* 493.

**) *Science of thought p.* 442.

betrifft. Man kann nicht sagen, dass ein Beweis für die historische Priorität des einen vor dem andern bestehe; kaum dass die denotative Bedeutung der Hauptwörter festgestellt war, wurde ihnen auch die Bedeutung von Adjektiven, Genitiven und Prädikaten zuerteilt und zwar durch das einfache Mittel der Nebeneinanderstellung, ein Mittel, welches nach unsren früheren Ausführungen durch die Gesetze der Ideenverbindung und die „Logik der Ereignisse“ ganz unvermeidlich dem Geiste sich darbieten musste und deshalb nicht nötig hatte, von demselben erfunden zu werden.

Wenden wir uns nun zu den Zeitwörtern, d. h. derjenigen Klasse, denen die Aufgabe des Aussagens ganz besonders von Wörtern auferlegt ist, so sollen dieselben, nach der Meinung einiger Sprachforscher, aus der Nebeneinanderstellung von Hauptwörtern mit den Genitiven der Fürwörter entstanden sein.*) Allerdings kommt in vielen lebenden Sprachen eine Aussage noch heute auf diese Art, in Ermangelung aller Zeitwörter, zu stande. Andrerseits steht es aber fest, dass eine grosse Anzahl arischer Hauptwörter durch Verbindung pronominaler Elemente mit bereits vorhandnen Verbalwurzeln gebildet wurden, und zwar geschieht dies in so starker Anlehnung an hindeutende Gebärden, dass man an der ursprünglichen Quelle in dieser Richtung nicht zweifeln kann, wie z. B. ‚graben-er‘, für Arbeiter, ‚graben-es‘, Spaten, ‚graben-hier‘, Arbeit, ‚graben dort‘, Grube u. s. w. Ebenso wurde etwa ‚die Grube ist dunkel‘ im Arischen ursprünglich ausgedrückt durch ‚graben-es, verbergen-hier‘. ‚Verbergen-hier‘ konnte später im Sinne eines Verstecks gebraucht werden; als bestimmendes Prädikat in einem Satz mit nur einem Subjekt nahm es aber zugleich auch den Charakter eines Adjektivs an.“**)

Mir scheinen beide Ansichten sich nicht zu widersprechen und insofern gleichberechtigt zu sein. Es liegen Beweise dafür vor, dass manche Hauptwörter späteren Ursprungs sind als manche Zeitwörter und umgekehrt; es entscheidet dies aber nicht darüber, welcher der beiden Redeteile dem andern als Ganzes voranging,

*) Vergl. besonders Garnett, *on the nature and analysis of the Verb.*

**) *Science of thought p.* 223, 442.

auch zweifle ich, dass wir jemals darüber bestimmten Aufschluss erhalten werden. Aus psychologischen Gründen und nach der Analogie bei Kindern könnten wir es für sehr wahrscheinlich halten, dass Hauptwörter früher vorhanden waren als Zeitwörter; diese Ansicht findet überdies eine Unterstützung in dem auffallenden Mangel an Zeitwörtern in gewissen wenig entwickelten Sprachen wilder Völker. Vom Standpunkt der reinen Sprachforschung aus „vermögen wir weder das Zeitwort aus dem Hauptwort, noch das Hauptwort aus dem Zeitwort abzuleiten."*) Nach der Meinung von Sayce sind beide gemeinsame Schöpfungen, die derselben Zeitepoche und demselben Sprachtrieb angehören. Mag diese Folgerung gegründet sein oder nicht, unsre Darstellung wird davon in keiner Richtung stark betroffen. Mit oder ohne Zeitwörter wird der Urmensch auszusagen vermocht haben, im einen Falle nach der Weise der Kinder, die soeben anfangen, sich jener zu bedienen, im andern Falle nach Art der erwähnten Wilden, die ihren Hauptwörtern, in Verbindung mit Fürwörtern, die Aufgabe von Zeitwörtern auferlegen.

Da man von der andren Seite so vieles Gewicht auf das *Verbum substantivum* (das Zeitwort „sein" im selbständigen Sinne), wie es in vielen Sprachen bei der formellen Aussage gebraucht wird, legt, will ich diesem Punkt eine besondre Beachtung von philologischer Seite widmen. Ich erinnere an den bereits früher nachgewiesnen Irrtum, der jenes Zeitwort mit der Kopula verwechselt, indem es auf einem reinen Zufall beruht, dass in jenen Sprachen beide phonetisch übereinstimmen. Nichtsdestoweniger dürften unsre Gegner auch noch nach diesem aufgedeckten Missverständnis sich auf das *verbum subst.* selbst stützen; gezwungen, anzuerkennen, dass es mit der Aussage speziell nichts zu thun hat, beharren sie darauf, dass es sonstwie oder an und für sich eine höhere Ordnung begrifflichen Denkens darstelle. Ich gebe das zu und wenn, wie man behauptet, das betreffende Zeitwort einer frühern, um nicht zu sagen ursprünglichen Redeweise angehörte, so müsste ich weiter zugeben, dass es eine ziemlich grosse Schwierigkeit auf dem sonst

*) Sayce, a. a. O.

so ebnen Pfade der an der Hand der Entwicklung gehenden Erklärung bilde. Wir haben es aber hier mit einem grossen Irrtum hinsichtlich der ursprünglichen Natur des gedachten Zeitworts selbst, sowie in betreff seiner Rolle, die es als Kopula spielt, zu thun.*) Zum Beweise dessen, sowie dafür, dass jenes Zeitwort in Wirklichkeit weit davon entfernt ist, ursprünglich zu sein, lasse ich hier wieder einige Auszüge aus Schriften philologischer Autoritäten über diesen Gegenstand folgen:

„Wie auch unsre Schätzung *a priori* von der Kraft des *verbum substantivum* ausfallen mag, so lässt sich sein Ursprung philologisch auf sehr niedere und materielle Quellen zurückführen. Die hebräischen Zeitwörter *haua* oder *haia* leiten sich wahrscheinlich von der Nachahmung des Atmens her. Das Zeitwort *kama*, welches denselben Sinn hat, bedeutet ursprünglich ‚herausstehen' und das Zeitwort *kaum* ‚stehen' geht in den Sinn des „Seins" über. Im sanskr. *as-mi* (aus dem alle entsprechenden Formen der indo-europäischen Sprachen abgeleitet wurden, wie gr. *εἰμί*, lat. *sum*, zend *ahmi*, lith. *esmi*, isl. *em* u. s. w.) ist, genau genommen, keine verbale Wurzel, sondern eine Bildung aus dem hinweisenden Fürwort *sa*, und die damit ausgedrückte Idee nur die einer einfachen örtlichen Gegenwart. Von den beiden andern hierher gehörigen Wurzeln, *bhu* (*φύω*, *fui* etc.) und *sthâ* (*stare* etc.) ist erstere wahrscheinlich eine Nachahmung des Atems und die andre ein physisches Zeitwort mit der Bedeutung „aufstehen". Dürfen wir nicht mit Bunsen fragen: „Was ist ‚sein' in allen Sprachen anders, als die Vergeistigung von ‚gehen', ‚stehen' oder ‚essen'?" **)

Um nur noch eine Autorität sprechen zu lassen:

„Indem ich für jetzt die Diskussion über diese wichtige Sache schliesse, habe ich nur noch einige Bemerkungen über das sogenannte *verbum substantivum* zu machen, über dessen Natur und Rolle bisher vielleicht mehr Missverständnisse geherrscht haben, als über irgend einen andern Bestandteil der Sprache. Es ist bekannt, dass viele Grammatiker gewohnt waren, dasselbe als die Grundlage jedes verbalen Ausdrucks und als einen notwendigen Bestandteil in jedem logischen Satze hinzustellen. Daraus scheint hervorzugehen, dass

*) Vergl. hierzu S. 167 flgde.

**) Vergl. auch Farrar, *origin of language* p. 105, 106.

Völker, die so unglücklich wären, es nicht zu besitzen, nicht imstande seien, einen verbalen Ausdruck oder einen logischen Satz zu bilden. Inwiefern dies der Fall ist, werden wir später sehen, vorläufig habe ich eine kurze Bemerkung über dieses Zeitwort und seine gewöhnlichen Stellvertreter in Dialekten, wo es fehlt, zu machen. Ich kann mich dabei auf wenige Fälle beschränken, da eine grössere Ausdehnung auf alle bekannte Sprachen nur eine Wiederholung derselben allgemeinen Erscheinung wäre. Bezüglich des Koptischen bemerkte ich schon, was man hier substantivische und Hilfszeitwörter nennt, sei noch weiter von jedem wesentlichen verbalen Charakter entfernt, als die sogenannten verbalen Wurzeln. Bei näherer Prüfung wird man fast unabänderlich finden, dass sie Artikel, Partikel, Fürwörter oder abstrakte Hauptwörter sind und ihre verbalen Funktionen allein von ihren Anhängseln oder deren Inhalt herleiten. Wer eine gute koptische Grammatik oder ein solches Wörterbuch durchnimmt, wird nichts unserm ‚bin, bist, ist, war' u. s. w. Entsprechendes darin finden, obwohl Seitenstücke zu dem lateinischen *fieri* (*sthopi*) und *poni* (*chi*, neut. pass. von *che*) vorhanden sind; beide ersetzen gelegentlich ‚sein', ohne diese Bedeutung von Hause aus zu besitzen. Die Ägypter waren jedoch nicht jeden Hilfsmittels in dieser Richtung beraubt, sondern verfügten mindestens über ein halbes Dutzend Methoden, um das griechische *verbum substantivum* nötigenfalls wiederzugeben. Der gewöhnlichste Ersatz besteht in dem hinweisenden *pe, te, ne,* das mit einer leichten Änderung auch für den bestimmten Artikel gebraucht wird; *pe* = ist bezieht sich auf ein männliches Subjekt in der Einzahl, *te* auf ein weibliches und *ne* = sind, auf beide Geschlechter in der Mehrzahl. Die Vergangenheit wird durch die Hinzufügung eines auf ein Entferntsein hindeutenden Partikels ausgedrückt. Wir haben hier also an Stelle des *verbum substantivum* einen allen gewohnten Ideen von einem Zeitwort vollständig fremden Bestandteil und statt der uns notwendig erscheinenden Ausdrücke *Petrus est, Maria est, homines sunt* wird es für genügend und vollständig verständlich gefunden, wenn man sagt: *Petrus hic, Maria haec, homines hi.* Obigen Formen begegnet man nach Champollion und andren Erforschern der Hieroglyphen auch auf den ältesten bekannten Inschriften und wir ersehen daraus, dass auch die Ideen der alten Ägypter hinsichtlich der Ausdrucksweise für die Kategorie ‚sein' mit denen einiger neueren Grammatiker nicht übereinstimmen . . . Jeder des Semitischen Kundige weiss, dass persönliche Fürwörter hier in allen Dialekten, ganz wie im Koptischen, nur mit geringeren Abänderungen, zur Wiedergabe des *verbum substantivum* gebraucht werden. Dabei ist es nicht nötig, dass das Fürwort in derselben Person stehe wie das Subjekt des Satzes. In den meisten Dialekten steht es frei zu sagen: *ego ego, nos nos*, statt *ego sum, nos sumus* oder *ego ille, nos illi.* Der Satz ‚Ihr seid das Salz der Erde' lautet im Syrischen buchstäblich: ‚Ihr sie (d. h. die betreffenden Personen) das Salz der Erde'. Übrigens ist diese Anwendung des persönlichen Fürworts nicht nur auf die oben erwähnten Dialekte beschränkt, sondern findet sich auch bei den Basken, den Galla, den turkotatarischen und verschiednen amerikanischen Sprachen . . . Allerdings enthalten die malayischen, javanischen und madegassischen Sprachlehren Worte mit der Bedeutung ‚sein‘; eine aufmerksame Vergleichung der betreffenden Elemente zeigt uns aber, dass wir es dabei durchaus nicht mit Zeitwörtern, sondern mit einfachen Fürwörtern und undeklinierbaren Partikeln zu thun haben, die insgemein Zeit, Ort, eine besondre Handlungsweise oder Beziehung andeuten. Es ist deshalb nicht leicht einsusehen, wie z. B. ein Bewohner der Philippinen ein ihm unbekanntes Wort wiedergeben könnte, für welches jeder Anhalt fehlt, dass er es jemals gedacht haben. . . . Ein selbständiges Zeitwort, wie wir es kennen, das bei uns jedes zusammenhängende Sprechen belebt und die Ausdrücke jedes logischen Satzes verbindet, steht etwa in einer Reihe mit dem Phlogiston der alten Chemiker, als Träger der Brennbarkeit, d. h. als *vox et praeterea nihil*. . . . Ein gegebnes Subjekt sei ‚ich, du, er, dieser, dieses, einer,‘ oder auch ‚hier, dort, so, in, auf, zu, durch,‘ oder ‚sitzt, steht, bleibt, erscheint,‘ — so brauchen wir keinen Geist, um uns zu sagen, dass es ist, und keinen Grammatiker oder Methaphysiker, um diese verborgne Thatsache in einem bündigen Ausdruck darzulegen.“ *)

Nach dieser kurzen Betrachtung über die Philologie der prädikativen Wörter müssen wir zu der nicht minder wichtigen Untersuchung der Philologie der Aussage selbst übergehen. Die darüber vorhandnen Urkunden lauten nicht weniger bestimmt. Wie wir gesehen, haben wir guten Grund zu der Annahme, dass die von Grimm sogenannten „antediluvianischen“ Pronominalwurzeln die phonetischen Äquivalente von Gebärden sind, oder vielmehr dass sie mit Gebärden verbunden waren, um ihren Sinn zu verdeutlichen. Es wird aber im allgemeinen zugegeben, dass die bezeichneten Wurzeln oder demonstrativen Elemente später als Affixe oder Suffixe Hauptwörtern oder Zeitwörtern angehängt wurden und darnach in ältern Sprachen die Einrichtung der Deklination und Konjugation begründeten. So lässt sich, Stufe für Stufe, die Form der Aussage von den höchst entwickelten oder flektierenden Sprachen bis zu jener frühesten allgemein gültigen Stufe zurückführen, die ich die indikative nannte. Wir wollen nun einen kurzen Blick auf diese verschiednen Stufen werfen und von den frühesten derselben diejenigen Formen beleuchten, die sich noch heute in lebenden Sprachen nachweisen lassen.

Wenn wir die Spuren der Sprache nach rückwärts verfolgen,

---

*) Garnett, *on the nature etc. of the verb. Proc. Phil. Soc. III.*

so begegnen wir einer fortwährenden Vereinfachung. Zuerst verwischen sich und verschwinden nach und nach die Hilfswörter, Suffixe, Affixe, Präpositionen, Kopula, Partikel, kurz alle Flexionen, „Anleimungen“ und andre Redeteile, die mit der Andeutung von Beziehungen zwischen den übrigen Bestandteilen eines Satzes verbunden sind. Wenn diese sozusagen Beziehungswörter abgeworfen sind, so bleiben der Sprache noch die Dingwörter, einschliesslich der Fürwörter, die eine Eigenschaft oder Handlung ausdrückenden Wörter, sowie die Wörter für Zustände des Geistes oder des Körpers, die wir als Zustandswörter bezeichnen können. Das nächste, was wir bemerken, ist, dass der Unterschied zwischen Ding- und Eigenschaftswörtern undeutlich zu werden beginnt und darauf alles verschwindet bis auf Hauptwörter und Eigenschaftswörter, die miteinander verschmelzen; ob das betreffende Wort als Subjekt oder Prädikat d. h. als der Name des Gegenstandes oder der Eigenschaft zu verstehen ist, hängt von der Stellung im Satz, von dem Ton, in dem es geäussert, oder, auf noch früheren Stufen, von den es begleitenden Gebärden ab. So sagt Prof. Sayce: „Die Nebeneinanderstellung von zwei Hauptwörtern — und, *a fortiori*, von zwei zum Teil oder gänzlich undifferenzierten Wörtern, wie sie den Gegenstand unsrer jetzigen Betrachtung bilden — ist der Keim, aus dem sich nicht weniger als drei grammatische Begriffe entwickelten, der des Genitivs, des Prädikats und des Adjektivs.“*) Während dieser Verschmelzungsprozess bei Haupt- und Eigenschaftswörtern vor sich geht, wird zu gleicher Zeit auch die Definition der Zeitwörter sichtlich immer unbestimmter, bis es schwer und nachgerade unmöglich wird, ein Zeitwort überhaupt als einen besondren Sprachteil zu unterscheiden.

So sehen wir uns stufenweise und allmählich zu immer grösseren Vereinfachungen des Sprachbaus zurückgeführt bis zu einem Zustand, wo Wörter nur noch das darstellen, was der Naturforscher einen verallgemeinerten Typus nennen würde, wobei ein jedes Wort für sich alle jene Funktionen einschliesst, die später getrennt den verschiednen Redeteilen zuerteilt werden. Wie jene animalen

*) A. a. O. I. p. 415.

Wesen, die zu gleicher Zeit einfache Zellen und doch Gesamtorganismen sind, so stellen auch diese Bildungen einzelne Wörter und zugleich selbständige Sätze dar. Wie in dem einen Falle Leben, so ist in dem andren Falle Bedeutung vorhanden, aber diese Bedeutung ist, wie jenes Leben, unbestimmt und unentwickelt, der Satz gleicht einem Organismus ohne Organe und lässt sich nur in dem Sinne verallgemeinern, dass er protoplasmatisch ist. Angesichts dieser Thatsachen die, wohlgemerkt, noch in heute lebenden Sprachen offen vorliegen, wie sie uns von den Sprachforschern von früheren, längst erloschenen Sprachen berichtet werden, ist es unmöglich, der nun allgemein anerkannten Lehre der Sprachforscher die Beistimmung zu versagen: „Die Sprache verändert sich, je weiter wir rückwärts blicken, in einer Weise, dass wir uns dem Gedanken nicht entziehen können, sie müsse einmal gar nicht vorhanden gewesen sein.“ *)

Aus der offenkundigen Thatsache, dass die ursprünglichen Wörter Sätze gewesen sein müssen, geht aber hervor, dass von Anfang an kein Unterschied zwischen Wörtern und Sätzen bestanden haben kann. Obwohl diese Folgerung nicht von der Hand zu weisen ist, scheint es doch wünschenswert, der speziellen Anwendung dieses Grundsatzes auf die formelle Aussage im besondren nachzuforschen, da hier, wie schon bemerkt, unsre Gegner Widerstand leisten. Wie erinnerlich, habe ich ihre Behauptungen bezüglich der Kopula schon erledigt. Es liegt mir nun ob, nachzuweisen, dass sie sich in einem gleichen Irrtum befinden in Hinsicht auf die beiden andren Bestandteile, aus denen ein förmlicher Satz besteht. Da sie sich nicht die Mühe genommen haben, sich mit den Ergebnissen der Sprachforschung bekannt zu machen, sondern sich nur auf das stützen, was man das Zufällige in der Sprache, insbesondre bei dem arischen Zweig des grossen Sprachenbaums, nennen könnte, so nehmen meine Gegner an, dass ein Satz stets und überall in der vollendeten Form aufgetreten sein müsse, wie er von Aristoteles analysiert wurde. Nun ist es aber wohlbekannt, dass dies nicht der Fall ist; dass die Form der Aussage,

---

*) Geiger, „Zur Entwicklungsgeschichte der Menschheit“ S. 20.

wie wir sie in unsren europäischen Sprachen besitzen, das Ergebnis eines langen Entwicklungsganges ist und dass auf seiner frühesten, ursprünglichsten Stufe, die uns in der Paläontologie der Sprache aufbewahrt ist, die Aussage kaum als eine weitere Differenzierung dessen erscheint, was ich eine Andeutung nenne. Um diese wichtige Thatsache jeder Anzweiflung zu überheben, will ich mit den Ausführungen einiger leitenden Autoritäten in diesem Fache beginnen:

„Der Urmensch hat sich keinesfalls mit solchen Sätzen abgegeben wie ‚der Mensch ist sterblich', ‚das Gold ist schwer', die eine unfehlbare Quelle des Behagens für unsre Logiker bilden; wenn er es nötig fand, dauernde Eigenschaftswörter zu gebrauchen, so gab er ihnen eine attributive Form, indem er sie in unmittelbare Nachbarschaft zum Hauptwort setzte, dessen Flexion sie nachmals besorgten. Damit übernahm das Zeitwort nach und nach die reine formale Funktion der Aussage. Der Gebrauch von Zeitwörtern, die eine Thätigkeit anzeigten, machte die Bildung von Zeitwörtern in der Bedeutung ‚bleiben' nötig, und wenn es im Laufe der Zeit nötig wurde, dauernde oder veränderliche Eigenschaften auszusagen, so wurden jene Wörter natürlich zu diesem Zwecke benutzt und ein Satz wie ‚die Sonne bleibt glänzend' war einfach ‚die glänzende Sonne' in einer andren Form. Nach und nach schwächte sich die Bedeutung dieser Zeitwörter, die bald nur ein einfaches Dasein bezeichneten, so ab, dass sie zuletzt jede Spur von Bedeutung überhaupt verloren und lediglich zu einem Merkmal für die Aussage wurden. Dies ist die Geschichte des Zeitworts ‚sein', welches in der alltäglichen Verkehrssprache den Sinn des ‚Daseins' gänzlich eingebüsst hat. In einem noch höher entwickelten Zustand fand man es nötig, nicht nur von Dingen, sondern auch von ihren Eigenschaften zu sprechen. So hat z. B. der Satz: ‚die Weisse ist eine Eigenschaft des Schnees' durchaus dieselbe Bedeutung wie ‚der Schnee ist weiss' oder ‚weisser Schnee', und die Änderung von ‚weiss' in ‚Weisse' ist nur ein formaler Kunstgriff, um uns in stand zu setzen, ein Eigenschaftswort als Subjekt eines Satzes zu gebrauchen. . . . Nun kommen wir zu einer wichtigen Betrachtung, dass nämlich die Anordnung von Subjekt und Prädikat nicht nur zum grossen Teil konventionell ist, sondern dass auch die Vorstellung von einer Unterscheidung zwischen Subjekt und Prädikat rein linguistischer Natur ist und im Geiste selbst nicht wurzelt. Erstens ist ein Subjekt überhaupt nicht notwendig. In dem Satze ‚es regnet' ist kein Subjekt vorhanden; das ‚es' sowie die Endung des Zeitworts gehören zur Form der Aussage. ‚Es regnet, ich werde deshalb meinen Schirm nehmen', ist eine vollständig berechtigte Folgerung, die aber den geschicktesten Logiker in Verlegenheit bringen könnte, wenn er sie auf eine seiner Figuren zurückzuführen hätte. Auch wird der Satz im Geiste nicht gebildet, indem man zuerst an das Subjekt, dann an die Kopula und darauf an das Prädikat denkt; man denkt vielmehr dabei an alle drei zugleich. Wenn wir in unsrem Geist den Satz zusammenstellen ‚Alle Menschen sind Zweihänder', so haben wir zwei Vorstellungen: ‚alle Menschen' und ‚eine gleiche Anzahl Zweihänder' oder, noch deutlicher, ‚so viel Menschen, so viel Zweihänder' und haben diese Vorstellungen zugleich, d. h. nebeneinander in Gedanken, nicht eine nach der andren, wie wir sie beim Sprechen auszudrücken genötigt sind. Die Gemeinsamkeit der Vorstellung wird in der Logik durch die Kopula ausgedrückt und in der Sprache durch die verschiednen Satzformen. Es folgt durchaus nicht daraus, dass die Logik ohne Wert sei; wir gelangen aber nicht zu dem wirklichen Substrat der Wahrheit, bis wir jenen Teil der Wissenschaft ausgemerzt haben, der in der That nichts andres ist, als eine unvollkommne Analyse der Sprache." *)

Als das Resultat langjähriger Erforschung einiger der noch bestehenden Sprachformen bei den Buschmännern von Südafrika hält es Dr. Bleek für unbestreitbar, dass „dasselbe Wort, ohne Änderung, einen Nominal- oder Verbalbegriff umschloss und in Art unsrer Adjektive, Adverbien u. s. w. gebraucht werden konnte".**) Das will sagen, dass ursprüngliche Wörter Satzwörter waren und als solche vom Urmenschen in derselben Weise gebraucht wurden, wie kleine Kinder ihre undifferenzierten Zeichen gebrauchen; „heia, nini" gilt zugleich für schlaf, schlafen, Schlaf, Schläfer, schläfrig u. s. w. und, infolge connotativer Erweiterung, noch für Bett, Kissen, Nachtkleider u. s. w.

Endlich sind wir, wie schon angedeutet, nicht auf blosse Schlussfolgerung des Urzustandes der Dinge hinsichtlich der Aussage angewiesen. In vielen noch lebenden Sprachen finden sich noch hierher gehörige Formen von so niedriger Entwicklungsstufe, dass sie uns die Zeit recht nahe rücken, wo solche Formen überhaupt gar nicht vorhanden waren. Auch Prof. Max Müller gesteht zu, dass es noch Sprachen giebt, „in denen kein sichtbarer Unterschied zwischen einer sogenannten Wurzel und einem Haupt- oder Zeitwort besteht. Reste aus dieser Phase des Sprachenwachstums finden sich selbst in einer so hochentwickelten Sprache wie dem Sanskrit". Anderswo bemerkt derselbe Verfasser: „Ein Kind sagt: ‚ich bin hungrig', ohne eine Idee davon zu haben, dass ‚ich'

---

*) Sweet, *Words, logic and grammar* in *Trans. Phil. Soc.* 1876 *p.* 486 flgd.

**) Bleek, „Ursprung der Sprache" S. 69.

von ‚hungrig' verschieden ist und beide durch ein Hilfszeitwort verbunden sind . . . Ein chinesisches Kind würde dieselbe Idee in dem einzigen Worte *‚schi'*, ‚essen' oder ‚Nahrung', ausdrücken. Der einzige Unterschied besteht darin, dass das chinesische Kind die Sprache eines Kindes, das europäische Kind die Sprache eines Erwachsenen spricht.“*)

Es ist gewiss bemerkenswert, dass der Chinese seine ursprüngliche Form so lange Zeit bewahrt hat; wie wir wissen, wurden hier die Funktionen der Aussage durch gewisse Kunstgriffe der Syntax in Verbindung mit konventioneller Betonung unterstützt, die in der That das Chinesische zu einer gut entwickelten Sprache von eigenartigem Typus machen. Bei Menschen von niederer Geistes-Entwicklung sehen wir uns in Berührung mit noch unvollkommneren Formen der Aussage gebracht, da dieselben von jenem Kunstgriffe der Syntax und Betonung nichts wissen. Wie früher gesagt, ist die ursprünglichste von allen bestehenden Aussageformen der artikulierten Sprache diejenige, wobei die Funktionen eines Zeitworts durch Nebeneinanderstellung eines Hauptworts mit dem Äquivalent eines Fürworts im Genitiv besorgt werden. So ist ein Dayak, der zu sagen wünscht: „Dein Vater ist alt“, „dein Vater sieht alt aus“, in Ermangelung von Zeitwörtern genötigt, diese Aussage durch blosse Nebeneinanderstellung zu bilden: „Vater-von-dir, alt-von-ihm.“ Oder, da die Syntax der Gebärdensprache folgt, die das Prädikat vor das Subjekt zu setzen pflegt, würden wir den Satz noch genauer so übersetzen müssen: „Sein Alter, dein Vater.“ Ähnlich würde der Satz „er trägt eine weisse Jacke“ wie folgt zu bilden sein: „Er mit weiss mit Jacke.“ Ebenso „stimmen fast alle Sprachforscher, die sich mit den polynesischen Sprachen beschäftigten, darin überein, dass die von den europäischen Grammatikern angenommene Einteilung der Redeteile, soweit es die äusseren Formen betrifft, für jene Klasse ganz oder fast ganz unanwendbar sind. Ein und derselbe Bestandteil wird dort ganz unterschiedslos als Hauptwort, Eigenschaftswort, Zeitwort oder Partikel gebraucht . . . ‚Ich will den Reis essen' wäre so wiederzu-

---

*) *Science of thought p.* 241.

geben: ‚das-Essen-von-mir-den-Reis‘. Das vorausgesetzte Zeitwort ist in der That ein abstraktes Hauptwort, welches den Begriff der Zukunft in Verbindung mit einem pronominalen Suffix einschliesst; das anscheinende Objekt der Handlung ist kein Akkusativ, sondern eine Apposition. Es ist kaum nötig darauf hinzuweisen, wie unvereinbar dies mit der gewöhnlichen grammatischen Definition eines transitiven Zeitworts ist, und zwar in einer Konstruktion, wo wir unfehlbar ein wirkliches Zeitwort erwarten müssen, wenn es überhaupt deren in der betreffenden Sprache gäbe“. Und zum Schluss (um unsre Darstellung nicht mit einem Überfluss von Beispielen zu überlasten) sagt derselbe Verfasser: „Es ist keine Frage, dass Hauptwörter in Verbindung mit Fürwörtern im abhängigen Falle wie Zeitwörter gebraucht werden können. Einige der oben erwähnten Konstruktionen lassen gar keine andre Auslegung zu; es sind dies auch keine zufälligen Einzelfälle, sondern es lassen sich deren tausende beibringen.“ *)

Diese Anführungen aus Werken von Forschern ersten Ranges zeigen, wie vollständig die Philosophie der Aussage durch deren Philologie zerstört wird. Dagegen liess man sich vielfach, wie gesagt, nicht nur dadurch irreleiten, dass in gewissen bekannten Sprachen die Kopula zufällig gleichlautend mit dem Zeitwort „sein“ ist (welches letztere, wie wir gesehen, in vielen Sprachen fehlt), sondern auch dadurch, dass man das Verhältnis von Subjekt und Prädikat falsch auffasste. Eine so vollkommne Satzform wie „ein Neger ist schwarz“, weit entfernt davon, „das einfachste Gedanken-Element“ zu bilden, ist der nachweisliche Abkömmling eines ausserordentlich langen Verlaufs geistiger Entwicklung. Auch kenne ich kein trübseligeres Beispiel von übel angewandtem Scharfsinn, als das in der mehrerwähnten Beweisführung jener Schriftsteller liegende, die, alles geschichtlich Bekannte ausser acht lassend, nachzuweisen versuchen, dass eine Aussage zugleich „das einfachste Gedanken-Element“ und doch ein so ungeheuer vollkommner Vorgang sei, wie sie ihn darzustellen belieben. Die Flüchtigkeit einer solchen Beweisführung lässt sich vergleichen mit

*) Garnett, *philological essays* p. 310 flgd.

der eines Morphologen, der thöricht genug wäre, uns zu belehren, dass die Wirbeltiere sich niemals aus den Protozoen entwickeln konnten, und diesen Satz unter Ignorierung aller heute bekannten Zwischenformen aufrecht erhalten wollte.

Nehmen wir ein Beispiel aus früheren Anführungen. Die von gegnerischer Seite aus Gründen der Logik und der Psychologie aufgestellte Forderung ergeht bekanntlich dahin, ein Tier aufzuweisen, welches die einfache Form eines Urteils, das „ist“ in „A ist B“, liefern könne. Dazu bin ich allerdings nicht imstande. Ich habe aber noch mehr als das zu demselben Zwecke gethan: Ich habe eine grosse Menge lebender Völker aufgezeigt, die noch heute ebenso unfähig sind, wie irgend ein Tier, jene verlangte einfache Form zu liefern. Wo ist das „ist“ in „alt-von-ihm-Vater-von-dir“ = „sein-Alter-dein-Vater“ = „dein Vater ist alt“? Oder wie sollen wir, auf noch ursprünglicheren Stufen menschlicher Äusserung, die einfache Aussageform aus einem „Satzwort“ ziehen, wo es nicht nur keine Kopula, sondern auch keine Differenzierung zwischen Subjekt und Prädikat giebt? Die Wahrheit ist, wie wir schon wiederholt gezeigt, einfach die, dass nicht nur das Tier, sondern auch das kleine Kind, und nicht nur das kleine Kind, sondern auch der Urmensch, und nicht nur der Urmensch, sondern auch der heutige Wilde, sämtlich und gleichermassen nicht imstande sind, die einfache Aussageform zu liefern, da sie sich in den höchsten Verzweigungen des menschlichen Geistes nach und nach entwickelt hat.

Diese ganze wertlose, weil irrtümliche Beweisführung auf seiten unsrer Gegner beruht auf der Analyse des Satzes, wie sie uns von Aristoteles in seinem System der Logik überliefert wurde, einer Analyse, welche wiederum auf der Grammatik der griechischen Sprache beruht. Nun ist es selbstverständlich, dass das ganze System, so weit es die Frage nach dem Ursprung des Denkens oder der Sprache betrifft, veraltet ist. Ich will damit den Wert jener grammatischen Arbeit oder der auf sie gegründeten Logik nicht herabsetzen, nur müssen die Folgerungen daraus innerhalb ihrer berechtigten Grenzen bleiben. Heutigen Tages aber die nach der hochentwickelten griechischen Sprache gebildete Aussage als ursprünglich zu betrachten oder die „Kategorieen" des aristotelischen Systems als den Ausdruck der einfachsten „Gedanken-Elemente" auszugeben, scheint mir so unsinnig, dass ich mich wundern muss, wie verständige Menschen sich zu einem solchen Beweisgang hergeben konnten.*) Indem wir nun diesen alten Irrtümern, die lediglich auf Mangel an Kenntnis beruhen, den Rücken kehren, müssen wir die Analyse der Aussage so annehmen, wie sie uns durch die fortgeschrittne Wissenschaft geboten wird. Dieselbe hat überzeugend nachgewiesen, dass „die Einteilung des Satzes in zwei Teile, Subjekt und Prädikat, rein zufällig ist; sie ist den polysynthetischen Sprachen Amerikas unbekannt, welche in dieser Beziehung den Zustand der Ursprache widerspiegeln ... Im Gedanken sind Subjekt und Prädikat eins und

*) Ich möchte noch bemerken, dass Aristoteles es war, der zuerst dem Irrtum verfiel, die Kopula mit dem Zeitwort „sein" zu identifizieren. Viele Jahrhunderte hindurch blieb dieser Irrtum eine reiche Quelle endloser Verwirrung; merkwürdig genug ist es aber, wie ein ganz neues Missverständnis in der letzten Hälfte des 19. Jahrhunderts daraus entspringen konnte. Bezüglich des Subjekts und Prädikats konnte Aristoteles natürlich keine ursprünglichere Beziehung zwischen denselben annehmen, als diejenige, die ihm in den Formen seiner Sprache geboten war. Was die „Kategorieen" betrifft, so bemerkt Prof. Max Müller darüber: „Diese Kategorieen, die sich den früheren Grammatikern so nützlich erwiesen, sind für den Sprachforscher von noch höherem Interesse. Während Aristoteles sie einfach als die gegebnen Formen der griechischen Aussage betrachtete, wobei jene Sprache sich im Besitz ihres ganzen Wachstums befand, haben wir in ihnen die verschiednen Prozesse zu berücksichtigen, wodurch jene griechischen Wörter, wie auch unsre sämtlichen Wörter und Gedanken, zuerst eine feste Form annahmen. Während Aristoteles alle seine Wörter und Sätze als gegeben nahm und sie einfach untersuchte, um zu entdecken, wie viel Arten von Aussagen sie enthielten, fragen wir, wie wir denn zum Besitz solcher Wörter kamen, wie Pferd, weiss, manche, grösser, hier, nun, ich stehe u. s. w. Wer sich in Besitz dieser Wörter findet, kann leicht aussagen; wir haben aber zu zeigen, dass jedes Wort an sich von Anfang an eine Aussage und an und für sich einen vollständigen Satz bildete. Für uns lautet also die Frage so, wie diese ursprünglichen Sätze, die später zu blossen Wörtern dahinschwanden, überhaupt entstanden sein mögen? Die wahren Kategorieen sind nicht die, welche uns die Grammatik lehrt, sondern diejenigen, welche die Grammatik hervorbringen, und sie sind es, die wir jetzt zu untersuchen haben." (*Science of thought p.* 439.)

dasselbe und in vielen Sprachen werden sie auch so behandelt".*) Demzufolge scheint mir die einzige, unsren Gegnern übrigbleibende Position etwa noch in folgendem Bedenken zu bestehen:

Zugegeben, dürften sie sagen, dass wir von der Aussage, wie sie im Griechischen gegeben ist, noch weiter auf Sprachen von niederer Entwicklung zurückgreifen müssten, so stehen wir hier doch immer noch einer Aussage gegenüber. Und sollten wir auch bis zur möglichst ursprünglichen Form der menschlichen Sprache zurückgedrängt werden, die noch keinerlei Redeteile aufweist und eine Aussage nur in der denkbar unwirksamsten Weise ausführen lässt, so wird sie doch immerhin noch ausgeführt, insofern ja nur zum Zwecke ihrer Ausführung die Sprache überhaupt entstanden sein kann.

Um diese einzig übrigbleibende Stellung anzugreifen, muss ich den Leser an einige Punkte erinnern, die schon in früheren Kapiteln festgestellt wurden. In erster Linie habe ich, bei dem Versuch, „das einfachste Gedanken-Element" zu bestimmen, gezeigt, dass dasselbe nicht in einer vollständigen Satzbildung, sondern in einem vollständigen Begriff enthalten ist, und dass nur aus zwei solchen elementaren Begriffen ein vollständiger oder begrifflicher Satz zusammengesetzt werden kann. Oder, wie ich mich im neunten Kapitel, über die Sprache, ausdrückte: „begriffliche Namen sind die Bestandteile, aus denen die Sätze aufgebaut werden und um diesen Aufbau zu ermöglichen, müssen die Bestandteile jenes Element begrifflicher Ideenbildung enthalten, welches sich in jedem denominativen Ausdruck darbietet." Oder mit den Worten des Prof. Sayce: „Es ist eine unleugbare psychologische Wahrheit, dass die Wörter eines Satzes bei genauer Untersuchung sich als nichts andres darstellen, denn als abgekürzte Urteile."**) Nachdem ich also das „einfachste Gedanken-Element" als einen Begriff festgestellt hatte, zeigte ich, nach der Psychogenesis bei

*) Sayce, a. a. O. II. p. 229. Der Verf. fügt hinzu: „Wäre Aristoteles ein Mexikaner gewesen, so würde sein System der Logik eine ganz andre Form angenommen haben."

**) *Introduction etc. I. p.* 15.

Kindern, dass vor jeder Befähigung zur Bildung von Begriffen, d. h. Namen als denominative Ausdrücke zu erteilen oder, *a fortiori*, solche Ausdrücke in Form begrifflicher Sätze zu verbinden, eine Fähigkeit zur Bildung von Erkenntnissen, zur Bezeichnung dieser Erkenntnisse durch denotative Ausdrücke und zur Aneinanderreihung solcher Ausdrücke zu Mitteilungszwecken vorbegrifflicher Art, besteht. Diese vorbegrifflichen, unvollkommnen, nicht mit Nachdenken verbundnen Sätze kommen in früher Kindheit vor, noch ehe das Selbstbewusstsein auftritt und ehe die nötige Vorbedingung zu jedem Vorgang begrifflichen Denkens erreicht ist. Überdies wurde diese vorbegriffliche Art von Aussage selbst als das Ergebnis allmählicher Entwicklung nachgewiesen. Da sie ihren Ursprung aus Gebärdenzeichen herleitet, ist zu der Zeit, da sie in artikulierte Äusserungen überzugehen anfängt, keinerlei Unterscheidung von „Redeteilen" wahrnehmbar. Jedes Wort ist ein „Satzwort", dessen besondre Anwendungen nur durch Gebärden bestimmt werden können. Später beginnen sich diese Satzwörter in unvollkommner Weise in denotative Namen von Dingen, Eigenschaften, Handlungen und Zuständen zu differenzieren und je festere Gestalt die damit gewonnenen Redeteile annehmen, um so mehr erfahren sie jene connotative Erweiterung bezüglich ihrer Bedeutung, die stets den Index der wachsenden Erkenntnis von Analogieen bildet. Endlich werden Ding- und Eigenschaftswörter, d. h. denotative Namen für Dinge und Eigenschaften oder Handlungen, aneinandergereiht. Die daraus hervorgehende unvollkommne, gedankenlose Aussageweise beruht aber nur auf sinnlichen Assoziationen und der äusserlichen „Logik der Geschehnisse"; gleich den sie zusammensetzenden Bestandteilen ist sie nicht begrifflich, sondern vorbegrifflich. Mit dem Auftauchen des Selbstbewusstseins beginnt aber die Aussage wirklich begrifflich zu werden und gelangt so in den langen Verlauf der noch heute fortdauernden Entwicklung auf dem Gebiete introspektiven Denkens.

Alle diese allgemeinen Thatsachen wurden, wie wir uns erinnern werden, lediglich auf Grund psychologischer Beobachtung festgestellt; ich nahm nirgends Veranlassung, das unabhängige Zeugnis der Sprachforschung dazu anzurufen. Nachdem aber der

Augenblick für dessen Inanspruchnahme gekommen war, erscheint mir die erfahrene Unterstützung von dieser Seite geradezu überwältigend. Denn dieses Zeugnis weist überall nach, dass die Vervollkommnung der Aussage für die Rasse dieselbe war, wie wir sie für das Individuum nachgewiesen hatten. Angesichts dieser beiden Thatsachen frage ich nun: Giebt es jemand, der zu behaupten wagte, dass vorbegriffliche Ideenbildung ein Anzeichen von Urteil sei; oder, was dasselbe besagt, möchte jemand leugnen, dass ein wesentlicher Unterschied zwischen bloss erkennender (rezeptiver) und begrifflicher Aussage bestehe? Glaubt jemand noch eine Zuflucht in der einzig übrigbleibenden Position zu finden, bezw. in der oben angenommnen Behauptung, dass wir nicht nur in der kindischen Aneinanderreihung von denotativen Namen, sondern sogar in dem früheren, noch undifferenzierten Protoplasma eines „Satzwortes" das Aussagevermögen zu suchen hätten, worin die Unterscheidung von Mensch und Tier zu finden sei? Will er dies nicht thun, so ist seine Beweisführung offenbar zu Ende, da weder für die Rasse, noch für das Individuum die Kontinuität zwischen dem prädikativen Keim in dem ersten „Satzwort" und dem vollkommen entwickelten Bau eines formellen Satzes in Frage steht. Schliesslich würde ihm die nachfolgende kurze Betrachtung den letzten Boden jedenfalls vollständig entziehen.

Wenn das Wort „Aussage" von einem begrifflichen Satz auf ein Satzwort übertragen wird, so wird es damit jener auszeichnenden Bedeutung beraubt, auf welcher der ganze Beweisgang meiner Gegner beruht. Denn bei einem kleinen Kinde, oder dem Urmenschen, erfordern Satzwörter die Unterstützung von Gebärden, um ihre Bedeutung zu begrenzen oder ihre „Aussage" zu vervollständigen. Wo dieses der Fall ist, kann aber von keinem psychologischen Unterschied zwischen Sprechen und Andeuten die Rede sein; wenn dies nun „Aussage" genannt werden soll, dann identifiziert man die prädikative „Kategorie" mit der indikativen: Mensch und Tier sind Brüder geworden. Nehmen wir ein Beispiel. Ich besitze zufällig ein Kind, welches noch kein artikuliertes Wort zu sprechen vermag. Da es gerade zu laufen anfängt, so begegnet ihm gelegentlich ein Missgeschick, dessen Natur es mittelst Gebärden mitzuteilen versucht. Heute z. B. stiess es mit dem Kopf gegen den Tisch und kam sofort zu mir, um mein Mitgefühl zu erregen. Auf meine Frage, wo es sich verletzt habe, berührte es alsbald den betreffenden Teil des Kopfes, d. h. es deutete mir die schmerzhafte Stelle an. Darf man nun behaupten, dass das Kind den Sitz des Übels aussagte? Wenn so, dann ist die auszeichnende Bedeutung, die dem Wort „Aussage" anhaftet, die einzige Bedeutung, auf die man sich von gegnerischer Seite stützte, aufgehoben. Die von Tieren in grosser Ausdehnung zur Anwendung gebrachten Gebärden würden alsdann ebenfalls als Aussagen betrachtet werden müssen, da sie sich, wie früher in ausführlichster Weise dargethan, in keiner Weise von denen des sprachlosen Kindes unterscheiden.

Mögen also unsre Gegner den Satzwörtern die Eigenschaft der Aussage zusprechen oder nicht, in beiden Fällen ist ihr Beweisgang hinfällig. Es wird ihnen nichts übrig bleiben, als ihren Standpunkt aufzugeben und nicht länger bei der Behauptung zu beharren, dass „die Sprache der Rubikon des Geistes" sei; vielmehr sollten sie zugeben, dass zwischen der indikativen Phase der Sprache, die wir mit dem Tiere teilen, und der Phase der wahren Aussage, die nur dem Menschen zusteht, kein Unterschied der Art nach aufgestellt werden kann. Im Gegenteil, mögen wir die Psychogenesis des Individuums oder die der Rasse ins Auge fassen, überall haben wir es nur mit einer nachweislichen Einheit der Entwicklung von der niedersten bis zur höchsten Stufe des Zeichengebungsvermögens zu thun.

Fünfzehntes Kapitel.

Ein weiteres Zeugnis der Sprachforschung.

Im vorigen Kapitel beschäftigten wir uns mit der Philologie der Aussage; im gegenwärtigen wollen wir die Philologie des Begriffs betrachten. Die Unterscheidung lässt sich nicht in scharfer Weise ziehen, weil, wie ich im neunten Kapitel zeigte, jeder Begriff ein Urteil in sich schliesst, und jeder denominative Ausdruck ein verdichteter Satz ist. Da man jedoch von der andern Seite einen so grossen Nachdruck auf die vollständige oder formelle Aussage, im Unterschied vom Begriff, legte, so hielt ich es für wünschenswert, diese beiden Zweige unsres Hauptgegenstandes getrennt zu halten. Nachdem ich aber jede Gegnerschaft, die sich möglicherweise auf Grund der formellen Aussage erheben konnte, widerlegt, will ich damit schliessen, den Ursprung der materiellen Aussage oder den Übergang rezeptiver Denotation in begriffliche Denomination zu beleuchten, wie er in der vorhistorischen Entwicklung der Rasse erwiesenermassen stattgefunden hat.

Man wird sich erinnern, dass in meiner Analyse von der Entwicklung der Aussage, zuletzt noch weit mehr als in früheren Kapiteln, Nachdruck auf das gelegt wurde, was ich das Protoplasma der Aussage nannte und wie es sich in dem bis dahin undifferenzierten „Satzwort" darstellt. Bei der Untersuchung über die Psychologie der Aussage (Kap. IX), ging ich nicht über den Nachweis hinaus, wie beginnende oder vorbegriffliche Sätze bei kleinen Kindern zu stande kommen, nämlich lediglich durch blosse Aneinanderreihung denotativer Ausdrücke, die wiederum auf sinnlicher Ideenverbindung, unter Leitung der „Logik der Geschehnisse“, beruht. Als wir aber zur Philologie der Aussage übergingen, wurde es offenbar, dass es noch eine frühere Phase der fraglichen Befähigung giebt. Denn wie wir gesehen, wurde von den Sprachforschern nachgewiesen, dass es schon vor dem Bestehen denotativer Ausdrücke zur Bezeichnung von Dingen, Eigenschaften, Handlungen, Zuständen oder Beziehungen „Satzwörter“ gab, die in sich eine unbestimmte Masse von Bedeutungen vereinigten, welche später auf Hauptwörter, Eigenschafts-, Zeit-, und Fürwörter u. s. w. verteilt wurden, und zwar mit der Folge, dass die einzige Art von Zusammenstellung, die zur näheren Bezeichnung eines solchen Wortes und seiner Bedeutung bei gewissen Gelegenheiten in Frage kam, in der Zusammenstellung von Gebärden bestand. Ich hatte aber zwei Gründe, die mich veranlassten, die Betrachtung jener frühesten Phase artikulierter Zeichengebung zurückzustellen. Erstens schien es mir leichter, dem Leser ein klares Verständnis des Gegenstandes zu eröffnen, wenn ich mit einer ihm näher liegenden Form der Aussage begänne, als wenn ich ihn sofort mit dem weit weniger verständlichen keimartigen Ursprung derselben zusammenbrächte. Ausser und über diesem Wunsch, vom Bekannten zum Unbekannten vorzuschreiten, lag aber noch ein weiterer und wichtigerer Grund für mich vor, den ursprünglichsten Keim artikulierter Zeichengebung so lange unerörtert zu lassen, und zwar bestand dieser Grund darin, dass in der beim heranwachsenden Kinde sich zeigenden Sprachentwicklung — die unser einziges Material zur Erforschung des Gegenstandes vom psychologischen Standpunkt aus liefert — die ursprüngliche oder keimartige Phase nicht so deutlich, auffallend und von so relativ langer Dauer auftritt, wie es bei der Entwicklung der Sprache in der Rasse der Fall war. Um mich eines biologischen Ausdrucks zu bedienen, dieser früheste Abschnitt der Sprachentwicklung erscheint in der Ontogenie, verglichen mit seinem Auftreten in der Phylogenie des Menschen, stark abgekürzt. Die Folge davon ist natürlich, dass wir nur eine unzureichende Idee von seiner Bedeutung gewinnen würden, wenn wir ihn bloss nach einer psychologischen Analyse dessen abschätzen wollten, was uns in der Lebensgeschichte des Individuums geboten wird.

Es ist vollständig richtig, wie Prof. Max Müller sagt, dass „wenn ein Kind ‚auf' sagt, dieses ‚auf' bei ihm Hauptwort, Zeitwort, Eigenschaftswort, alles zusammen bedeutet." Dennoch besteht bei einem kleinen Kinde von Anfang an eine deutliche Hinneigung zur Beobachtung von Unterschieden zwischen den verschiednen Redeteilen. Die frühesten Wörter, die meine Kinder äusserten, waren stets Hauptwörter und Eigennamen, wie „Stern", „Mama", „Papa", „Ilda", und obwohl später einige dieser frühesten Wörter die Funktion von Eigenschaften übernahmen, indem sie mit andren, später erworbnen Hauptwörtern zusammengestellt wurden — wie z. B. „Mama-Bäh" für ein Schaf, „Ilda-Bäh" für ein Lämmchen — so wurde doch keines dieser Haupt- oder Eigenschaftswörter als Zeitwort gebraucht. Es ist schon früher darauf hingewiesen worden, dass der Gebrauch von Eigenschaftswörtern fast so früh auftritt wie der von Hauptwörtern, und obwohl die Dürftigkeit des kindlichen Sprachschatzes häufig zum Gebrauch der Eigenschaftswörter als Hauptwörter, der Hauptwörter als Eigenschaftswörter und beider als unvollkommne Fürwörter nötigt, so bleibt doch immer noch eine Unterscheidung zwischen ihnen als Dingwörter und Eigenschaftswörter vorhanden. Obwohl, in ganz derselben Weise, Thätigkeitswörter und Verhältniswörter häufig zur Rolle von Dingwörtern und Eigenschaftswörtern gezwungen werden, ist doch die ihnen ursprünglich anhaftende Bedeutung die eines Zeitworts, und dasselbe Bedenken gilt natürlich auch für Verhältniswörter, wie „auf".

Nehmen wir z. B. die schon früher nach Sully angeführten Fälle von vorbegrifflicher Aussage: „Wauwau" für „dies ist ein Hund"; „eiss" für „diese Milch ist heiss"; „Dit sei" für „mein Schwesterchen schreit" u. s. w. In allen diesen Fällen zeigt das Kind eine richtige Wahrnehmung der verschiednen, den betreffenden Redeteilen zukommenden Funktionen. Vom Standpunkt der psychologischen Forschung scheint aber die dem Kindesalter so geläufige Verwendung eines Redeteils zur Rolle eines andern auf nichts weiterem als den Anforderungen einer Ausdrucksweise zu beruhen, der überhaupt nur ein paar Worte zu Mitteilungszwecken zur Verfügung stehen. Vom psychologischen Standpunkt allein sind wir sonach keineswegs zu dem Schluss berechtigt, dass ein kleines Kind von dem Unterschied der verschiednen Redeteile keine Ahnung hätte, so wenig als wir annehmen dürfen, dass einem erwachsnen Menschen die gleiche Kenntnis fehle, wenn er einem Hauptwort („Tasche") die Funktion eines Eigenschaftsworts („Taschenbuch") oder eines Zeitworts zuweist. Was man hier einen grammatischen Missbrauch von Wörtern nennen könnte, wird dort, der Dürftigkeit des Wortschatzes gegenüber, zur Notwendigkeit, wie wir es auch an uns selbst wahrnehmen können, wenn wir uns in einer weniger bekannten fremden Sprache auszudrücken haben. Je geringer der Wortschatz, desto grösser die Notwendigkeit, und zwar ist diese am grössten, wenn ein Kind eben aus seiner frühesten Kindheit heraustritt. Wir haben also, wie gesagt, kein Recht aus rein psychologischen Gründen einem Kinde, welches eben zu sprechen beginnt, das Verständnis für die sogenannten Redeteile abzusprechen, und gerade wegen des hier bestehenden Schwankens zwischen Notwendigkeit und Unfähigkeit behielt ich mir die Betrachtung der „Satzwörter" für die Beleuchtung vor, welche die vergleichende Sprachforschung über diese Dinge verbreitet. Unter dieser Beleuchtung scheint, wie schon früher bemerkt, die der Differenzierung in die verschiednen Redeteile vorhergehende protoplasmatische Beschaffenheit der Sprache bei der Rasse vergleichsweise von weit längerer Dauer gewesen zu sein, als beim Individuum, wie sie denn auch wohl von verhältnismässig weit grösserer Bedeutung für die nachherige Entwicklung der Sprache war. Wie haben wir uns nun jenen Unterschied zu erklären? Ich meine auf sehr einfache Weise. Ein Kind wird heute innerhalb des Mediums einer gesprochnen Sprache geboren und lange bevor es imstande ist, die gehörten Wörter nachzuahmen, vermag es eine grosse Anzahl derselben zu verstehen. Infolgedessen werden ihm, obwohl noch im buchstäblichen Sinne des Wortes ein unvernünftiges Kind, der Gebrauch grammatischer Formen unablässig eingeprägt. Es ist daher nicht zu verwundern, dass es sich schon beim erstmaligen Gebrauch artikulierter Zeichen in Besitz einiger Kenntnis von ihrer unterschiedlichen Bedeutung als Namen für Dinge, Eigenschaften, Handlungen, Zustände oder Beziehungen befindet. Da also das kleine Kind schon als solches Kenntnis von diesen Zeichen erworben, so wäre an der ganzen Sache höchstens das auffällig, dass das zu sprechen beginnende Kind eine so grosse Unsicherheit bezüglich der grammatischen Unterscheidungen an den Tag legt.

Wie sehr verschieden muss aber der Fall beim Urmenschen gelegen haben! Das Kind von heute findet, wie gesagt, zu seinem Gebrauche bereits eine fertige Grammatik vor, deren Kenntnis es mit dem ersten Erlernen von denotativen Namen sich aneignen muss. Das erwachsne Kind der Urzeit sah sich dagegen in die Notwendigkeit versetzt, seine Grammatik mitsamt seinen denotativen Namen allmählich auszuarbeiten und zwar vermochte es dies, wie wir gesehen, nur mit Hilfe von Gebärden und Grimassen. Unsre Grammatiken sind aber der auf dem Wege der Entwicklung gewonnene Ersatz für die Gebärde und sobald ein Kind von heutzutage zu sprechen anfängt, bringen die grammatischen Formen die Gebärden zum Aussterben. In der Geschichte der Rasse waren aber die letztern die Nährmittel der erstern und jemehr ihre Nachkommenschaft heranwuchs, um so grösser wurde die Verschiedenheit der Funktionen, deren Erfüllung den Eltern oblag. Mit andren Worten, während der Kindheit unsrer Rasse musste das Wachstum der artikulierten Sprache nicht nur von Gebärden abgehangen, sondern auch auf dieselben zurückgewirkt, ihre Menge, ihre Mannigfaltigkeit und ihre feinere Ausbildung vermehrt haben, bis auf die Zeit, da die grammatischen Formen genügend ausgebildet waren, um die Gebärden nach und nach entbehrlich werden zu lassen. In der Folge wurde die Gebärde von ihrem eignen Abkömmling verschlungen; die Beziehungen unter den an Auge und Ohr sich richtenden Zeichen wurden zurückgebildet und, wie wir es heute bei jedem heranwachsenden Kinde beobachten können, die sich formell äussernde Sprache untergrub das Dasein ihrer weniger formellen Erzeuger.

Wir kommen nun dazu, die genauere psychologische Beziehung von Satzwörtern zu denotativen und rezeptiv connotativen Wörtern zu beleuchten. Man wird sich erinnern, dass ich von Satzwörtern als einer ursprünglicheren Art von Ideenbildung, im Vergleich zu denotativen und *a fortiori* von rezeptiv connotativen Wörtern, gesprochen und nachgewiesen habe, dass die beiden letzterwähnten

Arten bei Kindern vorkommen, wenn sie zu sprechen anfangen, sich jedoch die psychologische Stufenleiter noch weiter hinab, bis zu den sprechenden Vögeln, verfolgen lassen. Dieser anscheinende Widerspruch verlangt nun aber aufgeklärt zu werden. Ist es möglich, könnte man fragen, dass irgend etwas innerhalb der Grenzen der gesprochnen Sprache ursprünglicher sei, als die ersten Worte eines Kindes oder gar eines Papageis? Wie könnte man aber dann jenen Sprachforschern zustimmen, die eine noch ursprünglichere Stufe von Begriffsentwicklung in Satzwörtern erkennen wollen? Meine Antwort auf diese Frage ist kurz die, dass beim kleinen Kinde, wie beim sprechenden Vogel, denotative, connotative und Satzwörter sämtlich gleichermassen ursprünglich sind oder, wenn man einem von ihnen die Priorität einräumen möchte, diese den erstgenannten zufallen dürfte. Mein Grund dafür ist aber der, dass das Kind, wie der Vogel, in einem bereits entwickelten Medium von gesprochner Sprache leben und deshalb, wie oben festgestellt, ihre denotativen Namen nur durch besondre Ideenverbindung lernen, während der Mensch seine Namen aus dem bis dahin unartikulierten Material seiner eignen Psychologie bilden musste. Dies konnte er aber, wie wir gesehen, nur mittelst solcher Verbindungen von Ton und Gebärde, wie sie sich ihm von vornherein zur Mitteilung seiner Art vorbegrifflicher Aussageweise darboten. Beim Mangel an bereits gegebnen, als denotative Namen geltenden und deshalb auf Übereinkommen beruhenden Lauten stand dem Urmenschen keine Möglichkeit zur Seite, solche Namen willkürlich aufzustellen; er ist darin also nicht mit dem Kinde zu vergleichen, welches die Namen erwirbt. Um Namen aufzustellen, musste dem Urmenschen die Gelegenheit geboten werden, seine vorbegrifflichen Darstellungen mit Bezug auf Dinge, Eigenschaften u. s. w. zu bilden, deren Namen in der Folge aus diesen Darstellungen oder Satzwörtern hervorwuchsen. Adam gab allerdings den Tieren ihren Namen, aber Adam erfreute sich bereits eines begrifflichen Nachdenkens und eines psychologischen Vermögens, die Wichtigkeit seiner Lage zu begreifen. Der „prä-adamitische" Mensch aber konnte unmöglich die Namen um ihretwillen erfunden haben; andernfalls wäre er bereits imstande gewesen, über Namen als Namen nachzudenken, bezw. begrifflich zu denken, was, wie wir schon so oft erfahren, das Dasein von Namen voraussetzt. Selbst wir, mit unsrem ganzen, völlig entwickelten Vermögen begrifflichen Denkens können, in Gemeinschaft mit Menschen, deren Sprache uns vollständig unbekannt ist, ein Ding nicht nennen, ohne etwas über dasselbe mit Hilfe von Gebärden oder andren Zeichen auszusagen. Es ist daher wohl einleuchtend, erstens, dass in diesem Punkt keine genaue Parallele zwischen Ontogenese und Phylogenese besteht, und eine genügende Erklärung damit gegeben ist, warum Satzwörter von ungleich grösserer Bedeutung für den Urmenschen waren, als sie für das Kind sind; dann aber auch, dass die Frage, ob Satzwörter ursprünglicher sind als denotative Wörter, nicht aufgestellt werden kann, ohne den Zusatz, ob sie das Individuum oder die Rasse betrifft. Was das Individuum von heute anlangt, so lässt sich, in historischem oder psychologischem Sinne, eine Priorität der Satzwörter vor denotativen Wörtern oder selbst vor rezeptiv connotativen Wörtern niedern Grades nicht behaupten. Ja, wir haben sogar gefunden, dass die Hauptgrundsätze grammatischer Formen vom Kinde zugleich mit Wörtern jeder Art erworben werden, und dass selbst sprechende Vögel zwischen Namen, als verschieden für Dinge, Eigenschaften, Zustände oder Handlungen, zu unterscheiden wissen.

Hieraus ergiebt sich, dass im allgemeinen für jede Art Intelligenz, die bereits vom Medium einer gesprochnen Sprache umgeben ist, das Verständnis und, bei einer Fähigkeit für nachahmende Äusserung, die Erwerbung denotativer Namen als Zeichen für entsprechende Dinge, Eigenschaften u. s. w., etwas Ursprünglicheres ist, als der Gebrauch eines Satzwortes, dass aber bei Abwesenheit eines solchen Mediums Satzwörter ursprünglicher sind als denotative Namen. Nichtsdestoweniger ist es bemerkenswert, dass eine so niedere Ordnung rezeptiver Ideenbildung imstande ist, einen denotativen Namen durch besondre Assoziation zu lernen, weil diese Thatsache beweist, dass sobald der Mensch dazu kam, seine Satzwörter aufzustellen, er schon weit über die psychologische Stufe der Erwerbung denotativer Wörter hinaus war, wenn überhaupt solche Wörter früher vorhanden waren. Infolgedessen können wir sehr wohl verstehen, wie dergleichen Wörter, durch alltägliche Anwendung von Satzwörtern mit Bezug auf besondre Dinge, Eigenschaften, Zustände, Handlungen u. s. w., entstehen konnten; durch diese besondren Verbindungen wurden aber Satzwörter leicht zu blossen Zeichen degeneriert. Eine wie lange oder kurze Zeit diese Umwandlung in sozusagen „leere Wörter“ (aus den ursprünglichen „vollen Wörtern“) in Anspruch genommen haben mag, ist unmöglich festzustellen; wir haben nur zu beachten, dass während dieser ganzen Zeit der Geist des Urmenschen sich bereits weit über die psychologische Stufe erhoben hatte, die zum Verständnis eines denotativen Namens erforderlich ist.*) Hiermit schliesse ich die erste Reihe von Betrachtungen, die sich aus der unabhängigen philologischen Forschung zu Gunsten der Resultate unsrer psychologischen Untersuchung ergeben und gehe zu einer zweiten noch wichtigeren Reihe über.

Aus der Thatsache, dass Satzwörter eine so überaus wichtige Rolle bei der Sprachentstehung spielen und, um dazu imstande zu sein, im wesentlichen auf der Mitwirkung von begleitenden Gebärden beruhen, so dass in der daraus entstehenden „Verbindung von Laut und Gebärde der Laut abgetrennt von der Gebärde keine Bedeutung hat“, gewinnen wir einiges Licht über die Frage bezüglich des Umfangs, bis zu welchem ursprüngliche Wörter „abstrakt“ oder „konkret“, „besonders“ oder „allgemein“ und infolgedessen „erkennend“ (rezeptiv) oder „begrifflich“ waren. Nach

*) In diesen Betrachtungen finde ich eine volle Lösung des angeblichen Widerspruchs zwischen den Ansichten des Prof. Whitney und andrer Sprachforscher bezüglich der Satzwörter. Zum Teil im Anschluss an Schleicher, der diese Lehre in noch bestimmterer Weise vertritt, hält er das Wort historisch dem Satze vorhergehend, in offenbarem Widerspruch zu der von fast allen Philologen vertretnen Lehre, die den Satz historisch dem Worte vorhergehen lässt. Letztere läuft aber in Wirklichkeit darauf hinaus, dass Wörter Sätze darstellten, ehe sie Namen waren, d. h. prädikativ eher als nominativ waren. Wie ich es verstehe, entspringt Whitneys Einwurf aber nur psychologischen Gründen. In diesem Falle geben ihm aber die obigen Betrachtungen recht. Intellektuell war der Urmensch völlig imstande, Wörter als Namen zu gebrauchen; psychologisch betrachtet war es aber nur ein Zufall, dass seine soziale Umgebung ihn verhinderte dies zu thun.

Prof. Max Müller hätte „die Sprachforschung unumstösslich festgestellt, dass das menschliche Denken im wahren Sinne des Wortes, d. h. die menschliche Sprache, nicht vom Konkreten zum Abstrakten, sondern vom Abstrakten zum Konkreten fortschreitet. Wurzeln, d. h. diejenigen Bestandteile, aus denen alle Sprachen aufgebaut sind, sind abstrakt und niemals konkret. Durch Aussagen abstrakter Begriffe von diesem und jenem, durch Lokalisierung derselben hier und dort, kurz durch Anwendung der Kategorie des *οὐςία*, der Substanz, auf die Wurzeln wurde der erste Grundstein unsrer Sprache und unsres Denkens gelegt."*)

Hier stossen wir nun von vornherein auf einen Widerspruch. Wenn behauptet wird, dass die betreffenden Wurzeln bereits abstrakte Begriffe bilden, so entsteht ein Widerspruch durch die Hinzufügung, dass „der erste Grundstein der Sprache und des Denkens durch Anwendung der Kategorie der Substanz auf die Wurzeln gelegt wurde". Denn wenn die Wurzeln schon abstrakte Begriffe bilden, bilden sie auch schon den ausschliesslichen Grundzug menschlichen „Denkens", dessen „Grundstein" also doch schon weiter zurück in der Geschichte des Menschen „gelegt" worden sein muss. Ausser diesem Widerspruch haben wir aber hier noch eine ausdrückliche Wiederholung zweier schon früher erwähnter Grundirrtümer vor uns, die das betreffende Buch von Prof. Max Müller auf jeder Seite verunzieren. Der erste besteht in der stillschweigenden Annahme, dass die Wurzeln der arischen Sprache die Urbestandteile der artikulierten Sprache darstellten. Der zweite ist, dass auf diese Annahme hin die Sprachwissenschaft unumstösslich bewiesen habe, dass das menschliche Denken vom Abstrakten zum Konkreten fortgeschritten oder Minerva gleich, ausgestattet mit der göttlichen Erbschaft begrifflicher Weisheit, ins Dasein gesprungen sei. An der Hand dieser Theorie befindet sich aber Prof. Max Müller nicht nur im Gegensatz zu seinen übrigen philologischen Kollegen, sondern wie wir schon früher gefunden, in einem häufigen und unversöhnlichen Widerspruch mit sich selbst. Was die Sprachwissenschaft wirklich „unumstösslich" beweist, ist

---

*) *Science of thought p.* 430.

nicht, dass jene Wurzeln des arischen Sprachenzweigs die Urbestandteile der menschlichen Sprache oder die Indices der ursprünglichen Beschaffenheit der menschlichen Ideenbildung, sondern dass sie die Überreste ungleich früherer Phasen der Wortbildung sind, die als bereits ausgereifte Produkte begrifflichen Denkens zu unsrer Kenntnis kamen und dass auf Grund dieser Wurzeln allein die Sprachwissenschaft überhaupt gar keinen Beweis für die Dinge zu erbringen hat, die Herr Prof. Max Müller hier in so bestimmten Ausdrücken vorbringt. In dieser Beziehung passt durchaus der von allen Philologen als Grundsatz betrachtete Ausspruch Geigers: „Unsre Wurzeln sind die Urwurzeln nicht; wir haben vielleicht von keiner einzigen die erste, ursprüngliche Lautform mehr vor uns, ebensowenig wohl die Urbedeutung.“ *)

Die Hauptsache für uns ist aber folgende. Wie schon gesagt, ist die Quelle jener unglücklichen Äusserungen Prof. Max Müllers wohl in gewissen Vorurteilen zu suchen, die derselbe auf das psychologische Gebiet mitbringt. Er hält an der Annahme fest, dass es keine Art von Wörtern gebe, die nicht an und für sich schon Begriffe einschlössen; er vermag nicht anzuerkennen, dass eine Befähigung bestehen kann, Namen als Zeichen zu erteilen, ohne die Befähigung, diese Zeichen als Namen zu denken. Infolgedessen ist die Unterscheidung, die uns aus Gründen der vergleichenden Psychologie so offenbar und notwendig erscheint — zwischen Namen als denotativen Zeichen aus vorbegrifflicher Assoziation und denominativen Urteilen aus begrifflichem Denken — seiner Kenntnis entgangen. Daher vermag er auch nicht zwischen „allgemeinen“ und „generischen“ Ideen zu unterscheiden, bezw. zwischen einer Idee, die allgemein ist, weil sie auf einer absichtlichen Verbindung der Ergebnisse einer voraufgegangnen Untersuchung beruht, und einer Idee, die verallgemeinert**) ist, weil sie noch durch keinerlei absichtliche Unter-

*) Ursprung der Sprache S. 65.

**) Wie ich in einem früheren Kapitel nachgewiesen, haftet diesem Ausdruck eine merkwürdige Zweideutigkeit an. In der Biologie besagt er soviel als „bisher undifferenziert“, während er in der Psychologie etwa „synthetisch ergänzt“ bedeutet. Da aber Psychologen niemals von „verallgemeinerten

suchung differenziert wurde und deshalb einfach den Mangel an begrifflichem Denken beweist. Als mein Kind zu sprechen anfing, hatte es eine verallgemeinerte Idee von der Ähnlichkeit zwischen allen Arten hellleuchtender Dinge und nannte sie deshalb alle mit dem einen denotativen Namen „Stern“. Der Astronom hat dagegen eine seinem denominativen Namen „Stern“ entsprechende allgemeine Idee, er hat dieselbe aber erst nach einem langen Verlauf geistiger Entwicklung gewonnen, wobei die begriffliche Untersuchung durch begriffliche Klassifizierung in vielen verschiednen Richtungen beteiligt war. Der Name stellt daher die psychologische Antithese der verallgemeinerten Idee dar, die nur auf Sinnes-Assoziationen vorbegrifflichen Denkens beruht. Allgemeine und generische Ideen bilden also die wahren Antipoden des Geistes. Alles das ist uns schon aus früherem bekannt. Wenn ich hier darauf zurückkomme, so will ich nur auf die neue Beleuchtung hinweisen, die unser Gegenstand durch die philologische Lehre über die „Satzwörter“ erhielt und die auch von Prof. Max Müller mit allen andern Sprachforschern angenommen wird.

Von allen Schriftstellern über ursprüngliche Sprachformen bei noch lebenden wilden Völkern ist keiner so berufen als Bleek. Nach seinen langjährigen Erfahrungen dieses Gegenstandes ist er aber durchaus der Meinung, dass ursprüngliche Wörter „durchaus keinen abstrakten oder allgemeinen Charakter, sondern einen ausschliesslich konkreten oder individuellen“ ausdrücken. Er meint damit, dass ursprüngliche Ideen das waren, was ich „generisch“ nenne. Denn er sagt: „Hätte etwa durch Nachahmung des Tones eines Kuckucks sich ein Wort gebildet, so konnte dessen Begriff unmöglich auf den des Vogels beschränkt sein, . . . sondern die ganze Situation, soweit sie ins Bewusstsein des Sprechers trat, wurde durch das Wort angedeutet.“*) Das Wort wurde also zum generischen Namen für die ganze Erkenntnis des Vogels, sein Schreien, sein Fliegen u. s. w., wie für unsre Kinder das Wort „Bäh“

Ideen“ sprechen, gebrauche ich das Wort nur in biologischem Sinne. S. auch oben S. 278.

*) Bleek, Über den Ursprung der Sprache S. 69.

Schaf, Blöken, Grasen u. s. w. bedeutet. Dieses Begreifen der bis dahin undifferenzierten Wahrnehmungen einer „ganzen Situation, soweit sie ins Bewusstsein tritt", unter einem denotativen Ausdruck, ist der Gegensatz zu dem Vorgang, wobei ein denominativer Ausdruck durch einen Akt von „Verallgemeinerung" die vorher gut differenzierten Begriffe vereinigt, unter denen man späterhin eine gewisse Ähnlichkeit entdeckt.

Die Abwesenheit irgend welcher Redeteile in der Ursprache beruht daher auf der generischen Art der Ideenbildung, während die Vereinigung von Redeteilen in den späteren Sprachen mit der Verallgemeinerung der Ideen zusammenhängt. Ähnlich sagt Bleek bei Besprechung der verhältnismässig undifferenzierten südafrikanischen Sprachen: „Dies war von unsrer jetzigen Art, dass ein Wort unverändert oft mehreren Redeteilen angehören kann, himmelweit geschieden. Denn bei uns sind die Redeteile, wenn auch nicht überall lautlich, doch begrifflich stets streng geschieden: Hier war aber noch gar kein Bewusstsein einer Verschiedenheit vorhanden, da weder Form noch Stellung auf eine solche aufmerksam gemacht hatte. Denn Formen hatten sich noch nicht gebildet, und bestimmte Stellung, wie z. B. im Chinesischen, konnte sich erst in einer innerlich sehr ausgebildeten Sprache festsetzen."*)

Bei näherer Betrachtung werden wir es in der That für begreiflich halten, dass es gar nicht anders gewesen sein kann. Es wird niemand behaupten wollen, dass die Satzwörter kleiner Kinder die höchsten Vervollkommnungen begrifflichen Denkens darstellten, weil sie den höchsten Grad von „Allgemeinheit" ausdrücken, dessen artikulierte Laute fähig sind. Was für ein Grund könnte aber dem gegenüber dafür angeführt werden, dass die Ursprache „allgemeine" und abstrakte Ideen zum Ausdruck gebracht haben müsste, da je weiter zurück wir das Wachstum der Sprache verfolgen, ein um so weniger organisierter Bau angetroffen wird? Der Widerspruch entspringt jedenfalls der Verwechslung der Ausdrücke „generisch" und „allgemein", bezw. der Ideen-Erweiterung, welche auf die ursprüngliche Unbestimmtheit zurückzuführen ist, und derjenigen,

*) Ursprung der Sprache S. 69.

die durch nachfolgende Bestimmtheit auf mühevolle Weise erlangt wurde. Ein Amöbe ist morphologisch in höherem Grade „verallgemeinert“ als ein Wirbeltier; aus demselben Grunde ist es aber ein weniger entwickelter Organismus. Die Philologie der Satzwörter führt uns auf eine Stufe der Ideenbildung zurück, wo die Befähigung zu begrifflichem Denken noch in jener anfänglichen Beschaffenheit war, die ich die vorbegriffliche Stufe nannte, eine Stufe, die in abgekürztem Masse bei Kindern anzutreffen ist, bevor sie noch das Selbstbewusstsein erlangt haben. Auf dieser Stufe geistiger Entwicklung, der Rasse sowohl wie des Individuums, entstanden ohne Zweifel die Satzwörter, mit dem einzigen Unterschiede, dass sie von der ersteren erfunden, vom letzteren erlernt werden mussten. Dieser Unterschied gab im ersteren Falle dem onomatopoetischen Prinzip und in noch höherem Grade der mitwirkenden Gebärde eine grössere Bedeutung, als wir sie heute bei kleinen Kindern beobachten. Für beide Fälle gilt aber wohl gleicherweise, dass Satzwörter ihren Ursprung der erkennenden, vorbegrifflichen Wahrnehmung jeder Art von Dingen, Eigenschaften, Handlungen, Zuständen, Beziehungen oder mehreren dieser „Kategorien“ zusammen verdanken, wie sie sich in den bis dahin undifferenzierten Wahrnehmungen der Urmenschen mischen mochten.

Ich muss nun noch einmal auf die Ergebnisse unsrer früheren Untersuchung über die „Syntax der Gebärdensprache“ zurückkommen; denn eine Vergleichung wird uns davon überzeugen, dass in allen wesentlichen Besonderheiten der Bau dieser ursprünglichsten und unmittelbarsten Mitteilungsweise eine auffallende Ähnlichkeit mit den frühesten Formen der artikulierten Sprache aufweist, soweit die eine durch die Sprachforschung aufgedeckt und die andre durch unser „Kindergeplapper“ bekannt geworden ist.*) Die Gebärdensprache hat also keine Grammatik im eigentlichen Sinne des Wortes. Dasselbe Zeichen steht für „gehen, gehst, Gang, ging, Gänger“. Eigenschafts- und Zeitwörter werden von Taub-

*) Vergl. hierzu den Bericht von Dr. Hale, S. 138—144, wonach die von ihm erwähnten Kinder in ihrer willkürlich erfundnen Sprache die Syntax der Gebärdensprache annahmen.

stummen nicht leicht unterschieden. Unser entwickeltes System der Redeteile ist nur in geringem Grade auf die Gebärdensprache anwendbar. Um nur eines der früher gegebenen Beispiele von ursprünglicher Aneinanderreihung anzuführen, wobei die Gebärdensprache zur Aussage dient, so würde der Satz: „Ich würde gestraft werden, wenn ich faul und unartig wäre“ so lauten: „Ich faul, unartig, nein! faul, unartig, ich gestraft, ja!“ Ebenso ist „machen“ ein zu abstrakter Ausdruck für einen Taubstummen; um deutlich zu machen, dass der Schneider den Rock, der Tischler den Tisch macht, würde er den Schneider den Rock nähend, den Tischler den Tisch sägend und hobelnd darstellen. Der Satz: „Regen macht das Land fruchtbar“ könnte nicht auf diese Weise von ihm gedacht werden, sondern nur etwa so: „Regen fallen, Pflanzen wachsen.“ An andrer Stelle wurde schon bemerkt, dass der Mangel einer Unterscheidung zwischen Hauptwort, Eigenschaftswort und Zeitwort im Chinesischen gebräuchlich und sogar bei uns nicht unbekannt ist. Eine Maschine „ölen“ oder eine Speise „pfeffern“ schliesst Handlung und Mittel in einem Worte ein, das so gut ein darstellendes oder Gebärde-Wort bildet als des Taubstummen einziges Zeichen für Öl und ölen. Ähnlich verhält es sich auch mit dem substantivischen Adjektiv Eisen-stein, Feder-gras u. s. w. Hier wird, ganz wie bei der Gebärdensprache, durch die blosse Nebeneinanderstellung das eine Wort zum Attribut für das andre, und diese Art Konstruktion ist, wie gesagt, nicht nur im Chinesischen, sondern auch in einer grossen Anzahl unkultivierter Sprachen ganz gebräuchlich. In solchen Fällen kann die Unterscheidung zwischen den Redeteilen nur durch die Syntax geliefert werden und diese Syntax ist die Syntax der Gebärde.

Ich muss den Leser auf das verweisen, was ich schon früher (S. 116 flgd.) über die Syntax der Gebärde gesagt habe, besonders auf folgende Punkte: Der ausnahmslose Mangel der Kopula, sowie die häufige Abwesenheit des Zeitworts („Apfel-Vater-ich“ statt „mein Vater gab mir einen Apfel“), die Ähnlichkeit der Sätze mit dem polysynthetischen Typus („Ich-Tom-schlug-Stock“ statt „Tom schlug mich mit dem Stock“); der Kunstgriff, durch die Syntax, d. h. die Nebeneinanderstellung, einen Unterschied zwischen prädikativer, attributiver und possessiver Bedeutung, bezw. zwischen Haupt- und Eigenschaftswörtern herzustellen; die Bedeutsamkeit der Grimasse in Verbindung mit der Gebärde (wie z. B. ein fragender Blick eine Behauptung in eine Frage verwandelt); das äusserst lehrreiche Mittel, Verhältniswörter und besonders Fürwörter in hindeutenden Gebärden darzustellen; die nicht weniger lehrreiche Art und Weise, wodurch eine allgemeine Idee durch Zusammenfassung besondrer Ideen wiedergegeben wird („hattet ihr Suppe, hattet ihr Gemüse“ u. s. w. für „was hattet ihr zu Mittag“?), endlich die Erkenntnis- oder Sinnesquelle aller Gebärden, die mit dem Ausdruck von irgend welchen abstrakten Ideen verbunden sind (z. B. Schlag auf die Hand für „hart“ u. s. w.).

Hiernach finden wir eine durchgehende Ähnlichkeit zwischen der mit der Gebärde gegebenen, ziemlich unentwickelten Form begrifflichen Denkens und derjenigen, welche die Sprachforschung als für die Ursprache geltend aufgedeckt hat. Allerdings ist in beiden Fällen begriffliches Denken vorhanden; die Ideenbildung ist menschlich, obwohl vergleichsweise unreif. Der wichtigste Punkt ist aber die nahe Übereinstimmung zwischen den Formen der Gebärdensprache und denen der Ursprache. Niemandem wird der ideographische Charakter der Gebärdensprache entgehen, der dem auf einfacher Erkenntnis beruhenden Verkehr zwischen den Tieren weit näher steht, als unsren voll entwickelten Aussageformen. Ich halte es daher für sehr wahrscheinlich, dass die frühesten Formen und Berichte der gesprochnen Sprache, soweit sie uns bekannt sind (obwohl dieselben weit davon entfernt sind, den Urzustand darzustellen), dem Vorbild sehr nahe kommen, das wir in den ideographischen Gebärden unsrer Taubstummen vor uns sehen. Eine solche Syntax, bezw. eine Aneinanderreihung nach der von der Ideenbildung geforderten Ordnung, gleicht so sehr der Syntax der Gebärdensprache, dass wir ihre gemeinsame psychologische Quelle beim ersten Blick entdecken. Gerade um dieser strukturellen Übereinstimmung zwischen Gebärde und Ursprache willen habe ich der ersteren eine so eingehende Beachtung gewidmet und wenn ich nicht noch länger bei dieser Analogie verweile, so geschieht dies nur, weil ich ihre Bedeutung für so einleuchtend halte, dass ich auf eine weitere Ausführung verzichten kann.

Auf einen hierhergehörigen Punkt muss ich jedoch noch mit einigen Worten aufmerksam machen. Wenn die Entwicklungslehre irgendwelche Geltung mit Bezug auf den menschlichen Geist hat, so ist es sicher die, dass Ton, Gebärde und Grimasse der Artikulation als Mittel zur vorbegrifflichen Äusserung vorhergingen. Die Ähnlichkeit im Aufbau der heutigen Gebärdensprache und der bekannten frühesten artikulierten Sprachformen beruht vermutlich nicht nur auf der Übereinstimmung der psychologischen Bedingungen, sondern auf der ununterbrochnen Kontinuität der Abstammung. Oder, wie Mallery es sehr gut ausdrückt: „Da die Handlung damals das Wesentliche, der darauffolgende oder begleitende Ton aber das Zufällige war, so ist zu erwarten, dass man eine Darstellung oder künstliche Wiederholung der Handlung zum Ausdruck der betreffenden Idee benutzte, ehe der mit der Handlung verbundne Laut davon abgetrennt wurde. Die dem Auge zugängliche Nachahmung von Gebärden, die immerhin einer gewissen künstlichen Verschlechterung ausgesetzt war, lieferte also den Schlüssel zu der hörbaren Onomatopöie. Auch ist wohl kaum zu bestreiten, dass in den ersten Zeiten, da die Laute der wenigen fertig gebildeten Worte noch in enger Verbindung mit den Dingen standen und die Ideen unmittelbar aus diesen abgeleitet wurden, die Mitteilungen weit häufiger durch Zeichen, als durch die Sprache gemacht wurden, da das Auge mehr und deutlichere Charaktere der Dinge aufzufassen vermag als das Ohr.“*)

Alle bisherigen allgemeinen Schlussfolgerungen bezüglich der Entstehung der begrifflichen Ideenbildung aus der vorbegrifflichen, finden noch durch eine andre Richtung der Sprachforschung eine auffallende Bestätigung. Aus naheliegenden Gründen wird ein Anhänger der Entwicklungslehre voraussetzen, dass die „ersten Sprachzeichen jene physischen Handlungen und Eigenschaften bezeichneten,

*) *Sign language p.* 284. Auf S. 352 liefert der Verfasser auch einen beachtenswerten Vergleich zwischen Gebärde- und gesprochner Sprache der nordamerikanischen Indianer, und weist die Identität der Syntax beider nach.

die unmittelbar durch die Sinne wahrgenommen wurden, weil diese allein einerseits unmittelbar bezeichnet werden konnten, und andrerseits nur sie es waren, mit denen der unerzogne Mensch es zu thun hatte oder die er zu benutzen Gelegenheit fand."*) Mit andren Worten, wenn, wie zu vermuten, die Sprache ihren Ursprung in rein denotativen Zeichen hat, die nach und nach connotativ und so allmählich prädikativ werden, so müssen offenbar die ursprünglichen Denotierungen nur auf Dinge (oder Handlungen, Zustände und Eigenschaften) von einfach erkennender (rezeptiver) Bedeutung, d. h. auf solche physische Handlungen und Eigenschaften Bezug gehabt haben, „die von den Sinnen unmittelbar wahrgenommen wurden". Ebenso gewiss musste die connotative Erweiterung solcher denotativer Namen unermessliche Zeit hindurch auf eine vorbegriffliche Kenntnisnahme der offenbarsten Analogieen beschränkt gewesen sein, d. h. solcher Analogieen, die sich durch die Macht unmittelbarer Ideenverbindung der rein sinnlichen Wahrnehmung aufdrängten.

Was könnte man aber nach alledem vom Standpunkt der Entwicklungslehre in den heute bestehenden Sprachen andres zu finden erwarten, als die mehr oder weniger deutlichen Spuren der sogenannten „grundlegenden Metapher", d. h. eine einsichtige Erweiterung von Ausdrücken, die ursprünglich nichts weiter waren als sinnliche Andeutungen. „Die ganze Geschichte der Sprache bis auf unsre Tage herab ist voller Beispiele von Zurückführung physischer Ausdrücke und Redensarten auf Ausdrücke für nichtphysische Begriffe und Beziehungen; wir können kaum eine Zeile schreiben, ohne Illustrationen zu dieser Art sprachlichen Wachs-

---

*) Whitney, a. a. O. p. 770. Es ist interessant, dass die psychologische Bedeutung dieses Prinzips schon von Locke klar erkannt wurde: „Es führt ein wenig weiter zu dem Ursprung aller unsrer Begriffe und Kenntnisse, wenn man bemerkt, wie sehr die Worte von bekannten und sinnlichen Vorstellungen abhängig sind, und wie selbst die, womit man Thätigkeiten und Begriffe, die von den Sinnen weit abstehen, bezeichnet, dort ihren Ursprung haben und von bekannten sinnlichen Vorstellungen zu entfernteren Bedeutungen übertragen worden sind und neue Vorstellungen bezeichnen, die nicht zu den Sinneswahrnehmungen gehören." (Menschliche Verständnis, III. Buch 1, 5.)

tums zu geben. Dies ist so durchgreifend, dass wir niemals die Geschichte irgend eines intellektuellen oder moralischen Ausdrucks gelesen zu haben meinen, bis wir ihn auf seinen physischen Ursprung zurückgeführt haben."*)

Nach meiner Meinung liefert dieser rezeptive Kern unsrer sämtlichen begrifflichen Ausdrücke den denkbar besten Beweis, nicht nur für die Priorität des ersteren, sondern auch, nach einem Ausspruch von Prof. Max Müller, für die „*dira necessitas*" zum Wachstum der letztern. Thatsächlich scheint alles darauf hinauszugehen, dass die begriffliche Connotation (Denomination) stets einen rezeptiven Kern (Denotation) zu ihrer Entwicklung notwendig gehabt hat. Die psychologische Untersuchung hat uns schon von der psychologischen Priorität der „Erkenntnis" überzeugt; nun bestärkt die Sprachforschung jene Untersuchung in der auffallendsten Weise, indem sie die „Erkenntnis" in jedem Begriffe aufdeckt.

Wie man dieser richtigen und allgemein gültigen Thatsache begegnen will, ist mir unerfindlich. Jedenfalls genügt es nicht, mit Prof. Max Müller, Noiré u. a. zu sagen, dass das Wachstum des begrifflichen Denkens auf andre Weise nicht möglich gewesen sei, denn das hiesse nur die von mir *a posteriori* erlangte Schlussfolgerung auf Gründe *a priori* zurückverlegen. Je deutlicher sich aber diese historische Priorität der Denotation als *a priori* notwendig für die nachfolgende Entstehung der Denomination ergiebt, um so stärker wird unser Beweis *a posteriori* dafür, dass dies die unabänderliche Ordnung der historischen Aufeinanderfolge gewesen ist. Denn wenn begriffliche Ideenverbindung sich von erkennender (rezeptiver) der Art nach unterscheiden soll, wozu dann die Notwendigkeit für die historische Priorität der letztern?

---

*) Whitney, a. a. O. p. 770. Vergl. auch Nodier, *notions de linguistique p.* 39, Grimm, Gesch. d. Sprache S. 56, Pott, Metaphern vom Leben (Ztschr. f. vergl. Sprachf. II. S. 2), Heyse, System etc. S. 97 und Farrar, *Chapters on language.* Der letztere führt noch folgende Stelle aus Emerson an: Wie der Kalkstein des Kontinents aus unzähligen Massen von Tiergehäusen besteht, so besteht die Sprache aus Bildern und Tropen, die heute, in zweiter Hand, ihren poetischen Ursprung längst verloren haben." (*Essays on the poets*).

Warum müsste Denotation stets der Denomination, oder erkennende Connotation begrifflicher Prädikation vorhergehen, wenn das eine nicht eine weitere und ununterbrochne Entwicklung des andern bildete? Ohne Zweifel könnte der Botaniker ebenso gut einen spezifischen Unterschied zwischen Wurzel und Blüte einer und derselben Pflanze feststellen, als der Psychologe, angesichts jener Ergebnisse philologischer Forschung, beharrlich einen Unterschied der Art nach zwischen der rezeptiven Denotation der „Wurzelelemente" und der voll entwickelten Blüte begrifflichen Denkens festhalten. Eine einzige Beleuchtung wird die überzeugende Kraft dieses Beweises besser darzuthun vermögen, als die ausführlichste theoretische Diskussion. Geiger schreibt dazu folgendes:

„Der Mensch hatte Sprache vor dem Werkzeuge . . . Betrachten wir irgend ein Wort, das eine mit einem Werkzeuge auszuführende Thätigkeit bezeichnet: wir werden immer finden, dass dies nicht seine ursprüngliche Bedeutung ist, dass es vorher eine ähnliche Thätigkeit bedeutet hat, die nur der natürlichen Organe des Menschen bedarf. . . . Diese Erscheinung, dass die Werkzeug-Thätigkeit von einer einfacheren, älteren, tierischen benannt wird, ist eine ganz allgemeine, und ich weiss sie nicht anders zu erklären, als daraus, dass die Benennung älter ist, als die Werkzeug-Thätigkeit, die sie heute bezeichnet; dass das Wort schon vorhanden war, ehe die Menschen sich andrer Organe bedienten, als der angebornen, natürlichen. . . . Der Mensch hat sich — dies verkündigen uns die Spuren seiner überall in der Sprache noch aufbehaltenen Vorstellungen laut und vernehmlich — aus Zuständen entwickelt, in denen er lediglich auf seine organischen Hilfsmittel angewiesen, in seinen Gewohnheiten wenig von seinen tierischen Mitgeschöpfen abwich und in Beziehung auf den Genuss des Daseins, ja auf seine Erhaltung, fast ganz von dem abhing, was glückliches Ungefähr ihm darbot." *)

Zu dieser speziellen Beleuchtung des Grundsatzes von der „grundlegenden Metapher" könnte man allerdings sagen: „Sehr interessant an und für sich; aber damit ist doch weiter nichts ge-

*) Geiger, Zur Entwicklungsgesch. d. Menschheit 1871. S. 31 flgd.

wonnen, als der philologische Beweis, dass Werkzeuge jünger sind als Wörter, dass der Mensch nicht von jeher Werkzeuge besass, dass Werkzeuge nach und nach erfunden wurden und dass sie später durch metaphorische Anwendung von vorher in Gebrauch gewesenen Wörtern benannt wurden.“ Nun, wenn wir soweit einig sind, will ich in meiner Beleuchtung fortfahren.

Nach der umfassenden Litteratur zu urteilen, die gegen die Entwicklungslehre geschrieben wurde, möchte ich vermuten, dass die grosse Mehrzahl jener Schriftsteller dabei ebensosehr unter dem Eindruck moralischer und religiöser, als rein intellektueller Anschauungen über die menschliche Psychologie stehen. Wie ich schon in der Vorrede bemerkte, behalte ich mir eine eingehende Betrachtung der hier angedeuteten menschlichen Anlagen für einen folgenden Band vor. Für jetzt befasse ich mich nur mit der Frage über den Ursprung jener Befähigung zu begrifflichem Denken, die uns die notwendige Verbindung zur Ermöglichung sowohl von Gewissen, als von Religion zu liefern hat. Nichtsdestoweniger möchte ich zur Vervollständigung des uns hier beschäftigenden Gegenstandes dem, was ich später im einzelnen bezüglich der Entstehung des Gewissens darzulegen habe, etwas vorgreifen, und zwar mit den Worten desselben Sprachforschers, dessen Autorität wohl von keinem meiner Gegner angezweifelt werden wird:

„Nach den Wörtern, jenen ältesten vorgeschichtlichen Zeugnissen, geprüft, enthalten die sittlichen Begriffe alle etwas sittlich Gleichgültiges.“ Das heisst also, sie enthalten einen „Kern von Erkenntnis“, als Ausdruck irgend eines einfachen physischen Vorgangs, dessen Name später, durch „grundlegende Metapher“ auf einen „sittlichen Begriff“ übertragen wurde. Nach Anführung von Beispielen fährt der Verfasser weiter fort: „Warum aber hat das Gute und Schlechte nicht seinen eignen Namen in der Sprache? Warum werden sie immer von etwas andrem hergeholt, was früher bezeichnet war? Offenbar, weil die Sprache zu einer Zeit entstanden ist, wo ein moralisches Urteil, eine Erkenntnis des Guten und Bösen, den Menschen noch gar nicht aufgegangen war.“*)

---

*) Geiger, a. a. O. S. 20.

Ich will, wie gesagt, meine Schlussfolgerung hierüber nicht weiter ausdehnen, und nur noch bemerken, dass ich nicht sehe, wie sie zu vermeiden ist, wenn unser früheres Einverständnis, in dem ganz analogen Falle bezüglich der Namen von Werkzeugen, bestehen bleiben soll. Wer zugiebt, dass der philologische Beweis genügt, um die Priorität der Wörter, gegenüber den damit benannten Werkzeugen, zu beweisen, der wird konsequenterweise auch genötigt sein zuzugeben, dass die Grundbegriffe der Moral von späterem Ursprung sind als die Namen, mit denen man sie taufte und kraft deren sie überhaupt zu Begriffen wurden. Diese Namen, wie auch die Namen von Werkzeugen, waren ursprünglich alle von bloss vorbegrifflicher Bedeutung und dienten dazu, solche physische Zustände oder Thätigkeiten zu bezeichnen, die mittelst sinnlicher Wahrnehmung und unmittelbarer Ideenverbindung sofort erkennbar waren. Denn als der Sinn für Moral zu erwachen und die Bedeutung einer ethischen Aufführung gewürdigt zu werden begann, fanden die Prinzipien der „grundlegenden Metapher" auf diese neu entdeckten Begriffe Anwendung, vermutlich um dieselbe Zeit, als dieselben Prinzipien auch bei der Benennung neu erfundner Werkzeuge zur Anwendung kamen.

Dies ist jedoch nur ein Beispiel aus einer unendlich grossen Zahl andrer, die um so leichter anzuführen wären, da, wie Whitney bemerkt, „man kaum eine Zeile schreiben kann, ohne Beispiele von dieser Art sprachlichen Wachstums zu liefern". Wie man aber auch über die Anwendung dieses allgemeinen Prinzips auf den speziellen Fall des Moralbewusstseins denken mag, so kann es doch wohl keine Frage sein, dass das allgemeine Prinzip der „grundlegenden Metapher" thatsächlich die intellektuelle Entwicklung der begrifflichen Phase aus der vorbegrifflichen offenbart, und dass damit der Beweis dafür geliefert ist, dass eine solche Entwicklung überhaupt für menschliche Befähigung zu jenen vorhistorischen Zeiten charakteristisch ist, von denen uns die Sprache den einzig vorhandnen Bericht aufbewahrt hat.

Noch eine andre Seite der philologischen Forschung haben wir unsrer Betrachtung zu unterziehen; sie wird uns eine weitere wichtige Bestätigung unsrer allgemeinen Schlussfolgerung bringen.

Bisher hatten wir uns zum grössten Teil mit der fossiliengleich in den linguistischen Petrefakten der prähistorischen Menschen aufgedeckten Paläontologie des menschlichen Denkens beschäftigt. Die Wissenschaft der vergleichenden Sprachforschung beschränkt sich aber bei ihren Untersuchungen früher Sprachformen nicht nur auf gelegentliche Funde aus entlegnen Zeiten; im Gegenteil fühlt sie sich, gleich der vergleichenden Anatomie, reichlich mit noch lebendem Material ausgestattet, das die Natur lebender Organismen und zwar in so vielen Entwicklungsgraden darbietet, dass die niedersten Glieder ihrer Reihe uns jenen Urformen nahe bringt, die sich nur im fossilen Zustand dem Studium darbieten. Wir haben diese niedrigst stehenden Sprachen bisher nur mit Bezug auf ihre Aussageformen betrachtet und müssen sie nun auch auf den Wert der von ihnen dargelegten Ideenbildung untersuchen.

Im nächsten Abschnitt meines Werkes werde ich die Psychologie der Wilden behandeln und darthun, dass nicht immer eine genaue Beziehung zwischen dem geistigen Entwicklungsgrad im allgemeinen und der Sprachentwicklung im besondren herrscht. Immerhin lässt sich aber dabei von einer allgemeinen Beziehung sprechen, insofern wir bei den niedersten Wilden auch dem niedersten sprachlichen Typus begegnen.*) Hier haben wir es mit

*) Gewisse Schriftsteller, wie du Ponceau, Charlevoix, James, Appleyard, Caldwell etc. suchten nachzuweisen, dass auch die Sprachen der niedersten Wilden „in hohem Grade systematisch und wahrhaft philosophisch“ u. dergl. seien. Diese Meinung beruht aber auf einer ganz falschen Beurteilung der Kriterien des Systems und der Philosophie einer Sprache. Die bekannten Kriterien sind eine Überfülle von Synonymen, Mannigfaltigkeiten und Verwicklungen von Formen u. dergl., die in Wirklichkeit von einer niedrigen Entwicklung zeugen. Jener Irrtum wird heute von allen Sprachforschern als solcher anerkannt. Selbst Farrar, der anfänglich demselben Irrtum verfiel (*origin of language p.* 28) schreibt in seinem späteren Werke: „Eine eingehendere Untersuchung hat diese Annahme gänzlich fallen lassen. Denn der anscheinende Reichtum an Synonymen und grammatischen Formen beruht im wesentlichen auf der hoffnungslosen Armut des Abstraktionsvermögens. Der abnorme Charakter dieser Sprachen beweist nur, dass sie das Werk von Geistern sind, die, jeder genauen Analyse unfähig, nur einer einzigen, von der richtigen Linie abführenden Entwicklungsrichtung folgten . . .

diesen Sprachen nur insofern zu thun, als sie ein Licht auf den Wert der Ideenbildung, an der sie beteiligt sind, zu werfen vermögen, und selbst in dieser Begrenzung werde ich mich so kurz als möglich zu fassen suchen. Ich beginne wieder mit einigen Anführungen der anerkanntesten Autoritäten, die vom linguistischen Standpunkt aus über diesen Gegenstand geschrieben haben.

„Es bedarf nur eines sehr geringen Abstraktionsvermögens — wie es selbst Blödsinnige besitzen können — um einen Namen als Zeichen für einen Begriff zu gebrauchen*) und z. B. zu sagen: ‚Sonne'. Das Wort ‚Glanz', zur Beschreibung einer allen glänzenden Dingen gemeinsamen Erscheinung, ist schon eine grössere Leistung und eine noch grössere ist der Gebrauch von ‚glänzen' als Ausdruck einer Handlung oder eines Zustandes. So gewöhnlich uns diese Leistungen vorkommen mögen, so liegen doch hinreichende Beweise dafür vor, dass sie den Erfindern der Sprache nicht so leicht fallen konnten, so wenig wie es noch heute, nach langen ungezählten Jahrtausenden, für manche Völker der Fall st." **) So z. B. besitzen die Bewohner der Gesellschaftsinseln besondre Worte für Hundeschwanz, Vogelschwanz, Schafsschwanz, aber kein Wort für Schwanz an sich, d. h. im allgemeinen. Die Mohikaner haben Worte, die verschiedne Arten von Schneiden bezeichnen, aber kein Zeitwort „schneiden", ebenso Formen für „ich liebe ihn", „ich liebe dich" u. s. w., aber kein Zeitwort „lieben", während die Tschachtah Namen für verschiedne Arten von Eichen besitzen, aber keinen für die Gattung Eiche. Die Australier haben kein Wort für Baum oder für Vogel, Fisch u. s. w. und der Eskimo, obwohl in Besitz von Zeitwörtern mit der Bedeutung Robben fischen, Wale fischen, hat kein Wort für

---

Wenn die Sprache irgend etwas beweist, so ist es das, dass diese Wilden fortdauernd in einem wilden Zustand gelebt haben müssen." (*Chapters on language p.* 53, 54.)

*) Das Wort „Begriff" ist hier natürlich gleichbedeutend mit meinem sog. „Vorbegriff". Als meine Tochter ihr erstes denotatives Wort „Stern" äusserte, war sie thatsächlich imstande etwas zu benennen; es war aber der Name für eine „Erkenntnis", nicht für einen „Begriff".

**) Farrar, *Chapters on language p.* 98.

„fischen".*) Du Ponceau bemerkt: „*Ces langues généralisent rarement*", und weist nach, dass dieselben kein Zeitwort besitzen, welches die Bedeutung „ich will" oder „ich wünsche" enthält, obwohl verbale Formen für „ich wünsche zu essen" u. s. w. vorhanden sind; auch haben sie kein Hauptwort in der allgemeinen Bedeutung für „Schlag", obwohl sie eine Mannigfaltigkeit von Schlägen mit ebensovielen verschiednen Arten von Werkzeugen auszudrücken wissen.**) Crawford berichtet: „Das Malayische ist sehr arm an abstrakten Wörtern und die gewöhnliche Ideenrichtung des Volkes verführt es nicht zu einem häufigeren Gebrauch derer, die es besitzt. Mit dieser Armut an abstrakten Ausdrücken geht ein Überfluss an konkreten Hand in Hand."***) Auch wird uns erzählt, dass „der Dialekt der Sulu reich ist an Hauptwörtern zur Bezeichnung von Dingen derselben Gattung und zwar je nach der Mannigfaltigkeit ihrer Färbung dem Mangel an Gliedern und andern Eigentümlichkeiten, wie z. B. für weisse-Kuh, rote-Kuh, braune-Kuh".†) Ebenso haben die Setschuana nicht weniger als zehn Worte für „Hornvieh". Das Tschirokesische weist dreizehn verschiedne Zeitwörter für ebensoviele Arten von Waschen auf, ohne das Zeitwort „waschen" selbst bezeichnen zu können, und Milligan sagt, dass „die Tasmanier keine Wörter für abstrakte Ideen besassen; für jede Art Gummibaum u. s. w. hatten sie einen Namen, aber keinen für den Ausdruck eines Baumes; auch wussten sie keine abstrakten Eigenschaften, wie hart, weich, warm, kalt, lang, kurz, rund, auszudrücken".††) Endlich behauptet Dr. Latham, dass ein Kurde aus dem Sasa-Stamm, der Dr. Sandwith ein Verzeichniss ihrer Worte gab, „nicht imstande war, die Ausdrücke für Hand oder Vater zu begreifen, soweit sie nicht in Beziehung auf ihn selbst oder einen bestimmten andern standen; seine Begriffe waren so überwiegend konkret, im Gegensatz zu ab-

---

*) S. hierzu Pott, etym. Forsch. II. S. 167, Heyse, System S. 132, Latham, *Races of man p.* 376.

**) *Memoire sur le syst. Gram. etc. p.* 120.

***) *Malay grammar I. p.* 68.

†) *Journ Amer. Orient. Soc. I. N.* 4. *p.* 402.

††) *Vocabulary of the Dialects of the aborig. Tribes of Tasmania p.* 34

strakt, dass er das Fürwort mit dem Hauptwort verband, so oft er einen Teil des menschlichen Körpers oder einen Grad von Blutsverwandtschaft zu bezeichnen hatte, wie z. B. *sere-min*, mein Kopf, *pie-min*, mein Vater.

Professor Sayce, der einige der oben erwähnten Thatsachen anzieht, bemerkt: „Wir können sicher sein, dass es keine Ideen von hervorragender Wichtigkeit waren, die der Urmensch darzustellen sich bemühte, sondern nur besondre Dinge, die seine Sinne gewahr wurden.“*) Nach alledem werden wir auch wohl seiner allgemeinen Behauptung zustimmen können, dass „in der ganzen Welt, wo immer man nur einer wilden Rasse oder einem Individuum, das durch die umgebende Civilisation nicht berührt wurde, begegnen möge, das ursprüngliche Unvermögen zu finden sein wird, Besonderes vom Allgemeinen zu trennen durch Isolierung des individuellen Wortes und Losreissung desselben von den gewöhnlich mit ihm verknüpften Ideen.**) Oder, nach meiner eignen Ausdrucksweise, bei allen noch lebenden ursprünglichen Rassen finden wir die Unfähigkeit, einen Begriff aus einer Anzahl Erkenntnisse zu entwickeln, wenn auch die letzteren noch so nahe miteinander verwandt und durch ebensoviele denotative Zeichen verschiedenartig benannt worden sein mögen; trotz ihren zahlreichen ausgebildeten Wörtern für die verschiednen Arten von Bäumen vermochten die Tasmanier nicht einen „Baum“ zu bezeichnen. Natürlich mussten sie eine Erkenntnis von einem Baum oder eine aus unzähligen Wahrnehmungen besondrer Bäume gebildete besondre Vorstellung von einem Baum gehabt haben, sodass es ohne Zweifel einen Tasmanier überrascht hätte, wenn er einen Baum (wenn auch von einer neuen, ihm unbekannten Spezies) verkehrt mit den Wurzeln in der Luft und den Zweigen im Boden gesehen hätte. In derselben Weise ist aber auch ein Hund überrascht, wenn er zum erstenmal einen Menschen auf den Händen gehen sieht: der Hund wird einen solchen Gegenstand anbellen, weil er der generischen Vorstellung widerstreitet, die er sich durch zahllose Wahrnehmungen

---

*) *Introduction etc. II. p.* 6.

**) A. a. O. I. p. 379.

von Menschen, die auf den Füssen gehen, bildete. Da aber ein Name für Bäume im allgemeinen fehlt, so giebt es nichts, was dafür spräche, dass der Wilde einen Begriff von einem „Baum“ hätte, so wenig wie der Hund einen Begriff von einem „Menschen“. In der That, wenn meine Gegner nicht den Boden des Nominalismus, auf dem ihre Opposition fusst, aufgeben wollen, werden sie anerkennen müssen, dass in Abwesenheit eines Namens für „Baum“ der „Begriff“ von einem Baum nicht vorhanden sein kann. Alles das ist wohl nur dazu geeignet, die von Farrar behauptete „hoffnungslose Armut an Abstraktionsvermögen“ bei Wilden zu bestätigen. Die verschiednen Sprachen derselben verbinden sich zu einem verbalen Zeugnis dafür, dass das menschliche Denken nicht „vom Abstrakten zum Konkreten geht“, sondern im Gegenteil, dass, in der Rasse wie beim Individuum, die erkennende (rezeptive) Ideenbildung der Vorläufer der begrifflichen ist, wie die Denotation, als Vorläufer der Denomination, auf noch früheren Stufen der Gestikulation folgte. Ist dies nun hinsichtlich der Namen der Fall, so ist es auch nicht zu verwundern, dass niedere Wilde so ausserordentlich arm an Aussage-Formen sind.

Die Paläontologie des menschlichen Denkens, die sich aus der Sprache ergiebt, beweist unwiderleglich, dass Ursprung und Fortschritt der Ideenbildung in der Rasse psychologisch identisch mit dem sind, was wir heute beim Individuum beobachten. Alle Stufen der Ideenbildung, die für die Psychogenesis beim Kind charakteristisch sind, zeigen sich auch charakteristisch für die Psychogenesis des Menschentums.

Da ist in erster Linie die indikative Stufe. Einerseits stimmen alle Sprachforscher mit Geiger in dem bereits erwähnten Satze überein: „Was mehr als alles sagt: Die Sprache vermindert sich, je weiter wir zurückblicken, in einer Weise, dass wir uns dem Gedanken nicht entziehen können, sie müsse einmal gar nicht vorhanden gewesen sein.“ Andrerseits, wenn wir den Baum der Sprache bis zu den pronominalen Wurzeln des Sanskrit zurückverfolgen, welcher Art ist der ideenbildende Saft, der uns dort entgegenfliesst? Er ist, wie sogar Prof. Max Müller zugiebt, so stark versetzt mit Gebärde und Grimasse, dass wir „in ihm den Rest der frühesten und beinahe pantomimischen

Phase zu betrachten haben, in der die Sprache kaum das war, was wir heute darunter verstehen, nämlich der Logos, etwas Zusammenfassendes, aber nur Andeutendes."

Sodann finden wir einen Nachweis von Satzwörtern der sogenannten denotativen Phase, der Benennung einfacher Erkenntnisse, sei es nur von Handlungen oder, wie wir getrost annehmen dürfen, auch von Dingen und Eigenschaften, in willkürlich erfundner oder, wie es fast gewiss erscheint, zum grössten Teil onomatopoetischer Form. Diese untergeordneten Punkte jedoch, die noch zweifelhafter werden infolge des Kampfes ums Dasein unter Wörtern, die sich zu denotativen Ausdrücken für Handlungen günstig, als Überlebsel der Onomatopöie aber ungünstig erweisen, sind für uns von geringer Bedeutung. Der wichtigere Punkt ist der durch alle Ablagerungen der Sprachengeschichte bezeugte, dass die unterste Schicht dieser Ablagerungen Fossilien vom niedersten Entwicklungsgrade birgt. Die „121 Begriffe" scheinen zum grössten Teil Denotationen einfacher Erkenntnisse zu sein.

Drittens: Höher in diesen Ablagerungen hinauf begegnen wir einem überwältigenden Beweis für die connotative Erweiterung jener denotativen Ausdrücke. Viele derselben haben wahrscheinlich mit jener Erweiterung die Bedingung erfüllt, als Wurzeln zu überleben; deshalb ist es schwer, in diesen unteren Schichten zu entscheiden, ob ein anscheinend denotativer Ausdruck nicht etwa aus den früheren Stufen connotativer Erweiterung hervorgegangen ist. In diesem Falle wird der Verlust einer ursprünglich etwa onomatopoetischen Bedeutung verständlich. Bei alledem bleiben immer noch eine Unzahl Beweise für das nachfolgende ununterbrochne Wachstum connotativer Erweiterung durch alle Zeiten der Sprachentwicklung.

Schliesslich zeigt uns, was die prädikative Phase betrifft, die Sprachforschung dieselbe Anordnung und Methode in der Rasse wie beim Kind. Beim heranwachsenden Kind tritt die vorbegriffliche Aussage gleichzeitig mit der connotativen Erweiterung denotativer Ausdrücke auf. Ja, der Akt der Connotation ist schon an und für sich ein Aussageakt (Denomination). Bei der Psychogenesis des Kindes bemerkten wir schon, eine wie wichtige Rolle in der Entwicklung der vorbegrifflichen Aussage die blosse Aneinanderreihung connotativer Ausdrücke spielt, wobei jene Aneinanderreihung durch die Assoziationsgesetze unvermeidlich erschien. Wenn A der connotative Name für A, B der connotative Name für B ist, und ein kleines Kind A und B zusammentreffen sieht, so wird die Aufstellung AB unvermeidlich vermöge der „Logik der Geschehnisse". Diese Aufstellung ist aber ein vorbegrifflicher Satz. Die Sprachforschung liefert dafür unzählige Parallelen. Die von mir gebrachten Anführungen beweisen, dass „jedes Wort ursprünglich ein Satz gewesen sein muss" oder, nach meiner eignen Ausdrucksweise, ein vorbegrifflicher Satz von derselben Art, wie er von kleinen Kindern gebraucht wird. Wenn man dem entgegenhalten wollte, dass ein kleines Kind kein Selbstbewusstsein besitze, während der Urmensch Selbstbewusstsein besass, so würde dies die ganze uns vorliegende Frage vorwegnehmen und zwar entgegen jeder Wahrscheinlichkeit und jeder wirklichen Analogie, auf die man sich berufen könnte. Wenn es wahr ist — und wer wollte es leugnen? — dass „die Sprache sich vermindert, je weiter wir zurückblicken, in einer Weise, dass wir uns dem Gedanken nicht entziehen können, sie müsse einst gar nicht vorhanden gewesen sein", wer möchte dann behaupten, dass das menschenähnliche Wesen, welches damals unfähig war mit seinen Genossen mittelst Wörtern zu verkehren, mit Selbstbewusstsein begabt gewesen sei? Wenn man aber darauf beharren wollte, so würde dieser Einwurf sich am stärksten gegen unsre Gegner wenden, denn man würde damit entweder zugeben, dass ein Begriff ohne Namen, oder dass Selbstbewusstsein ohne Begriff vorhanden sein kann. Die Sprachforschung hat in seltner Übereinstimmung den Ursprung und die gradweise Entwicklung erstlich der vorbegrifflichen Mitteilung und dann des die Grundlage begrifflicher Aussage bildenden Selbstbewusstseins nachgewiesen. Kein Wunder, dass Professor Max Müller etwas naiv bemerkt: „Man könnte sagen, dass der erste Schritt zur Bildung von Namen und Begriffen sehr unvollkommen ist. Es ist so." — Allerdings ist die Benennung der Thätigkeit des Tragens, durch eine Wurzel, die aus Lauten gebildet ist, welche das Tragen einer schweren Last begleiten, ein weit ursprünglicher Akt, als die begriffliche Bezeichnung einer Eigenschaft. So ursprünglich in der That ist diese Art Namengebung, dass ich gerne wissen möchte, worin sie sich psychologisch von dem unterscheidet, was ich die Denotation eines kleinen Kindes oder auch eines sprechenden Vogels nenne. Nach alledem kann ich wohl damit schliessen, den Hauptpunkt anzugeben, der mich von der Meinung des eben erwähnten hervorragenden Sprachforschers und ebenso vielleicht auch von der Mehrzahl meiner Gegner trennt. Dieser Punkt besteht in Kürze darin, dass von der andren Seite die durch nichts gerechtfertigte Annahme aufgestellt wird, dass das begriffliche Denken eine Vorbedingung *sine qua non* zu jedwedem Benennungsakte und, *a fortiori*, zu jeder Aussage sei. Diese offen oder verschleiert festgehaltne Annahme dient dem ganzen Aufbau der gegnerischen Beweise zur Grundlage. Ich glaube aber vollständig nachgewiesen zu haben, dass diese Annahme nicht nur theoretisch unhaltbar, sondern auch thatsächlich falsch ist. Es giebt verschiedne Arten von Namen. Nicht jeder Name bezeugt ein begriffliches Denken auf seiten des Namengebers. An dem Beispiel der sprechenden Vögel, des kleinen Kindes und des Urmenschen (so weit derselbe Spuren seiner Psychologie im Bau der Sprache zurückgelassen) wies ich nach, dass der Stufe der Denomination noch die Stufen der Indikation, Denotation und rezeptiver Connotation vorhergingen. Dies sind die psychologischen Schrittsteine durch den „Rubikon des Geistes“, der manchen, aus Unkenntnis der letzteren, unüberschreitbar erschien. Der Begriff, bezw. ein Satz, ist keine Art von Ideenbildung, die uns ohne eine Entwicklungsgeschichte geboten würde. Die entgegenstehende Annahme, dass jenes „einfachste Gedanken-Element“ eine solche Geschichte nicht gehabt habe, widerstreitet allen zu beobachtenden Thatsachen. Läge der Fall so, d. h. hätte der Begriff in der That sozusagen weder Vater noch Mutter gehabt, noch den Anfang seines Daseins erlebt, so müsste er allerdings als eine Entität *sui generis* ohne jeden Zusammenhang mit den andern Geistesfähigkeiten angesehen werden. Wir werden aber wohl zu der Überzeugung gekommen sein, dass eine solche einzige Ausnahme von dem sonst so einheitlichen Entwicklungsprozess nicht aufrecht erhalten werden kann. Die zum begrifflichen Denken stufenweise hinaufführenden Entwicklungsphasen sind offenbar und nachweislich dieselben, die uns auch zu jedem andern Produkt des Lebens und des Geistes begleiteten.

Damit muss ich die kurze und unvollkommne Darlegung des „Zeugnisses der Sprachforschung“ schliessen. So mangelhaft dieselbe aber auch ist, so wird man doch zugestehen müssen, dass das Zeugnis selbst, mit Bezug auf die beigebrachten Thatsachen, nicht übereinstimmender, vielseitiger und zugleich vollständiger und überwältigender hätte ausfallen können. In jeder einzelnen Hinsicht hat es die Ergebnisse unsrer psychologischen Untersuchung bestätigt. Es erschien gleich einem lebenden Wesen auf den Ruf der Sprache selbst und erzählte uns unmittelbar und umständlich die thatsächliche Geschichte eines Vorgangs, dessen einzelne Phasen wir kurz vorher auf andrem Wege erschlossen hatten. Es berichtete uns von einer Zeit, da der Mensch sprachlos und deshalb nur imstande war, mittelst Gestikulation und Grimasse mit seinesgleichen zu verkehren. Es beschrieb uns die ersten artikulierten Laute in Form von Satzwörtern, die ohne die sie begleitenden Hindeutungen keine besondre Bedeutung an und für sich hatten. Es offenbarte uns die allmähliche Differenzierung dieser protoplasmatischen Form der Sprache in „Redeteile“ und wies diese grammatischen Strukturen als direkte Nachkommen der Gebärdezeichen nach. Eingehend zeigte es uns, wie auf den frühesten Stufen artikulierter Äusserung pronominale Elemente und sogar prädikative Worte in einer unpersönlichen Weise gebraucht wurden, die der bis dahin unentwickelten Form von Selbstbewusstsein eigen ist, insofern der Urmensch wie das kleine Kind von ihrer eignen Person in der dritten Person sprechen. Es liess uns in jedem begrifflichen Ausdruck einen vorbegrifflichen Kern finden, so dass, wie der scharfsinnige Garnett sagt:*) „*nihil in oratione quod non prius in sensu* als ein untrüglicher Grundsatz betrachtet werden kann“. Es beschrieb uns im einzelnen jenen wunderbaren Nachwuchs artikulierter Äusserung in vielen Richtungen seiner abzweigenden Entwicklung, vermöge deren alle Völker der Erde

*) *Essays p.* 89.

heute in irgendwelchem Grade die gottgleichen Attribute der Vernunft und der Sprache besitzen.

Hier wie anderswo ist es die Methode der Entwicklungslehre, dass sie „die Gewaltigen vom Stuhle stösst, und erhebet die Niedrigen", und wenn wir uns etwas darauf einbilden möchten, dass wir den Logos ausschliesslich für uns in Anspruch zu nehmen haben, sollten wir da nicht innehalten und uns dessen erinnern, was unserm hohen Vorzug zum Dasein verhalf? „So hat auch keine Sprache eine Abstraktion, zu dem sie nicht durch Ton und Gefühl gelangt wäre."*)

Mir ist es einfach unfasslich, wie ein noch bündigerer Beweis der geistigen Entwicklung geliefert werden könnte, als er in der grossen Thatsache, die durch Kette und Einschlag der tausende von über den ganzen Erdkreis verbreiteten Dialekte jeden Musters gegeben ist. Wir vermögen untereinander in keiner Zunge zu sprechen, ohne die vorbegriffliche Ableitung der Sprache zu erklären; wir sind nicht imstande, den „Ursprung der menschlichen Befähigung" zu erörtern, ohne mit dem Medium unsrer Erörterung selbst anzuzeigen, was dieser Ursprung gewesen ist. Auf die Sprache haben sich unsre Gegner berufen; durch die Sprache sind sie ohne Gnade verurteilt worden.

---

*) Herder, Abhandlungen S. 122.

Sechzehntes Kapitel.

Der Übergang in die Rasse.

Man wird nun wohl einige Andeutungen über die Art und Weise erwarten, wie sich der Übergang vom Tier zum Menschenwesen vollzog. Nachdem ich so ausführlich die Psychologie, wie die Philologie der Ideenbildung betrachtet, wird man vielleicht vermeinen, dass ich nun in der Lage sei, die Schrittsteine anzugeben, auf denen eine intelligentere Affenart möglicherweise den „Rubikon des Geistes" überschritten haben könnte. Sollte dies der Fall sein, so muss ich diese Erwartung ablehnen und zwar aus zweierlei Gründen.

In erster Stelle würde ein solcher Versuch, selbst wenn nicht ohne Erfolg, doch überflüssig sein. Der einzige Einwurf, dem ich zu begegnen hatte, berief sich auf Gründe der Psychologie. Diesem Einwurf begegnete ich auf seinem eignen Grund und Boden. Wenn ich darin erfolgreich gewesen bin, so ist nichts weiter darüber zu sagen. Andernfalls würde ich meinen Standpunkt nicht verbessern, indem ich über die uns bekannten Thatsachen hinaus nach hypothetischen Möglichkeiten in dunklen Zeiten einer unbekannten Vergangenheit griffe. In zweiter Reihe würden alle über diesen Gegenstand beizubringenden Bemerkungen notwendigerweise durchaus spekulativer, unkontrollierbarer Natur sein. Ebensogut könnte der Historiker seine Zeit darauf verwenden, hypothetische Aufschlüsse über Thatsachen aus vorgeschichtlicher Zeit zu liefern. Sein Beweis, dass diese oder jene Begebenheiten in der That vorgekommen sein müssen, mag an sich unumstösslich sein, dennoch kann er sich im Dunkel befinden bezüglich der genauen Bedingungen, die dazu führten, in betreff der Zeitdauer, die sie beanspruchten, wie in der Art und Weise ihres Verlaufs. In solchen Fällen kommt es häufig vor, dass je sichrer der Geschichtsforscher davon überzeugt sein mag, dass eine Begebenheit sich so und nicht anders abspielte, eine um so grössere Anzahl von Wegen sich vor ihm öffnet, auf denen sie sich ebenfalls hätte verlaufen können. Lediglich um darzuthun, dass dies auch für unsern Gegenstand zutrifft, will ich das gegenwärtige Kapitel der Betrachtung einer dreifachen Alternative widmen, die uns für die Annahme des in der Überschrift bezeichneten Vorganges zur Wahl steht. Nach oben Gesagtem darf ich aber hoffen, dass man mir keine bündigere Verantwortung dafür auferlegen wird.

Einige Sprachforscher haben nachzuweisen versucht, dass die Sprache aus ganz bedeutungslosen Lauten hervorging, die in erster Linie auf rein physiologischen Bedingungen beruhten. Nach ihrer Meinung genügten die bloss reflektiven Mechanismen in Verbindung mit der Vokalisation, um nicht nur eine grosse Anzahl von Tonverschiedenheiten unter mannigfachen Zuständen (Leid, Lust, Anstrengung u. s. w.) hervorzubringen, sondern auch den Keim der Artikulation in der bedeutungslosen Äusserung von Vokalen und Konsonanten zu liefern. So sagt z. B. Lazarus: „Der Prozess der eigentümlich menschlichen Lauterzeugung, die Artikulation der Töne, die Hervorbringung von Vokalen und Konsonanten, ist demnach auf rein physiologischem Boden gegeben — in der ursprünglichen Natur des menschlichen, physischen, bewegten Organismus begründet, und wird vor aller Willkür und Absicht, also ohne Einwirkung des Geistes, obwohl auf Veranlassung von Gefühlen und Empfindungen vollzogen.“ *)

Dies ist, wohlgemerkt, die grösstmögliche Erweiterung der Interjektionstheorie vom Ursprung der Sprache. Sie nimmt an, dass nicht nur unartikulierte, sondern auch artikulierte Laute vom „sprachlosen Urmenschen“ mittelst instinktiver Schreie, ohne Beziehung zu irgendwelcher Absicht des Zeichengebens, hervor-

---

*) Leben der Seele II. S. 47.

gebracht wurden. Durch wiederholte Verbindung sollen sie aber, sozusagen automatisch, den Wert eines Zeichens erhalten haben. Denn nach Prof. Friedr. Müller „sind sie zwar anfangs bedeutungslos; sie können aber bedeutungsvoll werden. Alles was in unsrem Innern vorgeht, wird von der Seele wahrgenommen. Sobald durch gewisse äussere Einflüsse infolge einer Kombination mehrerer Empfindungen eine Anschauung entsteht, nimmt die Seele dieselbe an. Diese Anschauung hat, infolge der durch eine der Empfindungen hervorgebrachten Reflexbewegung in den Sinnesorganen, einen Laut zum Begleiter, welcher in gleicher Weise wie die Anschauung von der Seele wahrgenommen wird. Diese beiden Wahrnehmungen, nämlich jene der Anschauung und jene des Lautes, verbinden sich mit einander vermöge ihrer Gleichzeitigkeit im menschlichen Bewusstsein; es findet also eine Assoziation der Laut-Anschauung mit jener der Sach-Anschauung statt, die Elemente der Sach-Anschauung bekommen an der Laut-Anschauung einen festen Mittelpunkt, durch den die Anschauung zur Vorstellung sich entwickelt. Wir sind damit bei der menschlichen Sprache angelangt, welche also ihrem Wesen nach auf der Substituierung eines Klang- oder Tonbildes für das Bild einer Anschauung beruht.“*)

Ohne die wichtige Rolle anzweifeln zu wollen, welche die bedeutungslosen Laute durch Beischaffung des Materials für Stimmzeichen spielten, ganz abgesehen von der Macht der Ideenverbindung in dieser Beziehung, kann ich doch die obige Hypothese nicht als eine vollständige Erklärung des Spachursprungs ansehen. Sie übersieht offenbar das hauptsächlich zu lösende Problem der Entstehung jener Befähigung zur Ideenbildung, die zum erstenmal das Wesen einer Bedeutung in die vordem bedeutungslosen Laute pflanzte. Fast alle warmblütigen Tiere teilen mit dem Menschen die nämliche physiologische Natur, insofern sie eine grosse Mannigfaltigkeit von geistigen Zuständen mit einer ebenso grossen Mannigfaltigkeit stimmlicher Laute begleiten. Wenn wir also in Übereinstimmung mit der obigen Hypothese alle diese Laute als bedeutungslos (bezw. auf der rein physiologischen Grundlage von Reflexbewegung

---

*) Grundriss der Sprachwissenschaft I. S. 35.

beruhend) betrachten sollen, so entsteht die Frage: Warum haben die Tiere keine Sprache entwickelt? Nach der obigen Lehre erschien der bis dahin sprachlose Urmensch ohne irgend eine Bevorzugung hinsichtlich des Zeichengebungsvermögens und zeigte also eine der gegenwärtigen psychologischen Stufe der Tiere genau entsprechende Beschaffenheit. Wie konnte sich nun aber aus diesen übereinstimmenden Bedingungen schliesslich ein so ungeheurer Unterschied ergeben? Wenn beim Menschen Verbindungen von bedeutungslosen Lauten mit besondren Zuständen, Dingen u. s. w. zu einer Stellvertretung der ersteren für die letzteren führte und ihnen damit die Bedeutung von Namen verlieh, wie haben wir uns den gänzlichen Mangel einer ähnlichen Entwicklung bei den Tieren zu erklären? Mir erscheint dies als eine thatsächlich unlösbare Schwierigkeit und ich kann mich daher nicht wundern, dass die sogenannte Interjektionstheorie die ganze Philosophie dieser Frage in Misskredit brachte. Wie es jedoch häufig in philosophischen Schriften geschieht, haben wir hier einen Fall, wobei eine wichtige Thatsache durch eine unvollkommne oder irrige Darstellung geschädigt wird. Alle in der obigen Hypothese vorgebrachten Grundsätze sind an und für sich gesund, nur die ihnen zu Grunde liegende Voraussetzung ist falsch. Diese Voraussetzung lautet, dass der Urmensch keinerlei unvollkommnes Zeichengebungsvermögen besass, und dieses Vermögen *de novo* durch zufällige Verbindungen von Lauten mit Dingen erzeugt werden musste. Wie wir aber aus frühern Darlegungen wissen, zeigen auch die Tiere jene Fähigkeit in nicht geringem Grade; daher unterliegt es keinem Zweifel, dass der Urmensch zur Zeit seiner „Sprachlosigkeit“ nicht auch „zeichenlos“ war. Der psychologische Keim zum Verkehr, der allem Anschein nach nicht durch blosse zufällige Verbindungen zwischen Lauten und Dingen geschaffen wurde, musste bereits mit jener psychologischen, allen intelligenten Tieren gemeinsamen Befähigung zu erkennender (rezeptiver) Ideenbildung gegeben sein.

Was nun diesen überaus wesentlichen Keim betrifft, so zweifle ich nicht, dass der Boden zu jenen von der Interjektionstheorie ins Auge gefassten Ideenverbindungen von grosser Bedeutung war, insofern er natürlich ihre semiotische Natur verstärken musste. Den Grund, warum der ähnliche Keim von Zeichengebung bei Tieren nicht in derselben Weise Unterstützung fand, habe ich bereits im achten Kapitel abgehandelt. Ich brauche wohl nicht hinzuzufügen, dass ich in jeder Beziehung von den obigen Anführungen abweiche, welche die artikulierten Laute von den instinktiven, jeder Spur eines absichtlichen Zeichens entbehrenden Schreien des Urmenschen ableiten.

Ich gehe nun zur zweiten Hypothese über. Hierbei müssen wir uns von vornherein erinnern, dass unser Untersuchungs-Material hinsichtlich der Affen sehr beschränkt ist. Ich meine damit nicht bloss, dass noch kein einziger Repräsentant der Anthropoiden jemals der Gegenstand einer so eingehenden Beobachtung hinsichtlich der Intelligenz war, wie mein *Cebus*, obschon dieser Punkt nicht zu unterschätzen ist, da bekanntlich von allen Vierhändern (und deshalb von allen lebenden Tieren) die anthropoiden Affen die intelligentesten sind und, wenn besonders dazu erzogen, wahrscheinlich eine grössere Geschicklichkeit in der Zeichengebung an den Tag legen würden, als irgend eine andre Tierart. Ich bleibe aber nicht auf diesem Punkte bestehen. Worauf ich mit grösserm Nachdruck hinweisen möchte, ist die Thatsache, dass die bestehenden Arten der Menschenaffen sehr gering an Zahl und dem Aussterben nahe sind. Es ist zudem gewiss, dass keine der lebenden Arten der Vorfahre des Menschen gewesen ist, und endlich ist es ebenso gewiss, dass die ausgestorbenen Arten, die dem Menschen zum Ursprung verhalfen, in mehrfachen wesentlichen Beziehungen von den lebenden Verwandten verschieden waren. In erster Linie mussten sie geselligere Gewohnheiten gehabt haben und ausserdem waren sie wahrscheinlich stimmbegabter, als der Orang, der Gorilla oder der Schimpanse. Dass in dieser Annahme nichts Unwahrscheinliches liegt, geht schon daraus hervor, dass sie durch Analogieen in den verwandten und lebenden Arten unterstützt wird. Umgekehrt, wenn man von gewisser Seite annimmt, dass, weil die wenigen noch lebenden Arten der Anthropoiden ungesellig und ziemlich schweigsam sind, die affenartigen Vorfahren des Menschen ebenso gewesen sein müssten, so genügt es, auf die Abänderungsfähigkeit der beiden Gewohnheiten bei verschiednen verwandten Affengattungen hinzuweisen, um jener Annahme zu begegnen und die wahrscheinlichen Gründe anzudeuten, warum die eine Gattung sich nach und nach zum *homo* entwickeln konnte, während alle verwandten Gattungen ausstarben, bezw. aussterben.

Ferner müssen wir uns erinnern, dass die Analogie beim heranwachsenden Kinde, obwohl bis zu einem gewissen Grade zutreffend, nicht ohne Vorbehalt bei der Untersuchung über den Sprachursprung herangezogen werden kann. Denn wie schon früher bemerkt, wird dem Kinde die Sprache von aussen her angeboten und braucht von ihm nur gelernt zu werden. Selbst abgesehen von der Frage der Vererbung, haben wir damit also einen ungeheuren Unterschied in den psychologischen Vorbedingungen zwischen dem heranwachsenden Kinde und dem Urmenschen. Nur insofern das erstere die Hinneigung zu willkürlicher Erweiterung der Bedeutung denotativer Wörter, oder zum willkürlichen Gebrauch solcher Wörter und ihrer Nebeneinanderstellung zum Zwecke vorbegrifflicher Aussage zeigt, nur insofern können wir eine zutreffende Analogie zwischen dem Individuum und der Rasse bezüglich jenes „Übergangs" von erkennender zu begrifflicher Ideenbildung zu finden erwarten.

Noch ein andrer Punkt scheint mir erwähnenswert. Geiger wird durch seine Forschung zur Aufstellung der nachfolgenden Lehrmeinung verleitet. Er weist erstens darauf hin, dass der Mensch in weit höherm Grade als das Tier den Gesichtssinn zu Zwecken seiner Wahrnehmungen gebraucht. Er meint damit nicht etwa, dass der Mensch ein schärferes Gesicht habe als irgend ein andres Tier, sondern nur, dass er sich vor allen andren Sinnen des Gesichtssinns zur Erkennung der Aussenwelt bediene. Ich glaube dies zugeben zu müssen. Auch ein noch sprachloses Kind beobachtet die Dinge auf weite Entfernung, erforscht sorgfältig Dinge, die man ihm in die Hand giebt, und gebraucht im allgemeinen seine Augen in wirksamerer Weise als Tiere von ungefähr gleicher Entwicklungsstufe. Aus dieser verhältnismässigen Überlegenheit des Gesichtssinns folgert Geiger, dass der Mensch vor Entstehung der artikulierten Sprache mehr als die Tiere daran gewöhnt gewesen sein müsse, mit seinesgleichen durch Zeichen, die sich an jenen Sinn richteten, d. h. durch Gebärde und Grimasse, zu verkehren. Daraus folgt aber, dass von der Zeit an, da eine besondre Art von Primaten ihr Gesicht mehr als die verwandten Arten gebrauchten, eine Vorbedingung geschaffen war, die der nachfolgenden allmählichen Entwicklung einer gestikulierenden Art von affenähnlichen Geschöpfen sehr günstig war. Hierbei musste auch die Grimasse eine wichtige Rolle gespielt haben und wo die Aufmerksamkeit besonders auf die Bewegungen des Mundes gerichtet war, mussten auch die artikulierten Laute mehr oder weniger konventionelle Bedeutungen annehmen. Auf diese Weise vermutet Geiger, dass die notwendigen Vorbedingungen zur Entstehung der Sprache geschaffen wurden, und fügt hinzu, dass das Tier, welches am meisten auf den Gesichtssinn vertraut, auch dasjenige ist, welches so wunderbare Fortschritte in der Fähigkeit der Zeichengebung machte. In diesem grössern Vertrauen auf den Gesichtssinn haben wir also eine andre der vielen verwickelten Bedingungen zu suchen, die den Unterschied in der Zeichengebung zwischen den entfernten Vorfahren der Menschen und deren nächsten zoologischen Anverwandten bestimmen, einen Unterschied, der natürlich um so ausgesprochner wurde, je mehr das Gesicht und die Gestikulation gegenseitig aufeinander einwirkten.

Diese Annahme Geigers scheint in gewissen bei Taubstummen vorkommenden Thatsachen eine starke Unterstützung zu finden. Selbst der noch ganz unerzogne Taubstumme erfindet, wie wir früher gesehen, gewöhnlich artikulierte Laute als seine eignen Namen für Dinge. Der Taubstumme hört diese Laute natürlich nicht und ihr Gebrauch muss der erblichen Übertragung einer erworbnen Neigung zugeschrieben werden. Die Hauptsache ist aber die, dass, obwohl die Mehrzahl dieser artikulierten Laute ganz willkürlich zu sein scheint (*ga* für „eins", *schupatter* für „zwei", *riecke* für „ich will nicht" u. s. w.), ein gewisser Prozentsatz derselben sich unverkennbar auf Vokalisationen zurückführen lässt, die beiläufig mit den die betreffende Handlung bezeichnenden Mundbewegungen stimmen (*mumm* für „essen", „*schipp*" für „trinken") Ebenso führt die Beobachtung eines bellenden Hundes den Taubstummen auf die nachahmende Mundbewegung als sein Zeichen für den Hund, was dann wiederum zur Äusserung eines artikulierten Lautes wie *beyer* leitet, welches der Taubstumme später als sein Name für den Hund gebraucht. Wenn also Wörter sogar von Taubstummen infolge ihrer Beobachtung von Mundbewegungen erfunden werden, um wieviel leichter wird dies beim Urmenschen der Fall gewesen sein, der nicht nur die Bewegungen zu sehen, sondern auch die betreffenden Laute zu hören vermochte.

Wir wollen nun die beiden vorgebrachten Hypothesen bezüglich des in Rede stehenden Übergangs näher betrachten. Denken wir uns einen Menschenaffen, gesellig und mit der Gewohnheit, seine Stimme als ein Organ zur Zeichengebung in etwas ausgedehnterer Weise zu gebrauchen, möglicherweise auch noch ein wenig scharfsinniger als der im vorhergehenden Bande erwähnte Orang oder der früher erwähnte merkwürdige Schimpanse, den ich mit Hinsicht auf seine Intelligenz, sowie auf seine verhältnismässise Haarlosigkeit und seinen Hang zu Fleischnahrung für das menschenähnlichste Tier halte, das bisher in lebendigem Zustand entdeckt worden ist.**) Es wird mir nicht schwer, zu denken, dass ein solches Tier seine gewöhnlichen Lautzeichen, mittelst deren es seine Gemütsbewegungen und die Logik seiner

---

*) Heinicke, Beobachtungen über Stimme, S. 73, 137.

*) Geistige Entwicklung im Tierreich, S. 364.

**) Der Hang zur Fleischnahrung bei jenem Tier war höchst interessant. Es steht zu vermuten, dass es im wilden Zustande von Vögeln lebte; im zoologischen Garten zeigte es aber eine merkliche Vorliebe für gekochtes Fleisch (vor rohem). Es ass gekochtes und zerhacktes Hammelfleisch, die Knochen packte es mit Fingern und Zähnen und reinigte nachher sorgfältig die Hände. Als Gemüse mischte es dem Fleisch etwas Stroh bei und endigte sein Mahl mit einigen Früchten. Noch wichtiger ist, dass das Tier seinem Wärter in vokalen bezw. grunzenden Tönen antwortete, wenn dieser mit ihm sprach, und diese Töne vom Wärter als Anzeigen für verschiedne geistige Zustände verstanden wurden. Ich habe das Tier lange Zeit beobachtet, die Öffentlichkeit und andre Umstände erschwerten aber Experimente und Unterricht in nicht geringem Grade. (Vergl. auch S. 60 und 126.)

Erkenntnisse ausdrückt, auf eine Verbindung mit Gebärden ausdehnt, um Satzwörter daraus zu gestalten, die gewisse einfache und oft wiederholte Ideen ausdrücken, wie drohende Gefahr, Entdeckung von Nahrungsmitteln u. s. w. Ja, ich halte die Vermutung nicht für allzu gewagt, dass ein solches Tier so weit gehen könnte, Laute hervorzubringen, die eine Anzahl der ihm vertrautesten Dinge bezeichnen, wie Nahrung, Kind, Feind und dergleichen, möglicherweise auch häufig wiederholte Arten von Thätigkeiten. Alles das bedeutet, wie gesagt, nicht viel mehr, als was wir schon heute bei Tieren von einer noch niedrigeren Stufe geistiger Entwicklung beobachten können, und obwohl es hier nicht durch artikulierte Zeichen geschieht (ausgenommen in dem psychologisch wenig besagenden Beispiel von sprechenden Vögeln), so ist das doch, wie dargethan, vom psychologischen Standpunkte aus nebensächlich. Ob nun die denotative Stufe der Sprache beim Affen zuerst durch Artikulation oder, was ich für wahrscheinlicher halte, durch Stimmlaute andrer Art in Verbindung mit Gebärde und Grimasse erreicht wurde, ist ebenfalls unwesentlich. In jedem Fall würde der damit erreichte Vorsprung an Intelligenz auf das Zeichengebungsvermögen zurückgewirkt und zu der Erweiterung des Wortschatzes in Form von Lauten, wie von Gebärden, geführt haben. Früher oder später würden die Stimmzeichen — der Gebärden nicht mehr bedürftig und zu einem steten geistigen Fortschritt führend, — mehr oder weniger konventionell und so mit Hilfe von ausreichenden anatomischen und sozialen Bedingungen artikuliert geworden sein. Insoweit kann ich kein Hindernis finden, namentlich mit Rücksicht auf alles, was ich früher über die konventionellen Zeichen unsrer intelligentesten Haustiere und selbst von sprechenden Vögeln dargelegt habe.*)

---

*) „Wenn jemals Geschöpfe über dem Affen und unter dem Menschen existiert haben, die vom Urmenschen, als dessen spezielle Nebenbuhler, im Kampfe ums Dasein oder anderweitig ausgerottet wurden, so steht der Vermutung nichts im Wege, dass sie Sprachformen, von grösserer Unvollkommenheit als die unsrigen, besassen.“ (Whitney, *Encycl. Brit. Art Philology. XVIII. p.* 769.)

Dies ist die von Darwin in seiner „Abstammung des Menschen“ aufgestellte Hypothese. Er sagt: „Was den Ursprung der artikulierten Sprache betrifft, so kann ich nicht daran zweifeln, dass die Sprache ihren Ursprung der Nachahmung und den durch Zeichen und Gesten unterstützten Modifikationen verschiedner natürlicher Laute, den Stimmen andrer Tiere und dem eignen instinktiven Ausruf der Menschen verdankt . . . Da die Affen sicher vieles von dem verstehen, was von Menschen zu ihnen gesprochen wird, und da sie im Naturzustande Warnungsrufe bei Gefahren ihren Genossen zurufen; da ferner Hühner bestimmte Warnungszeichen bei Gefahren auf dem Boden oder am Himmel wegen der Habichte (beide, ebenso wie ein drittes, werden vom Hunde verstanden) ausstossen: dürfte nicht irgend ein ungewöhnlich gescheites, affenähnliches Tier darauf gefallen sein, das Heulen eines Raubtieres nachzuahmen, um dadurch seinen Mitaffen die Natur der zu erwartenden Gefahr anzudeuten? Und dies würde ein erster Schritt zur Bildung einer Sprache gewesen sein.“ Darwin fügt aber noch folgendes hinzu: „Wenn wir die geschlechtliche Zuchtwahl behandeln werden, wird sich zeigen, dass der Urmensch oder wenigstens ein sehr früher Stammvater des Menschen wahrscheinlich seine Stimme, wie es heutigen Tages einer der gibbonartigen Affen thut, dazu benutzte, echt musikalische Kadenzen hervorzubringen, d. h. also zum Singen. Nach einer sehr weit verbreiteten Analogie können wir auch schliessen, dass dieses Vermögen besonders während der Werbung der beiden Geschlechter ausgeübt sein wird, um verschiedne Gemütsbewegungen auszudrücken, wie Liebe, Eifersucht, Triumph und gleichfalls, um als Herausforderung für Nebenbuhler zu dienen. Die Nachahmung musikalischer Ausrufe durch artikulierte Laute mag daher Wörtern zum Ursprung gedient haben, welche verschiedne komplexe Erregungen ausdrückten.“ *)

Dies ist der eine Weg, auf dem meiner Meinung nach die Befähigung zur artikulierten Zeichengebung die ersten Schritte zur Sprachbildung zurückgelegt haben könnte. Ohne über diesen Schritt

*) Darwin, Abstammung des Menschen, S. 112.

hinausgehen zu wollen, sehe ich aber noch eine andre Möglichkeit zu dessen Erreichung, die mir fast noch wahrscheinlicher dünkt. Nach der Meinung hervorragender Anthropologen trat die Sprache erst verhältnismässig spät ins Dasein, so dass unsre Vorfahren, bei denen sie zuerst auftrat, schon mehr menschen- als affenähnlich waren und deshalb den Namen *Homo alalus* verdienten.*) Wenn dies der Fall wäre, so wäre der Verlauf unsrer hypothetischen Geschichte noch leichter zu überschauen, als unter der vorherigen Voraussetzung. Denn unter der gegenwärtigen gehen wir von einem bereits menschenähnlichen Geschöpf aus, aufrecht in seiner Haltung, an Intelligenz jedem Tiere weit überlegen, das sich Feuersteine zu Werkzeugen und Waffen umformte, in Stämmen oder Gemeinschaften lebte und in nicht geringem Grade befähigt war, die „Logik seiner Erkenntnisse" mittelst Gebärden, Grimassen und Töne auszudrücken und mitzuteilen. Mit einem solchen Ursprung würde die nachfolgende Entwicklung der Zeichengebung in der Richtung artikulierter Laute sich weit leichter ausdenken lassen als unter der vorherigen Hypothese. Betrachten wir z. B. eine Gemeinschaft des *Homo alalus*, von beträchtlich höherer Intelligenz als die lebenden Affen, jedoch noch

*) Dieser Ausdruck wird von Haeckel synonym mit *Pithecanthropos* oder Affenmenschen gebraucht, die dem *Homo sapiens* unmittelbar vorher gegangen sein sollen. (‚Schöpfungsgeschichte‘) Im nächsten Bande meines Werkes werde ich vorbringen, was ich zu Gunsten dieser Ansicht von meinem Standpunkt in der Anthropologie aus zu sagen habe. Inzwischen wird es genügen, darauf hinzuweisen, dass so gross auch der durch das Sprachvermögen gegebne psychologische Unterschied sein mag, zu dessen Erreichung doch nur fast unmerkliche anatomische Veränderungen erforderlich waren. „Der Schluss: weil eine grosse Differenz zwischen der Intelligenz eines Menschen und eines Affen besteht, desshalb muss auch ein grosser Unterschied zwischen ihren Gehirnen bestehen, scheint mir ungefähr ebenso begründet, als wenn man beweisen wollte, dass, weil ‚ein grosser Abstand‘ zwischen einer gutgehenden und einer gar nicht gehenden Uhr besteht, deshalb auch ein grosser Abstand zwischen dem innern Bau derselben bestehen müsse. Ein Haar am Balancier, ein bischen Rost an einem Stifte, die Verbiegung eines Zähnchens, irgend etwas so Kleines, dass nur das geübte Auge des Uhrmachers es nachweisen kann, könnte die Ursache des ganzen Unterschieds sein." (Huxley, Stellung des Menschen, S. 117.)

weit unter der intellektuellen Stufe der heutigen Wilden stehend. Ohne Zweifel würden in einer solchen Gemeinschaft die durch Stimme, Gebärde und Grimasse gegebnen natürlichen Zeichen in mehr oder minder ausgedehntem Masse in Gebrauch sein. Mit deren Anwachsen mussten diese Zeichen auch immer mehr konventionell werden, bezw. den Charakter von Satzwörtern und denotativen Zeichen annehmen.*) Wenn diese Zeichen nun Lautzeichen waren, konnten dieselben nur auf dreierlei Weise zur Entwicklung gelangen: 1. Durch konventionelle Modulationen in der Stärke, 2. der Höhe, 3. der Intervalle. Begreiflicherweise konnte durch die beiden ersten keine grosse Vervollkommnung erreicht werden, da die menschliche Stimme in beiden Fällen keinen grossen Umfang darbietet. Wenn also eine Vervollkommnung zu erreichen war, — und sie musste, wenn überhaupt möglich, durch natürliche Auslese erreicht werden, — so war sie nur durch Modulierung der Zeitintervalle zu gewinnen. Eine solche Modulation ist aber eben der Beginn der Artikulation.

Die erste Artikulation besteht daher in nichts weiterem als einem Abbrechen von Stimmtönen in der Weise, wie sie uns noch in dem sogenannten „Schnattern" der Affen, dem natürlichen Ausdruck ihrer geistigen Zustände, entgegentritt. Der grosse Unterschied liegt nur darin, dass der semiotische Wert einer beginnenden Artikulation weit mehr auf Intelligenz und weniger auf blossen Gefühlszuständen beruhte; sie musste weniger die Natur von Schreien und mehr die von Namen haben. Da alle natürlichen Schreie mehr durch die Kehle, bezw. Kehlkopf hervorgebracht werden, als durch Zunge und Lippen, so mussten sich diese ersten Versuche zur Artikulation hauptsächlich auf Vokallaute mit geringer Unterstützung von konsonantischen Kehl- und Lippenlauten beschränken. Dieser Stand der Dinge dauerte eine ungeheuer

*) Hier tritt die in der ersten Hypothese liegende Wahrheit hinzu: Der *Homo alalus*, obwohl noch nicht in Begriffen denkend, sieht sich nichtsdestoweniger im Besitz eines höhern Erkenntnislebens, als es je von einem Tier erreicht wurde und ist deshalb befähigter, aus Interjektionen und andren auf „rein physiologischen Gründen" seiner eignen Organisation beruhenden Zeichen Nutzen zu ziehen.

lange Zeit, während welcher man dann noch die flüssigen Konsonanten und zuletzt vielleicht die Zungenlaute zu gebrauchen anfing. In dieser Ordnung werden wir uns die Entstehung der Konsonanten zu denken haben und zwar in Berücksichtigung dessen, dass die Kehl- und Lippenlaute dem nahezu sprachlosen *Homo* eine leichtere Aussprache boten als die Zungenlaute.*) Von diesem Punkte ab war die weitre Entwicklung der Artikulation nur eine Frage der Zeit und des geistigen Wachstums; ich halte es jedoch für höchst wahrscheinlich, dass die oben skizzierten Anfangsstufen einer Zeitdauer bedurften, die ausser allem Verhältnis mit der von der späteren Entwicklung beanspruchten Periode stand. In dieser Beziehung dürften uns die Schnalzlaute der afrikanischen Buschmänner und Hottentotten ein überlebendes Beispiel jenes ursprünglich unartikulierten Systems von Zeichengebung bieten. Keiner hat die Sprachen dieser Völker eingehender erforscht als Bleek, der uns berichtet, dass jene in der grossen Mehrzahl der Wörter vorkommenden Schnalzlaute einen Gegenstand unsrer besondren Aufmerksamkeit bilden müssen, wenn wir zu einer annähernden Vorstellung der ursprünglichen Lautelemente gelangen wollen, aus denen die menschliche Sprache hervorging.

Der in Rede stehenden Schnalzlaute giebt es vier oder, nach Bleek, mindestens sechs. Sie heissen der dentale, der palatale,

*) Vergl. auch Preyer, a. a. O. bezüglich der Ordnung, nach der sich die Konsonanten beim heranwachsenden Kinde zeigen; ebenso Holden, *on Vocabularies of Children* und *Proc. Am. Philol. ass.* 1877. Es ist darnach nicht zu zweifeln, dass die Vokale vom frühesten Ursprung bei unsrer Rasse sind; zweifelhafter ist, in welcher Ordnung sich die Konsonanten folgten. Verschiedne Rassen zeigen in dieser Richtung grosse Abweichungen; so z. B. verändern die Chinesen das *r* in *l*, während die Japaner *l* in *r* ändern. Man könnte sogar sagen, dass die ganze vergleichende Sprachwissenschaft auf der Erforschung der Gesetze über die „phonetischen Veränderungen" beruht. Übrigens ist es von geringer Erheblichkeit, in welcher besondren Ordnung die verschiednen artikulierten Laute sich von Anfang an entwickelten. Nach Prinz Lucian Bonaparte, der diesen Gegenstand mit grossem Fleiss erforschte, beträgt die Gesamtzahl aller den menschlichen Sprachorganen zugänglichen Laute 385.

der cerebrale und der laterale. Der laterale Schnalzlaut ist derselbe, den unsre Reitknechte gebrauchen, wenn sie ihre Pferde antreiben. Der dentale kommt ebenfalls bei den europäischen Rassen zur Anwendung als Ausdruck des Missvergnügens, unaussprechlicher Verachtung u. s. w. Die andern beiden Schnalzlaute werden durch entsprechende Anstösse der Zunge gegen verschiedne Stellen des Gaumens hervorgebracht. Eine entfernte Idee von der Schwierigkeit, eine derartige Sprache in eine alphabetische Form zu bringen, geht aus folgendem Versuch hervor: Das hottentottische Wort (männl.) für „Mond“ wird ‖ khā̆p gedruckt, wobei ‖ für den lateralen Schnalzlaut, *kha* für den gutturalen Konsonanten und das ~ für die Nasal-Aussprache steht. Mit Bezug auf diese unartikulierte Art von Zeichengebung, die noch in grosser Ausdehnung bei niedern Rassen vorherrscht, welche sich in so naher organischer Verbindung mit artikulierten Sprachen befinden, ist es von Bedeutung, was Prof. Haeckel an Dr. Bleek schreibt und von diesem in seinem mehrerwähnten Buche veröffentlicht wird:*) „Die Sprache der Affen ist von den Zoologen bisher nicht in der verdienten Weise berücksichtigt worden, und es existieren keine irgend eingehenden Beschreibungen der von ihnen ausgestossnen Laute. Dieselben werden bald einfach als ‚Geheul‘, bald als ‚Geschrei‘, ‚Schnalzen‘, ‚Brüllen‘ u. s. w. bezeichnet. Ausgezeichnete Schnalzlaute, sowohl mit den Lippen, als auch (seltener) mit der Zunge hervorgebracht, habe ich selbst in zoologischen Gärten öfter (und zwar von sehr verschiednen Affenarten) gehört, kann aber nirgends eine Darstellung derselben finden.“

Aller Wahrscheinlichkeit nach haben wir es bei diesen Schnalzlauten mit Resten eines früher unartikulierten Zustandes des Menschengeschlechts zu thun oder, wie Prof. Sayce sagt: „die Schnalzlaute der Buschmänner überlebten, um uns zu zeigen, wie die Äusserungsweise der sprachlosen Urmenschen dessen Gedanken zu verkörpern und mitzuteilen vermochten“.**)

---

*) Ursprung der Sprache, S. 54.

**) *Introduction etc. II. p.* 302.

Meine hypothetische Skizze stimmt im wesentlichen mit dem überein, was Darwin in seiner „Abstammung des Menschen" gesagt hat. Wie wir gesehen, besteht nur ein grosser Unterschied zwischen uns. Darwin besteht nur auf der zweiten der oben mitgeteilten drei Hypothesen, welche annimmt, dass die unvollkommnen Anfänge der artikulierten Sprache bis auf die „Affenmenschen", die früheren Vorfahren des Menschen, zurückzuführen seien. Er scheint die Idee eines *Homo alalus*, als des Bindeglieds zwischen jenen frühen Vorfahren des Menschen und dem *Homo sapiens* nicht angenommen zu haben. Ich will daher hier in aller Kürze meine Gründe dafür angeben, warum ich es für wahrscheinlich halte, dass jenes Bindeglied thatsächlich existiert habe.

Ich muss im voraus darauf aufmerksam machen, dass kein eigentlicher Widerstreit zwischen den beiden Hypothesen besteht, da die letztere nur eine Erweiterung der ersteren bildet. Denn die letztere schliesst sich Darwins Ansichten über die Bedeutsamkeit der instinktiven Schreie, Warnungsrufe u. s. w., die Weiterentwicklung der Zeichengebung bei dem „affenähnlichen Wesen", dem tierischen Vorfahr des *Homo alalus*, vollständig an. Ausserdem nimmt unsre Hypothese, mit Darwin, an, dass jener anthropoide Affe wahrscheinlich nicht nur intelligenter als irgend eine der wenigen übrig gebliebenen verwandten Arten war, sonauch weit geselliger lebte. Dies ist aber ein nicht zu unterschätzender Punkt, insofern die sozialen Lebensbedingungen offenbar auch die Vorbedingungen zu einem erheblicheren Fortschritt in der Befähigung für Zeichengebung bilden, als sie die heutigen Affen aufweisen. Der einzige Punkt, in dem die beiden Hypothesen auseinandergehen, liegt also in der Voraussetzung, dass die Befähigung zu artikulierter Zeichengebung nach der einen ein weit späteres Entwicklungs-Produkt sei, als nach der andren Hypothese. Das heisst, während Darwins Hypothese den Beginn der Artikulation als notwendige Vorbedingung zu jedem wesentlichen Fortschritt in der Erkenntnis unsrer tierischen Vorfahren erachtet, hält unsre Hypothese es für wahrscheinlicher, dass jene Erkenntnis sich bereits, durch Gebärde und Lautzeichen, stark entwickelt hatte, ehe die letzteren im eigentlichen Sinne artikuliert wurden. Das Resultat war ein mehr menschliches als affenähnliches Wesen, das dennoch imstande war, mit seinesgleichen, lediglich mittelst Gebärden und Lautzeichen, zu verkehren. Meine Gründe für diese Annahme sind aber folgende:

Vor allem glaube ich, aus psychologischen Gründen, annehmen zu dürfen, dass das Erkenntnisleben einer intelligenten und geselligen anthropoiden Affenart schon an und für sich, auch ohne Unterstützung der Artikulation, vor den heute bekannten Arten einen Vorsprung erlangen musste, da gesellige Gewohnheiten für die Entwicklung der Zeichengebung, mit ihrer nachfolgenden Rückwirkung auf die geistige Entwicklung, entscheidend sind. Sodann vermag ich nicht einzusehen, wie für jene frühen Stufen artikulierte Zeichen eine wesentliche Hilfe für eine Weiterentwicklung, vor den natürlicheren Zeichensystemen, hätten gewähren können. Solange die wünschenswerte Mitwirkung nur auf einfache Handlungen Bezug hat, liess sich die Ton- und Gebärdensprache hinreichend entwickeln, um allen Bedürfnissen zu entsprechen. Endlich, wenn wir das heranwachsende Kind als einen Index der Psychogenesis in der Rasse betrachten, so unterliegt es wohl keinem Zweifel, dass derselbe auf einen verhältnismässig späten Ursprung des Artikulationsvermögens hinweist. Wir brauchen uns nur an die Thatsache zu erinnern, dass die Ontogenesis im allgemeinen dazu neigt, die Geschichte der Phylogenesis abzukürzen, um die Annahme gerechtfertigt zu finden, dass — trotz seines Hanges zur Nachahmung und trotz des umgebenden Mediums der gesprochnen Sprache — das Kind nicht eher artikulierte Zeichen zu gebrauchen beginnt, bis es, nach längerer Zeit, imstande ist, eine grössere Anzahl seiner rezeptiven Ideen in der Ton- und Gebärdensprache auszudrücken. Ich habe schon früher mit Nachdruck auf den erstaunlichen Grad der Vervollkommnung hingewiesen, den diese Art Sprache bei Kindern, die spät zu sprechen anfangen, erfährt. Obwohl man diese Fälle möglicherweise der Zeichensprache des *Homo alalus* gegenüber kaum anwendbar finden möchte (da das Kind von heute das Gehirn des *Homo sapiens* ererbt), so halte ich es doch für nicht weniger gewiss, dass wir andrerseits fehlgehen würden, wenn wir den Fall, dass ein Kind frühzeitig zu sprechen beginnt, als einen geeigneten Index für den geistigen Entwicklungsgrad zur Zeit, da die Artikulation in der Rasse auftrat, annehmen wollten. Aber selbst wenn wir dies thun wollten, würde das Ergebnis doch darauf hinweisen, dass lange bevor unsre frühen Vorfahren eine artikulierte Sprache besassen, sie schon einen unermesslichen Vorsprung vor allen lebenden Wesen durch ihre Ton- und Gebärdenzeichen erlangt hatten. Denn auch ein frühreifes Kind macht vor seinem zweiten Jahre kaum in umfassenderer Weise von Wörtern Gebrauch, während im allgemeinen diese Stufe erst mit dem dritten Jahre erreicht wird. In welchem Alter dieselbe aber auch erreicht werden mag, so ist im allgemeinen die Intelligenz eines Kindes nicht nur der eines jeden Tieres weit voraus, sondern die Richtung, in der dieser Fortschritt am stärksten in die Augen springt, ist auch gerade diejenige, die bei unsrer Betrachtung am meisten ins Gewicht fällt, nämlich in der Befähigung zur Zeichengebung durch Ton und Gebärde.

Mit Berücksichtigung aller dieser Umstände halte ich dafür, dass die geistige Fortentwicklung vom Tier zum Menschen etwa wie folgt vor sich gegangen ist.

Von der hoch entwickelten und gesellig lebenden anthropoiden Affenart, wie sie Darwin beschreibt, ausgehend, können wir uns denken, dass jene Tiere gewohnt waren, ihre Stimme frei und ungehindert zum Ausdruck ihrer Gemütsbewegungen zu gebrauchen, durch Äusserungen von Warnungszeichen und Singen.*) Möglicherweise war das Tier auch schon hinreichend intelligent, um, wie Darwin vermutet, einige nachahmende Laute nach Willkür von

*) Der Sang des Gibbon wurde schon früher nach einer Angabe Darwins angeführt. Ich kann hier hinzufügen, dass der mehr erwähnte Schimpanse nicht selten eine aussergewöhnliche Aufführung ähnlicher Art zum besten gab. Der Sang war keineswegs „musikalisch“. Er wurde, ohne Rücksicht auf Tonfolge, in einer Reihe rasch und stossweise erfolgender Geheule oder Schreie ausgeführt, sehr laut und unter begleitendem Fusstrampeln. Der Affe brach nur dann in dieses Singen aus, wenn ihn der Wärter längere Zeit vorher gereizt hatte; noch öfter kam es allerdings vor, dass er sich durch gar keine Bemühungen von dessen Seite dazu verleiten liess.

sich zu geben; sicher musste seine Erkenntnis früher oder später weit genug vorgeschritten sein, um mit dem eines etwa zweijährigen Kindes in Vergleich zu kommen. Das will sagen, obwohl das Tier noch nicht soweit gekommen war, artikulierte Zeichen zu gebrauchen, musste es in dem konventionellen Gebrauch natürlicher Zeichen (d. h. Zeichen natürlichen Ursprungs in Ton oder Gebärde, willkürlich oder absichtlich nachahmend) genügend weit vorgeschritten sein, um seine rezeptiven Ideen in den Grenzen der gewöhnlichen tierischen Bedürfnisse oder auch der einfachsten Formen zusammenwirkender Thätigkeit (S. 356 flgd.), auszutauschen. Sodann halte ich es für wahrscheinlich, dass die durch jenen Fortschritt in der Zeichengebung veranlasste Weiterentwicklung seiner erkennenden Intelligenz zu einer weiteren Vervollkommnung der ersteren führte, und beide gegenseitig auf einander einwirkten, bis sich allmählich die Ton- und Gebärdensprache zur Stufe einer unvollkommnen Pantomime erhob, wie bei Kindern, ehe sie anfangen Worte zu gebrauchen. Auf dieser Stufe oder schon etwas früher müssen die Vokale in der Tonsprache aufgetreten sein, vielleicht auch schon einige Konsonanten. Ich schliesse dies nicht nur aus dem angeführten analogen Beispiel bei einem Kinde, sondern auch daraus, dass ein „singendes“ Tier, das hinreichend intelligent ist, um seine Stimme andauernd zum Zwecke der Zeichengebung zu gebrauchen und deshalb eine Mannigfaltigkeit mehr oder weniger konventioneller Töne, einschliesslich Schnalzlaute, von sich zu geben, fast mit Notwendigkeit auch Vokallaute und möglicherweise auch einige Konsonanten gebrauchen muss. Sei dem wie es wolle, die gegenseitige Einwirkung von erkennender Intelligenz und konventioneller Zeichengebung musste schliesslich die erstere soweit entwickeln, um in Vokalen auszubrechen (oder zu artikulieren), als der einzigen Richtung, in der eine weitere Vervollkommnung möglich war. Ich halte es nicht für unwahrscheinlich, dass diese wichtige Stufe in der Sprachentwicklung zum grossen Teil von der schon bestehenden Gewohnheit, musikalische Töne zu artikulieren, unterstützt wurde, da man vermuten kann, dass unsre Vorfahren den Gibbons oder den Schimpansen in dieser Beziehung ähnelten.

Aber noch lange nach diesem ersten rohen Anfang von artikulierter Sprache fuhr die Ton- und Gebärdensprache fort, das Hauptmittel zur gegenseitigen Verständigung zu sein: Das nun vor unsrer Einbildungskraft stehende halbmenschliche Geschöpf würde uns jedenfalls als ein wunderbarer Kunstverständiger hinsichtlich der Herstellung von bezeichnenden Lauten und Bewegungen, und zwar der Zahl wie der Mannigfaltigkeit nach, überrascht haben; wahrscheinlich würden wir aber den bereits in der Entwicklung begriffnen Keim der Artikulation noch kaum bemerkt haben. Auch glaube ich nicht, dass wenn wir die Geschichte um einige Jahrtausende später aufschlagen könnten, wir finden würden, dass die Pantomime durch die Sprache überflüssig geworden sei. Im Gegenteil geht meine Meinung dahin, dass, obwohl wir einen starken Fortschritt in der ersteren zu verzeichnen hätten, so dass das Ding vor uns vielleicht schon als *Homo* anzusehen wäre, wir uns dennoch genötigt sähen, es durch die Hinzufügung von *alalus* zu kennzeichnen. Endlich wird dieses höchst interessante Geschöpf, meiner Meinung nach, noch eine unfasslich lange Zeit gelebt haben, ehe seine Befähigung zu artikulierter Zeichengebung so weit entwickelt war, um die ursprünglicheren und natürlicheren Systeme nach und nach aussterben zu lassen, und ich glaube, dass sogar, nachdem dieser Aussterbe-Prozess schon begonnen, ein weiterer unfasslich langer Zeitabschnitt vorübergehen musste, um den *Homo alalus* endlich in den *Homo sapiens* umzuwandeln.

Ich halte es nun an der Zeit, eine Abzweigung dieser Hypothese zu betrachten, die wir Prof. Noiré verdanken und bereits im früheren Verlauf unsrer Darstellung berührt wurde. Schon vor Darwin hatte Noiré eine Theorie über den Ursprung der Sprache ausgearbeitet, die im wesentlichen mit der von Darwin in seiner „Abstammung des Menschen" veröffentlichten übereinstimmte.*) Der einzige Unterschied zwischen beiden ist der, dass Darwin den Ursprung der artikulierten Sprache auf instinktive Schreie u. s. w.

*) Noiré, „Welt als Entwicklung des Geistes." Übrigens wurde dieses Buch erst im Jahre 1874 d. h. einige Jahre nach Darwins Werk veröffentlicht.

der anthropoiden Affen zurückführt, während Noiré ihn erst bei einem schon menschlich gewordnen Wesen sucht. Noiré ist also Anhänger der oben erwähnten dritten Hypothese, die einen sprachlosen Menschen als eine der heutigen vorhergehende Art annimmt.*) Als Ergebnis längerer Überlegungen stellt Noiré folgende Schlussfolgerung auf: „Die Objekte der Furcht, des Zitterns und des Missvergnügens sind noch jetzt am wenigsten dazu geeignet, in die reine, klare und ruhige Sphäre des Sprach-Gedankens überzugehen oder die ersten Keime dafür zu liefern". Er verwirft also die Ansicht, dass diese Keime in instinktiven Schreien und Warnungsrufen gefunden werden könnten, zu Gunsten der Hypothese, dass die Artikulation ihren Ursprung in Lauten habe, die von menschlichen Gemeinschaften ausgehen, wenn sie bei gemeinsamen Arbeiten beschäftigt sind. Da ich die Grundzüge dieser Hoho-Theorie bereits auseinandergesetzt habe, so brauche ich hier nur zu wiederholen, dass nach meiner Meinung etwas Wahrheit darin enthalten sein mag; dagegen halte ich es für selbstverständlich, dass darin nicht etwa die einzige Quelle der Ursprache zu suchen ist. In welchem Umfang diese Art von Onomatopöie bei der Entstehung der Urworte — wenn überhaupt — beteiligt war, lässt sich natürlich in keiner Weise feststellen. Wenn wir die vielen andren der durch die Natur gebotnen Quellen der Onomatopöie bedenken, Quellen, die in allen lebenden Sprachen offen zu Tage liegen, während die von Noiré angedeutete sich in keiner Sprache nachweisen lässt, so meine ich, dass das Hoho-Prinzip bestenfalls nur mit einem kleinen Teil an der ursprünglichen Entstehung der Sprache beteiligt sein dürfte. Ich habe also mit Rücksicht auf diese Theorie nur drei Bemerkungen zu machen: 1. dass sie offenbar nur einen besondren Zweig der allgemeinen onomatopoetischen Theorie bildet; 2. dass sie in dieser Eigenschaft eine gewisse Wahrheit enthalten mag; 3. dass sie infolge dessen — nicht, wie es seitens ihres Urhebers

---

*) Dies ist auch die Anschauung Geigers (Ursprung der Sprache 1869) und zwar aus philologischen, sowie Haeckels (Schöpfungsgeschichte) aus allgemeinen Vernunftgründen.

Noiré und ihres Fürsprechers Max Müller geschieht, als der einzige Ursprung der Sprache, sondern nur — als einer von den vielen Wegen zu betrachten ist, auf denen während vieler Jahrtausende so manche Gemeinschaften stimmbegabter obwohl noch sprachloser Menschen nach und nach die Kunst entwickelten, artikulierte Zeichen zu schaffen.

Möglicherweise wird man dieser dritten Hypothese in all ihren Abzweigungen die *petitio principii* entgegen halten: *Homo alalus*, könnte man sagen, sei *Homo postulatus*. Dem ist aber nicht so. Die aufgestellte Frage richtet sich ausdrücklich und ausschliesslich an die Befähigung zur begrifflichen Sprache, und es ist zuzugeben, dass diese Befähigung keine frühere Phase aufweist, als die der Artikulation. Wenn unsre Gegner daher annehmen, dass vor dem Eintritt dieser frühesten Phase ein bis dahin sprachloses Tier, begabt mit einer aufrechten Haltung und genügender Intelligenz, um Feuersteine zu spalten, oder merklich vor andren Tieren bevorzugt in der Herstellung von andeutenden Gebärden in Verbindung mit Stimmlauten, unmöglich existiert haben könne, so sind sie es, die die Frage zu verschieben suchen. Denn sie nehmen einfach und in der willkürlichsten Weise an, dass die Befähigung zu begrifflichem Denken notwendig sei, um einem schon halb aufrechten Tier die ganz aufrechte Haltung zu verschaffen; um ein Tier, das schon hinreichend intelligent ist, Steine zu benutzen, um Nüsse aufzuschlagen oder Austern zu öffnen, die dazu geeignetsten Steine nicht nur (wie heutigen Tags) aussuchen, sondern auch zu diesem oder einem andern Zwecke bearbeiten zu lassen; um ein Tier, das bereits besser als ein andres dem Gebrauch von Gebärden- und Stimmzeichen angepasst ist, in derselben Richtung psychischer Vervollkommnung einen beträchtlichen Fortschritt gewinnen zu lassen.*) Die Hypothese,

*) Mit Bezug auf die aufrechte Haltung muss ich darauf aufmerksam machen, dass, wenn auch nicht der Schimpanse und der Orang, so doch die andren Menschenaffen, Gorilla und Gibbon, diese Haltung häufig annehmen, wenn sie sich in der Ebene fortbewegen. Obwohl beim Gorilla allerdings die vorderen Gliedmassen den Boden verlassen und die Fortbewegung somit auf zwei Füssen geschieht, so wird doch der Körper niemals völlig aufgerichtet;

dass ein solcher Fortschritt nach und nach stattgefunden habe, wie er oben vermutet wurde, mag nun zutreffend sein oder nicht; zum wenigsten berührt sie die Frage nicht. Diese besteht darin, ob die ausschliesslich menschliche Befähigung zu begrifflicher Ideenbildung der Art oder dem Grade nach von der niederen Befähigung zu erkennender (rezeptiver) Ideenbildung verschieden sei; und meine vorläufige Vermutung besteht in nichts weiterem, als dass diese rezeptive Ideenbildung im Tierreich sehr wohl bis zu einem Grade entwickelt sein könne, den ein Kind aufweist, das spät zu sprechen beginnt (S. 220). Wenn unsre Gegner demgegenüber einwerfen wollen, dass dadurch die Frage verschoben werde, so muss ich darauf aufmerksam machen, dass diese Frage, in Übereinstimmung mit ihrer eignen Beweisführung, eben dort entsteht, wo das Zeichengebungsvermögen in den Dienst des introspektiven Denkens gestellt wird. Die Frage, inwiefern die niederen Geistesfähigkeiten ohne (oder, wie ich glaube, vor) Hinzutreten introspektiven Denkens entwickelt werden können, ist eine von der obigen ganz verschiedne, und kann nur durch Beobachtung gelöst werden. Nun habe ich bereits gezeigt, dass bei intelligenten Tieren, und noch mehr beim heranwachsenden Kinde, die Fähigkeit rezeptiver Ideenbildung bis zu einem ganz erstaunlichen Grad angepasster Wirksamkeit gesteigert werden kann, ohne der ausschliesslich menschlichen Befähigung begrifflichen Denkens zu bedürfen.

Im grossen und ganzen scheint es mir also aus rein psychologischen Gründen wahrscheinlich, dass die Entwicklungsgeschichte

---

dagegen kann beim Gibbon der Gang vollkommen aufrecht genannt werden (Huxley, Stellung des Menschen). Mit Bezug auf die Auswahl und den Gebrauch von Steinen als Werkzeug beschreibt Alfr. Carpenter den *modus operandi* bei birmanischen Affen so: „Die Felsen sind bei der Ebbe mit Austern bedeckt. Die Affen wählen sich aus den am Ufer umherliegenden flachen Steinen die zu ihrem Zwecke am besten geformten aus und tragen sie zu der Grenze des niedrigen Wassers, wo die Austern leben und das wohl über 100 Ellen von der Küste entfernt ist. Die Affen schlagen den bequemsten Weg ein, die Austern zu öffnen, indem sie die Gehäuse, durch einen Schlag auf die Basis der obern Hälfte, verschieben und die Schale oberhalb des anhaftenden Muskels zerbrechen (*Nature XXXVI p.* 53).

der Intelligenz in unsrer Rasse insofern der Geschichte beim heranwachsenden Kinde gleicht, dass vor dem Auftreten der Sprache die rezeptive Ideenbildung einen weit höheren Grad von Vervollkommnung erreichte, als er uns heute bei irgend einem Tiere begegnet, einen Grad, der jenem erwachsenen Geschöpf wohl den Namen *Homo alalus* einbringen konnte. Wie wir im nächsten Bande sehen werden, wird diese aus psychologischen Gründen geschöpfte Folgerung auch noch durch Folgerungen aus andren Thatsachen unterstützt. Für jetzt möchte ich aber diese Frage fallen lassen, die, wie ich wiederhole, mit meiner Hauptdarstellung gar nichts zu thun hat, für welche es von gar keiner Bedeutung ist, ob die Sprache früher oder später auftrat. Sobald die denotative Stufe der Artikulation von unsren Stammeltern erreicht war, musste, wie wir dies schon auseinandergesetzt, in jedem Falle das Nächste in einer Erweiterung dieser denotativen in connotative Zeichen bestehen. An der Hand von zahlreichen Zeugnissen habe ich nachgewiesen, dass diese Erweiterung von denotativen in connotative Zeichen vermöge des Prinzips sinnlicher Ideenverbindungen mit Notwendigkeit eintritt. Ebenso habe ich nachgewiesen, dass dieser Vorgang von connotativer Erweiterung dem Auftreten des begrifflichen Denkens und damit der eigentlichen Denomination vorhergeht. Die Grenze, bis zu der sich eine solche rezeptive Connotation auszudehnen vermag, wird, wie ich gezeigt, durch den Entwicklungsgrad bestimmt, den die gesteigerte Erkenntnis erreicht. Beim Papagei bleibt diese Entwicklung auf ziemlich niedriger Stufe, eine bedeutend höhere erreichen der Hund und der Affe (obwohl diese Tiere unglücklicherweise ihren Erkenntnissen keinen artikulierten Ausdruck zu geben vermögen); eine noch höhere Stufe erlangt sie beim zweijährigen Kinde. Niemand ist aber, wie gesagt, imstande, in irgend einem dieser Fälle einen Unterschied der Art nach zwischen den betreffenden Geistesfähigkeiten aufzuweisen. Ein gegnerisches Argument könnte sich nämlich aus psychologischen Gründen nur auf begriffliche Erkenntnis stützen, die selbst hinwiederum nur auf der Grundlage des Selbstbewusstseins beruht; dieses ist aber beim Kinde nachweislich nicht vorhanden, bis lange nach der Zeit, da denotative Namen, durch die rezeptive Erkenntnis des Kindes selbst, connotativ erweitert werden.

Somit kann es denn keinem Zweifel unterliegen, dass der *Homo sapiens*, aller psychologischen Wahrscheinlichkeit nach, auf Vorfahren zurückweist, die — schon zum Teil menschlich oder noch affenähnlich — imstande waren, die Denotation, ohne notwendige Kenntnisse begrifflicher Art, auf eine hohe Stufe der Connotation zu heben. Ob die Zeichen damals durch Ton und Gebärde allein oder auch durch artikulierte Laute hergestellt wurden, ist von psychologischem Standpunkte aus unerheblich. In jedem Falle musste der Denotation die Connotation folgen bis zu dem Punkte, wo die gesteigerte (vorbegriffliche) Erkenntnis eines solchen Vorfahrs imstande war, von einfachen Analogieen Kenntnis zu nehmen. Diese psychologische Möglichkeit wird aber zu einer hohen Wahrscheinlichkeit, sobald wir ein unabhängiges Zeugnis für die körperliche Entwicklung des Menschen aus affenähnlichen Vorgängern erhalten. Nun haben wir aber gesehen, dass die vorbegriffliche Connotation schon auf ein vorbegriffliches Urteil hinausläuft. Die damit connotierten Eigenschaften und Beziehungen werden allerdings nicht als solche angeschaut; indessen ist in dem blossen Akt einer solchen connotativen Klassifizierung ein wirkliches Urteil über eine Ähnlichkeit, sowie eine Aussage dieses Urteils thatsächlich enthalten. Ich halte es deshalb für wahrscheinlich, dass die frühesten Formen einer solchen thatsächlichen Aussage in einzelnen Wörtern bestanden. Auch haben wir im Vorhergehenden reichliche Nachweise dafür, dass diese ursprüngliche Aussageweise lange Zeit eine wichtige Rolle in der intellektuellen Geschichte unsrer Rasse spielte, deren fortlaufender Bericht noch im Bau sämtlicher heutigen Sprachen zu finden ist.

Die Epoche, während deren diese Satzwörter vorherrschten, war jedenfalls unermesslich lang, und weit entfernt, in einem feindlichen Gegensatz zur Gestikulation zu stehen, war sie vielmehr imstande, letztere in hohem Grade zu unterstützen und so die indikative Phase der Sprache auf die Stufe einer vervollkommneten Pantomime zu heben. Aus dieser Verbindung von Satzwörtern und Gebärden entwickelten sich allmählich grammatische Formen, wie wir aus den Zeugnissen der Philologie kennen lernten. Aber schon lange zuvor musste eine Art unbestimmter Differenzierung in dem protoplasmatischen Sprachmaterial stattgefunden haben, so dass einige Satzwörter für besondre Dinge, andre für besondre Handlungen, Zustände, Eigenschaften und Beziehungen standen. Dieser „Primitivstreifen" sozusagen, der später das Gehirn der Sprache zu bilden bestimmt war in Form der unabhängigen und doch miteinander in gegenseitiger Beziehung stehenden Redeteile, hatte zum grossen Teil der Gebärde seine Entwicklung zu danken. Inzwischen musste aber die Gebärde gleichfalls mit einer Art elementarer Syntax ausgestattet werden, wie sie zu den Bewegungszeichen eines Kindes gehört, das spät zu sprechen anfängt. Diese Art Syntax musste unbedingt von dem heranwachsenden Bau der Sprache übernommen oder doch beeinflusst werden, soweit die Prinzipien und die Art der Nebeneinanderstellung davon berührt wurden. Zugleich vergrösserte sich die Bedeutung dieser Nebeneinanderstellung selbst innerhalb der Sphäre der artikulierten Zeichen. Denn sobald Worte irgendwie denotativ werden, beginnen sie, wie wir gesehen, sofort sich connotativ zu erweitern; mit dieser fortschreitenden Erweiterung ihrer Bedeutung geht aber die zunehmende Häufigkeit der Aneinanderreihung Hand in Hand. Ganz unabhängig von noch nicht vorhandenem introspektiven Denkvermögen, musste aber die äussere „Logik der Geschehnisse" fortwährend eine solche Aneinanderreihung rezeptiv connotativer Ausdrücke bedingen, wie wir es beim heranwachsenden Kinde erfahren haben. So entstanden die Bedingungen zu einer dreifachen Teilung: dem Genitiv, dem Adjektiv und dem Verbum. Allerdings trat erst nach langen Zeiträumen diese Einteilung in ihr volles Recht. Vorläufig konnte von einer Unterscheidung zwischen Genitiv und Adjektiv noch keine Rede sein; auch konnte es noch keine Zeitwörter, als unabhängige Redeteile, gegeben haben. Jedoch wurden schon einige denotative Zeichen als Namen für besondre Dinge, andre für besondre Eigenschaften und noch andre für besondre Handlungen, Zustände und Beziehungen gebraucht. Diese Dingwörter, Eigenschaftswörter u. s. w., die man noch nicht als völlig differenzierte Redeteile betrachten kann, gleichen den Ausdrücken, die wir aus unsrer Kinderstube kennen und überleben noch in weitem Umfang in Dialekten von niedriger Entwicklungsstufe. Sobald diese denotativen Namen innerhalb der Grenzen derselben Gemeinschaft eine feste Bedeutung erhielten, mussten diejenigen, welche Dinge, Eigenschaften, Handlungen, Zustände und Beziehungen bezeichneten, notwendigerweise häufig nebeneinandergestellt werden, und so oft dies geschah, bildeten sie einen in der Entstehung begriffenen vorbegrifflichen Satz.

Aller Wahrscheinlichkeit nach nahm der durch die verschiednen Grade verlaufende geistige Entwicklungsprozess ungeheure Zeiträume in Anspruch; wenn wir aber bedenken, von wie grosser Bedeutung derselbe für die Arten sein musste, die sich nach dieser Richtung in Bewegung zu setzen begannen, so kann es uns nicht wundern, dass das „Überleben des Passendsten" einen hohen Preis auf das Mittel, zum Ziel zu gelangen, setzt; mit andren Worten, dass das Zeichengebungsvermögen, einmal in Bewegung gesetzt, nach und nach zu stets aufsteigenden Graden von Wirksamkeit getrieben wurde, so dass es in der Reihe der Säugetiere eine ebenso einzige und ausschliessliche Bedeutung erlangte, wie die Flugfähigkeit bei den Fledermäusen. Wie lang oder kurz aber auch die Zeit gewesen sein mag, die unsre Stammeltern zur Zurücklegung dieser Stufen benötigten, soviel steht fest, dass, sobald der denotative Name für ein Ding mit einem denotativen Namen für eine Eigenschaft oder eine Handlung zusammengestellt wurde, ein thatsächliches Urteil damit ausgesprochen wurde, obwohl der betreffende Geist noch weit davon entfernt war, über ein Urteil als Urteil nachzudenken oder eine Thatsache als thatsächlich auszugeben.

Sonach haben wir zwei verschiedne Prinzipien, als bei der Entstehung der sogenannten vorbegrifflichen Aussage beteiligt, anzunehmen. Das erste besteht in der natürlichen und unvermeidlichen Ausdehnung denotativer Ausdrücke in connotative, vermöge rein rezeptiver Ideenverbindung; das andre in der nicht minder natürlichen und unvermeidlichen Nebeneinanderstellung denotativer Ausdrücke, wobei eine durch Erkenntnis wahrgenommene Beziehung thatsächlich — nicht begrifflich — als zwischen den bezeichneten Dingen, Eigenschaften, Zuständen, Handlungen oder Beziehungen bestehend, ausgesagt wird. Diese beiden Entwicklungsarten müssen sich jedenfalls gegenseitig unterstützt haben: eine je grössere connotative Erweiterung die denotativen Zeichen erfuhren, um so mehr musste ihre Aneinanderreihung bedeuten, und je häufiger denotative Ausdrücke aneinandergereiht wurden, eine um so grössere Erweiterung musste ihre connotative Bedeutung gewinnen.

Schliesslich dürfen wir nicht vergessen, dass unsrer hypothetischen Darlegung das positive Zeugnis seitens der Sprachforschung hinsichtlich zweier hochwichtiger Punkte zu Hilfe kommt. Der erste Punkt ist der, dass so wenig in den ursprünglichen Satzwörtern eine Differenzierung von oder eine Unterscheidung zwischen Subjekt und Prädikat bestand, es auch lange Zeit hindurch — wie auch heute noch in manchen Sprachen — keine Kopula gab; selbst das *verbum substantivum*, welches von andrer Seite mit der Kopula verwechselt wurde, kam erst sehr spät auf. Der zweite Punkt ist: Obwohl „pronominale Elemente" — oder verbale Äquivalente für Raum bezeichnende Gebärden — zu den frühesten Wort-Differenzierungen gehörten, verflossen doch jedenfalls lange Zeiträume, ehe ausdrücklich die erste Person bezeichnende Fürwörter entstanden.

Diesen letzteren Punkt halte ich aber von der höchsten Wichtigkeit. Denn er liefert uns den unmittelbaren Beweis dafür, dass lange nachdem der Mensch zu sprechen begonnen und sogar lange nachdem er schon einen bedeutenden Vorsprung in der Kunst des Artikulierens gewonnen, er immer noch in derselben Weise von sich selbst sprach, wie ein Kind vor dem Auftreten des Selbstbewusstseins. Es ist dies aber genau das, was wir aus früher erörterten theoretischen Gründen erwarten mussten; es ist sicher von nicht geringer Bedeutung, dass unsre Schlussfolgerung eine so vollständige und unabhängige Bestätigung von seiten der Sprachforschung erhielt. Wie wir gesehen, läuft der Unterschied zwischen erkennenden (rezeptiven) und begrifflichen Ideen auf die An- oder Abwesenheit des Selbstbewusstseins hinaus, in der vollen introspektiven Bedeutung des Wortes. Das äussere oder sichtbare Zeichen dieser innern, geistigen Begabung ist aber mit dem subjektiven Gebrauch des Fürworts gegeben. Wenn diese Dinge mit Rücksicht auf das Individuum ausser aller Frage stehen und das Auftauchen des Selbstbewusstseins beim heranwachsenden Kinde nachweislich die Vorbedingung zum begrifflichen Denken ist: welche Logik berechtigt uns zu der Behauptung, dass in der psychologischen Entwicklung der Rasse das begriffliche Denken vor dem Selbstbewusstsein vorhanden gewesen sei? Offenbar liesse sich dies nur aufstellen, wenn man jene übereinstimmenden psychologischen Prinzipien verleugnen wollte, auf die auch unsre Gegner sich stützen. Kann man wirklich behaupten, dass das Kriterium des Selbstbewusstseins, welches für das Kind gilt, nicht auch für die Rasse gelte; dass, wenn beim ersteren die Entstehung des Selbstbewusstseins durch den Übergang von objektiver zu subjektiver Redeweise bezeichnet wird, im letzteren Fall genau derselbe Übergang ohne die entsprechende Bedeutung anzuerkennen sei? Eine solche Behauptung wäre nicht nur ganz willkürlich, sondern auch der ganzen, fast durchweg parallelen Analogie geradezu widersprechend. Wir werden uns der Schlussfolgerung nicht entziehen können, dass in der Rasse, wie im Individuum, das wahre, „innere“ Selbstbewusstsein nur einen gradweisen Fortschritt gegenüber dem erkennenden oder „äusseren“ bedeutet; dass sein Entstehen in der ersteren nicht nur eine logische Folgerung, sondern auch eine in den Archiven der Sprache selbst niedergelegte Thatsache ist, und demnach die Hauptfrage, auf der die ganze vorliegende Darstellung beruht, nicht länger als eine offene betrachtet werden kann. Schritt für Schritt an der Hand der durch die Sprachforschung gelieferten Zeugnisse, Stufe für Stufe nach den Ergebnissen unsrer psychologischen Untersuchung sahen wir sie ihrer Lösung entgegen gehen, bis die Bewahrheitung den innersten Kern der Sache erreichte und in ihrer ganzen nackten Einfachheit die entscheidende Thatsache offenbarte, dass in der Kindheit der Welt, nicht weniger wie in derjenigen des Menschen, wir Zeuge sein können von dem grundgesetzlichen Übergang von den Sinnen zum Gedanken.

Siebenzehntes Kapitel.

Zusammenfassende Schlussbemerkungen.

In der vorliegenden Untersuchung nehme ich die Entwicklungslehre, mit der übergrossen Mehrzahl der Naturforscher, als gegebene Voraussetzung. Das heisst, ich nehme sie an mit Bezug auf die gesamte organische Natur, morphologisch und psychologisch, mit der einzigen Ausnahme des Menschen, ja, auch hinsichtlich des letzteren, soweit es seine körperliche Organisation betrifft, sodass die Ausnahme sich also nur auf den menschlichen Geist bezieht. Diese Ausnahme liess ich aus Rücksicht auf die kleine Minorität jener Anhänger der Entwicklungslehre gelten, die da behaupten, dass ihnen zwingende Beweise dafür zur Seite ständen, dass die für den Körperbau des Menschen zutreffende Abstammungslehre der geistigen Beschaffenheit desselben nicht Rechnung trage.

Von diesem Standpunkt aus wollen wir nun die Frage *a priori* betrachten. Wenn der organische und geistige Entwicklungsvorgang das ganze Gebiet des Lebens und des Geistes einheitlich umfasst, mit alleiniger Ausnahme des menschlichen Geistes, so müssen wir es aus Gründen der Analogie von vornherein für sehr unwahrscheinlich halten, dass der sonst überall so einheitliche und allgegenwärtige Entwicklungsprozess an dem gedachten Punkte unterbrochen worden sei. Dieses Bedenken wird noch verstärkt durch die unleugbare Thatsache, dass bei jedem menschlichen Wesen das geistige Leben eine stufenweise Entwicklung aufzeigt, die sich vom Kinde bis zum Erwachsenen erstreckt. Denn wie man auch über den Ursprung der menschlichen Intelligenz in der Vergangenheit denken möge — soweit sie bei jedem Individuum heute in die Erscheinung tritt — es ist eine leicht zu beobachtende Thatsache, dass sie an und für sich dem allgemeinen Entwicklungsgesetz unterworfen ist: sie erfährt unzweifelhaft ein allmähliches Wachstum, ohne welches uns gar kein Nachweis für ihr Werden geboten wäre. Im Anfang dieses Wachstums erklimmt der Menschengeist allmählich eine Stufenleiter von Fähigkeiten ganz parallel denen, die uns die sogenannten psychologischen Arten des Tierreichs beständig zeigen, eine Thatsache, die deutlich darauf hinweist, dass bis zu dem Punkte hinauf, da die ausschliesslich menschlichen Eigenschaften der Ideenbildung erreicht sind, ein Unterschied der Art nach zwischen menschlicher und tierischer Psychologie unbedingt nicht bemerkbar ist. Nicht nur im Individuum, sondern auch in der Rasse sind die Erscheinungen der geistigen Entwicklung unverkennbar, soweit wenigstens die Berichte der menschlichen Rasse reichen. Sowohl die Geschichte und Tradition, als auch die Überreste und Steinwerkzeuge aus ältester Zeit überzeugen uns von einem ununterbrochen aufwärts strebenden Entwicklungsvorgang, der ebenso charakteristisch für diejenigen Eigenschaften ist, in denen der menschliche Geist den der andren Arten übertrifft, als für jene, die er mit den andren Tieren gemein hat. Wenn also der geistige Entwicklungsprozess zwischen den Menschenaffen und dem Urmenschen im Laufe der vorgeschichtlichen Zeit, über welche uns die Berichte fehlen, unterbrochen worden ist, so muss er vom Urmenschen wieder aufgenommen und seitdem ununterbrochen in der menschlichen Rasse weiter geführt worden sein, ganz wie es vordem in der Tierreihe geschah. Es ist dies indes eine sehr unwahrscheinliche Vermutung. Das Einheitsgesetz gilt unbestritten auf beiden Seiten eines psychologischen Intervalls, für das uns zufällig ein geschichtlicher Nachweis fehlt. Dennoch sollen wir glauben, dass merkwürdigerweise gerade mit diesem Intervall eine Verletzung jenes Gesetzes zusammenfiele, das wiederum für jeden einzelnen Menschengeist so durchaus zutreffend ist!

Um ein so starkes und apriorisches Bedenken gegen die Behauptung unsrer Gegner umzustossen, werden diese schon versuchen müssen, eine Anzahl schwerwiegender Gründe *a posteriori* beizubringen, die nachzuweisen hätten, dass in der Beschaffenheit des menschlichen Geistes etwas enthalten sei, was uns die Annahme unmöglich macht, dass eine solche Art geistiger Beschaffenheit sich genetisch aus einem Geist niederer Ordnung entwickelt haben könne. Ich ging deshalb zur Prüfung der Beweismittel über, die zur Unterstützung dieser These beigebracht wurden. Zu diesem Zwecke begann ich damit, die Ähnlichkeitspunkte zwischen dem menschlichen Geist und demjenigen von niederen Ordnungen zu untersuchen.

Dabei fanden wir, dass soweit es die Gemütsbewegungen betrifft, kein Unterschied der Art nach angeführt werden kann. Die ganze Reihe der menschlichen Gemütsbewegungen wurde auch bei den Tieren nachgewiesen, mit Ausnahme derer, welche auf den höheren Geistesfähigkeiten des Menschen beruhen, d. h. derjenigen, welche zur Religion und zur Wahrnehmung des Erhabenen gehören. Allen andren — nach meinem Verzeichnis über zwanzig — begegnen wir auch im Tierreich und wenn auch viele derselben hier nicht zu einem besonders hohen Grade entwickelt sein mögen, scheint dies doch unwesentlich, wo es sich um die Frage wegen des Unterschieds der Art nach handelt. In der That ist die allgemeine Übereinstimmung des Gemütslebens bei Tier und Mensch, besonders wenn wir das kleine Kind und den Urmenschen zum Vergleich heranziehen, so auffallend, dass sie als ein direkter Beweis für die genetische Kontinuität zwischen beiden angeführt werden kann.

Ebenso ist es auch mit dem Instinkt. Obwohl derselbe in grösserem Masse bei den Tieren vertreten ist, als bei uns, so wird doch niemand die Übereinstimmung der, beiden gemeinsamen, Instinkte in Zweifel ziehen. Dies ist aber das einzige, um das es sich hier handelt.

Auch mit Bezug auf den Willen liegt kein Bedenken gegen die Identität des tierischen und menschlichen Wollens vor, bis hinauf zu dem Punkte, wo das letztere, wie man sagt, das Attribut der „Freiheit“ annimmt, welches jedoch in jeder Beziehung auf der intellektuellen Befähigung zu introspektivem Denken beruht. Somit bleibt also nur diese Befähigung *plus* Moral und Religion.

Welchen Wert wir nun auch den letzteren beiden Faktoren beimessen wollen, so beruht die Möglichkeit ihres Auftretens doch nur auf der vorerwähnten Befähigung. Ohne den zur abstrakten Ideenbildung von Moral und Religion befähigten Intellekt, könnten jene beiden nicht bestehen. Deshalb ist es logischerweise diese Befähigung, der wir in erster Linie unsre Betrachtung zuzuwenden haben. Während ich die eingehende Behandlung von Moral und Religion daher dem folgenden Bande dieses Werkes vorbehalte, beschränke ich mich hier nur auf den Intellekt.

Hier liegt auch, wie ich zugegeben, die grosse psychologische Unterscheidung. Nichtsdestoweniger ist auch hier bis zu einem gewissen Grade nicht nur eine Ähnlichkeit in der Art, sondern auch eine gewisse identische Übereinstimmung unverkennbar. Der Unterschied betrifft nur jene hinzutretende Befähigung, die über die 28. Stufe meines Diagrammes hinausfällt, wo das aufwärtsstrebende Wachstum der tierischen Intelligenz endigt und die Entwicklung der rein menschlichen Fähigkeiten beginnt. Sonach können wir sagen, dass der menschliche Geist in Bezug auf den Intellekt, ebenso wie hinsichtlich der Gemütsbewegungen, des Instinkts und des Willens, mit dem des Tieres genau parallel läuft, bis zu dem Punkte, wo jene hinzutretenden Fähigkeiten zu überwiegen beginnen. Angesichts dessen berechtigen uns nun alle bekannten Thatsachen der vergleichenden Psychologie zu der Annahme, dass auch diese hinzutretenden Fähigkeiten einem allmählichen Entwicklungsprozess ihr Dasein verdanken.

Wenden wir uns nun zu den unterscheidenden Punkten, so haben wir es hier zuerst mit einigen Behauptungen zu thun, die entweder thatsächlich irrtümlich, oder ihrer Theorie nach vollständig unhaltbar sind. Dies schliesst eine Zurückweisung *in toto* folgender Unterscheidungen ein: dass Tiere fühllose Maschinen seien; dass sie keine Spur von Vernunft in dem Sinne zeigten, dass sie Ähnlichkeiten wahrzunehmen und Schlussfolgerungen daraus zu ziehen vermöchten; dass sie jedes unsterblichen Prinzips entbehrten; dass sie kein Zeichen von Fortschritt von Generation zu Generation zeigten; dass sie niemals Tauschhandel trieben, Feuer machten, Kleider trugen, Werkzeuge benutzten u. s. w.

Von diesen angegebenen Unterscheidungen sind diejenigen, welche nicht thatsächliche Irrtümer sind, wenigstens logisch falsch. Ob Tiere eines unsterblichen Prinzips ermangeln oder nicht und ob alle Menschen ein solches Prinzip aufweisen oder nicht, vermag die Wissenschaft der vergleichenden Psychologie nicht festzustellen; deshalb ist jede weitere Bemerkung über diesen Gegenstand für uns von keinem Wert. Auch hängt die Thatsache, dass Tiere nicht, gleich uns, Kleider tragen, Feuer machen u. s. w. von einem Mangel an Fähigkeiten jener höheren Ideenbildung ab, die allein imstande ist, solche Resultate auf dem Wege intelligenter Thätigkeit zu erzielen. Solche einzelnen Unterschiede gehören thatsächlich zu der allgemeinen Frage über die Natur des Unterschieds zwischen den beiden Arten von Ideenbildung. Wir haben uns also in erster Linie mit dieser Frage zu befassen.

Hierzu wurde *in limine* nachgewiesen, dass die drei hervorragendsten heutigen Naturforscher, welche noch einen Unterschied der Art nach zwischen Tier und Mensch, und zwar ausdrücklich und aus psychologischen Gründen, vertreten, sich dabei auf diese selben Gründe hin einander widersprechen. Während Mivart behauptet, dass ein Unterschied der Art nach bestehe, weil die psychologische Kluft zwischen dem höchsten Affen und dem niedersten Menschen so gross sei, gründet Wallace dieselbe Schlussfolgerung darauf, dass diese Kluft nicht so gross sei, wie es die Lehre von der natürlichen Entwicklung erwarten lasse; nur sei das Gehirn des Wilden, im Vergleich zu dessen Geist, ein so überaus vorzügliches Werkzeug, dass es sich bei ihm nur als eine Vorbereitung zu der höheren Wirksamkeit geistigen Lebens erklären lasse, wie es sich später beim civilisierten Menschen offenbare. Endlich beharrt Prof. Quatrefages beiden englischen Naturforschern gegenüber darauf, dass in betreff der Intelligenz eine nachweisbare Übereinstimmung der Art nach zwischen Tier und Mensch, in wildem oder civilisiertem Zustande, nicht zu verkennen sei; der Unterschied bestehe nur auf dem Gebiete der Moral und Religion. Wenn wir unsre eigne Meinung über diesen

Gegenstand daher durch Autoritäten beeinflussen lassen wollten, so würden wir die Urteile unsrer drei bedeutendsten Gegner als sich gegenseitig aufhebend anzusehen und ihnen daher so gut wie gar keine Bedeutung beizumessen haben gegenüber dem ungeheuren, in sich zusammenhängenden Gewicht der Autoritäten von der andren Seite. Alle diese Autoritätsfragen lieber bei Seite lassend, ging ich vielmehr dazu über, die Frage *de novo*, ausschliesslich auf ihre eigne Bedeutung hin, zu untersuchen. Ich musste zu diesem Zweck mit einer ziemlich weitläufigen Analyse der Ideenbildung beginnen, und kam dabei zu folgenden Ergebnissen hinsichtlich ihrer Klassifikation:

1. Blosse Erinnerung an Wahrnehmungen oder das Bewahren von Vorstellungsbildern früherer sinnlicher Wahrnehmungen. Es sind das die Ideen, welche wir nach der Terminologie Lockes einfache, besondre oder konkrete Ideen nennen können. Gegenwärtig stellt niemand in Abrede, dass dieselben Menschen und Tieren gemeinsam sind.

2. Eine höhere, nach allgemeiner Übereinstimmung gleichfalls Tieren und Menschen gemeinsam zugesprochne Ideenordnung, die Locke zusammengesetzte oder gemischte Ideen nennt. Es sind dies etwas mehr als einfache Erinnerungen an besondre Wahrnehmungen; vielmehr entstehen sie durch Vermischung solcher Erinnerungen und stellen eine Verbindung dar, deren Bestandteile oder Elemente die „besondren Ideen“ bilden. Durch die Assoziationsgesetze neigen diese einander ähnlichen und häufig in der Erfahrung vorkommenden Ideen dazu, sich mit einander zu vermischen und in eine sog. generische Idee zu verschmelzen, wie in einer sog. „zusammengesetzten Photographie“ die sensitive Platte eine Anzahl mehr oder weniger einander gleichender Bilder in ein einziges Gemälde vereint. Eine derartige generische Idee unterscheidet sich von einer gewöhnlichen, sog. allgemeinen Idee (auf die ich weiter unten zurückkommen werde) darin, dass obwohl beide aus einfacheren Bestandteilen hervorgehen, die erstere sozusagen unwillkürlich oder automatisch durch die lediglich auf Wahrnehmung beruhenden Assoziationsprinzipien entsteht, während die letztere nur durch bewusste und absichtliche, sich an das

Material ihrer eignen und als solche erkannten Ideenbildung gerichtete Geistesthätigkeit hervorgebracht werden kann. Diese Thätigkeit nennen die Psychologen eine Vorstellung und das Produkt derselben einen Begriff. Wir ersehen daraus, dass zwischen dem Gebiet der Wahrnehmungen und dem der Begriffe ein weites Zwischengebiet liegt, welches von den generischen Ideen oder Erkenntnissen eingenommen wird. Eine von mir sog. Erkenntnis unterscheidet sich von einer Wahrnehmung dadurch, dass sie eine Verbindung geistiger Vorstellungen darstellt, die eine ordnungsmässige Gruppierung einfacher, in Übereinstimmung mit gemachter Erfahrung stehender Vorstellungsbilder einschliesst, während sie von einem Begriff darin verschieden ist, dass jene ordnungsmässige Gruppierung noch auf einer unabsichtlichen, automatischen Thätigkeit seitens des wahrnehmenden Geistes beruht. Eine Erkenntnis oder eine generische Idee wird dem Geist durch die äussere „Logik der Geschehnisse" mitgeteilt, während eine allgemeine Idee oder ein Begriff von dem an einer höheren Vervollkommnung seiner eignen Idee arbeitenden Geiste gestaltet wird. Kurz, eine Erkenntnis wird erkannt, ein Begriff begriffen.

3. Die höchste Ideenklasse, die von den Psychologen den Tieren einstimmig abgesprochen wird und die wir deshalb mit Recht als das ausschliessliche Vorrecht des Menschen betrachten dürfen, sind nach Locke die allgemeinen, abstrakten, begrifflichen Ideen, oder die im vorigen Abschnitt erwähnten Begriffe. Wie wir gesehen, unterscheiden sie sich von den Erkenntnissen, und *a fortiori* von den Wahrnehmungen, dadurch, dass sie selbst Objekte des Denkens sind. Mit andren Worten, eine Eigentümlichkeit des menschlichen Geistes besteht darin, dass er über seine Ideen als solche nachzudenken, sie bewusst mit einander zu verbinden, sie zu vervollkommnen und absichtlich höhere Produkte aus weniger hoch entwickelten Bestandteilen zu entwickeln vermag. Diese bemerkenswerte Fähigkeit beruht, nach allgemeiner Übereinstimmung, auf dem Selbstbewusstsein, die den Geist in stand setzt sozusagen sich selbst gegenüber zu stellen, den einen seiner Zustände zum Objekt des andren zu machen und so seine Ideen als solche zu betrachten.

Nun haben wir es aber nicht mit der Philosophie dieser Thatsache, sondern nur mit deren Geschichte zu thun. Wie es kommt, dass eine solche Befähigung möglich wurde; was es ist, das auf diese Weise zugleich Subjekt und Objekt des Denkens sein kann; ob überhaupt die ungeheure Tiefe der Personalität jemals ergründet werden kann oder nicht: diese und alle ähnlichen Fragen fallen gänzlich ausserhalb der Grenzen unsres vorliegenden Werkes. Alles was uns hier obliegt, ist, die psychologischen Bedingungen zu erforschen, aus denen, als eine der Beobachtung unterliegende Thatsache, jene einzige Eigentümlichkeit ersteht: der Geschichte des Vorgangs nachzuspüren und die Ergebnisse zu registrieren. Nun haben wir gesehen, dass auch hier allgemeine Übereinstimmung darüber herrscht, dass die Möglichkeit des Selbstbewusstseins mit dem Vermögen der Sprache gegeben ist. Mögen wir nun diese beiden Fähigkeiten als eine einzige betrachten, in dem Sinne nämlich, dass keine ohne die andre bestehen kann und wir ihnen mit den Griechen den zusammenfassenden Namen „Logos“ erteilen dürfen, oder nicht, mindestens ist es, nach den Ergebnissen der psychologischen Wissenschaft nahezu gewiss, dass innerhalb der Grenzen menschlicher Erfahrung eine selbstbewusste Persönlichkeit auf keine andre Weise durchzuführen ist, als durch das Medium der Sprache. So weit unsre Kenntnis reicht, wird nur durch die Sprache ein Geist in den Stand gesetzt, seine eignen Ideen festzustellen bezw. sie für sich selbst zu bestimmen, um sie nachträglich als Ideen zu betrachten. Nur durch die Benennung der Ideen mit Namen ist die Möglichkeit des begrifflichen Denkvermögens gegeben. (Vergl. Kap. 4.)

Solches ist meine Klassifizierung der Ideen und ich halte dafür, dass nicht leicht darüber ein Streit entstehen wird, da sie nur eine Reihe offenbarer und von allen Schulen im wesentlichen gleichmässig beurteilter Thatsachen in eine Art systematische Ordnung bringt. Aus der Annahme dieser Klassifikation folgt aber auch, dass die uns vorliegende Frage auf das Sprachvermögen zurückzuführen ist. Der Betrachtung dieses Vermögens wurde deshalb eine Reihe von Kapiteln gewidmet. Zuerst wurde darauf hingewiesen, dass „Sprache“ im weitesten Sinne das Zeichengebungsvermögen bedeutet. Sodann nahm ich Mivarts „Kategorieen der Sprache“ an, die, mit einem geringen Zusatz, zugleich als eine genaue und erschöpfende Klassifikation jeder körperlichen oder geistigen Thätigkeit dienen, auf welche jener Ausdruck möglicherweise Bezug haben kann. Dabei wurden sieben Kategorieen festgestellt, von denen die sechs ersten Tieren und Menschen gemeinsam sind, während die siebente von andrer Seite ausschliesslich dem Menschen vorbehalten wird. Mit andren Worten, es wird zugegeben, dass Tiere den Keim des Zeichengebungsvermögens aufweisen, dagegen leugnet man, dass sie, selbst zum bescheidensten Grade, imstande seien, Zeichen von intelligenter Art zu geben, d. h. von einer Art, die Namen als Zeichen von Ideen aufzustellen vermöchte. Tiere können zugestandnermassen einander Zeichen geben, ebenso auch dem Menschen gegenüber, und zwar mit der Absicht, ihre Ideen mitzuteilen, aber kein Tier soll, wie behauptet wird, imstande sein, seine Ideen durch Gebärden, Töne oder Wörter zu benennen.

Zur Prüfung dieser Behauptung brachte ich eine Anzahl Beispiele bei, um die von den Tieren erreichte Stufe des Zeichengebungsvermögens nachzuweisen; nächstdem betrachtete ich die Ton- und Gebärdensprache, wie sie beim Menschen zu Tage tritt und ging dann dazu über, die Erscheinungen der Artikulation, die Beziehung von Ton und Gebärde zu Wörtern und endlich die Psychologie der Sprache zu erforschen. Auf die untergeordneten Ergebnisse dieser Analyse brauche ich hier wohl nicht einzugehen. Die Hauptresultate aber bestanden darin, dass die natürliche Ton- und Gebärdensprache ein und dieselbe ist, wo sie auch auftreten möge; dass sie aber dann, wenn sie konventionell wird (wie, bis zu einem gewissen Grade, auch bei Tieren), sie ein weit weniger wirksames Agens zum Aufbau der Ideen ist, als die artikulierte Sprache; dass deshalb die psychologische Grenze zwischen Tier und Mensch nicht bei der Sprache oder der Zeichengebung im allgemeinen, sondern bei derjenigen besondren Art von Zeichengebung gezogen werden muss, die wir im engern Sinne des Wortes unter „Sprechen“ verstehen. Indessen beruht der wirkliche Unterschied in der intellektuellen Befähigung, nicht in den Symbolen derselben. Mit andren Worten, obwohl ich zu beweisen suchte, dass die Artikulation wesentlich zur Entwicklung dieser Befähigung beitrug, wies ich doch nachdrücklich darauf hin, dass, wenn diese letzteren einmal vorhanden, es psychologisch gleichgültig ist, ob sie ihren Ausdruck in der Gebärden- oder in der Lautsprache findet. In jedem Fall besteht der psychologische Unterschied zwischen Tier und Mensch darin, dass der letztere einen Satz denken kann; den darin eingeschlossnen geistigen Akt aber nennen wir „ein Urteil". Die Aussage oder die Vorbringung eines Satzes — sei es durch Gebärde, Ton, Sprache oder Schrift — ist nichts mehr oder weniger als der Ausdruck eines Urteils und ein Urteil ist nichts weiter als das Verständnis der Bedeutung eines vorgebrachten Satzes.

In alledem finde ich mich auch in Übereinstimmung mit meinen Gegnern, welche überdies zugeben, dass, wenn einmal die mit der Aussage gegebene Kluft überbrückt wäre, man keine weitere finden würde, denn von dem einfachsten Urteil und deshalb von dem denkbar einfachsten Satze aus, zeigt sich, wie allgemein anerkannt, die menschliche Intelligenz in einem ununterbrochnen Aufstieg durch alle Grade der weiteren Vervollkommnung. Deshalb hatten wir hier die Psychologie der Aussage vor allem sorgfältig zu prüfen, wonach sich ergab, dass die fragliche, ausschliesslich menschliche Befähigung sich thatsächlich noch weiter zurück verfolgen lässt, als bis zu der Stelle, wo der Geist imstande ist, zum erstenmal den förmlichen Satz zu konstruieren: „A ist B." Sie tritt vielmehr dort auf, wo der Geist einen Namen, und zwar erkannt als solchen, zuerteilen kann, d. h. A „A" zu nennen und B „B", und zwar mit der Erkenntnis, dass er damit zugleich einen begrifflichen Klassifizierungsakt vollbringe. Wenn wir deshalb den Ausdruck „Urteil" nicht auf einen solchen Akt begrifflicher Namengebung ausdehnen wollen (der auch den Ausdruck einer Beziehung zwischen begrifflich benannten Dingen einschliesst), müssen wir schliessen, dass das „einfachste Gedanken-Element" nicht ein Urteil, sondern ein Begriff ist. Wir brauchen nicht näher auf die Beweisgründe einzugehen, zumal sie in ihrer Vollständigkeit jeden Einwurf ausschliessen.

Somit sind wir denn wieder bei unsrer ursprünglichen Unterscheidung zwischen einem Begriff und einer Erkenntnis angelangt. Wir befinden uns aber nun in der Lage, nachzuweisen, dass ganz wie bei der „Folgerung“, so auch bei der Zeichengebung es sowohl eine auf blosser Erkenntnis, wie auch auf Begriffen beruhende Art von Ideenbildung giebt. Ja, bei jener Zeichengebung, die in der Zuerteilung von Namen besteht, kann die auf blosser Erkenntnis beruhende Art von Ideenbildung ohne alle Unterstützung der begrifflichen Ideenbildung bestehen. Es giebt Namen und Namen. Nicht jeder Name ist mit Notwendigkeit der Ausdruck eines Begriffs, so wenig als jede „Folgerung“ mit Notwendigkeit das Ergebnis selbstbewussten Denkens ist. Nicht nur kleine Kinder vor Erreichung des Selbstbewusstseins, sondern auch sprechende Vögel benennen gewohnheitsmässig Dinge, Eigenschaften, Handlungen und Zustände. Während ich reichliche Beispiele dafür beibrachte, wies ich zugleich darauf hin, dass keine Schlüsse von Bedeutung daraus zu ziehen sind. Dass ein kleines Kind und ein sprechender Vogel die Namen von Dingen, Eigenschaften und dergleichen durch Nachahmung lernt oder auch selbst willkürliche Namen dafür erfindet, ist psychologisch von keiner grössern Wichtigkeit als die Thatsache, dass Kind und Vogel in ähnlicher Weise Gebärden oder Stimmlaute anwenden, um die einfache Logik ihrer Erkenntnisse zum Ausdruck zu bringen. Immerhin ist es notwendig, diese nichtbegriffliche Art von Namengebung von jener zu unterscheiden, die dem Menschen eigentümlich ist, nachdem er das Selbstbewusstsein erreicht und imstande ist, nicht nur Namen zu geben, sondern auch zu *wissen*, dass er Namen giebt, nicht nur A „A“ zu nennen, sondern auch A als *sein Symbol für A zu denken*. Zur Feststellung dieser Unterscheidung nannte ich die nur auf Erkenntnis beruhende Art der Namengebung *Denotation* und die auf Begriffen beruhende Namengebung *Denomination*. Wenn ein Papagei einen Hund „Wauwau“ ruft (wozu er gleich einem Kinde leicht angelernt werden kann), so lässt sich in gewissem Sinne sagen, dass er den Hund benenne; offenbar sagt er aber dabei nichts über Eigenschaften des Hundes aus, noch fällt er mit Bezug auf letztern irgend ein *Urteil*, wie es geschieht, wenn ein Naturforscher durch seinen Namen *canis* begrifflich andeutet, dass das Tier zu einer besondren zoologischen Gattung gehöre. Obwohl der Papagei vielleicht nur dann den Namen Wauwau äussert, wenn er einen Hund sieht, so beruht diese Thatsache doch nur auf den lediglich in der Erkenntnissphäre wirkenden Assoziationsgesetzen; sie liefert nicht den Schatten eines Grundes zu der Vermutung, dass der Vogel je über den Hund als Hund nachdenke oder den Begriff „Hund“ sich in seinem Geiste als ein besondres Objekt des Nachdenkens vorstelle. Daher wird niemand leugnen können, dass in gewissem Sinne Namen ohne Begriffe vorkommen: ob als Gebärden oder als Wörter („Stimm-Gebärden“), es sind Zeichen für Dinge, aber ohne jeden aussagenden Wert.

Nachdem ich die Unterscheidung zwischen beiden Arten von Namen — von erkennender (rezeptiver) und begrifflicher, oder denotativer und denominativer Art genügend klar gemacht, wies ich darauf hin, dass beide Arten von Namen eine connotative Erweiterung erfahren können, und zwar denotative Namen in der Erkenntnissphäre, denominative Namen in der Begriffssphäre. Das heisst, ein für einen gewissen Gegenstand gebrauchter Name kann mit der Zeit auf einen andren Gegenstand ausgedehnt werden, den man als zu derselben Klasse gehörig betrachtet. Der Grad dieser connotativen Erweiterung hängt natürlich von dem Grade ab, bis zu dem ein Geist imstande ist, Ähnlichkeiten oder Analogieen wahrzunehmen, weshalb sich dieser Vorgang in der Begriffssphäre viel weiter verfolgen lässt, als in der Erkenntnissphäre. Die Hauptsache ist aber, dass er in der letztern, innerhalb gewisser Grenzen, unzweifelhaft stattfindet. Es liess sich auch nichts andres erwarten; denn aus einer grossen Menge beigebrachter Thatsachen aus der Erkenntnissphäre der Tiere ergab sich der Beweis, dass, lange bevor das entscheidende Werkzeug des Begriffs dem Geiste zu Hilfe kam, der letztere imstande war, eine verhältnismässig hohe Stufe in der Wahrnehmung von Ähnlichkeiten oder Analogieen, einzig und allein vermöge seiner erkennenden Unterscheidung, wahrzunehmen. Es ist daher ganz unvermeidlich, dass nicht-begriffliche oder denotative Namen eine connotative Erwei terung, innerhalb der Grenzen des durch die blosse Erkenntnis gebotnen Unterscheidungsvermögens, erfahren. Ein sprechender Vogel erweitert seinen denotativen Namen von einem besondren Hund auf jeden andren Hund, der ihm zufällig in den Weg kommt, und ein kleines Kind wird noch darüber hinausgehen und seine denotativen Namen auch auf Nach- und Abbildungen von Hunden ausdehnen. Wenn daher die Intelligenz des Papageis noch etwas vorgeschrittner wäre, als es zufälligerweise der Fall ist, so würde er ohne Zweifel dasselbe thun; der einzige Grund, warum er in dieser Sache hinter dem Kinde zurückbleibt, liegt also darin, dass seine Intelligenz nicht hinreichend entwickelt ist, um die Ähnlichkeit von Nach- und Abbildungen mit denjenigen Gegenständen wahrzunehmen, die sie darstellen sollen. Die erkennende Intelligenz des Hundes überragt aber die des Papageis und manche Hunde vermögen denn auch jene Ähnlichkeit wahrzunehmen. Wenn daher Hunde gleich den Papageien zufällig imstande gewesen wären zu artikulieren und den Gebrauch denotativer Namen zu erlernen, so würden sie ohne Zweifel das heranwachsende Kind eine Strecke weiter auf dem Gebiete connotativer Äusserungen begleitet haben, als jene Vögel, die zufällig allein die anatomischen Vorbedingungen zur Nachahmung artikulierter Laute besitzen. Sowohl Hunde wie Affen zeigen, und zwar zu einem ausserordentlichen Grade, ein Verständnis für jene Laute; d. h. sie lernen die Bedeutung einer erstaunlichen Anzahl denotativer Namen, sowie auch eine überraschende Erweiterung connotativer Bezeichnungen kennen. Wenn sie daher die Laute, ähnlich dem Papagei, nachzuahmen wüssten, so würden sie ohne Zweifel den Papagei in dieser Richtung an rezeptiver Connotation weit übertreffen.

Schliesslich sind wir aber nicht lediglich an einen solchen hypothetischen Fall gebunden. Denn das heranwachsende Kind liefert uns dazu den besten Nachweis, der von nicht geringerer Überzeugungskraft ist, als wenn Hunde oder Affen sprechen könnten. Ohne einen logischen Selbstmord zu begehen, wird wohl niemand behaupten können, dass ein Kind bis zum Auftauchen des Selbstbewusstseins begrifflicher Connotation fähig wäre;

ohne Zweifel findet aber bis zu diesem Alter eine ununterbrochne Zunahme von Connotation statt, die, mit der entsprechenden Stufe eines Papageis beginnend, sich in der Folge bis zum Aufbau „erkennender Sätze" steigert, deren Natur wir in einem folgenden Abschnitt überschauen werden. Der über diese connotative Erweiterung denotativer Namen gelieferte Nachweis bei Kindern vor dem Alter, in dem das Selbstbewusstsein auftritt, bezw. ehe die zur begrifflichen Ideenbildung nötige Vorbedingung erreicht ist, ist meiner Meinung nach überwältigend. Man wird das Gewicht dieses Arguments auch nur bestreiten können, wenn man meine Unterscheidung zwischen erkennender und begrifflicher Connotation unbeachtet lässt. Dies würde aber die ganze Frage erst recht zu meinen Gunsten entscheiden. Denn entweder leugnet man den erwähnten Unterschied; dann ist die ganze Beweisführung zu Ende: Tier und Mensch sind einer und derselben Art. Oder es ist ein Unterschied vorhanden; dann besteht er, was man auch von andrer Seite nicht leugnen wird, dort, wo es sich um die Gegenwart oder Abwesenheit eines Selbstbewusstseins bei einem Geiste handelt, der einen Namen zuerteilt; das heisst nach meiner Terminologie, um den Unterschied zwischen Denotation und Denomination.

Zu dieser Untersuchung wurde es notwendig, noch zwischen der höchsten Stufe erkennender Ideenbildung beim Tier und ihrer weiteren Entwicklung beim heranwachsenden Kinde zu unterscheiden, nachdem es die ganze Tierwelt hinter sich zurückgelassen und bevor es die niederste Stufe begrifflicher Ideenbildung erreicht hat, das heisst kurz vor dem Auftauchen des Selbstbewusstseins. Diese Unterordnungen unterschied ich durch die Ausdrücke „niedere" und „gesteigerte Erkenntnis". Zugleich stellte ich die Unterscheidung in „niedere" und „höhere Begriffe" fest, wobei die ersteren die begriffliche Benennung von Erkenntnissen, die letzteren die gleiche Benennung andrer Begriffe bedeuten. Darnach ergab sich eine Einteilung in vier grosse, aufeinanderfolgende Gebiete: 1. Niedere Erkenntnisse, die Psychologie lebender Tiere, einschliesslich des kleinen Kindes, umfassend; 2. gesteigerte Erkenntnisse, als das Zwischengebiet zwischen den Erkenntnissen des Tieres und dem ersten Auftreten des Selbstbewusstseins beim Menschen; 3. niedere Begriffe, welche nur die bewusste Benennung von Erkenntnissen betreffen; 4. höhere Begriffe, die es mit der selbstbewussten Klassifizierung andrer, als solche erkannter Begriffe, sowie mit der bewussten Benennung der sich daraus ergebenden Ergänzungen zu thun haben.

Wenn alles das sich für die Namengebung als zutreffend erweist, so muss es auch für das Urteilen gelten. Einer Stufe vorbegrifflicher Namengebung (Denotation) muss auch eine Stufe vorbegrifflichen Urteils entsprechen, der jene Namengebung zum Ausdruck dient. Genau genommen, sollte allerdings der Ausdruck „Urteil" rein begrifflichem Denken (Denomination) vorbehalten sein; um aber eine Häufung der Ausdrücke zu vermeiden, ziehe ich lieber vor, dem bestehenden Worte „Urteil" jene erweiterte Bedeutung zuzuweisen. Ich folge darin der Gepflogenheit andrer Psychologen, die von „intuitiven Urteilen", selbst bei Wahrnehmungen, sprechen. Ich habe also in der Hauptsache nur zwei neue Klassen von nicht-begrifflichen Urteilen aufgestellt, nämlich die auf niederer und die auf gesteigerter Erkenntnis beruhenden, bezw. die erkennenden und vorbegrifflichen. Wenn man von einem „intuitiven", „unbewussten" oder „wahrnehmenden" Urteil (das eine Kugel für einen Kreis ansehen kann) sprechen darf, so wird man um so mehr von einem erkennenden (wenn ein Seevogel sich aufs Wasser, nicht aber ebenso aufs Land stürzt) oder vorbegrifflichen Urteil (wenn ein kleines Kind einen denotativen Namen ohne denominative Vorstellung in erweitertem Sinne gebraucht) sprechen dürfen. Wir haben somit vier Phasen von Ideenbildung, auf die wir buchstäblich oder metaphorisch den Ausdruck „Urteil" anwenden, die wahrnehmende, die erkennende, die vorbegriffliche und die begriffliche. Von diesen ist nur die letzte im eigentlichen Sinne ein sogenanntes Urteil. Ich behaupte daher nicht, dass ein Tier in Wirklichkeit urteile, wenn es ohne selbstbewusstes Denken gewisse Erinnerungen an frühere Erfahrungen in Form von Erkenntnissen zusammenbringt und das Ergebnis seiner Ideenbildung durch Herstellung sogenannter „praktischer Folgerungen" für uns erkennbar macht. Auch sage ich nicht, dass ein Tier wirklich urteile, wenn es noch ohne selbstbewusstes Denken denotative Namen richtig anzuwenden lernt. Ja, ich möchte sogar leugnen, dass ein Tier thatsächlich urteile, wenn es imstande wäre, zwei verschiedene Erkenntnisse getrennt zu bezeichnen (wie z. B. ein sprechender Vogel) und zudem diese in einem Akt „praktischer Folgerung" verbundenen beiden Erkenntnisse gemeinsam benennen sollte. Obwohl damit eine äussere Ähnlichkeit mit einem Satz verbunden wäre, hätten wir doch nicht das Recht, von einem Satz im eigentlichen Sinn des Wortes zu sprechen. Es würde vielmehr nur die Aufstellung einer wahrgenommenen Thatsache sein, nicht aber die Aufstellung einer Thatsache als thatsächlich wahrgenommen.

Wenn man vom Standpunkt des wahren, begrifflichen Urteilsvermögens aus diese Thatsachen für die Tiere zugiebt, so wird man sie auch für das heranwachsende Kind gelten lassen müssen. Mit andren Worten, wenn man beweisen kann, dass ein Kind eine Thatsache behaupten kann, ehe es sie als thatsächlich zu behaupten vermag, so ist auch damit bewiesen, dass in der psychologischen Geschichte eines jeden Menschen zuerst diejenige Art von Aussage auftritt, die es mit der blossen Erkenntnis zu thun hat, bezw. mit der Behauptung einer wahrgenommenen Thatsache. Darauf folgt das vervollständigte Urteil, welches mit der begrifflichen Erkenntnis verbunden ist, d. h. mit der Behauptung von Thatsachen als thatsächlich wahrgenommen. Die Vorbedingung zur Entwicklung dieser niederen Art von Urteil und Aussage in die höhere, wirkliche Art, ist das Hinzutreten des Selbstbewusstseins. Mit andren Worten, der Punkt, wo die blosse Behauptung einer Thatsache zuerst in eine wirkliche Aussage von einer Thatsache übergeht, wird durch die Stelle bestimmt, wo die Befähigung zu introspektivem Denken zum ersten Male auftritt. Es handelt sich also nur noch um die Erforschung des Selbstbewusstseins und zu dieser wollen wir jetzt schreiten.

Wenn wir sehen, dass die fragliche Befähigung nur beim Menschen vorkommt, so kann uns auch nur der Mensch das nötige Material zu dieser Analyse liefern. Soweit es die letztere betrifft, haben wir es dabei, wie schon bemerkt, nur mit der Psychologie des Selbstbewusstseins, nicht mit dessen Philosophie zu thun. Vom psychologischen Standpunkt aus wird niemand leugnen, dass die fragliche Befähigung in einer gradweisen Entwicklung besteht; dass während der zwei oder drei ersten Jahre der wachsenden menschlichen Intelligenz keine Spur einer solchen Befähigung vorhanden ist; dass bei deren erstem Auftreten der menschliche Geist dem tierischen schon weit überlegen ist; dass sie aber bei alledem zu dieser Zeit weit weniger entwickelt ist, als später. Ferner steht fest, dass das Selbstbewusstsein sich darin bethätigt, dass es dieselbe Art Aufmerksamkeit auf innere, psychische Vorgänge richtet, wie man sie gewöhnlich äusseren, physischen Vorgängen zuwendet, wobei jedoch die Grade dieser Aufmerksamkeit hier so verschieden sein können wie dort. Schliesslich nimmt man allerseits an, dass es im Geist der Tiere wie in dem der Menschen eine Welt von Vorstellungen oder Erkenntnissen giebt, und der einzige Grund, warum bei den ersteren diese Vorstellungsbilder nur durch sinnliche Ideen-Verbindung der ihnen entsprechenden Dinge wachgerufen werden, darin liegt, dass der Geist eines Tieres nicht imstande ist, den Boden der rein sinnlichen Ideen-Verbindungen zu verlassen und sich zu der höheren und feineren Region des introspektiven Denkens zu erheben. Indessen habe ich den Beweis geliefert, dass jene Vorstellungswelt auch bei Tieren eine gewisse innere Lebendigkeit zeigt, die nicht ganz auf von aussen gelieferten sinnlichen Assoziationen beruht. Denn die Erscheinungen des Heimwehs, des Trauerns um abwesende Freunde, des Träumens, der Halluzinationen und dergl. zeigen deutlich, dass bei unsern intelligentern Haustieren ein inneres (obschon wohl unabsichtliches) Spiel von Ideenbildungen stattfindet, wobei ein Vorstellungsbild das andre anregt, dieses wiederum ein andres und sofort, ohne irgend welcher von unmittelbar gegenwärtigen Sinnesobjekten gelieferter Assoziationen zu bedürfen. Auch habe ich nachgewiesen, dass eine derartige Ideenbildung nicht lediglich auf Vorstellungen sinnlicher Wahrnehmungen beschränkt ist, sondern es in weitem Umfang mit geistigen Zuständen andrer Tiere zu thun hat. Das heisst, die

Logik der Erkenntnisse genügt, um selbst bei Tieren richtige Analogieen zwischen subjektiven Zuständen und entsprechenden Zuständen andrer Intelligenzen herzustellen: Die Tiere pflegen die Zustände andrer Tiere richtig auszulegen und wissen, dass andre Tiere ebenso auch die ihrigen auszulegen verstehen. Daher wird man weiterhin zugeben müssen, dass Tiere eine Welt von Ejekten, ebensogut wie eine Welt von Objekten erkennen: Das geistige Dasein ist ihnen ejektiv bekannt, obwohl sie, wie ich zugeben will, nicht subjektiv darüber nachdenken. Auf dieser Stufe der geistigen Entwicklung verwirklicht das Individuum — Tier oder Kind — seine eigne Individualität insofern, als es durch die Logik der Erkenntnisse davon unterrichtet ist, dass es eines seinesgleichen ist, obwohl es weder seine eigne Individualität, noch die eines andren als solche erkennt.

Nichtsdestoweniger ist damit eine unvollkommne oder aufkeimende Art von Selbstbewusstsein gegeben, das man auf seinen ersten Entwicklungsstufen, beim Tier wie beim kleinen Kinde, erkennendes (rezeptives), auf den nächstfolgenden Stufen, beim heranwachsenden Kinde, vorbegriffliches Selbstbewusstsein nennen könnte. Letzteres zeigen alle Kinder, nachdem sie zu sprechen angefangen, aber ehe sie von sich selbst in der ersten Person sprechen oder auf andre Weise ihre Individualität zu bestätigen imstande sind. Später, nach dem Hinzutreten des wahren Selbstbewusstseins, ist das Kind sehr wohl dazu imstande und erfüllt damit die Bedingung *sine quo non* zum Nachdenken über seine eignen Ideen, bezw. zur Erkenntnis der Namen als Namen und der Bestätigung einer Thatsache als thatsächlich. Lange bevor diese Art wahren, begrifflichen Selbstbewusstseins erreicht ist — was dann auch eine wirkliche, auf Begriffen beruhende Aussage ermöglicht — vermag das Kind, vermöge seines vorbegrifflichen Selbstbewusstseins, seine Bedürfnisse geltend zu machen und sonstwie, durch vorbegriffliche Aussage, seine Ideen mitzuteilen. Aus den vielen von mir dazu gelieferten Beispielen ergab sich der vollgiltige Beweis dafür, dass jenes vorbegriffliche Selbstbewusstsein nichts weiter ist, als eine praktische Erkennung seiner selbst als eines thätigen und empfindenden Agens, ohne irgend eine nach innen gerichtete Erkennung dieses Selbst als eines Gegenstandes dieser Erkennung.

Was folgt nun daraus? Das Kind ist, gleich dem Tier, durch seine Logik der Erkenntnisse mit einer Welt von Vorstellungsbildern ausgestattet, die als Zeichen für äussere Dinge stehen; mit einer ejektiven Kenntnis andrer Geister und, wie gesagt, mit jener Art von Erkennung seiner selbst, als eines handelnden, leidenden und verantwortlichen Agens. Über das Tier hinaus besitzt aber das Kind eine bei weitem vollkommnere Einrichtung zur Zeichengebung, die es, wie wir gesehen, der höheren Entwicklung seiner erkennenden Ideenbildung verdankt. Zur letzteren gehört aber vor allem eine bessere Einsicht in den geistigen Zustand andrer Menschen und Verbindung mit einer grösseren Befähigung zu denotativer Äusserung, vermöge deren das Kind solche ejektive Zustände, die in seine Erkenntnissphäre fallen, auch innerhalb deren Grenzen zu benennen vermag. „Mama liebt Dodo" würde im Munde des Kindes keine Bedeutung haben, wenn das Kind nicht aus seinen eignen Gefühlen den Geisteszustand kennte, den es auf diese Weise seiner Mutter ejektiv zuschreibt. In demselben Alter wird das Kind also auch sagen: „Dodo liebt Mama". Hier nähern wir uns nun offenbar den Grenzen des wahren, begrifflichen Selbstbewusstseins. Das Kind spricht allerdings noch immer von sich in der dritten Person, es ist aber in der Auslegung seiner eignen Geisteszustände schon so weit vorgeschritten, dass es sie deutlich benennt und zwar in derselben Weise, wie andre äussere Gegenstände seiner sinnlichen Wahrnehmung. Somit vermag es diese geistigen Zustände seinem Geiste als Dinge vorzustellen, die sich durch Wortzeichen bezeichnen lassen, obwohl es noch niemals über die Geisteszustände oder deren Namen als solche nachgedacht und deshalb das Vermögen der Denomination auch noch nicht erlangt hat. Der Zwischenraum zwischen Denotation und Denomination ist aber nun so eng geworden, dass der Schritt von der Erkennung Dodos nicht nur als Objekt, sondern auch als Subjekt geistiger Veränderungen, mit einemmal leicht und unvermeidlich geworden ist. Die blosse Thatsache der Verbindung von Wortzeichen mit geistigen

Zuständen hat die Wirkung, die Aufmerksamkeit auf letztere zu lenken, und sobald dies gewohnheitsmässig geschieht, ist damit die einzige weitere Bedingung erfüllt, die noch erforderlich ist, um den Geist instand zu setzen, durch seine Erinnerung an frühere Zustände, die Vergangenheit mit der Gegenwart zu vergleichen und damit die Einsicht in die Einheit seiner eignen Zustände zu erlangen, worin das völlig introspektive oder begriffliche Bewusstsein seiner selbst besteht. Einige untergeordnete Züge dieser allmählichen Entwicklung des vorbegrifflichen zu begrifflichem Selbstbewusstsein wurden ausgeführt, jedoch brauche ich hier nicht darauf zurückzukommen. Auch finden meine Schlussfolgerungen aus dem betreffenden (10.) Kapitel weitgehende Begründung, wonach die Sprache ebensosehr der Vorgänger, wie der Nachfolger des Selbstbewusstseins ist, dass eine vorbegriffliche Aussage das Anzeichen für ein vorbegriffliches Selbstbewusstsein bildet, und hieraus auf ganz natürliche und unvermeidliche Weise jene höhere, auf Begriffen beruhende Art von Aussage und Selbstbewusstsein entsteht, auf die man von andrer Seite, alle dazu hinleitenden Phasen ausser acht lassend, die beliebte Unterscheidung, der Art nach, zwischen Tier und Mensch gründete.

So lässt sich denn als das Hauptergebnis der ganzen Untersuchung aufstellen, dass durch die ganze Reihe der geistigen Erscheinungen hindurch sich immer nur ein und dieselbe Unterscheidung anführen lässt, als: wahrnehmend, erkennend und begrifflich; Wahrnehmung, Erkenntnis und Begriff; wahrnehmendes, erkennendes und begriffliches Urteil; Indikation, Denotation und Denomination: alles das sind Kundgebungen einer und derselben psychologischen Unterscheidung auf den verschiednen Gebieten der psychologischen Forschung. Auch haben wir gefunden, dass der Unterschied zwischen einer Erkenntnis und einem Begriff, der sich durch das gesamte geistige Gebiet hindurchzieht, in der That der einzige Unterschied ist, um den es sich handelt. Wie wir wissen, beruht dieser ganze Unterschied überall auf der Anwesenheit oder Abwesenheit des Selbstbewusstseins. Endlich haben wir gesehen, dass auch auf dem Gebiet des Selbstbewusstseins dieselbe Unterscheidung gilt, insofern eine Form des Selbstbewusstseins auf blosser Erkenntnis, die andre auf Begriffen beruht. Die ganze Frage spitzt sich also auf eine Untersuchung bezüglich der Beziehungen zwischen diesen beiden Formen von Selbstbewusstsein zu. Unterliegt es nun der Beobachtung oder nicht, dass die eine Form im Verhältnis einer einheitlichen Entwicklung zur andren steht? Lässt es sich wahrnehmen oder nicht, dass das auf blosser Erkenntnis beruhende Selbstbewusstsein, welches das heranwachsende Kind mit dem Tier gemein hat, durch eine ununterbrochne Stufenreihe hindurch allmählich in jenes begriffliche Selbstbewusstsein übergeht, welches den Menschen auszeichnet?

Diese Frage haben wir im elften Kapitel eingehend behandelt. Ich hatte schon vorher nachgewiesen, dass hinsichtlich der frühesten indikativen Phase der Sprache nicht einmal ein gradweiser Unterschied zwischen Kind und Tier vorhanden ist, ebensowenig wie hinsichtlich der frühesten Stufen der nächstfolgenden beiden Phasen, der denotativen und rezeptiv connotativen. Ferner hatte ich gezeigt, dass kein Unterschied der Art nach zwischen der auf niederer Erkenntnis beruhenden Äusserungsweise, wie sie gleichermassen bei Kindern und Tieren vorkommt, und jener mit gesteigerter Erkenntnis verbundnen Äusserung besteht, zu welcher das Kind entwicklungsmässig vorschreitet, ehe das Selbstbewusstsein auftritt. Endlich wies ich darauf hin, dass die auf gesteigerter Erkenntnis beruhende Äusserungsweise dem Kind ein psychologisches Werkzeug bietet, mittelst dessen es sich von einer bloss erkennenden allmählich zu einem begrifflichen Bewusstsein seiner selbst hinaufarbeitet. Damit brachte ich unsre Gegner in folgendes Dilemma:

Nehmen wir ein etwa zweijähriges Kind, das einen unvollkommnen, vorbegrifflichen Satz zu bilden versteht, wie z. B. „Dit sei“ („Schwesterchen schreit“), so ergiebt sich folgendes: „Dit“ ist der denotative Name einer Erkenntnis, „sei“ der denotative Name eines andren. Die beiden Erkenntnisse, Gegenstand und Handlung, treten in der Beobachtung des Kindes zusammen: das Kind bezeichnet dieselben gemeinschaftlich d. h. es stellt sie nebeneinander. Die Nebeneinanderstellung dieser beiden Erkenntnisse samt ihren betreffenden Denotationen im Bewusstsein wird durch die Logik der Geschehnisse für das Kind bewirkt, nicht etwa durch das Kind, vermöge einer absichtlichen oder selbstbewussten Gruppierung seiner Ideen, wie es für die Logik der Begriffe kennzeichnend ist. Hier kommt nun das Dilemma, denn ich sage: Entweder haben wir hier ein begriffliches Urteil oder nicht. Wenn ihr sagt, es ist ein begriffliches Urteil, so zerstört ihr die Grundlage eurer eignen Unterscheidung zwischen Mensch und Tier, weil ihr dann zugestehen müsst, dass auch Tiere begrifflich urteilen, insofern das Kind begriffliches Selbstbewusstsein noch nicht erreicht hat. Behauptet ihr aber, dass hier von keinem begrifflichen Urteil die Rede sei, da das Selbstbewusstsein fehle, so frage ich, auf welcher Stufe der nachfolgenden Entwicklung das begriffliche Urteil beim Kinde entstehen soll? Sollte es erst dann geschehen, wenn mit dem begrifflichen Selbstbewusstsein die dazu nötige Vorbedingung erfüllt ist, so muss ich darauf verweisen, dass der Hinzutritt des Selbstbewusstseins selbst ein allmählicher Vorgang ist, dessen Vorbedingungen weit zurück in das Tierreich gehen. Von der Fähigkeit, eine wahrgenommene Thatsache zu behaupten, bis zu der höheren Befähigung, die Thatsache als thatsächlich zu erkennen, giebt es eine ununterbrochne Reihe von Abstufungen, die eine Fähigkeit mit der andern verbindet. Aufwärts bis zu dem Punkt, wo diese Stufenreihe beginnt, ist aber der Geist des Kindes von dem eines Tieres durch kein Prinzip der Psychologie zu unterscheiden. Wollt ihr nun behaupten, dass bis zu diesem Punkt die beiden der Art nach identisch seien, dass aber während des Aufstiegs durch jene höheren Grade die menschliche Intelligenz der Art nach von der der Tiere, und infolgedessen auch von der ihres früheren Selbst verschieden sei? Ist es so, dann endet ihr hier in einem Widerspruch.

Zur Bestätigung meines Beweisgangs liess ich noch zwei allgemeine Betrachtungen folgen. Die erste bestand darin, dass der Fortschritt von jenen niedren Graden geistiger Entwicklung zum wahren Selbstbewusstsein ohne Zweifel eine hochwichtige Thatsache ist, im Vergleich zu dem, wie sich diese Entwicklung in der Folge gestaltet, immerhin aber nicht so gewaltig erscheint, um uns in ihm einen Unterschied *sui generis*, oder gar den Hauptunterschied zwischen Tier und Mensch erblicken zu lassen. Denn selbst wenn das Selbstbewusstsein aufgetaucht und schon ziemlich gut entwickelt ist, befindet sich der menschliche Geist immer noch nahezu im Kindeszustand. Die Entstehung des wahren Selbstbewusstseins bezeichnet also nur eine verhältnismässig niedrige Stufe in der Entwicklung des menschlichen Geistes, wie wir es auch nicht anders erwarten können, wenn diese Entstehung auf denjenigen psychologischen Vorbedingungen bei Tieren beruht, die ich als solche bezeichnete. Daraus folgt aber, dass so gross auch die Bedeutung des Selbstbewusstseins und dessen Entstehung an sich für die nachmalige Entwicklung der ausschliesslich menschlichen Ideenbildung sich herausstellen mag, dasselbe doch keinen wahrnehmbaren Fortschritt in der sich unmittelbar daran anschliessenden vorbegrifflichen Ideenbildung darstellt. Es ist demnach ebensowenig Grund vorhanden, das erste Auftauchen des Selbstbewusstseins als den Markstein zu einem psychologischen Unterschied der Art nach zu betrachten, wie etwa den Hinzutritt jener höheren begrifflichen Ideenbildung, welche die Kindheit von der Jugend scheidet, an dessen Stelle zu setzen. Es hat aber noch niemand daran gedacht, zwischen der Intelligenz des Kindes und der der erwachsnen Jugend einen Unterschied der Art nach zu behaupten.

Die zweite Betrachtung war die, dass selbst bei völlig entwickelter selbstbewusster Intelligenz sowohl die auf blosser Erkenntnis, als auch die auf Begriffen beruhende Ideenbildung eine wichtige Rolle zu spielen fortfährt. Die grosse Mehrzahl unsrer eignen Sätze bilden wir zum Zwecke des praktischen Verkehrs, ohne Halt zu machen, um diese Sätze im Lichte des Selbstbewusstseins zu betrachten. Ohne Zweifel ist in vielen Fällen, oder in Verbindung mit hoch abstrakter Ideenbildung die Unabhängigkeit der beiden Fähigkeiten mehr anscheinend, als thatsächlich; dies kommt daher, dass eine jede vermöge der ihr von der andren gewordnen Unterstützung eine so starke Vervollkommnung erfuhr, dass beide sich nun im Besitz eines reichen Materials befinden, mit dem sie jederzeit operieren können, ohne vorher das Material *ab initio* aufbauen zu müssen. Wenn ich sage: „Die Wärme ist eine Bewegungsform", so bediene ich mich damit eines blossen Wortzeichens, das eine äussere Thatsache zum Ausdruck bringt. Ich brauche nicht erst meine eignen Ideen über die in dem Satze enthaltene abstrakte Beziehung zu prüfen, obwohl ich zur Erreichung dieser Idee ursprünglich viele verwickelte Anstrengungen zu begrifflichem Denken machen musste. Obwohl ich dies für die wahre Erklärung der anscheinenden Unabhängigkeit der Aussage und innern Anschauung in allen Fällen hoch abstrakten Denkens halte, so bin ich doch aus den angegebnen Gründen überzeugt, dass überall, wo es sich um die niederen Arten von Ideenbildung handelt, die ich erkennend oder vorbegrifflich nenne, die Unabhängigkeit nicht anscheinend, sondern thatsächlich ist. Die Folge davon ist aber, dass die mit der gewöhnlichen Aussageform verbundne Ideenbildung in so nahe Beziehung zu den niederen Stufen der Zeichengebung tritt, dass auch ohne die durch das heranwachsende Kind gelieferten Zwischenglieder niemand berechtigt sein würde, aus psychologischen Gründen einen Unterschied der Art nach, zwischen der einen Stufe und der andren zu behaupten. Die ganze Zeichengebung ist zum Zwecke der Mitteilung geschaffen; aus unsrer Forschung über die niederen Tiere wissen wir aber, dass die Mitteilungen zuerst nur auf blossen Erkenntnissen beruhen, während uns die Beobachtung des heranwachsenden Kindes zeigt, dass es die in der Mitteilung der Erkenntnisse gebrauchten Zeichen sind, die uns zur Bildung von Begriffen führen. Begriffe sind vor allem benannte und als solche erkannte Erkenntnisse. Nach den vorhergegangenen Kapiteln wissen wir aber, dass diese Art von Erkennung (d. h. von Namen als Namen) durch innere Anschauung ermöglicht wird, die ihrerseits durch Benennung des Ichs als eines Agens erreicht wird. Aber selbst nach völliger Erreichung des auf Begriffen beruhenden innern Anschauungsvermögens, wird letzteres nicht immer zur Mitteilung von Erkenntnissen in Anspruch genommen, weshalb auch nicht jeder Satz, ehe man ihn bildet, innerlich als solcher angeschaut zu werden braucht. Geben wir nun einerseits die Fähigkeit zu denotativer Benennung und andrerseits den bescheidensten Grad von connotativer Benennung zu, so sind alle Vorbedingungen zur Bildung nicht begrifflicher Sätze erfüllt, welche letzteren sich von den wirklichen Sätzen nur dadurch unterscheiden, dass sie nicht selbst zu Objekten des Denkens werden. Der einzige Unterschied zwischen einem solchen Satz im Munde eines kleinen Kindes, und demselben Satz von seiten eines erwachsnen Menschen ist also der, dass er im ersteren Falle nicht einmal potentiell zum Objekt des Denkens werden kann.

Nachdem meine Untersuchung hiermit, soweit sie die vergleichende Psychologie betraf, beendet war, wandte ich mich zunächst zu der selbständigen Beleuchtung, die unser Gegenstand seitens der vergleichenden Sprachforschung erfuhr. Während wir uns bis dahin, lediglich auf Grund der psychologischen Analyse, danach umgesehen hatten, welche Phasen die ausschliesslich menschliche Ideenbildung durchlaufen habe, ging uns nun ein weiterer direkter Beweis durch die Archive der Sprache zu, der zugleich als eine Art unabsichtlicher Bericht über den vorhistorischen Fortschritt jener Ideenbildung anzusehen ist. Der erste grosse Erfolg der vergleichenden Sprachforschung bestand darin, dass sie über allen Zweifel feststellte, dass die Sprache, wie sie uns heute vorliegt, nicht fix und fertig in die Erscheinung trat. Vielmehr lieferte die vergleichende Sprachforschung den Beweis, dass die Sprache, wie wir sie heute kennen, das Ergebnis einer allmählichen Entwicklung ist. In dem Kapitel über „vergleichende Sprachforschung“ legte ich in aller Kürze die Prinzipien des Sprachenwachstums dar, soweit dieselben jetzt von allen Sprachforschern anerkannt sind. Ich zeigte, als eine Frage der Klassifikation, dass die tausend oder mehr der lebenden Sprachen unter ungefähr hundert Familien fallen, deren sämtliche Mitglieder mehr oder weniger nahe mit einander verwandt sind, während die Mitglieder verschiedner Familien keinen Nachweis von Stammverwandtschaft aufzeigen. Jedoch lassen sich die Familien wieder unter grössere Gruppen oder Ordnungen zusammenfassen, je nach gewissen Eigenschaften ihres Baues oder Typus. Bezüglich des letzteren unterscheiden sämtliche Sprachforscher übereinstimmend den isolierenden, agglutinierenden und flektierenden Typus. Einige Philologen machen noch einen Unterschied zwischen diesen und dem polysynthetischen Typus, während alle darin übereinstimmen, dass vom agglutinierenden

Typus ebenso der inkorporierende, wie vom flektierenden der analytische Typus sich ableiten lässt.

Indem wir von der Klassifikation zur Phylogenie übergingen, hatten wir die Frage der Stammesverwandtschaft zwischen den drei Hauptordnungen *inter se* zu betrachten, ebenso zwischen dem polysynthetischen und agglutinierenden. Der Widerstreit unter den Autoritäten über diese Frage hat, wie wir zeigten, keine weitere Bedeutung für unsre Abhandlung, als die Betonung der Lehre vom polyphyletischen Ursprung der Sprache; die Wahrscheinlichkeit spricht dafür, dass hinsichtlich jener Typen der isolierende und polysynthetische gleich ursprünglich oder doch von einem gleich unabhängigen Wachstum sind. In dieser Beziehung führte ich die Hypothese von Dr. Hale an, wonach die vielen anscheinend von einander unabhängigen Zungen unter den eingebornen Stämmen der Neuen Welt grossenteils der Erfindung zufällig isolierter Kinder ihr Dasein verdanken. Die merkwürdige Beziehung zwischen der Mannigfaltigkeit der von einander unabhängigen Dialekte und die günstigen Lebensverhältnisse gewisser Gegenden für schutzlose Kinder, in Afrika sowohl, wie in Amerika, scheinen diese Hypothese zu unterstützen, während ein Anhalt dafür gegeben ist, dass Kinder, sich selbst überlassen, Sprachen erfinden, die nur wenig oder gar keine Ähnlichkeit mit der ihrer Eltern besitzen.

Ohne wiederholen zu wollen, was über die Phasen und Ursachen der Sprachentwicklung in ihren verschiednen Abzweigungen gesagt wurde, will ich nur daran erinnern, dass das Ergebnis der Sprachforschung hier allerwärts darin übereinstimmt, dass die Sprachen immer einfacher ihrem Bau nach werden, je weiter wir sie nach rückwärts verfolgen, bis wir zu den sogenannten „Wurzeln“ gelangen. Dieselben wurden zuweilen für die geheimnisvollen ersten Prinzipien der Sprache gehalten, bezw. für die Urdaten, deren Ursprung man für unerklärlich hielt. Thatsächlich sind diese Wurzeln aber nichts weiter als die letzten Ergebnisse der philologischen Forschung und verdienen in keinem andren Sinne für „primär“ gehalten zu werden. Wenn wir sehen, dass diese Wurzeln das Sprachmaterial darstellen, soweit die Sprachentwicklung nicht mehr klar zu verfolgen ist, so müssen ihre Vorgänger, wie dieselben auch beschaffen sein mögen, notwendig über den Bereich des philologischen Nachweises — nicht der philologischen Folgerung — hinaus liegen. Das ist, was ein Anhänger der Entwicklungslehre überall erwarten muss, wo er Gelegenheit hat, den Gang der Entwicklung zu verfolgen. Denn je weiter er demselben nachspürt, um so näher wird er dem Punkte kommen, wo das zu erforschende eigentliche Material seinen Ursprung nimmt, und da dieses selbst den Nachweis seiner Entwicklung liefert, wenn es bis auf seinen Ursprung zurück verfolgt wurde, so erreicht die Untersuchung schliesslich einen verschwindenden Punkt. Mit Rücksicht auf das gewöhnliche Bild eines Baumes können wir sagen, dass wenn ein Sprachforscher die Entwicklung der Blätter aus den Zweigen, der Zweige aus den Ästen, der Äste aus dem Stamme, des Stammes aus der Wurzel aufgezeigt, er uns damit den ganzen Entwicklungsnachweis geliefert hat, soweit es in dieser besondren Richtung möglich war. Der Keim der Ideenbildung, aus dem sich die Wurzeln entwickelten, liegt offenbar ausser dem eigentlichen Bereich des Sprachforschers, und wenn von irgendher ein Licht auf die Natur dieses Keimes geworfen oder irgendwo ein Anhalt für die Phasen, in denen der Keim die Wurzeln aus sich hervorgehen liess, gefunden werden soll, so müssen wir in andrer Richtung danach suchen, wo man aus ähnlichen Keimen ähnliche Produkte entstehen sah. In unsrem Falle kann dies nur der parallel gehende Entwicklungsgang beim heranwachsenden Kinde sein, den wir schon betrachtet haben.

Hier stehen wir also gerade vor derselben Unterscheidung hinsichtlich des Sprachursprungs, wie im Anfang dieses Buches mit Bezug auf den Ursprung des Menschen. Dort sahen wir, dass wir zwar den zwingendsten historischen Nachweis für die Entwicklungsprinzipien besitzen, die den Fortschritt der Civilisation beherrschten, aber keinen direkten Beweis für die Abstammung des Menschen von tierischen Vorgängern. In ähnlicher Weise finden wir hier, dass so weit das Licht der Philologie uns leitet, kein Zweifel darüber bestehen kann, dass die Entwicklungsprinzipien auch die allmähliche Entwicklung der Sprache bestimmten und zwar in ganz analoger Weise wie die stete Verfeinerung und

Komplizierung gesellschaftlicher Organisationen. In letzterem Falle fanden wir, dass die nachgewiesne Entwicklung von niederen zu höheren Kulturstufen es nahezu zur Gewissheit erhebt, dass die Methode auch über die historische Periode hinaus in Kraft bleibt, und dass eine solche die historische Periode einheitlich durchdringende Entwicklung schon an und für sich *prima facie* vermuten lässt, dass auch diese Periode selbst auf dem Wege einer ähnlichen allmählichen Entwicklung der menschlichen Befähigung erreicht wurde. Dasselbe ist hinsichtlich der Sprache der Fall. Wenn die Sprachforschung nachzuweisen vermag, dass die Entwicklungsprinzipien alle bekannten Sprachen bis zu ihren ursprünglichen Wurzeln, aus denen sie hervorgewachsen, beherrschten, so lässt dies vermuten, dass jene frühesten und einfachsten Elemente so gut wie ihre späteren komplizierteren Produkte selbst das Ergebnis eines natürlichen Wachstums waren. Oder, wie es Geiger ausdrückt: „Wir können uns dem Gedanken nicht entziehen, die Sprache müsse einmal gar nicht vorhanden gewesen sein.“ Immerhin ist es wichtig, zwischen einer nachgewiesnen Thatsache und einer wenn auch noch so zwingenden spekulativen Folgerung zu unterscheiden. Ich begann deshalb mit der Darlegung der Entwicklungsstufen, welche die Sprache anerkanntermassen von ihrer wurzelhaften Stufe an durchlaufen hat, und ging dann zur Frage hinsichtlich des Ursprungs dieser Wurzeln selbst über.

Dabei fanden wir, dass, was die Zahl anbelangt, nach einer ungefähren Schätzung unsrer jüngsten Sprachforschung, höchstens tausend Wurzeln jeder lebenden Sprache zu Grunde liegen. In seinem letzten Werke gesteht Prof. Max Müller dem Sanskrit nur 121 Wurzeln zu und hält sogar diese Zahl noch für zu hoch. Was die Natur der Wurzeln betrifft, so sehen wir, dass eine Anzahl Sprachforscher dieselben für die wirklichen Wörter der vorhistorischen Menschen hält, welche letzteren sich sonach „mittelst einzelner Silben unterhielten, welche Ideen von erster Wichtigkeit, aber ohne alle Beziehungen zu einander andeuteten.“ Andrerseits wird allgemein angenommen, dass „die Wurzeln die lautlichen und bezeichnenden Typen sind, die nach der Analyse der vergleichenden Sprachforschung einer Gruppe verwandter Wörter gemeinsam angehörten" oder sogenannte zusammengesetzte Phonogramme von Wortfamilien, die seit lange als Individuen ausgestorben sind. Wir fanden jedoch, dass diese Meinungsdifferenz unter den Philologen unsre vorliegende Untersuchung nicht berührt, da auch die phonetische Theorie nicht daran zweifelt, dass die unbekannten Wörter, aus deren Zusammensetzung eine Wurzel gewonnen wurde, untereinander stammverwandt gewesen sein müssen und die Nähe ihrer Verwandtschaft in einer nahen Ähnlichkeit ihrer Laute an den Tag legten.

Grössere Bedeutung für uns haben diese Wurzeln in Hinsicht auf ihre Bedeutung. Sie geben als solche Zeugnis von dem, was Prof. Max Müller „allgemeine Ideen" oder „Begriffe" nennt, bezw. von einer bereits ziemlich hochentwickelten Kulturstufe; sie drücken alle entweder Handlungen oder Zustände aus und enthalten keine Anzeichen eines nachahmenden Ursprungs. Indem wir diese Eigenschaften nach einander vornahmen, fanden wir, dass obwohl sämtliche 121 Sanskritwurzeln allgemeine Ideen zum Ausdruck bringen, die damit verbundne Verallgemeinerung doch von so niedriger Ordnung ist, dass sie grösstenteils zu den von mir sogenannten „niederen Begriffen" oder „benannten Erkenntnissen" gehören. Auch weisen sie alle unverkennbar auf einen verhältnismässig neuen Ursprung hin und können also nur in dem Sinne „ursprünglich" genannt werden, als sie das letzte Ergebnis der philologischen Forschung darstellen, während sie in der wahren Bedeutung des Wortes weit von aller Ursprünglichkeit entfernt sind. Sodann tragen sie alle den untrüglichen Charakter von Zeitwörtern an sich, und die Thatsache, dass sie keinerlei nachahmenden Ursprung verraten, kann uns schliesslich nicht wundern, selbst in der Voraussetzung, dass die Onomatopöie eine grosse Rolle bei der Bildung der Ursprache gespielt habe. Denn einerseits erfuhren wir, dass im Kampfe ums Dasein unter den frühen und ursprünglichen Wörtern nur diejenigen Aussicht hatten zu überleben, bezw. Nachkommenschaft zu hinterlassen, die einen gewissen Grad connotativer Erweiterung oder „Verallgemeinerung" erreichten, während andrerseits ein onomatopoetisches Wort zu demselben Zweck seine onomatopoetische Bedeutung einbüssen musste. Die Frage aber bezüglich des Grades, bis zu welchem die Onomatopöie bei der Bildung der Sprache beteiligt war, ist für uns nur von untergeordnetem Interesse. Ob alle Wörter ursprünglich rein willkürlich, oder ausschliesslich nachahmend, oder zum Teil willkürlich, zum Teil nachahmend waren — in jedem Falle wäre die nachfolgende Entwicklung dieselbe gewesen. Durch connotative Erweiterung in verschiednen Richtungen mussten die Bedeutungen nach und nach in denselben Richtungen vervielfältigt werden, ganz wie bei unsren Kindern und — nach dem Zeugnis der Philologen — beim Wachstum der Sprache im allgemeinen. Dass die Sprache von Anfang an es ebensowohl mit der Benennung generischer Ideen oder gesteigerten Erkenntnissen, als mit besondren Sinnesobjekten zu thun hatte, ist was wir von vornherein erwarten konnten. Man wird sich erinnern, dass die die Erkenntnisse betreffende Art von Klassifizierung einer automatischen Gruppierung sinnlicher Wahrnehmungen am nächsten liegt; sie beruht auf dem Mangel einer Befähigung, weniger auffallende Abweichungen unter auffälligeren Ähnlichkeitspunkten, bezw. unwesentliche Analogieen unter den häufig in der Erfahrung damit verbundnen wesentlicheren Analogieen analytisch zu unterscheiden. Dagegen liegt die Art von Klassifizierung, die mit Begriffen verbunden ist, der automatischen Gruppierung der Sinneswahrnehmungen am weitesten; sie beruht auf der Befähigung, analytisch zwischen Wesentlichem und Unwesentlichem der in der Erfahrung miteinander verbundenen Ähnlichkeiten zu unterscheiden. Klassifizierung ist in beiden Fällen vorhanden; in dem einen beruht sie auf der Augenscheinlichkeit der Analogieen, im andren auf der geistigen Trennung derselben als anscheinend und wirklich; in dem einen auf der Beständigkeit der in der Erfahrung verbundnen und klassifizierten Dinge, Eigenschaften, Handlungen u. s. w., im andren auf der bewussten Hintansetzung solcher Verbindungen.

Nach alledem kann es uns nicht überraschen, dass die Paläontologie der Sprache nachgewiesen hat, dass die Wurzeln „generische“, im Unterschied von „allgemeinen“, Ideen ausdrückten. Die Benennung von Handlungen und Vorgängen, die so gewöhnlich waren oder doch der Wahrnehmung sich so aufdrängten, wie die von Prof. Max Müller mitgeteilten 121 Begriffe, bezeigt keine höhere Ordnung von Ideenbildung als jene vorbegriffliche, vermittelst deren ein kleines Kind seinem, dem Selbstbewusstsein vorhergehenden Erkenntnisleben zum Ausdruck verhilft. Angesichts dieser Bedenken könnten wir uns nur wundern, dass die 121 Wurzelwörter kein bessres Zeugnis von begrifflichem Denken mit sich bringen. Es geht daraus hervor, ein wie verhältnismässig wenig selbstbewusstes Nachdenken zum praktischen Leben des Urmenschen gehörte, der vom wirklichen Urzustande des wortlosen Menschen schon so weit entfernt war, wie das Hirtenvolk, welches diesen Bericht von seiner Ideenbildung in den Wurzeln der arischen Sprache niederlegte.

Nachdem sich so die Abwesenheit von Wörtern mit der Bedeutung von „besondren Ideen“ in den Wurzeln der lebenden Sprache, sowie der generische Charakter jener, die sich im Kampf ums Dasein bis auf uns erhalten, erklärte, gingen wir zur Betrachtung andrer Hilfstruppen über, die uns von der Sprachforschung gestellt wurden. Wir sahen dabei, dass diese Wissenschaft zwei allgemeine Thatsachen mit Bezug auf das Wachstum der Sprache beibrachte, erstens, dass in allen lebenden Wurzelsprachen kein Unterschied zwischen Hauptwort, Eigenschaftswort, Zeitwort oder Partikel besteht, und zweitens, dass dies, wie aus dem Bau aller andren Sprachen hervorgeht, die ursprüngliche Beschaffenheit jeder Sprache im allgemeinen gewesen ist: „Jedes Hauptwort und jedes Zeitwort bildete ursprünglich an und für sich einen vollständigen Satz“, bestehend aus Subjekt und Prädikat, in eins verschmolzen, oder, besser gesagt, noch nicht in zwei und noch weniger in die drei Teile differenziert, die gegenwärtig zu einem vollständig entwickelten Satzbau gehören. Jene Aussageform ist aber nur deshalb „verdichtet“, weil sie unentwickelt ist; es ist das undifferenzierte Protoplasma der Aussage, in der die „Redeteile“ noch nicht vorhanden sind. Und gerade wie diese früheste Form der Aussage für die vorbegriffliche Stufe der Ideenbildung beim Kinde bezeichnend ist, so ist sie es auch für die vorbegriffliche Ideenbildung der Rasse. Zahlreiche Beispiele für diese *pari passu* mit dem begrifflichen Denken gehende allmähliche Entwicklung der

Aussage wurden angeführt. Insbesondre sahen wir, dass Fürwörter ursprünglich nur Raumverhältnisse anzeigten und auf einen begleitenden Hindeutungsakt schliessen lassen, wie „ich" gleichbedeutend mit „der da" u. s. w. ist. Wie das kleine Kind von sich in der dritten Person spricht, so „betrachtete sich der Mensch als ein Objekt, ehe er sich als Subjekt betrachtete", wie es durch die Thatsache bewiesen wird, „dass die objektiven Fälle der persönlichen, wie auch der andren Fürwörter immer älter sind, als die subjektiven". Pronominal-Elemente werden später, wenn sich Haupt- und Zeitwörter voneinander zu differenzieren beginnen, diesen angehängt. So wurden verschiedenartige Anwendungen eines ursprünglichen, hoch verallgemeinerten Haupt- oder Zeitworts mittelst dieser Elemente hergestellt, die, wie auch Prof. Max Müller zugiebt, „als die Reste der frühesten annähernd pantomimischen Phase zu betrachten sind, während deren die Sprache kaum das war, was wir darunter verstehen, nämlich der Logos, etwas Zusammenfassendes, aber nur Andeutendes." Ähnlich bemerkt Prof. Sayce von dieser Entwicklungsstufe prädikativer Äusserung, die, wohlgemerkt, ganz analog der des kleinen Kindes ist, dessen hoch verallgemeinerte Wörter durch Gebärden unterstützt werden müssen: „Unzweifelhaft gab es eine Zeit in der Geschichte der Sprache, während deren die mehr oder weniger artikulierten Laute des Urmenschen erst durch die sie begleitenden Gebärden die Bedeutung erhielten, die sie zum Ausdruck bringen sollten, und diese Verbindung von Laut und Gebärde, eine Verbindung, in der der Laut, losgelöst von der Gebärde, keine Bedeutung hatte, war der erste Satz." Auf diese Weise „wuchs die Grammatik aus der Gebärde hervor" und die verschiednen Redeteile mit den nachfolgenden Anfängen der Deklination, Konjugation u. s. w. sind alles Kinder der Gestikulation. Nachdem aber in späteren Zeiten die Eltern von dieser jungen Nachkommenschaft verschlungen worden, setzte diese ihr unabhängiges Wachstum in mehr oder weniger abweichenden Richtungen der Sprach-Entwicklung fort.

Es liegen zahlreiche Gründe dafür vor, dass, selbst nachdem die artikulierte Sprache festen Fuss gefasst hatte, es noch an einer Unterscheidung zwischen Nominativ und Genitiv, Substantiv und

Adjektiv, ja sogar zwischen Subjekt- und Prädikatwörtern mangelte. Diese drei grammatischen Beziehungen mussten gleicherweise ausgedrückt werden, nämlich durch blosse Aneinanderreihung der verallgemeinerten Ausdrücke selbst. Im Laufe der Zeit ergaben sich jedoch diese drei grammatischen Differenzierungen durch konventionelle Änderung in der Stellung der aneinandergereihten Wörter, so dass in einigen Fällen die prädikative Form AB, die der Eigenschaft oder des Besitzes BA war, während in andren Zweigen des Sprachenwachstums die umgekehrte Ordnung herrschte. „Diese primitiven Kunstgriffe zur Unterscheidung von Prädikat, Attribut und Genitiv liessen, als die drei Ideen im Laufe der Zeit sich im Geiste der Sprachen entwickelten, nach und nach eine mehr oder weniger verfeinerte Einrichtung von Anhängseln, Hilfswörtern und dergleichen entstehen."

Ähnlich verhält es sich auch mit den sogenannten „Redeteilen" in denjenigen Sprachen, die überhaupt bis zu einer Entwicklung derselben gelangten. „Das sind die deutlichen Umrisse des Vorgangs, wodurch begriffliche Wurzeln ausgesagt wurden, wodurch sie unter die Herrschaft der Kategorieen gerieten, Hauptwörter, Eigenschaftswörter, Umstandswörter, Zeitwörter u. s. w. wurden. Die Einzelheiten dieses Vorgangs und die daraus erfolgten wunderbaren Resultate sind aus der Grammatik jeder Sprache zu ersehen." So vermag die Sprachforschung, Stufe für Stufe, die prädikativen Formen zurückzuverfolgen, von der höchst entwickelten flektierenden Sprache bis zur niedersten Stufe, die ich die indikative nannte.

Noch viele andre Autoritäten wurden zur Unterstützung dieser allgemeinen Aufstellungen, sowie zu dem Zwecke angeführt, die Entwicklung der Aussage mehr im einzelnen auszuführen; sie bestätigten, dass der Urmensch sowohl, wie die heutigen Wilden, „zur Bildung eines reinen Urteils" nicht fähig sind, d. h. das von andrer Seite geforderte Kennzeichen der menschlichen Befähigung nicht aufzuzeigen vermögen. Das einzige, was unsren Gegnern klugerweise übrig bleibt, wäre, ihre aristotelische Stellung aufzugeben, d. h. nicht länger bei der rein formellen Aussage, wie sie der indoeuropäische Sprachenzweig entwickelte, stehen zu bleiben, sondern sich lieber auf die materielle Aussage, bezw. auf die Bedeutung oder die Substanz eines Urteils, zum Unterschied von ihrer Grammatik, zurückzuziehen. Obwohl aber in Ermangelung der Redeteile die Aussage nur in einer sehr unwirksamen Weise auszuführen ist, so darf man doch sagen, die Aussage wird ausgeführt und muss ausgeführt werden, denn nur zum Zwecke ihrer Ausführung kann die Sprache überhaupt ins Leben gerufen worden sein.

Ich habe nachgewiesen, dass, wenn unsre Gegner diesen Wechsel ihrer Stellung nicht vornehmen wollen, ihre Beweisführung zu Ende ist, denn nach dem Gesagten kann die Einheitlichkeit des Wachstums eines Satzworts und eines völlig entwickelten Satzbaues nicht in Frage stehen. Allerdings kann aber auch der Stellungswechsel, wie ich gezeigt, von keinem grossen Nutzen sein. Denn wenn der Ausdruck „Aussage" auf ein „Satzwort" ausgedehnt werden kann, so wird er dadurch der Bedeutung beraubt, auf der das ganze Argument unsrer Gegner aufgebaut ist: Es wird zugegeben, dass kein Unterschied zwischen Sprechen und Hindeuten besteht, die prädikative Phase der Sprache wird mit der indikativen Phase identifiziert; Mensch und Tier sind als „Brüder" anerkannt. Das heisst also, wenn man behauptet, dass die indikativen Zeichen eines kleinen Kindes oder des Urmenschen prädikativer Natur sind, so liegt nicht der Schatten eines Grundes vor, dieselbe Bezeichnung den indikativen Zeichen bei Tieren abzusprechen. Wenn dieser Ausdruck dagegen beiden vorenthalten wird, so ist seine Anwendung auf die vollständig entwickelte Form der gesprochnen Sprache nur so zu verstehen, dass letztere einen Unterschied dem Grade nach bedeutet, da die eine Ordnung der Zeichengebung, wie überzeugend nachgewiesen, nur der genetische und vervollkommnete Abkömmling der andren ist. Kurzum, es ist eine ganz unleugbare Thatsache, dass wir es mit einer ununterbrochnen Entwicklung auf allen Stufen des Zeichengebungsvermögens zu thun haben und deshalb jeder Versuch, einen Unterschied der Art nach zwischen der einen und der andren Stufe zu ziehen, ein ganz aussichtsloses und unmögliches Beginnen ist.

Wir sind mit dieser Übersicht bis zum Schluss des vierzehnten Kapitels gelangt, wo die Philologie der Aussage durch neue Thatsachen unterstützt wird, die das darauffolgende Kapitel über die Philologie des Begriffs beibringt. Dabei lag die Absicht zu Grunde, das unabhängige Licht der Sprachforschung auf einen Punkt zu werfen, den wir schon vom psychologischen Standpunkt aus betrachtet hatten, nämlich auf den Übergang erkennender Denotation in begriffliche Denomination. Dieser Punkt war vorher nur mit Rücksicht auf das Individuum behandelt worden, während er nun in Beziehung zur Rasse gesetzt wurde.

Es wurde gezeigt, dass, mit Rücksicht auf das kleine Kind, welches von einer schon ausgebauten Grammatik mit prädikativen Formen umgeben ist, die frühesten Phasen der Sprachentwicklung in der Ontogenie des Menschen, im Vergleich zur Phylogenie stark verkürzt erscheint. Gebärdenzeichen sterben rasch aus, wenn das Kind zu sprechen und damit den Gebrauch grammatischer Formen zu lernen beginnt. Der Urmensch dagegen befand sich unter der Notwendigkeit, seine Grammatik aus seinen Gebärdenzeichen herauszuarbeiten und zur selben Zeit auch seine Satzwörter zu schaffen. Während daher die Erwerbung von Namen und Sprachformen beim Urmenschen hauptsächlich auf Gebärde und Grimasse beruhte, steht die gleiche Erwerbung beim Kind den beiden letzteren geradezu feindlich gegenüber.

Wir fanden sodann, dass die philologische Lehre von den „Satzwörtern" ein namhaftes Licht auf meine psychologische Unterscheidung zwischen allgemeinen und generischen Ideen warf. Denn ein Satzwort ist der Ausdruck für eine bis dahin verallgemeinerte, d. h. undifferenzierte Idee. Eine solche Idee ist aber das Gegenteil einer sogenannten Verallgemeinerung, d. h. einer begrifflichen Zusammenfassung der Ergebnisse einer vorhergehenden Analyse, und die Lehre von den Satzwörtern erkennt einen ungeheuren, dem psychologischen entsprechenden, historischen Zwischenraum zwischen der generischen und der allgemeinen Ordnung der Ideenbildung an.

Auch fanden wir, dass in allen wesentlichen Besonderheiten die semiotische Konstruktion dieser ursprünglichsten Art von artikuliertem Verkehr, den die Archäologie der gesprochnen Sprache aufbewahrt hat, eine genaue Übereinstimmung mit der der natürlichen Gebärdensprache zeigt. „Die Gebärdensprache hat keine eigentliche Grammatik"; wir gingen demnach in alle Einzelheiten der zahlreichen und genauen Analogieen zwischen den heutigen und den frühesten bekannten Satzformen der Gebärdensprache ein. Der früheste Bericht, den uns die Sprache über die Natur ihres eignen Ursprungs liefert, lässt uns nämlich nicht im Zweifel, dass dieser Ursprung aus der noch ursprünglicheren Ton- und Gebärdensprache hervorgeht. Dies giebt uns auch allein die Erklärung für die nahe Familienähnlichkeit in Bezug auf die Syntax.

Wir haben ferner gesehen, dass in der Gebärdensprache, wie in den ursprünglichsten, in den Wurzeln aufbewahrten Sprachformen die Aussage durch blosse Aneinanderreihung denotativer Ausdrücke stark gefördert wird. Ein derartiger verallgemeinerter Ausdruck, der aber immer noch kein Hauptwort, Eigenschafts- oder Zeitwort ist, dient, in der Nebeneinanderstellung mit einem andren derselben Art, dazu, eine zwischen ihnen bestehende verwandtschaftliche Idee auszudrücken oder mit Hilfe des einen etwas über den andren festzustellen. Eine derartige Nebeneinanderstellung braucht aber noch keinen begrifflichen Gedanken zu bezeichnen. Wie wir gesehen, genügen die Gesetze der sinnlichen Ideenverbindungen vollständig, um die durch die betreffenden Ausdrücke bezeichneten Dinge, Eigenschaften oder Begebenheiten, wenn sie in der Natur zusammentreffen, im Geiste zu jener entsprechenden Nebeneinanderstellung zu bringen; die Logik der Geschehnisse leitet eine solche vorbegriffliche Äusserung unvermeidlich zur Behauptung einer wahrgenommnen Thatsache; die Thatsache wird im Geiste erkannt, nicht begriffen. Auch ist es nicht zu verkennen, dass wiederholte, auf erkennender Ideenbildung beruhende Aufstellungen von Thatsachen aufwärts zu begrifflicher Ideenbildung führen, d. h. zur Aufstellung einer Thatsache als thatsächlich.

Aus alledem geht hervor, dass die Urwörter nur auf Dinge von rein erkennender (rezeptiver) Bedeutung Bezug gehabt haben können, d. h. „auf solche physische Handlungen und Eigenschaften, die unmittelbar von den Sinnen erkannt werden". Wir finden deshalb in den ältesten Wurzelwörtern, die uns die Sprachforschung aufgedeckt hat, einen unzweifelhaften Beweis für die „grundlegende Metapher", bezw. für die begriffliche Erweiterung von Ausdrücken, die vordem nur erkennende Bedeutung hatten. Dies ist, wie Professor Whitney sagt, „so durchgreifend, dass wir niemals die Geschichte irgend eines intellektuellen oder moralischen Ausdrucks durchgenommen zu haben glauben, ehe wir ihn nicht bis auf seinen physischen Ursprung zurückverfolgten". Ohne alles wiederholen zu wollen, was ich darüber gesagt, will ich nur noch bei der allgemeinen Schlussfolgerung daraus beharren: Wie uns die psychologische Analyse schon die psychologische Priorität der Erkenntnisse nachwies, so bestätigt nun die philologische Forschung diese Analyse insofern, dass sie eine Erkenntnis in jedem Begriffe findet.

Zum Schluss gab ich noch einen kurzen Überblick über die von weit voneinander getrennten Völkern gesprochnen Sprachen, um auch hierbei auf deren gänzlichen Mangel an begrifflicher Ideenbildung hinzuweisen. In der That ist das, was der Archidiakon Farrar „hoffnungslose Armut an Abstraktionsvermögen" nennt, so überraschend, dass man sich vom Entwicklungsstandpunkt keine bedeutungsvollere Verbindung zwischen der vorbegrifflichen Intelligenz des *Homo alalus* und dem begrifflichen Denken des *Homo sapiens* wünschen kann.

Indem hiermit die Philologie des Gegenstandes unsrer Untersuchung endet, ging ich im letzten Kapitel dazu über, die wahrscheinlichen Stufen des Übergangs von erkennender zu begrifflicher Ideenbildung in der Rasse aufzudecken. Ich wies dabei auf die besonders von einer Anzahl deutscher Sprachforscher unterstützte Ansicht hin, wonach die Sprache aus ganz bedeutungslosen Lauten entstanden sei, die in erster Linie auf rein physiologischen Bedingungen beruhten. Durch wiederholte Verbindung mit den Umständen, unter denen sie geäussert wurden, sollen diese artikulierten Laute gleichsam automatisch den Wert von Zeichen erlangt haben. Die Antwort auf diese Hypothese muss offenbar dahin lauten, dass sie das ganze vorliegende Problem ausser acht lässt, d. h. die Entstehung jener Ideenbildung, die zum erstenmale den vordem bedeutungslosen Lauten die Seele einer Bedeutung gab. Sie verschiebt also die Frage und liefert uns keinerlei Erklärung für den Unterschied zwischen Tier und Mensch. Indessen sind die Grundsätze dieser hier zur weitesten Ausdehnung gelangten sogenannten Interjektionstheorie an und für sich nicht unhaltbar, sie gehen nur von einer irrtümlichen Voraussetzung aus. Dieselbe besteht darin, dass der Urmensch keinerlei Befähigung zur Zeichengebung gehabt habe, letztere also *de novo* durch zufällige Lautverbindungen mit Dingen geschaffen werden musste. Dies kann aber, wie wir gefunden, nicht der Fall gewesen sein. Während wir also die richtigen Elemente dieser „rein physiologischen" Hypothese anerkennen, müssen wir sie im ganzen verwerfen, da sie uns einer völligen Erklärung des Sprachursprungs nicht näher bringt.

Sodann teilte ich mit, was Darwin über diesen Gegenstand in aller Kürze sagte. Nachdem er, in Anlehnung an Geiger, vorausgeschickt, dass der vorherrschende Gesichtssinn, der unsre Aufmerksamkeit auf die Mundbewegungen bei Lautzeichen zog, unsren affenartigen Vorfahren einen Vorteil über die andren Vierhänder, durch die stattfindende Verbindung der Laute mit rezeptiven Ideen, verschaffen musste, versuchten wir uns sodann einen Menschenaffen zu denken, mit geselligen Gewohnheiten, genügend scharfsinnigen Geistes und gewohnt, seine Stimme in ausgiebiger Weise zur Zeichengebung zu verwenden, nach der gewohnten Weise der geselligeren Vierhänder. Ein solches Tier würde wahrscheinlich alle andern hinsichtlich der Zeichengebung hinter sich gelassen und weit genug vorgeschritten sein, um Laute in Verbindung mit Gebärden als „Satzwörter" zu gebrauchen, d. h. solche stark verallgemeinerte Erkenntnisse damit anzuzeigen, wie drohende Gefahr u. s. w., selbst ohne in der Äusserung denotativer Laute so weit wie sprechende Vögel zu gehen. Wie Darwin bemerkt, spricht alle Wahrscheinlichkeit dafür, dass dieser affenartige Vorfahr der Menschheit daran gewöhnt war, seine Stimme zum Gesang zu gebrauchen, „wie es die Gibbons noch heute thun". Diese Gewohnheit würde dann die Grundlage zu jener semiotischen Unterbrechung der Stimmlaute gelegt haben, worin das Wesen der Artikulation besteht.

Meine eigne Theorie weicht indessen etwas davon ab. Während ich den wesentlichen Inhalt von Darwins Vermutung teile, halte ich es fast für gewiss, dass die Befähigung zu artikulierter Zeichengebung das Produkt einer weit späteren Entwicklungszeit ist, so dass das Geschöpf, welches diese Befähigung zuerst aufzeigte, schon mehr als „affenähnlich" gewesen sein muss. Diesen *Homo alalus* haben wir uns allerdings als ein höchst rohes Ding vorzustellen, aber doch von aufrechter Haltung, der Feuersteine zu Werkzeugen und Waffen spaltete, in Stämmen oder Gemeinschaften lebte und in nicht allzu geringem Grade die Logik seiner Erkenntnisse mittelst Gebärden, Grimassen und Stimmtönen mitzuteilen wusste. Von einem solchen Ursprung aus würde die nachfolgende Entwicklung der Zeichengebung in der Richtung artikulierter Laute leichter zu denken sein, als unter der vorigen Hypothese. Indem ich den wahrscheinlichen Verlauf dieser Entwicklung mit Hilfe verschiedner Analogieen zeichnete und bei der merkwürdigen Bedeutung der noch überlebenden unartikulierten Schnalzlaute der niedrig stehenden afrikanischen Sprachen verweilte, wies ich in näherer Betrachtung auf die wahrscheinlich lange Existenzdauer des in Frage stehenden imaginären Wesens hin, indem ich die vermutlichen Phasen seiner nachfolgenden Entwicklung darlegte und dem Einwurf begegnete, der den *Homo alalus* als *Homo postulatus* bezeichnen möchte.

Zum Schluss behauptete ich, dass, zu welcher Zeit auch das Artikulationsvermögen entstanden sein möge, der Verlauf der geistigen Entwicklung, wenn diese einmal vorhanden, immer derselbe gewesen sein müsste. — Ohne hier noch einmal näher in die von mir gezeichnete Skizze einzugehen, will ich nur wiederholen, dass die Entwicklung mit Satzwörtern in Verbindung mit Gebärden anhob; dass diese zu beiderseitiger Vervollkommnung aufeinander einwirkten; dass denotative Namen, von meist onomatopoetischem Ursprung, rasch connotative Erweiterungen erfuhren; dass aus so häufiger, wie notwendiger Nebeneinanderstellung derselben nach und nach Aussagen entstanden; dass diese in späterer Zeit zu grammatischen Unterscheidungen zwischen Adjektiven und Genitiven einerseits und prädikativen Wörtern andrerseits Anlass gaben; dass gleicherweise Gebärden in starkem Masse an der Entstehung andrer grammatischer Formen, insbesondre pronominaler Elemente, beteiligt waren, von denen viele in der Folge das Material bildeten, aus dem sich die Deklinations- und Konjugationsformen entwickelten; dass aber jene Fürwörter, obwohl sie zu den frühesten Wörtern gehörten, die vom Menschen zu den verschiednen Redeteilen differenziert wurden, erst in viel späterer Zeit zur Bezeichnung der ersten Person gebraucht wurden. Die Bedeutung dieser letztern Thatsache war augenscheinlich von höchster Wichtigkeit. Wie wir gesehen, besteht der ganze Unterschied zwischen Mensch und Tier in der Gegenwart oder Abwesenheit von begrifflichem Denken, das seinerseits nur ein Ausdruck für das Vorhandensein oder Nichtvorhandensein von Selbstbewusstsein ist. Infolgedessen hatte es meine Untersuchung mit der Frage zu thun, ob hier ein Unterschied der Art oder dem Grade nach, bezw. dem Ursprung oder der Entwicklung nach vorliegt. In betreff des Individuums kann kein Zweifel darüber bestehen, dass es sich um einen Unterschied dem Grade, d. h. der Entwicklung nach handelt. Der betreffende Entwicklungsabschnitt wird durch einen Wechsel im Ausdruck bezeichnet: die objektiven Ausdrücke werden abgelegt und subjektive angenommen, wenn der Sprecher von sich selbst spricht, und genau so wie die Psychologie den Übergang ins Individuum bezeichnet, giebt uns die Philologie auch den Übergang in die Rasse an.

Nachdem ich in der vorhergehenden Übersicht den hauptsächlichsten Inhalt meines vorliegenden Buches im Umriss zu geben versuchte, drängt sich mir die Frage auf, ob ich durch diese starke Abkürzung meiner Darstellung nicht mehr Schaden als Nutzen gestiftet habe. Ich meine jedoch, dass nach allem zwei Dinge sich jedem unparteiischen Urteil als höchstwahrscheinlich aufdrängen werden: Erstens, dass die Gegner der Entwicklungslehre sich ihres *onus probandi* sehr mangelhaft entledigt haben hinsichtlich der Behauptung, dass der menschliche Geist eine grosse und einzige Ausnahme dem sonst überall einheitlichen Entwicklungsgesetz gegenüber bilde; zweitens, dass diese Behauptung nicht nur *a priori* höchst unwahrscheinlich und eines Beweises *a posteriori* unfähig ist, sondern dass auch alle Zeugnisse, die sie möglicherweise für sich in Anspruch nehmen mögen, gerade zu ihrer Widerlegung dienen. Der einzige übrigbleibende Schein eines Beweises zu ihren Gunsten könnte möglicherweise durch einen Unterschied zwischen begrifflicher und nicht-begrifflicher Ideenbildung entstehen. Ich gebe offen zu, dass ein solcher Unterschied besteht; ich stelle aber nachdrücklich in Abrede, dass er ein Unterschied der Art nach sei. Denn, ich habe gezeigt, dass die wenigen Autoren, die ihn noch immer als einen Unterschied der Art nach festhalten, ihre Argumente aus einer nachweislich unvollkommnen psychologischen Analyse schöpfen; dass keiner von ihnen den wirklichen Vorgang der Psychogenesis beim heranwachsenden Kinde beachtete; dass, mit Ausnahme von Prof. Max Müller, dasselbe hinsichtlich ihrer Haltung gegenüber den „Zeugnissen der Sprachforschung" gilt. In betreff der Psychogenesis beim Kinde brachte ich unwiderlegliche Beweise für einen allmählichen, ununterbrochnen Übergang von der einen Art der Ideenbildung zur andren bei. Ich wies nach, dass so lange die kindliche Intelligenz sich nur in der nicht-begrifflichen Sphäre bewegt, sie in keinem einzigen Zug von psychologischem Belang von der Intelligenz der höheren Säugetiere unterschieden ist; dass wenn sie die Eigenschaften begrifflicher Ideenbildung anzunehmen beginnt, dieser Vorgang auf der Entwicklung des wahren Selbstbewusstseins beruht, und zwar aus demjenigen Material, welches von jener bereits vorhandnen Art von erkennendem Selbstbewusstsein herstammt, die das Kind mit den Tieren gemein hat; dass die Bedingung zu diesem Fortschritt geistiger Entwicklung durch eine wahrnehmbar fortschreitende Befähigung zu denotativer und connotativer Äusserungsweise gegeben ist, die wir tief unten auf der Stufe der sprechenden Vögel vorfanden; dass wir in der wachsenden Intelligenz des Kindes demnach eine ebenso vollständige Geschichte der „Ontogenie" in ihrem Verhältnis zur „Phylogenie" vor uns haben, wie diejenige, auf welche sich der Embryologe zu stützen gewohnt ist, wenn er die morphologische Geschichte einer Art in dem Auszug liest, der ihm durch die Entwicklung des Individuums geliefert wurde; dass deshalb jene keine Entschuldigung für sich anführen können, die, während sie sonst überall die Grundsätze der Entwicklungslehre gelten lassen willkürlich die direkten Beweise von psychologischer Umwandlung ablehnen, welche durch die Lebensgeschichte jedes menschlichen Individuums geliefert werden.

Es ist natürlich immer leicht, auch der stärksten Wahrscheinlichkeit gegenüber seine Zustimmung vorzuenthalten. „Mein Glaube", könnte gesagt werden, „kann nicht erschmeichelt, er muss erzwungen werden." In der That mag man sich sogar auf die Strenge seiner Anforderungen in dieser Beziehung etwas einbilden; ja, in volkstümlichen Schriften finden wir es häufig für ausgemacht, dass eine wissenschaftliche Lehre nur dann für wissenschaftlich gelten kann, wenn sie vollständig nachgewiesen ist. Indessen muss in der Wissenschaft, wie in andren Dingen, der Glaube stets mit den Zeugnissen stimmen und obwohl wir uns aus diesem Grunde fortwährend nach noch besseren Zeugnissen umsehen, so ist eine derartige wissenschaftliche Vorsicht doch nicht mit einem albernen Verlangen nach unmöglichen Beweisen zu verwechseln. Den thatsächlichen Nachweis des Übergangs von nichtbegrifflicher zu begrifflicher Ideenbildung für die Rasse zu fordern, wie er Tag für Tag beim Individuum nachgewiesen wird, hiesse offenbar soviel, als die unmögliche Bedingung aufstellen, dass das begriffliche Denken seinen eignen Ursprung hätte beobachten müssen. Das Verlangen nach einem solchen Beweis wäre also von vornherein widersinnig. Wenn aber „die Wahrscheinlichkeit der wahre Führer durch das Leben ist", so ist sie es nicht minder für die Wissenschaft. Hier aber, behaupte ich, sind wir im Besitz einer so unwiderstehlichen Wahrscheinlichkeit, dass ihr gegenüber die Überzeugung zurückzuhalten nicht sowohl eine wissenschaftliche Vorsicht, als vielmehr eine wissenschaftliche Unfähigkeit bedeuten würde. Denn wenn man, wie ich annehmen darf, die Entwicklungslehre in der ganzen Länge und Breite des organischen Reiches gelten lässt, so glaube ich, dass wir noch b e s s e r e Gründe dafür haben, sie auch für die ganze Länge und Breite des geistigen Reiches anzunehmen. Mit andren Worten, nach allem bisher Gesagten kann ich mich des Gefühls nicht erwehren, dass die vorhandnen Zeugnisse für den psychologischen Übergang vom Tier zum Menschen thatsächlich besser sind, als die für den morphologischen Übergang von einer organischen Form in die andre, in allen den zahlreichen Fällen, wo die Zwischenglieder zufällig nicht aufbewahrt sind. So z. B. vertritt ein Anhänger der Entwicklungslehre, der in dem menschlichen Geist eine grosse Ausnahme von dem sonst so ausnahmslosen Prinzip der genetischen Kontinuität sieht, einen noch hoffnungsloseren Fall, als wenn er behaupten wollte, dass eine ähnliche Ausnahme mit Bezug auf den wurmähnlichen *Balanoglossus* bestände.

Wenn dieser Vergleich etwa als eine Überschätzung der zwingenden Beweiskraft meiner bisherigen Darstellung erachtet werden sollte, so will ich zum Schluss daran erinnern, dass meine Aufgabe noch nicht vollendet ist. Ich habe mich seither fast gänzlich von dem Eingehen in die geistigen Zustände der Wilden fern gehalten, weil ich diesen wichtigen Zweig meines Gegenstandes für den nächsten Band meines Werkes vorbehalten will. Wenn wir aber die Grundlage der psychologischen Prinzipien, mit der wir bis dahin beschäftigt waren, verlassen und zu dem weiteren Feld anthropologischer Untersuchung im allgemeinen vorschreiten, werden wir noch ferneren Beweisen von konkreterer Art begegnen, die in der übereinstimmendsten Weise die bereits gewonnenen Schlussfolgerungen bestätigen. Die dadurch erlangte Unterstützung ist, meiner Meinung nach, allerdings überflüssig und soll auch nicht zu diesem Zwecke herangezogen werden. Nichtsdestoweniger werden wir bei Prüfung der Prinzipien, welche die geistige Entwicklung von den niedersten Stufen des heutigen Menschen an beherrschen, finden, dass damit ein nicht unbedeutendes Licht auch auf die noch ursprünglichere Intelligenz des vorgeschichtlichen Menschen fällt. So werden wir über ununterbrochne Stufen zu einer noch immer menschlichen Ideenbildung zurückgeführt, die uns in eine fast peinlich nahe Berührung mit den höheren Affen bringt. Dies ist eine Seite der allgemeinen Frage, die von unsren Gegnern ebenso leichthin übersehen wird, wie sie jene übersehen haben, die es mit der Psychogenesis des Kindes zu thun hat. Allerdings, wenn sie Kind und Wilde unbeachtet lassen, und nur die entwickelte Psychologie des civilisierten Menschen der der Tiere gegenüber stellen, so ist es nicht schwierig, einen ungeheuren Unterschied aufzuzeigen. Wenn man aber die Frage stellt, ob wir es hier mit einem Unterschied dem Grade oder der Art nach zu thun haben, so wird die Thorheit, die einer sorgsamen Beobachtung sich darbietenden Zwischenphasen unbeachtet zu lassen, recht offenbar. Auf alle Fälle kann ich versprechen, dass wenn wir zur Betrachtung der Wilden übergehen und von da zum Fall des vorhistorischen Menschen, wir finden werden, dass in dem grossen Intervall zwischen jenen Graden geistiger Entwicklung und der unsrigen, wir ziemlich nahe dahin gebracht werden, die psychologische Entfernung, welche uns von dem Gorilla trennt, zu überbrücken.

Register.

I.

K.

L.

EMIL HERRMANN SENIOR, LEIPZIG.

Erzeugnisse der Entwicklung der Gemütsbewegungen	
	50
	49
	48
	47
	46
	45
	44
	43
	42
	41
	40
	39
	38
	37
	36
	35
	34
	33
	32
	31
	30
	29
Scham, Reue, Verschlagenheit, Lustigkeit	28
Rachsucht, Zorn	27
Kummer, Hass, Grausamkeit, Wohlwollen	26
Nacheifrg.,Stolz,Empfindlk.,ästh.Vorliebe,Schreck	25
Sympathie	24
	23
Neigung	22
Eifersucht, Ärger, Spielerei	21
elterl Zuneig.,soz.Gef.,geschl.Ausw,Kampfl.,Neug	20
geschlechtl. Gefühle, ohne geschlechtl. Auswahl	19
Überraschung, Furcht	18
	17
	16
	15
	14
	13
	12
	11
	10
	9
	8
	7
	6
	5
	4
	3
	2
	1

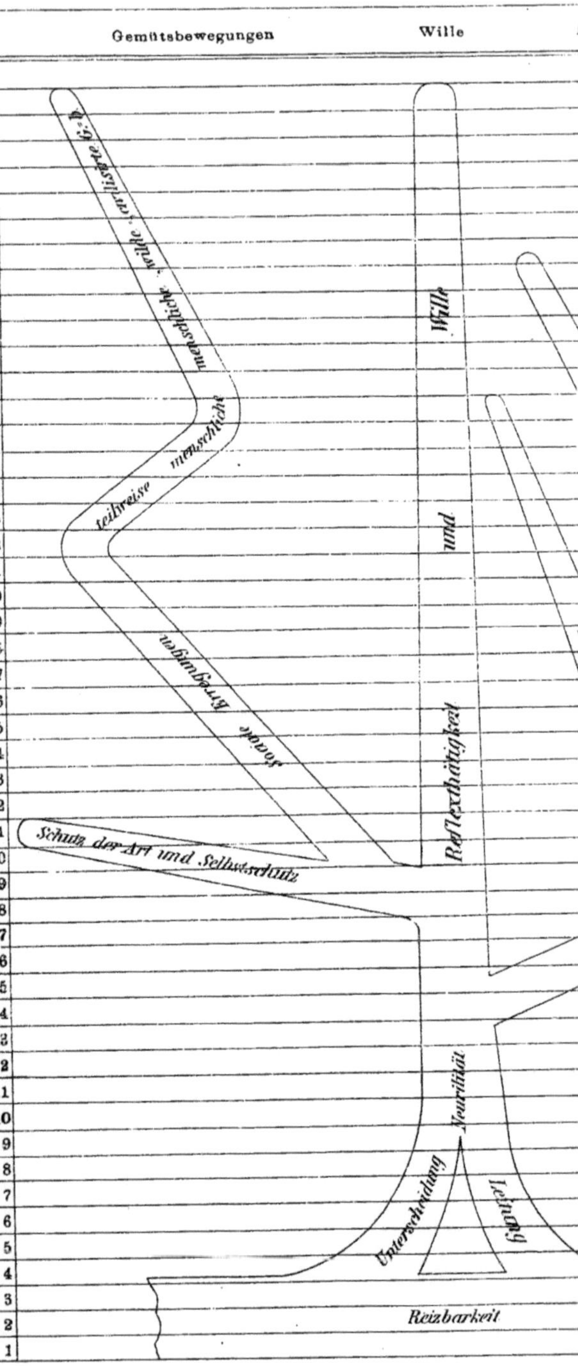

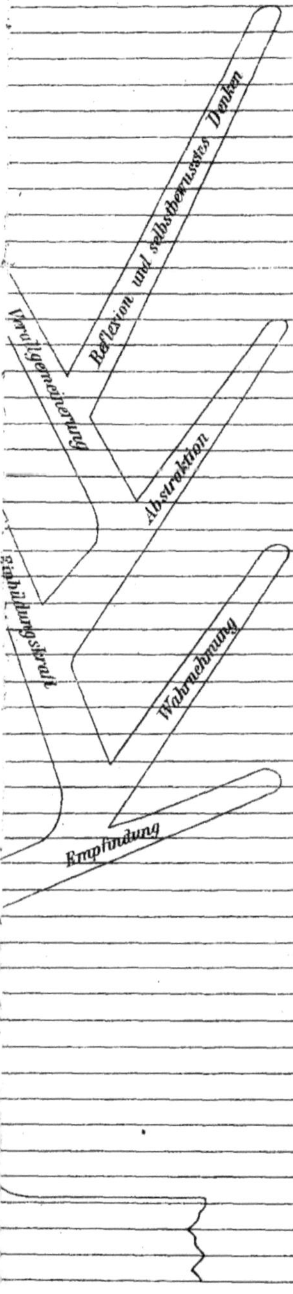

Intellektuelle Fähigkeiten		Erzeugnisse der intellektuellen Entwicklung		Psychologische Stufenleiter	Entwicklungsstufe des Menschen
	50				
	49				
	48				
	47				
	46				
	45				
	44				
	43				
	42				
	41				
	40				
	39				
	38				
	37				
	36				
	35				
	34				
	33				
	32				
	31				
	30				
	29				
	28	Unbestimmte Moralität		Anthrop. Affen u. Hund	15 Monate
	27	Benutzung von Werkzeugen		Affen und Elefant	12 Monate
	26	Verständnis von Mechanismen		Raubt., Nager u. Wiederk.	10 Monate
	25	Verständn. von Worten, Träume		Vögel	8 Monate
	24	Mitteilung von Ideen		Hymenopteren	5 Monate
	23	Erkennung von Personen		Reptile u. Cephalopoden	4 Monate
	22	Vernunft		Höhere Krustazeen	14 Wochen
	21	Assoziation durch Ähnlichkeit		Fische u. Batrachier	12 Wochen
	20	Erkg. d. Nachkschft., sek. Instinkte		Insekten u. Spinnen	10 Wochen
	19	Assoz. durch Contiguität		Mollusken	7 Wochen
	18	Primärer Instinkt		Insektenlarven, Ringelw.	3 Wochen
	17	Gedächtnis	Bewusstsein	Echinodermen	1 Woche
	16	Lust und Schmerz			Geburt
	15			Cölenteraten	
	14	Nervöse Anpassungen			
	13				
	12			Unbekannte Tiere,	
	11	Teilweis nervöse		wahrsch. Cölenteraten	
	10	Anpassungen		vielleicht ausgestorben	Embryo
	9				
	8				
	7	Nicht-nervöse		einzellige Organismen	
	6	Anpassungen			
	5				
	4				
	3	Protoplasmatische		Protoplasma-Wesen	Ei und
	2	Bewegungen			Samenzelle
	1				